国家科学技术学术著作出版基金项目

钢铁产品冶金缺陷分析与对策

姜锡山 著

北　京

冶金工业出版社

2024

内 容 提 要

本书全面系统地介绍了国内外行业标准对钢铁产品缺陷的判定以及实际生产中出现的各种冶金缺陷特征及形成原因,涉及夹杂物缺陷,结晶器保护渣夹渣缺陷,耐火材料剥离夹渣缺陷,异金属夹杂与氧化铁皮缺陷,金相组织缺陷,以及钢材的内应力、成分偏析缺陷,气体缺陷,缩孔与疏松缺陷及热处理缺陷的特征和产生机理,并介绍了棒材、板材及无缝管等钢铁产品的冶金缺陷问题。用图片和文字的形式展现缺陷或失效案例的宏观、微观特征,对其形成原因进行了深入分析,并结合生产工艺流程提出了改进意见。

本书的分析实例可为钢铁产品生产现场及质检部门分析判断各类钢铁冶金缺陷提供参考,进而为改进生产工艺、处理产品质量异议、制定冶金缺陷标准提供依据。本书也可为钢铁及材料专业的高校师生及从事检测工作的相关人员提供参考。

图书在版编目(CIP)数据

钢铁产品冶金缺陷分析与对策/姜锡山著.—北京:冶金工业出版社,2024.8

国家科学技术学术著作出版基金项目

ISBN 978-7-5024-9885-6

Ⅰ.①钢… Ⅱ.①姜… Ⅲ.①钢铁冶金—缺陷—研究 Ⅳ.①TF

中国国家版本馆 CIP 数据核字(2024)第 112147 号

钢铁产品冶金缺陷分析与对策

出版发行	冶金工业出版社	电 话	(010)64027926
地 址	北京市东城区嵩祝院北巷 39 号	邮 编	100009
网 址	www.mip1953.com	电子信箱	service@ mip1953.com

责任编辑 曾 媛 刘小峰 美术编辑 吕欣童 版式设计 郑小利
责任校对 石 静 李 娜 责任印制 禹 蕊
北京捷迅佳彩印刷有限公司印刷
2024 年 8 月第 1 版,2024 年 8 月第 1 次印刷
787mm×1092mm 1/16;28.5 印张;689 千字;441 页
定价 258.00 元

投稿电话 (010)64027932 投稿信箱 tougao@cnmip.com.cn
营销中心电话 (010)64044283
冶金工业出版社天猫旗舰店 yjgycbs.tmall.com
(本书如有印装质量问题,本社营销中心负责退换)

前　言

　　能源、信息和材料是现代社会发展的三大支柱，其中材料则是最基础的支柱。钢铁材料又是国民经济中应用最广、数量最多的材料。当今，我国国民经济已经由高速增长阶段转向高质量发展阶段，要推进质量强国建设，就必须生产质量好、性能好的产品，这是质量强国建设的主要内涵。其中钢铁产品是国民经济和材料科学非常重要的领域，是中国制造业的一张名片。驰骋的高铁、横跨沧海的港珠澳大桥，苍穹之上现"悟空"，深海之下有"蛟龙"，无不展示着中国钢铁的强大。

　　钢铁材料的物质世界是这样的奇妙，它有着不同的形态和各种神奇的特性，它的所有变化都来源于其多样的微观结构。一样的碳原子，只要它在晶格中的位置稍有变化，竟有松软如石墨、强韧如纳米碳管、坚硬如金刚石的天壤之别。在光与电子束的照射下，一张张金相照片和扫描电镜照片变得鲜活起来，以全新的视角演绎呈现，使它的微观世界显现出更加神奇的魅力。

　　本书是研究钢铁产品冶金缺陷及对策的一本综合性著作。以一个全新的视角，应用扫描电镜等最新的先进科学仪器，对钢铁产品冶金缺陷及对策给予全新的描述和诠释。全书共展示了1215张照片，其中有1000多张是扫描电镜照片，这些照片讲述了168个钢铁产品的质量故事。钢铁产品的质量问题和失效事故时有发生，可能是性能不合，也可能是断裂，更为严重的是机毁人亡。只有通过检验与分析，将真相大白于天下，换来的是钢铁产品质量的提高。在钢铁产品中，特钢是钢铁产业中的优势产品，特钢产品生产有着十分复杂的工艺流程，历经从地质找矿开始，到开矿、选矿、耐火、焦化、炭素、铁合金，再到铁矿粉烧结、高炉冶炼铁水、转炉或电炉炼钢、精炼、模铸或连铸、锻造或轧制、热处理、冷拔、包装及品种开发等非常长的生产过程。所以，钢铁产品质量或缺陷问题可能因涉及生产过程中的任何一个环节而变得十分复杂。

　　钢铁产品冶金缺陷，尤其是大批量的不合格产品的出现，会造成用户退货，甚至生产线停产，会给企业带来巨大的经济损失，对信誉造成重大影响。因此，对钢铁产品冶金缺陷进行分析研究，从而达到预测和预防缺陷的产生，是工程技术人员十分关注并必须解决的课题。

钢铁产品"冶金缺陷"一词的内涵和定义随钢种、规格而定；特别是按照其用途、供需双方协商的技术协议而定。

从质量鉴定上说，冶金缺陷通常是指钢铁产品在漫长的制造过程中，因不同原因残留在钢铁产品内部或表面的各种缺陷，如内应力、非金属夹杂物、金相组织缺陷、成分偏析、气体缺陷、热处理缺陷、缩孔与疏松、棒材与板材的表面缺陷等，这些缺陷在钢铁产品中形成点状、条状裂纹，或是沿轧制方向形成条状等特征，甚至导致断裂的发生。

在漫长的钢铁产品生产过程中，冶金缺陷很大程度上是在熔炼过程中产生的，如气体含量高、非金属夹杂物、夹渣、异金属夹杂、金属化合物等。适当地控制化学成分和杂质含量，以及加入变质剂、细化剂等，可以改善凝固质量，对提高熔体质量十分重要。

另外，不同钢种由于化学成分的不同、工艺路线的差异，其可能产生的冶金缺陷也不同，如轴承钢的冶金质量缺陷包括冶炼、浇铸、轧制和锻造等冶金成材过程中可能造成的所有缺陷。按其检验方法，冶金缺陷一般可分为宏观缺陷和微观缺陷两大类。

钢材的宏观缺陷，包括表面外观检查可以发现的麻点、裂纹、折叠、拉裂、刮伤、结疤和夹渣，以及低倍酸洗检查可以发现的缩孔、皮下气泡、白点、过烧、中心疏松、一般疏松和偏析、表面脱碳等，这些都是一般钢材常见的缺陷。各类用钢的专用标准对这些缺陷的控制都有严格的规定。

钢材的微观缺陷，包括在光学显微镜和扫描电子显微镜下放大检验可以发现的钢中各类非金属夹杂物、碳化物偏析、碳化物网状和带状、晶粒度、液析、退火组织不均匀性等。这些都是影响钢材纯净度和均匀性的主要缺陷。严格控制这些技术指标并使之尽可能减少，则是各类钢铁冶炼技术要求的主要内容。

由于缺陷形成的原因千差万别，而金属的凝固变形受到化学冶金与物理冶金的共同作用，因此，本书运用冶金学、金属学基本原理，结合冶金缺陷图片和微观分析数据，系统全面地解析了实际生产中出现的各种冶金缺陷的特征及形成原因，将有助于冶金学、金属学研究向更精细化的微观领域发展，进而推进钢铁生产制造过程对质量的精确控制。

基于此，作者穷尽毕生精力，在耄耋之年编写《钢铁产品冶金缺陷分析与对策》一书，详细介绍了作者亲自完成的一些颇具典型的冶金缺陷的分析工作，将钢铁产品中的冶金缺陷全面系统地展现出来。此外，由于钢铁产品缺陷形成的原因千差万别，本书所阐述的缺陷形成原因仅为实际生产的特例，但通过总结规律，可对未来出现的钢铁产品缺陷分析具有参考价值。

本书信息量大、内容丰富、理论与实践相结合，对研究、开发新钢铁产品具有很强的指导作用，尤其在我国高端钢铁产品质量提升及材料科学基础研究方面将发挥积极作用。

目　　录

1 钢中非金属夹杂物缺陷

钢中非金属夹杂物（简称夹杂物）被认为是钢材中第一类冶金缺陷，又称亚微观缺陷。其对钢材质量的重要作用，国际钢铁协会给出了一个最新的诠释：当钢中的非金属夹杂物直接或间接地影响产品的生产性能或使用性能时，该钢就不是洁净钢；而如果非金属夹杂物的数量、尺寸或分布对产品的性能都没有影响，那么这种钢就可以被认为是洁净钢。一般来说，根据最终产品的应用对洁净钢进行定义，最终产品越薄的钢对洁净度要求越高。可以说夹杂物与洁净钢是钢材质量的两种表述方式，相辅相成，密不可分。本章介绍在受力情况下夹杂物缺陷导致的裂纹萌生及造成的钢的断裂，如超高强度钢在低应力下的断裂、轴承钢的旋转疲劳与接触疲劳断裂、拉伸与冷拔断裂等，可以说夹杂物与钢的断裂密切相关。

1.1 夹杂物导致轴承旋转弯曲疲劳断裂

疲劳破坏占机械事故的80%以上，传统旋转疲劳寿命数据往往局限于 10^7 以下。现在，许多部件，如发动机部件、汽车承力运动部件、铁路车轮和轨道、飞机、海岸结构、桥梁、特殊医疗设备等，要求承受 $10^8 \sim 10^{12}$ 周次的循环载荷而不发生断裂。在内部缺陷引起的疲劳破坏萌生机制中，夹杂物引起的疲劳破坏萌生占多数，也有组织缺陷及表面缺陷、刀痕等引起，但占较少部分。所以提高疲劳寿命的关键是抑制或消除内部裂纹的萌生：一方面通过控制夹杂物的尺寸、数量和分布，非金属夹杂物变性处理（塑性化），控制夹杂物缺陷临界尺寸，实现夹杂物的无害化控制；另一方面通过微观组织单元细化、均匀化进行基体组织控制，强化基体，同时进行析出物的纳米级控制。大量检测分析证明，低应力水平疲劳源多起裂于夹杂物。

理想的夹杂物，应该是尺寸足够小，不引起鱼眼断裂。夹杂物具体尺寸与钢种、强度水平等有关：夹杂物形态得到控制，且与基体结合紧密，自身不易破裂，弹性性质与基体接近可延缓/抑制夹杂物的疲劳裂纹萌生。所以，细化夹杂物尺寸比单纯降低 [O] 含量更为重要。

1.1.1 微观特征

旋转弯曲疲劳鱼眼断裂形貌见图 1-1。

$MgO \cdot Al_2O_3 \cdot SiO_2 \cdot CaO$ 复合夹杂物疲劳源见图 1-2 和图 1-3。$MgO \cdot Al_2O_3 \cdot SiO_2 \cdot CaO$ 复合夹杂物疲劳源，在 $mCaO \cdot nAl_2O_3$ 铝酸钙基体表面上黏结着细小颗粒状 $MgO \cdot Al_2O_3$ 尖晶石夹杂物。

$MgO \cdot Al_2O_3$ 尖晶石夹杂物疲劳源见图 1-4 和图 1-5。

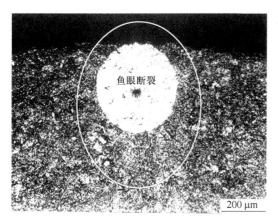

图 1-1   42CrMo-1500 MPa 级旋转
弯曲疲劳鱼眼断裂形貌

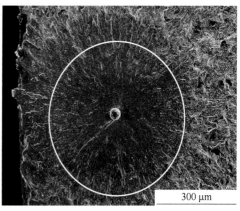

图 1-2   MgO·Al₂O₃·SiO₂·CaO 复合夹杂物
疲劳源扫描电镜形貌

图 1-3   MgO·Al₂O₃·SiO₂·CaO 复合
夹杂物局部扫描电镜放大像
（球形夹杂物表面黏附着颗粒状 MgO·Al₂O₃ 尖晶石夹杂物）

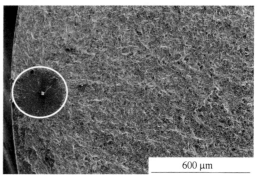

图 1-4   MgO·Al₂O₃ 尖晶石夹杂物
疲劳源扫描电镜形貌

外面包裹有一层 CaS 外壳的 MgO·Al₂O₃·SiO₂·CaO 复合夹杂物疲劳源见图 1-6。在 mCaO·nAl₂O₃ 铝酸钙基体外表面包裹一层黏黏糊糊的 CaS 外壳的 MgO·Al₂O₃·SiO₂·CaO 复合夹杂物。

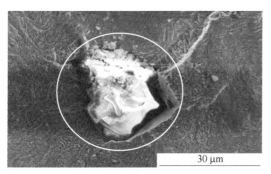

图 1-5   MgO·Al₂O₃ 尖晶石夹杂物扫描电镜放大像
（由于夹杂物与钢基体的凝固体积收缩系数不同，
所以，在夹杂物与钢基体之间产生缝隙）

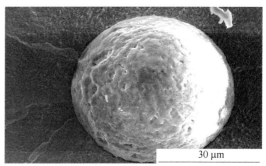

图 1-6   外面包裹一层 CaS 外壳的
MgO·Al₂O₃·SiO₂·CaO 复合
夹杂物疲劳源扫描电镜形貌

60 μm 的 $m\mathrm{CaO} \cdot n\mathrm{Al_2O_3}$ 铝酸钙夹杂物疲劳源见图 1-7。US 钢，$\sigma_a = 725$ MPa，循环周次 $N = 1.273 \times 10^8$ 发生断裂，60 μm Ds 类 $m\mathrm{CaO} \cdot n\mathrm{Al_2O_3}$ 铝酸钙夹杂物产生的疲劳源形貌。

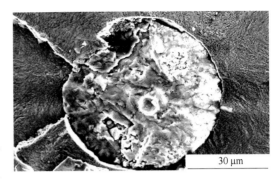

图 1-7　疲劳源中的 $m\mathrm{CaO} \cdot n\mathrm{Al_2O_3}$ 铝酸钙夹杂物扫描电镜形貌

（Ti，V）N 氮化物夹杂物疲劳源见图 1-8 和图 1-9。US 钢，应力为 824 MPa，循环周次 $N = 3.94 \times 10^6$ 发生断裂，裂纹源为（Ti，V）N 氮化物夹杂物，直径 $d = 53.6$ μm，夹杂物距表面距离 $h = 369.5$ μm。

$\mathrm{Al_2O_3}$ 夹杂物产生的疲劳源见图 1-10 和图 1-11。US7 钢，应力为 941 MPa，循环周次 $N = 9.25 \times 10^6$ 发生断裂，裂纹源处为 $\mathrm{Al_2O_3}$ 夹杂物。

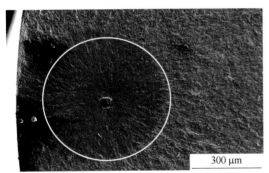

图 1-8　（Ti，V）N 氮化物夹杂物疲劳源扫描电镜形貌

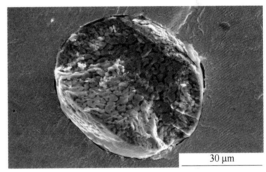

图 1-9　图 1-8 中（Ti，V）N 氮化物夹杂物扫描电镜放大像

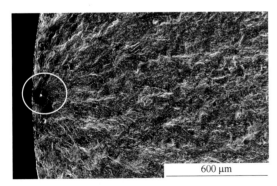

图 1-10　$\mathrm{Al_2O_3}$ 夹杂物产生的疲劳源扫描电镜形貌

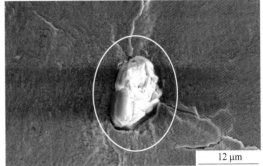

图 1-11　$\mathrm{Al_2O_3}$ 夹杂物扫描电镜放大像
（松散颗粒状聚合体）

$\mathrm{MgO} \cdot \mathrm{Al_2O_3} \cdot \mathrm{CaO}$ 夹杂物产生的疲劳源见图 1-12 和图 1-13。60Si2CrVA 钢，$\sigma_a = 765$ MPa，循环周次 $N = 8.08 \times 10^5$ 发生断裂，夹杂物尺寸 $d = 61.8$ μm，夹杂物距表面距离 $h = 180$ μm。

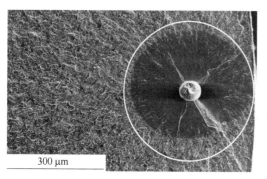

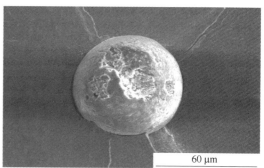

图 1-12　球形 MgO·Al₂O₃·CaO 复合夹杂物　　　图 1-13　图 1-12 中 MgO·Al₂O₃·CaO 复合
　　　　疲劳源扫描电镜形貌　　　　　　　　　　　　　　夹杂物扫描电镜放大像

$SiO_2 \cdot CaO \cdot FeO$ 夹杂物产生的疲劳源见图 1-14 和图 1-15。4340 钢内部夹杂物起裂，$\sigma_a = 922$ MPa，循环周次 $N = 8.45 \times 10^5$ 发生断裂，夹杂物直径 $d = 20.5$ μm。

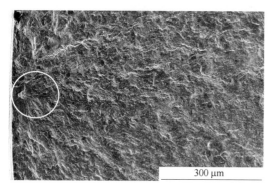

图 1-14　$SiO_2 \cdot CaO \cdot FeO$ 内部夹杂物　　　图 1-15　$SiO_2 \cdot CaO \cdot FeO$ 内部夹杂物
　　　　疲劳源扫描电镜形貌　　　　　　　　　　　　　　扫描电镜放大像

1.1.2　分析判断

综上所述，在 13 个旋转弯曲疲劳断口中，有 9 个由表层内夹杂物起裂，夹杂物尺寸——最大 66 μm，最小 14.8 μm，平均 31.9 μm，属于 DS 类夹杂物，金相观察表明，尺寸小于 10 μm 的氧化物夹杂占大多数，存在一定量尺寸在 20~100 μm 之间的粗大夹杂物，夹杂物类型为 $MgO \cdot Al_2O_3 \cdot CaO$。

在 C-42CrMo 钢 2000 MPa 级（旋转弯曲）20 个试样中，15 个由表层夹杂物起裂，夹杂物尺寸——最大 53.6 μm，最小 7.25 μm，平均 22.2 μm。夹杂物类型为 $MgO \cdot Al_2O_3 \cdot SiO_2 \cdot CaO$。

产生疲劳断裂的夹杂物类型包括：简单氧化物（Al_2O_3 氧化铝夹杂）；复合夹杂物（$mCaO \cdot nAl_2O_3$ 铝酸钙夹杂、$SiO_2 \cdot CaO \cdot FeO$ 夹杂物、(Ti, V)N 氮化物）；在 $mCaO \cdot nAl_2O_3$ 铝酸钙基体外表面包裹一层 CaS 外壳的 $MgO \cdot Al_2O_3 \cdot SiO_2 \cdot CaO$ 复合夹杂

物；在 $mCaO \cdot nAl_2O_3$ 铝酸钙基体表面上黏结着细小颗粒状 $MgO \cdot Al_2O_3$ 尖晶石夹杂物；$MgO \cdot Al_2O_3 \cdot CaO$ 夹杂物。

相比于洁净度，夹杂物尺寸对疲劳性能的影响更为重要，如果疲劳起裂于表面，疲劳性能由材料力学性能决定，与夹杂物特征无关；如果疲劳起裂于夹杂物，疲劳性能与夹杂物特征特别是尺寸有关。离试样表面距离越远，引起疲劳破坏的夹杂物尺寸越大，越容易产生疲劳断裂，起裂时的夹杂物尺寸约 $10\ \mu m$。

1.2 夹杂物对轴承钢接触疲劳剥落的影响

动力设备几乎都用到滚珠、滚柱及各种轴承，如汽车、飞机等各种动力设备的发动机，几乎无处不在，轴承钢是人类使用最多最普遍的特殊钢种之一。每过一定时间，各种动力设备的轴承都要进行检修或完全更换成新的轴承。在检修轴承时我们发现，在滚珠、滚柱或轴套的表面由于长时间的磨损而产生一些剥落的小坑，称之为轴承钢接触疲劳剥落现象，是一种特殊的断裂行为。轴承钢接触疲劳质量和检验，是保证轴承钢具有较长使用寿命的重要保证。在轴承钢材出厂前必须进行模拟实际使用状态的轴承钢接触疲劳试验，主要原理是在环形的推力片中间有一圈环形滚道，滚珠在正压力的作用下在环形滚道高速旋转，当环形滚道刚刚产生剥落小坑时机器发出报警声，停止转动，此时的推力片转数即为轴承钢接触疲劳寿命。

试验认为，轴承钢中的夹杂物是产生轴承钢接触疲劳剥落的主要原因，而且夹杂物越多，产生疲劳剥落的机会越多，轴承钢接触疲劳寿命越低。所以，研究非金属夹杂物对轴承钢接触疲劳剥落影响的实验工作十分重要而有意义。本节试验用扫描电子显微镜、透射电子显微镜与 X 射线能谱仪，研究了电炉喷吹 CaSi 工艺轴承钢接触疲劳剥落机制。首先在滚道上用扫描电子显微镜俯视观察剥落坑，观察后，将推力片在滚道处与之垂直的方向用砂轮磨至滚道中心，用透射电子显微镜研究在滚道处从表面向内的组织变化规律，见图 1-16~图 1-20。

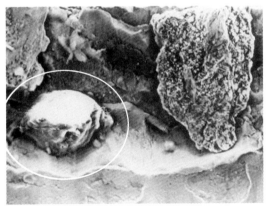 

(a)　　　　　　　　　　　　　　　　(b)

图 1-16　剥落坑内残留的 Al_2O_3 氧化铝夹杂物(a)及与剥落坑相连的显微裂纹(b)

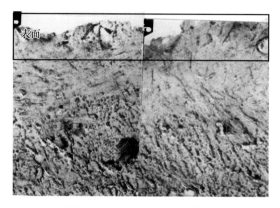
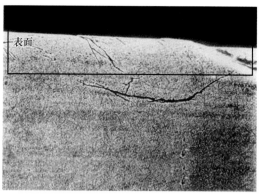

图 1-17 表面层下的组织特征   图 1-18 初生的表面显微裂纹(上)和浅表面
        透射电镜形貌   裂纹(下)扫描电镜形貌

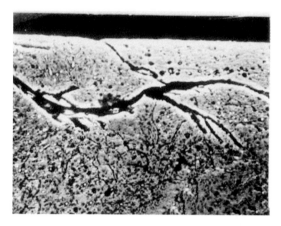

图 1-19 表面裂纹向下扩展、浅表面裂纹向上扩展扫描电镜形貌

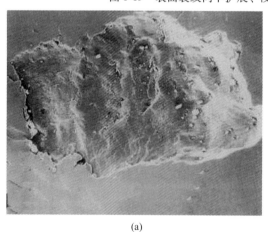
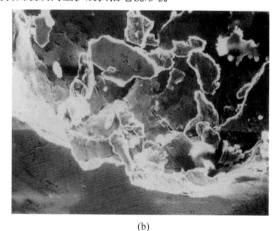

(a)   (b)

图 1-20 剥落坑形貌(a)及局部扫描电镜放大像(b)

1.2.1 微观特征

剥落坑及显微裂纹都有 Al_2O_3 氧化铝等夹杂物,成为产生疲劳剥落的裂纹源。在所观

察的 16 个推力片剥落坑附近的表面裂纹中都发现了上述 $Al_2O_3 \cdot SiO_2 \cdot CaO$、$MgO \cdot SiO_2 \cdot CaO$、$mCaO \cdot nAl_2O_3$ 等夹杂物。

高速旋转的推力片在滚珠正压力和切应力的作用下，产生严重的塑性变形，表面层的高温可使表面层下的组织发生变化，回火马氏体组织发生转变，ε 碳化物大部分消失，二次碳化物大部分溶解，相当于高温回火，产生较大的组织应力。

在这种组织应力的作用下，如果表面层有夹杂物，特别是脆性夹杂物、在热加工也不变形的 Al_2O_3 氧化铝等夹杂物，那么，在球形夹杂物最大应力的两个极端首先与基体剥离，形成初生的显微裂纹，这种显微裂纹沿着球的外壳向"赤道"扩展，当完全与基体剥离后就在"赤道"边处向基体扩展，形成显微裂纹。

如果在浅表面也有夹杂物或大颗粒的二次碳化物，也会产生同样的显微裂纹，浅表面裂纹深度约 0.1 μm，在试样的表面层内在滚道下面有很多这样的浅表面裂纹，这是接触疲劳的疲劳源或裂纹生核阶段。

高速旋转的推力片在滚珠正压力和切应力的作用下，表面裂纹向下扩展，浅表面裂纹向上扩展，图 1-19 显示了上下裂纹即将连接的图像，这种裂纹生核过程在表面和浅表面是同时发生的。表面裂纹与切应力成锐角向表层下扩展，其主方向就是表面着力点的移动方向，每经过一个循环周期，裂纹扩展一定距离，在最后的断口上形成疲劳条纹，这是裂纹的扩展阶段。

当表面裂纹与浅表面裂纹相互连接时，被裂纹包围的金属块产生剥离，剥离的碎块被冷却液带走，形成剥落坑。在坑中和坑边可看到 Al_2O_3、$CaO \cdot Al_2O_3 \cdot SiO_2$、$CaO \cdot MgO \cdot SiO_2$、$mCaO \cdot nAl_2O_3$ 等夹杂物。

1.2.2 分析判断

综上所述，扫描电镜和 X 射线能谱仪对剥落坑中的夹杂物鉴定认为，产生疲劳剥落的夹杂物主要有 Al_2O_3、$Al_2O_3 \cdot SiO_2 \cdot CaO$、$MgO \cdot SiO_2 \cdot CaO$、$mCaO \cdot nAl_2O_3$ 等夹杂物，它们首先沿着球的外壳向"赤道"扩展，当完全与基体剥离后就在"赤道"处向基体扩展成裂纹。与此同时，在磨损热的作用下，滚道的浅表层产生高温，导致浅表层显微组织发生变化，碳化物大部分消失，因此在两种组织交界区产生组织应力。另外，在升温过程中，非金属夹杂物和基体的热膨胀系数不同，在夹杂物附近的基体中产生一个附加的应力场，在这两种应力的作用下，就可产生浅表面裂纹。这种裂纹生核过程是同时发生的。表面裂纹与切应力成锐角向下扩展，浅表面裂纹向上扩展。剥落坑附接触疲劳剥落经历了由于夹杂物导致的裂纹萌生—裂纹扩展—劈开金属表面—裂纹连接—剥落几个过程。

分析认为，为提高轴承钢的使用寿命，在冶炼工艺上采取减少夹杂物的工艺措施至关重要。

1.3 夹杂物对钢拉伸韧性断裂裂纹萌生的动态观察

近年来，夹杂物与析出相对特殊钢拉伸韧性断裂过程影响研究多属金相和电子断口研究的结果。对断裂过程中的形变、裂纹形核与扩展的许多细节很难进行深入的了解。Roberts 教授利用扫描电子显微镜的大样品对低碳和碳锰钢进行了拉伸实验，进一步证实裂纹在 MnS/基体界面的形核过程。对几种特殊钢动态拉伸动态过程观察表明，在韧性断裂之前，金属基体主要以滑移方式发生范性形变，见图 1-21~图 1-23。

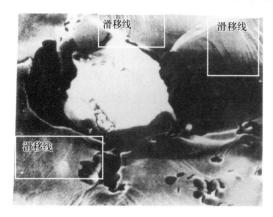

图 1-21　拉伸过程中在钢基体与夹杂物界面　　　图 1-22　在拉伸过程中主裂纹与微裂纹的聚合使
　　　显微裂纹开始萌生（SEM，2000×）　　　　　　裂纹不断扩展长大（SEM，2000×）

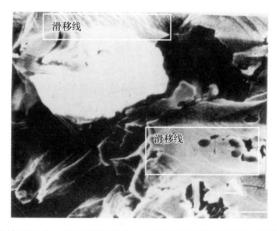

图 1-23　在拉伸过程中，裂纹断裂后非金属夹杂物周围滑移清晰可见，形变明显

1. 3. 1　微观特征

图 1-23 中长方形框中非金属夹杂物周围滑移线清晰可见，滑移通常从晶界开始，而在应力集中的相界面、晶界等处更明显地表现出来。随着外应力的增加，滑移系统不断启动，滑移线不断增加，滑移线间距不断减小。

关于裂纹形核观察到以下几种情况：

（1）裂纹在两相界面，如非金属夹杂物或第二相与金属基体的界面形核，或者在珠光体团与铁素体的界面处产生；

（2）裂纹在孪晶界面或孪晶与金属基体的界面处产生；

（3）第二相（如析出相）本身的开裂；

（4）裂纹在晶粒间界产生。

可以看出，无论是晶面的裂纹形核，还是脆性相本身的开裂，都是由于范性流变的不均匀性造成的应力集中引起的。

1.3.2 分析判断

韧性断裂过程中的裂纹扩展，一是主裂纹前缘的不断向前推进，另一个是主裂纹与微裂纹聚合，观察属于后者。观察进一步发现，裂纹的彼此连接是由于裂纹之间金属基体滑移的局部化，并伴随一定程度的内径收缩，最后剪切撕裂的结果。对断裂过程中主裂纹通过路径中的夹杂物界面裂纹形核的统计测量与断裂后相匹配断口的观察进一步证实，参与断裂的每一个夹杂物均产生一个显微裂纹，而这样的显微裂纹就是断口表面上每个韧窝或微坑的断裂源。

特殊钢中的夹杂物对钢性能的有害影响已经得到科学的验证，减少夹杂物对钢的有害影响一直是各个时代冶金工作者的奋斗目标。

1.4 钢帘线球状不易变形夹杂物导致的拉拔断裂

SWRH82B 钢帘线经冷拔到 0.22 mm 后，在合股时发生断裂，经对断口分析，发现在断口尖部有球状不易变形夹杂物，用扫描电镜及 X 射线能谱仪对夹杂物成分分析，可知该非金属夹杂物为结晶器水口侵蚀剥落和脱氧产物所致，见图 1-24 和图 1-25。

元素	重量百分比/%
O	47.91
Mg	1.81
Al	29.18
Si	7.13
Ca	0.78
Mn	7.07
Fe	3.27
Zr	2.85
总量	100.00

图 1-24　在笔尖状断口尖部的球形不变形夹杂物扫描电镜形貌及 X 射线元素定量分析结果

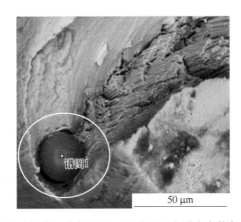

图 1-25　在笔尖状断口尖部的另一颗球形不变形夹杂物扫描电镜形貌

1.4.1　微观特征

该夹杂物为 MgO · Al$_2$O$_3$ · SiO$_2$ · CaO · MnO · ZrO$_2$ 复合夹杂物，其中 MgO、Al$_2$O$_3$、ZrO$_2$ 是结晶器水口耐火材料的主要成分，SiO$_2$、CaO、MnO 为脱氧产物，证明该夹杂物是结晶器水口侵蚀剥落和脱氧产物融合在一起组成的复相夹杂物。该夹杂物尺寸较大，约 50 μm，属于 DS 大颗粒夹杂物，是导致拉拔断裂的主要原因。

夹杂物为 MgO · Al$_2$O$_3$ · SiO$_2$ · CaO · MnO 复合夹杂物，其中 MgO、Al$_2$O$_3$、SiO$_2$ 是结晶器水口耐火材料的主要成分，SiO$_2$、CaO、MnO 为脱氧产物，证明该夹杂物是结晶器水口侵蚀剥落和脱氧产物融合在一起的复相夹杂物。该夹杂物尺寸较大，约 25 μm，属于 DS 大颗粒夹杂物，是导致拉拔断裂的主要原因。

1.4.2　分析判断

SWRH82B 钢帘线拉拔到 0.22 mm 后，在合股时发生断裂是因为在母材中心存在球状不变形夹杂物，该夹杂物为 MgO · Al$_2$O$_3$ · SiO$_2$ · CaO · MnO 复相夹杂物和 MgO · Al$_2$O$_3$ · SiO$_2$ · CaO · MnO · ZrO$_2$ 复相夹杂物，该夹杂物是结晶器水口侵蚀剥落和脱氧产物融合在一起的复相夹杂物。在冷拔过程中，空洞的形成始于 DS 大颗粒夹杂物，然后空洞沿冷拔方向长大，相邻空洞聚合或局部空洞滑移，最后导致金属断裂。

1.5　C-Mn 钢舵销探伤密集型夹杂物缺陷

探伤发现在 C-Mn 钢舵销锻件内部存在密集型缺陷，对该缺陷进行解剖，采用低倍、高倍、SEM 和 EDS 等方法进行分析，分析内容如下。

1.5.1　低倍特征

酸浸后在低倍横向试样面上轴心区域组织致密，在原锭型偏析框带上存在多处偏析点缺陷，偏析级别 3.0 级。

对横向低倍试样经过切取，观察腐蚀后的纵向检验面，观察到数条平行于纵向方向的偏析条带缺陷，10 倍放大镜下观察部分偏析线深可见底，通过对试样横纵向对比观察，低倍试样纵向存在的偏析条带与横向偏析点具有对应关系，横向偏析条带低倍情况见图 1-26，纵向偏析条带低倍情况见图 1-27。

图 1-26　横向低倍多处偏析点缺陷形貌　　　图 1-27　纵向低倍偏析条带缺陷形貌

1.5.2　微观特征

1.5.2.1　金相观察

为进一步分析低倍出现的缺陷性质，分别在低倍纵向检验面上的偏析条带区域与没有偏析条带处切取高倍金相试样，进行非金属夹杂物、显微组织检验。

在未腐蚀状态下观察，偏析条带区域处的试样中存在多条的 B 类（氧化物类）夹杂物，夹杂物沿纵向呈密集形链状分布，多数夹杂物长度在 2～3 mm 的范围，最长达到 3.5 mm，按照 GB/T 10561—2005 检验标准，试样中的 B 类夹杂物已严重超出标准规定的最大界限值，见图 1-28。而没有偏析条带处的非金属夹杂物出现很少，没有观察到聚集分布的大尺寸夹杂物，见图 1-29。

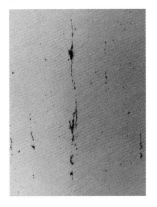　　　　

图 1-28　偏析区处的非金属夹杂物形态（50×）　　　图 1-29　没有偏析处的非金属夹杂（100×）

将试样用 4% 硝酸酒精腐蚀后观察存在较重的带状组织，带状组织附近存在密集的夹杂物聚集链，见图 1-30 和图 1-31。

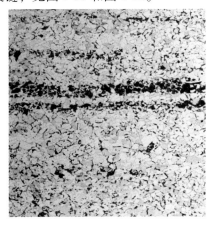　　　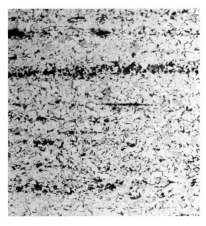

图 1-30　带状显微组织　　　　　　　图 1-31　带状显微组织与非金属夹杂物

1.5.2.2　SEM 断口观察和 EDS 分析

在低倍检验面存在严重缺陷处切取断口试样，进行淬火热处理，制成断口试样，对此断口试样进行 SEM 观察，断口面上存在数条呈链状分布的非金属夹杂物，断口的 SEM 观察情况见图 1-32，局部放大见图 1-33。

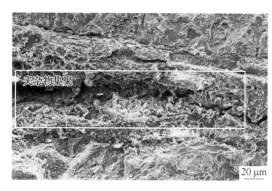
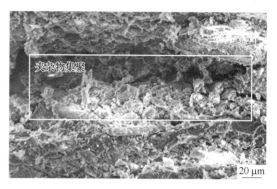

图 1-32　夹杂物聚集链扫描电镜形貌　　　　　图 1-33　链状夹杂物扫描电镜放大像

对存在夹杂物聚集链中的颗粒状夹杂物进行 EDS 成分测定，聚集链中的夹杂物是以 Al 和 O 为主的氧化铝夹杂物。

1.5.3　分析判断

（1）在舵销的探伤检测中发现内部存在多数为 $\phi 2 \sim 3$ mm 当量的密集型缺陷，少量 $\phi 8$ mm 当量的缺陷。

（2）观察酸浸后的低倍横向试样面，发现轴心区域组织致密，但在原锭型偏析框带上存在多处偏析点状缺陷；通过对低倍试样的横纵向对比观察，发现横向试样上的点状缺陷与纵向的偏析条带具有对应关系；用 10 倍放大镜观察纵向试样中部分偏析条带，发现已经有一定深度的凹沟，这是由于强酸的腐蚀作用，导致偏析区内不同于钢基体的物质受腐蚀脱落造成的。

（3）在纵向低倍偏析区处切取高倍试样，在未腐蚀状态下观察，发现纵向高倍试样中多处存在密集链状的非金属夹杂物，以 B 类（氧化物类）夹杂物居多；多数非金属夹杂物长度在 $1 \sim 3$ mm 的范围，最长达到 3.5 mm；扫描电镜观察断口试样中存在大量的密集颗粒夹杂，能谱测定夹杂物成分为以 Al 和 O 为主的 Al_2O_3 氧化铝物夹杂物。

（4）显微组织中的带状组织为凝固时的宏观偏析导致。

1.6　$\phi 5.5$ mm C72DA 钢热轧盘条纵向夹杂物分析

$\phi 5.5$ mm C72DA 钢热轧盘条用于制作橡胶软管增强用钢丝。其对盘条非金属夹杂物规定线材中的非金属夹杂物应当达到以下水平：A 类和 C 类夹杂物不高于 1.5 级；B 类和 D 类夹杂物不高于 1.0 级。

为满足生产橡胶软管增强用钢丝对盘条非金属夹杂物要求，采用金相显微镜和扫描电镜及 X 射线能谱仪对 $\phi 5.5$ mm C72DA 钢热轧盘条纵向进行夹杂物检测与分析。

1.6.1　微观特征

1.6.1.1　金相显微镜观察与评定结果

本次金相观察 C72DA 钢热轧盘条纵向夹杂物结果与日常检验的统计分析基本一致，认为热轧盘条非金属夹杂物主要包括：

A 类硫化物（细系）不高于 1.0 级；B 类夹杂物不高于 1.0 级；没有发现 C 类夹杂物；主要夹杂物为 D 类（细系）球状不变形复合夹杂物，不高于 1.0 级，其尺寸小于 5 μm；

没有发现 DS 类夹杂物；发现少量角状氮化物，但尺寸小于 5 μm。

1.6.1.2 扫描电镜及 X 射线能谱仪夹杂物定性分析

采用扫描电镜及 X 射线能谱仪对金相显微镜观察的 5.5 mm C72DA 钢热轧盘条纵向试样进行观察与定性分析，观察与分析结果如下。

φ5.5 mm C72DA 钢热轧盘条纵向夹杂物主要有如下几种：

（1）在热轧中变成条状的 A 类塑性（Mn,Fe）S 夹杂物，宽度小于 2 μm，长度约 10 μm（图 1-34）。

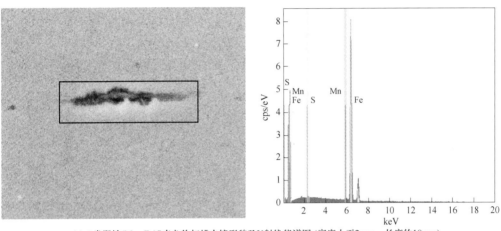

(a) A 类塑性(Mn,Fe)S 夹杂物扫描电镜形貌及 X 射线能谱图 (宽度小于2 μm，长度约10 μm)

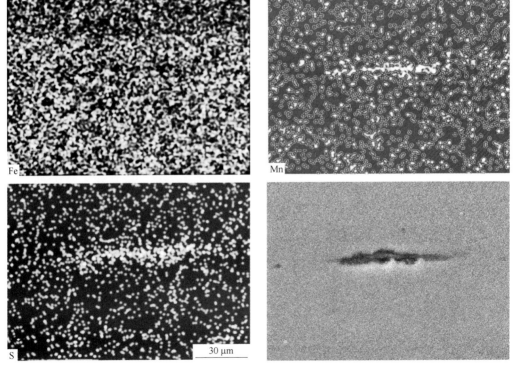

(b)(Mn,Fe)S 夹杂物 X 射线元素面分布

图 1-34　A 类塑性(Mn,Fe)S 夹杂物 X 射线综合定性分析

（2）D 类复合球状不变形 MgO · Al$_2$O$_3$ · SiO$_2$ · CaO 夹杂物，尺寸小于 5 μm（图 1-35）。

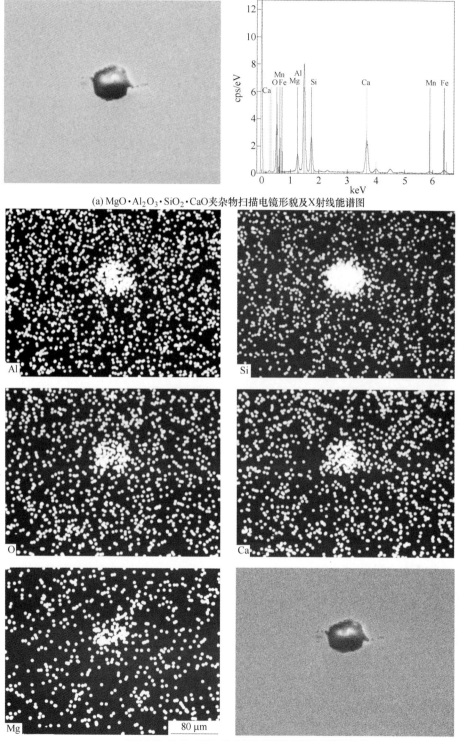

(a) MgO · Al$_2$O$_3$ · SiO$_2$·CaO夹杂物扫描电镜形貌及X射线能谱图

(b) MgO·Al$_2$O$_3$·SiO$_2$· CaO复合夹杂物X射线元素面分布

图 1-35　MgO · Al$_2$O$_3$ · SiO$_2$ · CaO 复合夹杂物 X 射线综合定性分析

（3）B 类链状分布的 MgO · Al_2O_3 · SiO_2 · CaO 夹杂物，尺寸小于 5 μm，是铸态 DS 夹杂物在轧制破碎形成的，没有发现 DS 夹杂物（图 1-36）。

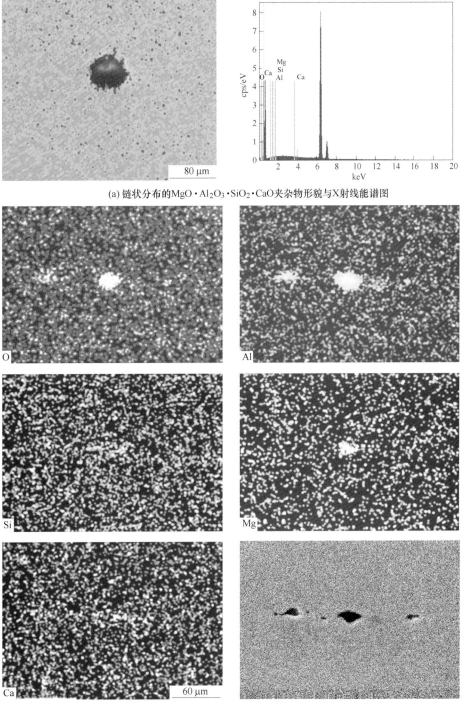

(a) 链状分布的MgO·Al_2O_3·SiO_2·CaO夹杂物形貌与X射线能谱图

(b) 链状分布的MgO·Al_2O_3·SiO_2·CaO夹杂物元素面分布

图 1-36　B 类链状分布的 MgO · Al_2O_3 · SiO_2 · CaO 夹杂物综合定性分析

（4）MgO·Al₂O₃ 尖晶石夹杂物（图 1-37）。

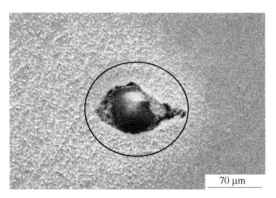

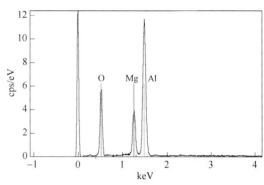

(a) 球状MgO·Al₂O₃尖晶石夹杂物扫描电镜形貌　　　　(b) MgO·Al₂O₃尖晶石夹杂物X射线能谱图

图 1-37   MgO·Al₂O₃ 尖晶石夹杂物扫描电镜形貌及 X 射线能谱图

（5）Ti(C,N) 夹杂物（图 1-38）。

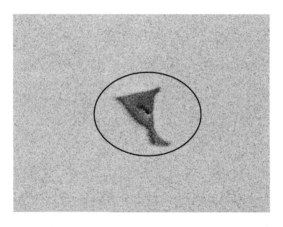

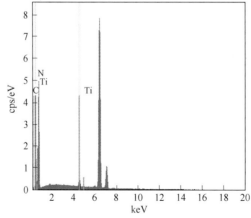

(a) Ti(C,N)夹杂物形貌及X射线能谱图

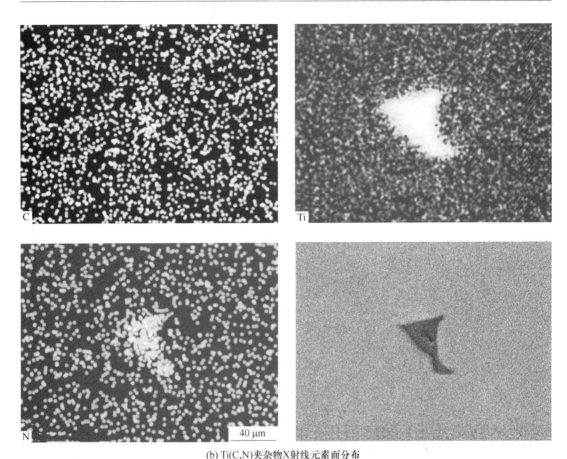

(b) Ti(C,N)夹杂物X射线元素面分布

图 1-38　Ti(C,N) 夹杂物 X 射线综合定性分析

1.6.2　分析判断

检验分析认为，$\phi 5.5$ mm C72DA 钢热轧盘条夹杂物主要包括：

A 类硫化物（细），在轧制后变成条状，宽度小于 2 μm；D 类（细）球状不变形 $MgO \cdot Al_2O_3 \cdot SiO_2 \cdot CaO$ 复合夹杂物是观察到的较多的夹杂物，在轧制后不变形，尺寸小于 5 μm，其中有一些 B 类链状复合夹杂物，及少量 $MgO \cdot Al_2O_3$ 尖晶石夹杂物；也观察到少量 Ti(C,N) 钛夹杂物，但尺寸较小，出现的频率也较低。没有发现 DS 类夹杂物。

综合上述分析，$\phi 5.5$ mm C72DA 钢热轧盘条夹杂物达到企业内控要求，可以满足用户加工的技术要求。

用扫描电镜及 X 射线能谱仪对某一钢种进行夹杂物的全面分析是一项十分有意义的技术工作，特别是在新钢种研制中，对其质量有一个全面综合评价更是十分重要。按照国际钢铁协会对夹杂物的最新的诠释，这种钢中的夹杂物尺寸、分布状态就可以被认为是洁净钢。

1.7　45钢转向调整杆接头颗粒状脆性夹杂物导致脆性断裂

45 钢转向调整杆接头在试车时发生脆性断裂，接头管一周整体发生脆性断裂，管材为未经调制的轧后状态，其断口见图 1-39。图中可见两个裂纹源，裂纹源 1 与裂纹源 2 宏观呈现黑色，而其他断口区域为结晶状银灰色，裂纹源起始在螺纹的根部。使用扫描电镜和 X 射线能谱仪对断口进行微观观察与分析，结果见图 1-39。

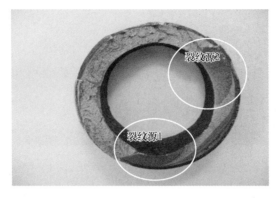

图 1-39　45 钢转向调整杆接头脆性断裂宏观形貌

1.7.1　微观特征

裂纹源 1 观察结果见图 1-40~图 1-42。

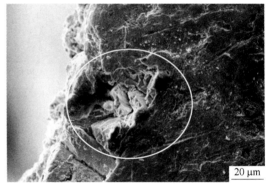

图 1-40　裂纹源 1 内环壁附近的夹杂物扫描电镜形貌

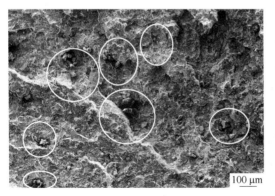
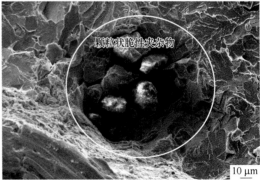

图 1-41　裂纹源 1 断口上的密集分布的颗粒状　　图 1-42　裂纹源 1 断口上的密集分布的颗粒状
　　　　　脆性夹杂物扫描电镜形貌　　　　　　　　　　　　脆性夹杂物扫描电镜放大像

裂纹源 2 观察结果见图 1-43 和图 1-44。

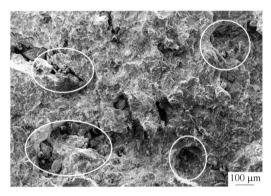 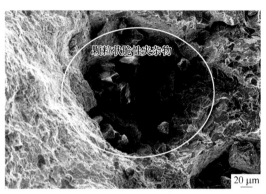

图 1-43　裂纹源 2 断口上密集分布的颗粒状　　图 1-44　裂纹源 2 断口上的密集分布的颗粒状
　　　　　脆性夹杂物扫描电镜形貌　　　　　　　　　　　脆性夹杂物扫描电镜放大像

裂纹源 2 处夹杂物 X 射线能谱分析见图 1-45 和图 1-46。瞬断区解理断裂形貌见图 1-47。

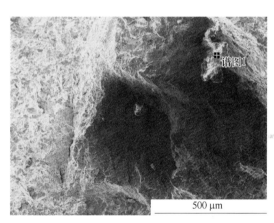

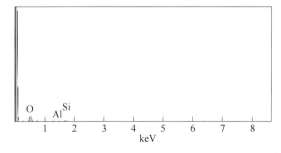

元素	重量百分比/%
O	77.73
Al	4.97
Si	17.30
总量	100.00

图 1-45　裂纹源 2 断口上颗粒状脆性夹杂物扫描电镜形貌、X 射线能谱及 X 射线元素定量分析结果
（脆性夹杂物为不变形铝硅酸盐（莫来石）$3Al_2O_3 \cdot 2SiO_2$，硬度 1500HV，在钢中分布无规律）

1.7.2　分析判断

（1）45 钢转向调整杆接头螺纹根部脆性断裂有两个裂纹源——裂纹源 1 与裂纹源 2，宏观呈现黑色，而其他断口区域为结晶状银灰色，裂纹源起始在螺纹的根部。

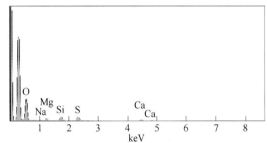

元 素	重量百分比/%
O	53.82
Na	2.14
Mg	4.04
Si	6.10
S	8.41
Ca	25.50
总量	100.00

图 1-46　裂纹源 2 断口上夹杂物扫描电镜形貌、X 射线能谱及 X 射线元素定量分析结果
（夹杂物为 $Na_2O \cdot MgO \cdot SiO_2 \cdot CaO$ 复合夹杂物）

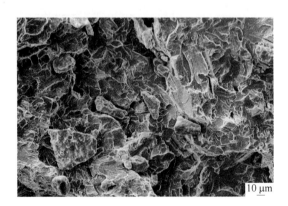

图 1-47　接头管横向解理断裂扫描电镜形貌

（2）在裂纹源 1 和裂纹源 2 断口上观察到密集分布的不变形铝硅酸盐（莫来石）$3Al_2O_3 \cdot 2SiO_2$ 脆性夹杂物，铸态的铝硅酸盐（莫来石）$3Al_2O_3 \cdot 2SiO_2$ 脆性夹杂物在热加工后被轧成数个碎块，与钢基体有很大缝隙，破坏了金属的连续性。

（3）脆性夹杂物的线膨胀系数比金属的要小很多，当冷却时，夹杂物的收缩比金属基体的要小很多，集中分布的脆性夹杂物使金属中应力发生再分布，在这些夹杂物周围产生张应力。夹杂物的线膨胀系数越小，形成的张应力越大，产生的危害也越严重。观察发现脆性夹杂物与基体之间的联结较差，有很大空隙，在集中应力的作用下裂纹往往首先在夹杂物与基体之间产生或夹杂物本身发生，导致微裂纹的早期形成，加速了钢的脆性破坏过程，这是夹杂物所以能降低钢的力学性能和工艺性能的根本原因。

密集分布的不变形铝硅酸盐脆性夹杂物是导致转向调整杆接头螺纹根部脆性断裂的主要原因。裂纹产生后在扭转力的作用下，瞬间产生接头管的横向整体解理脆性断裂。

1.8　追踪硫化物在钢中的变迁

硫化物是钢中最常见的非金属夹杂物，《钢中非金属夹杂物含量的测定标准评级图显微检验法》将硫化物排在非金属夹杂物检验之首，并规定：A 类（硫化物类）为具有高的延展性，有较宽范围形态比（长度/宽度）的单个灰色夹杂物，一般端部呈圆角。钢中硫化物主要以硫化锰 MnS 和硫化锰铁（Fe,Mn）S 形式存在，（Fe,Mn）S 是 MnS 和 FeS 的固溶体，本节用扫描电镜立体直观地研究了硫化物铸态的形貌；在随后热加工、冷加工的变化；在热处理时的溶解和析出规律；在易切削钢的润滑作用。随时追踪硫化物在钢中的变迁行为，研究它们对钢材性能的影响，是一项十分有科学内涵的重要工作。

1.8.1　熔点低——铸态硫化物形态变化莫测

随着现代工业生产和科学技术的迅速发展，对钢材质量的要求日益提高。例如，为了避免连铸板坯产生内部裂纹，得到良好的表面质量，要求普通钢的硫含量小于 0.020%；为了使结构钢具有均匀的机械性能，即减少各向异性，要求钢中硫含量小于 0.010%；为了使石油和天然气输送管、石油精炼设备用钢、海上采油平台用钢、低温用钢、厚船板钢和航空用钢等具有抗氢致裂纹性能、更均匀的机械性能和更高冲击韧性，为了具有良好电磁性能的硅钢，具有优良的深冲性能的薄板钢等，都要求钢中含硫含量小于 0.005%（甚至小于 0.002%~0.001%）。

上述钢中的硫主要以硫化物形式存在。S 在 γ-Fe 中最大的固溶度从 $w(S)$ 为 0.0012%（650 ℃）到 $w(S)$ 为 0.0324%（900 ℃）。但在室温时，S 在 Fe 中几乎没有固溶度。在高温时溶于 Fe 液中的 S 随着温度降低将以 FeS 的形式析出。所以 Fe-S 系中的主要夹杂物为 FeS。当钢中加入 Mn 后，硫化物类型将发生由 FeS→（Fe,Mn）S→MnS 的变化，这种变化的最终产物视 Mn 含量的多少而定，所以，在检验中我们用光学显微镜和扫描电镜看到的硫化物通常是（Fe,Mn）S 或 MnS。

追根寻源，钢中硫化物来源于供转炉炼钢用的铁水中的硫，铁水中的硫来源于高炉炼铁的铁矿粉和各种入炉原料。进口铁矿粉合同要求硫含量小于 0.05%，再加上炼铁需要的其他原料，铁水中的总硫含量还要高。所以，要将铁水中的高硫含量降到钢材中 0.005% 的低硫含量，用传统的高炉炼铁——转炉炼钢工艺是很难生产的，只有在炼钢之前加上铁水预脱硫处理、炼钢之后加上炉外精炼工艺才能实现。

经过铁水预脱硫的铁水在进入转炉炼钢中还要进一步降低钢水中的硫含量。硫元素能无限溶解在钢液中。钢液浇注进入连铸坯结晶器后，在凝固过程中，随着温度的降低，硫和锰将富集于尚未凝固的钢液中，硫和锰发生反应生成 MnS 或（Fe,Mn）S 硫化物，所以在连铸坯、钢锭或钢铸件最后凝固的中心疏松、气泡部位，钢锭的头部、树枝晶组织之间，严重时也可在晶内或晶界上，都可形成较多的硫化物。

图 1-48 是分布在枝晶间的鱼骨状硫化锰铁夹杂物形貌，如此多的硫化物破坏了钢基

体的连续性，降低了钢的机械强度。图 1-49 是分布在气泡壁上球状硫化锰铁夹杂物形貌；图 1-50 是分布在晶界上的球状硫化锰铁夹杂物形貌；图 1-51 是分布在晶内橄榄状硫化锰铁夹杂物形貌；图 1-52 是连铸坯断口韧窝中的粒状硫化锰铁（Mn,Fe）S 夹杂物形貌。

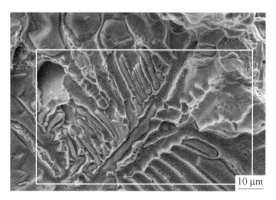

图 1-48　连铸坯断口分布在枝晶间的鱼骨状硫化锰铁夹杂物扫描电镜形貌

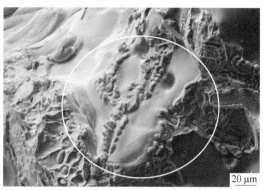

图 1-49　连铸坯断口分布在气泡壁上粒状硫化锰铁夹杂物扫描电镜形貌

图 1-50　连铸坯断口分布在晶界上的球状硫化锰铁夹杂物扫描电镜形貌

（有的球状硫化锰铁在断裂时脱落或留在匹配断口的另一半上）

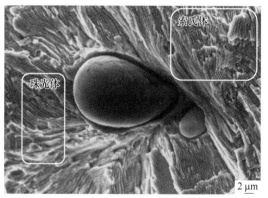

图 1-51　连铸坯断口分布在晶内橄榄状硫化锰铁夹杂物扫描电镜形貌

（断口上显示了连铸坯基体的索氏体（细条）及珠光体（粗条）组织特征）

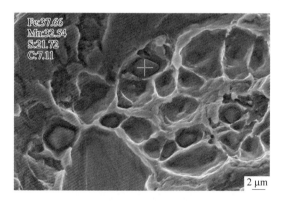

图 1-52　连铸坯断口韧窝中的粒状硫化锰铁（Mn,Fe）S 夹杂物扫描电镜形貌

由于硫化物的熔点约是 1100 ℃，远低于钢的凝固温度，所以当钢水已经在结晶器凝固后，硫化物仍处于液态。因此，它凝固时的形状就与凝固时留给它的空间有关，没有固定形状，而呈现一种液态凝固特征。

1.8.2 塑性好——冷与热加工硫化物延伸呈条状

硫化物是具有高延展性，有较宽范围形态比（长度/宽度）的单个夹杂物，有时稀疏分布在钢中，有时密集分布在钢中而破坏了钢基体的连续性。一般端部呈圆角，长度在 10~30 μm。除单质硫化物，硫化物中常有 D 类球状氧化物、尖晶石、氮化物等夹杂物镶嵌在其中，或与硅酸盐形成共生体；有些情况，CaS 或 MnS 沉淀在钢液中复合夹杂物的表面上，形成 CaS 或 MnS 硬壳；有时还在硫化物内镶嵌角状 TiN 夹杂物颗粒；钢中加入稀土元素后则形成稀土硫化物。硫化物在钢中的分布和形状可以说变化多端。

硫含量为 0.02% 时的 MnS 体积百分率是 0.1%~0.2%（可看作洁净钢），可是，即便是这样的微含量，也会使钢材的塑性和韧性受到很大的影响。当钢经过压力加工变形时，MnS 或（Mn,Fe)S 与钢基体同时产生塑性变形，并呈条带分布，见图 1-53 和图 1-54。

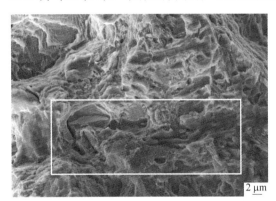 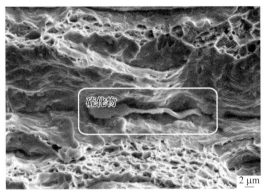

图 1-53　45 钢轧材纵向断口上的条状　　图 1-54　Q235 钢板拉伸纵向断口沟槽中
　　硫化物扫描电镜形貌　　　　　　　　　条状硫化物扫描电镜形貌

图 1-53 与图 1-54 显示当 45 钢棒材与 Q235 钢板经过压力加工变形时，MnS 或（Mn,Fe)S 与钢基体同时产生塑性变形，并呈条带分布，钢基体形成显微沟巢。

在高纯洁度的非调质钢中，MnS 或（Mn,Fe)S 优先在钢中生成，随后在钢凝固和温度下降过程中，TiN 或 AlN 依附在已生成的硫化物类夹杂物上（图 1-55）。在加工变形过程中，当塑性夹杂物和脆性夹杂物共生在一起并同时又与其他脆性夹杂物相邻分布时，在这种情况下，在变形时，整个硫化物（MnS）的变形受到阻碍，使其无法伸长。图 1-56 是钢材中条状硫化物空间分布的示意图，该图具有透视效果，再现了硫化物空间分布状况，以及它们的截面和纵向形貌。从图 1-57 可以看出锻件中硫化物沿热加工方向延伸成条状硫化物。

图 1-58 显示 SWRH82B 钢热轧盘条由 12.5 mm 拉拔变形到 5.05 mm 时，原来盘条中硫化物在盘条冷加工延伸中变得越来越长，氮化钛 TiN 夹杂物从塑性的（Mn,Fe)S 夹杂物基体中机械地分离出来（小球），并保持原始的规则几何形状，图 1-58 上部为夹杂物的 X 射线 S、Fe、Mn、Ti 元素线扫描。

图 1-55　低碳高硫易切削钢棒材纵向断口纺锤形（Mn，Fe）S
硫化物扫描电镜形貌

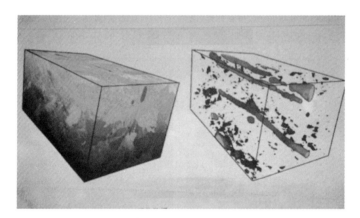

图 1-56　钢材中条状硫化物空间分布图

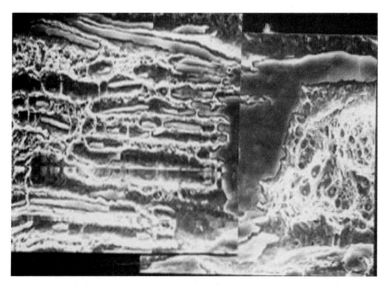

图 1-57　锻件中硫化物沿热加工方向延伸成条状硫化物的扫描电镜形貌

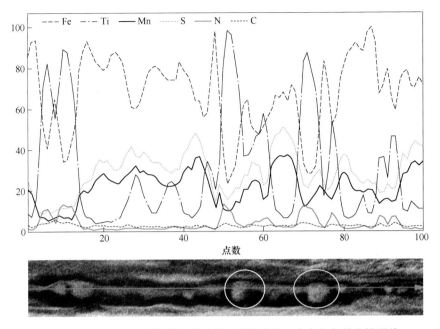

图 1-58 SWRH82B 钢热轧盘条冷拔后硫化物进一步变细扫描电镜形貌

木纹状层状断口是密集分布的条状硫化物的特有断裂方式。例如，40Mn2A 高压氧气瓶出厂前均要求进行水压爆破试验，要求爆破的压力大于 3 倍工作压力。爆破试验后在破裂的氧气瓶断口上呈现木纹状层状断口特征，见图 1-59。

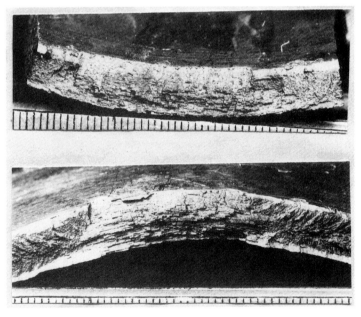

图 1-59 40Mn2A 氧气瓶爆破试验在裂纹处看到的木纹状（朽木状）扫描电镜断口特征

木纹状层状断口是指在锻件、板材、棒材的纵向断口上呈现出非结晶、无金属光泽、无氧化条带、无明显塑性变形的木纹状结构或朽木状结构，断口凸凹不平并呈现木纹台阶状，它多出现在钢的轴心区。钢中存在的大量密集分布条状硫化物是形成木纹状层状断口的内因；锻轧之后，特别是锻比较大，形成纤维组织，是形成层状断口的外因（图 1-60）。木纹状层状断口使钢的横向力学性能，特别是塑性和冲击韧性下降。这种断口用热处理方法不能消除，需要控制级别使用。

图 1-60　木纹状（朽木状）断口在拉拔中条状（Mn,Fe）S 夹杂物扫描电镜形貌

图 1-61 显示了沟槽与硫化物条带沿钢瓶纵向（加工方向）密集分布的形貌。X 射线能谱分析证实，每个沟槽下面都分布着细长条状的（Mn,Fe）S 夹杂物。在应力作用的断裂过程中，每一个细长的（Mn,Fe）S 都是一个微裂纹源，由于夹杂物的塑性和基体不同，在外力的作用下，基体首先变形，长条状的硫化物与基体界面产生显微裂缝。随着应力的增加，这些显微裂缝逐渐长大，直至发展成沿钢纵向的宏观小裂口，密集的小裂口在断裂面上宏观呈现为木纹状特征，加之钢带状组织的作用，使爆破首先在此破开，构成破裂的源区。

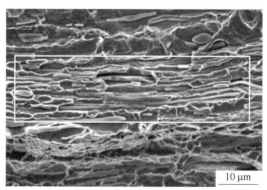

图 1-61　木纹状断口沟槽里密集分布着条状硫化物扫描电镜放大像

1.8.3　固态分解又析出——硫化物晶界重现

钢一般都要进行热加工和热处理，以获得较高的强韧性或其他特殊性能。但是，加热温度过高，反而会导致钢的机械性能恶化，甚至造成材料的报废。钢的这种现象不仅在经过高温加热的钢材中经常出现，而且也在钢锭、铸钢或焊接件中常常遇到。

钢的过热是指钢在加热到某一温度（称作过热温度）以上时，由于粗大奥氏体晶粒晶界的化学成分发生了明显变化（偏析），或在冷却后发生了第二相的沉淀，例如细小硫化物颗粒沿晶界面的析出，导致了这种晶界脆化现象的发生，从而会显著地降低钢的拉伸塑性和冲击韧性。如果采用正常热处理方法可使钢免受晶间断裂，并使其机械性能得以恢复，钢的这种过热称作钢的不稳定过热；否则，称作钢的稳定过热。按照这个定义，钢在临界点以上加热时，当仅仅产生晶粒粗化现象，尽管此时钢的屈服强度也有所降低，但还不属于过热的范畴。

钢在热处理中，由于操作不当、仪表失灵等偶然因素，使钢产生过热现象。过热，不仅使钢的晶粒长大，而且使那些分布于晶粒内部的硫化锰夹杂物发生分解，形成硫和锰，且在随后的冷却过程中，硫和锰又重新化合形成新的硫化锰夹杂物颗粒。这种在固态下硫化物的分解和析出与由液态向固态的结晶不同，它们沿晶粒边界密集析出，大大弱化了晶界强度，只需很小的力就可使其断裂，形成沿晶石状断口，图 1-62 是过热石状沿晶断口的低倍形貌，图 1-63 石状沿晶断口的逐级放大像，图 1-64 是过热沿晶断口晶面韧窝形貌，每个韧窝中都有一颗重新析出的非常微小的硫化物颗粒，可以明显看出弥散分布的粒状硫化物已经严重破坏了钢的连续性，降低了钢的力学性能。我们还在钢材上追踪到硫化锰固态分解和析出变迁的痕迹。

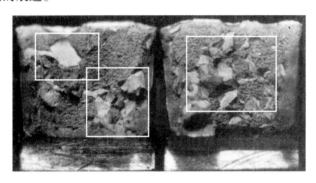

图 1-62　中碳 NiCrMo 钢过热石状沿晶断口低倍形貌

 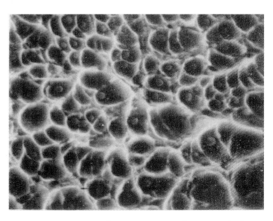

图 1-63　中碳 NiCrMo 钢过热石状沿晶断口的　　　图 1-64　中碳 NiCrMo 钢过热沿晶断口晶面韧窝及
　　　　　 扫描电镜逐级放大像　　　　　　　　　　　　　　　韧窝中粒状硫化锰扫描电镜形貌

　　上述中碳 NiCrMo 钢过热石状断口的微观形态观察结果表明，过热的石状断口为沿晶塑坑断裂。过热断口上的 MnS 夹杂的形态及大小变化很大，在同一个石状颗粒的各个表面上可以表现大不相同。在断口上有时直接观察到 MnS 夹杂物的魏氏析出特征，即硫化物夹杂以极为弥散的形式均匀地析出在高温奥氏体的 {100} 晶面上。

　　钢的过烧定义为钢在固-液相线温度范围内的某一温度（称作过烧温度）以上加热时，奥氏体晶界上不仅产生了化学成分的变化（偏析），而且局部或整个晶界出现烧熔现象。此时在晶界上形成了富硫、磷薄层，在随后的冷却过程中，或者由于这种晶界上存在着单纯的富硫、磷的熔化层；或者伴随着形成树枝状硫化物、磷化铁或低熔点共晶组织（见图 1-65），导致高温奥氏体晶界结合力降低，造成灾难性破坏，从而严重降低了钢的拉伸塑性和冲击韧性。这种机械性能的恶化，是不能用热处理或热加工方法来补救的。

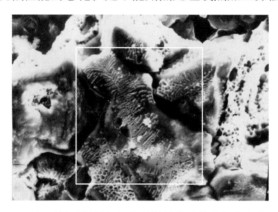

图 1-65　钢过烧后沿晶界析出的树枝状硫化物扫描电镜形貌

　　应当指出，过去一般都以经过热处理的钢是不是出现石状断口作为钢的过热与过烧的重要判据。然而，这个观点至少在解释高碳钢、高合金钢以及钢锭和铸钢等的过热与过烧现象时遇到了困难。例如，高速钢、轴承钢以及某些合金结构钢在经受过热与过烧后，即在使用状态下，有时也往往不出现石状断口，而是形成结晶状断口、瓷状断口或萘状断口。在经过热处理的铸钢中形成的典型晶间断口也不一定全都属于钢的过热机理引起。此外，以往认为粒状 MnS 分布在高温奥氏体晶界常常是过热的标准特征，但是，上述观点不能解释诸如经过稀土金属处理过的钢，即使 MnS 夹杂物完全消失，也依然存在过热现象的事实。同样，也不能解释硼钢的过热现象。因此，在论述钢的过热与过烧现象时，本节着重关注高温加热过程以及随后的冷却过程中奥氏体晶界成分的变化、硫化物的溶解与重新析出以及对钢的机械性能影响的程度，而并不拘泥于某些钢在过热与过烧过程中出现的某种特殊现象。

1.8.4　易切削钢硫化物球给力切屑碎断

　　硫在钢中形成的硫化物种类有很多，在大部分钢中作为有害元素存在。但是，在有些钢种中硫也能作为有益元素而改善钢的性能。例如，易切削钢中的 MnS 硫化物具有良好的自润滑作用；而低碳钢中纳米尺寸弥散硫化物粒子可以钉扎晶界阻碍其运动导致晶粒细化；FeS、MoS_2、WS_2 都具有优良的润滑性能，在涂层、固体润滑剂等方面都有很好的润滑效果。图 1-66 和图 1-67 是易切削钢中的球状硫化物分布特征。

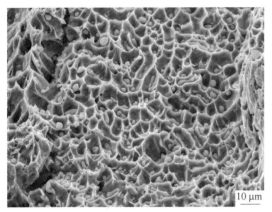

图 1-66 高硫易切削钢断口中的球状硫化物
扫描电镜分布特征

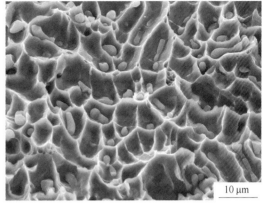

图 1-67 图 1-66 的局部放大像，每个韧窝中
都有一颗球形硫化物

1.8.5 电镜形貌

美国 Buffale 大学机械工程系 Hazra 教授等把微型金属切削装置放进扫描电子显微镜样品室中，在动态切削条件下直接观察金属的切屑形成的微观过程。在这种切削装置中，机械切刀固定不动，被切削的金属工件相对于切刀运动，工件受力可达 1000 N。在外力推动下，随着工件相对于切刀的移动而进行切削，见图 1-68。

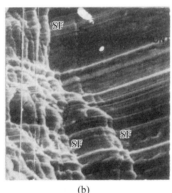
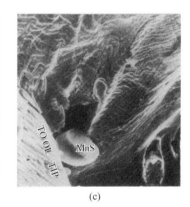

(a)   (b)   (c)

图 1-68 金属切屑形成微观过程扫描电镜照片

图 1-68 （a）显示，在刀具切削的动态过程中，刀刃刚好碰上了一颗粒状硫化物，可以看出切屑已经产生。图 1-68 （b）为图 1-68 （a）黑方框视场的放大像，可以清楚地看出切屑形成过程中剪切前沿的微观细节，切屑已经发生，切屑表面已经发生碎裂。图 1-68 （c）显示出易切削钢在切削过程中弥散分布的球状硫化物在切削加工过程中起到隔断金属连续性的作用。当刀刃刚好碰上硫化物夹杂时，很容易产生显微裂纹，使切屑易于折断、脆化。它对刀刃的作用好比润滑剂，降低了切屑的韧性和黏附性，从而减少了刀具磨损。

这种的动态观察有助于了解易切削钢的切削过程及切屑形成机制。实验证明，任何事情都是一分为二的，虽然硫化物在大多数情况下对特殊钢有坏的影响；但对于要求有良好切削加工性能的制造表壳的不锈钢，球状 MnS 夹杂物满足了它的提高切削性能的要求，大大提高了金属的加工性能，在这里，球状 MnS 夹杂物对生产又起到好的作用。

硫系易切削钢是问世最早、迄今为止用量最大、用途最广的易切削钢，占世界和我国易切削钢总产量的比例分别在 70% 和 90% 以上。硫系易切削钢按硫含量不同，可分为低硫钢、中硫钢和高硫钢，一般低硫钢的 $w(S) \leqslant 0.035\%$；中硫钢的 $w(S) \leqslant 0.04\% \sim 0.09\%$；高硫钢的 $w(S) \leqslant 0.1\% \sim 0.3\%$，最高时硫高达 0.6%。其中，中硫钢由于具有良好的切削性能和机械性能，已广泛应用于工业生产；而高硫钢则属于满足特殊切削性能的钢材。

硫在钢中降低钢的质量、危害性能已为人所熟知。即使钢液经过严格脱硫，它在钢中的出现仍不可避免，因为它在钢液中溶解，在冷凝中由于溶解度减小而沉淀析出。硫在钢中的常温溶解度非常小，尚难准确测定，所以硫在钢中的含量即可视为全部硫化物夹杂物存在。然而，硫化物夹杂的危害有其特定条件，当它在钢中的存在状态（类型、形态、分布、组成等）不影响钢的性能、使用和受力状态等时，它就没有危害，或者变为有利。所以，不考虑客观条件，一味追求钢的纯净，往往既不经济，又不科学。因此，了解硫化物夹杂和钢性能之间的关系，从而按照客观条件需要来安排钢中的硫化物夹杂，是这方面研究的关键所在。

数量和形貌是控制钢中硫化物两个相辅相成的研究方法，两者缺一不可，误报或隐瞒数据，在形貌中必有所体现，甚至造成失效的恶果。本节用扫描电镜列举的一些实例，形象立体直观地再现了硫化物的铸态形貌、它们在热加工和冷变形中的变化、在热处理中的溶解和析出、硫化物改善切削性能等，用一分为二辩证法的观点阐明钢中硫化物的变迁规律以及它和钢性能之间的复杂关系。扫描电镜高分辨率高景深拍摄的硫化物立体照片，使那些在钢中看不见摸不着形态各异的硫化物，栩栩如生地浮现在您的脑海之中，并升华为硫化物与钢性能的密切联系，使您在获得硫化物知识的同时也感到无限的乐趣。

1.9　复相夹杂物

在很多研究"钢中非金属夹杂物"的论文和技术报告中，将《钢中非金属夹杂物含量的测定标准评级图显微检验法》标准中 D 类"球状氧化物"用几种不同的技术术语来表达，诸如复合氧化物、复杂氧化物、复合夹杂物、复杂夹杂物、复杂化合物、大型复合夹杂物等。在表达形式上也各种各样，如将其描述为含有氧、锰、铁、镁、铝、硫、钙等元素的复合夹杂物；或含有 FeO、Fe_2O_3、MnO、SiO_2、Al_2O_3、MgO、CaO、TiO_2 等简单氧化物组成的复杂夹杂物，这些术语和表达方式既不统一也比较模糊，缺少科学内涵，使读者读起来不能建立起一个十分确切的概念，甚至产生疑惑和误解。

1.9.1　非金属夹杂物的相结构特征

扫描电镜及 X 射线能谱仪或电子探针为准确鉴定钢中非金属夹杂物属性提供了非常可靠的技术保证，它可以将 D 类等非金属夹杂物的二维和三维形貌与所含元素的 X 射线元素面分布图、与其所含元素或所含简单氧化物的重量百分数和原子百分数定量分析结果有机结合起来，对 D 类非金属夹杂物给出一个全新的诠释。由此，作者提出了非金属夹杂物的相结构概念，用"复相夹杂物"代替目前常用的"复杂夹杂物"或"复合夹杂物"等概念，重新认识这个对钢性能有重要影响的 D 类非金属夹杂物。

在引入复相夹杂物之前，必须明确几个基本概念：

首先必须指出，复杂氧化物、复杂夹杂物、复杂化合物中用"复杂"来形容 D 类非金属夹杂物并不科学。"复杂"常被用来形容社会科学和人类生活的难易程度，很少用在专业技术术语的描述，用它形容 D 类非金属夹杂物的复杂程度既抽象又不确切，不能给出形貌和成分的概念。

第二，叫复合夹杂物也值得商榷，"复合"是一种掺和的意思，复合夹杂物是一种混合物的概念，混合物带有机械混合之意，而混合物内各组元的分布无规律。

第三，叫复杂化合物也不妥，化合物是纯净物，由不同种元素组成的纯净物叫作化合物，并可以用一种化学式表示；而混合物则不是，它没有化学式。大量观察与分析发现，D 类非金属夹杂物有其特殊的形貌和结构特征。特征之一，D 类非金属夹杂物有一个核心，并不是一个质地均匀的球体；特征之二，核心外面包裹着一种固溶体或化合物，形成两层结构，如钙处理钢中常见内核为 $m\text{CaO} \cdot n\text{Al}_2\text{O}_3$，外围为 $(\text{Mn}, \text{Ca})\text{S}$ 的两层复相夹杂物；特征之三，有些两层夹杂物的表面上还覆盖一层薄的 CaS 固溶体壳，形成三层结构；特征之四，在球状固溶体之中镶嵌着有一定几何图案的微单晶体颗粒；特征之五，D 类"球状氧化物"很少以简单氧化物的形式存在，由于脱氧剂的加入和复杂的物理化学反应，大多数以复相形式存在；特征之六，实际上非金属夹杂物因其太微小，又存在于钢基体之中，是没有办法和能力进行相结构解剖观察的，但是将试样进行金相抛光可以显露出核心夹杂物及其基体的截面，对其截面不同区域进行 X 射线能谱分析，可以比较准确地分析核心夹杂物、边缘、特殊点的成分，很容易对其进行相鉴定。上述六种特征呈现一种物质"相"结构特征。所谓"相"是指一个宏观物理系统所具有的一组状态，也通称为物态。这种层状结构特征中的一个相物质具有单纯的化学组成和物理特性，相与相之间有明显的边界。各种 D 类夹杂物是大家公认和熟悉的，在 D 类夹杂物前冠以"复相"二字就能够形象逼真描述其结构和成分特征。所以，称两种或两种以上具有明显边界的化合物组成的夹杂物为复相夹杂物比较科学，这些化合物可以是尖晶石类夹杂物、铝酸盐类夹杂物、硅酸盐类夹杂物，或其他类型的夹杂物。同一元素在复相夹杂物中可以以一种或多种化合物状态存在，如以 Al_2O_3 为核心外面包裹着 $m\text{CaO} \cdot n\text{Al}_2\text{O}_3$ 铝酸盐，铝就有 Al_2O_3——氧化铝和 $m\text{CaO} \cdot n\text{Al}_2\text{O}_3$——铝酸盐两种存在形式。

目前，扫描电子显微镜（SEM）与 X 射线能谱仪（EDS）分析非金属夹杂物技术已经得到飞速发展，不但可以得到比光学显微镜观察所得到的更清晰的夹杂物形貌图像及其化学成分的信息，而且还可以全自动收集数据而非需要人工操作。一个适用扫描电子显微镜和 X 射线能谱仪的专用夹杂物分析软件（The Inclusion Classifire）已经在分析中应用，该分析技术用氧化物三元相图的分析方法，显示各种氧化物重量百分数的阈（值），例如，某一复相夹杂物的含量：Al_2O_3 20%；SiO_2 10%；CaO 50%；TiO_2 20%，三角形相图的每个角包含有一个或多个氧化物，这种夹杂物类别定性分析就是采用了复相夹杂物的概念。

1.9.1.1 单相夹杂物

相对于复相夹杂物，单相夹杂物是夹杂物相结构特征的最简单形式。目前已知的单相夹杂物，如 SiO_2、Al_2O_3、AlN、MnS、TiN、FeO、MnO、SiO_2、ZnO_2 等夹杂物，具有质地均匀的金相特征，用透射电子显微镜或带 EBSD 软件的扫描电镜电子衍射方法可以准确测定这些夹杂物的晶格常数，体现一种单相结构特征。再如铝酸钙——$m\text{CaO} \cdot n\text{Al}_2\text{O}_3$ 就是由 CaO 和 Al_2O_3 组成的纯净物，也具有一定的特性和组成；尖晶石 $\text{MgO} \cdot \text{Al}_2\text{O}_3$、硅酸盐、铁锰氧化物——$(\text{Mn}, \text{Fe})\text{O}$ 或 $\text{FeO} \cdot \text{MnO}$，虽然由两种氧化物组成，但从其剖开的断面上观察质地也很均匀，是由两种或两种以上的元素组成的化合物或固溶体，也体现一种单相结构特征。

图 1-69 是 $\phi 15$ mm SWRH82B 钢轧后拉伸横向断面中铝酸钙——$m\text{CaO} \cdot n\text{Al}_2\text{O}_3$ 夹杂物形貌及元素面分布图。从夹杂物断面上看，质地均匀。在断裂时夹杂物发生破裂，从破裂面上可以看出质地均匀呈现单相特征。

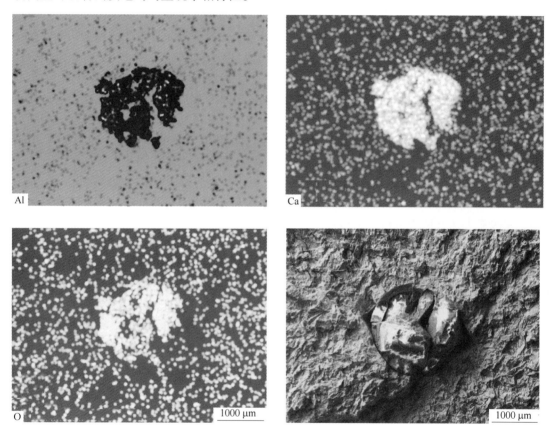

图 1-69   SWRH82B 钢热轧盘条拉伸横向断口中铝酸钙——$m\text{CaO} \cdot n\text{Al}_2\text{O}_3$
夹杂物形貌及 X 射线 Al、Ca、O 元素面分布图
（Al、Ca、O 元素分布均匀）

图 1-70 是 SWRH82B 钢热轧盘条拉伸断口中 $\text{MgO} \cdot \text{Al}_2\text{O}_3$——尖晶石夹杂物形貌及 X 射线元素面分布图。其中，八面锥体 $\text{MgO} \cdot \text{Al}_2\text{O}_3$——尖晶石夹杂物呈现单相结构特征。

1.9.1.2　双层结构复相夹杂物

双层结构的复相夹杂物是复相夹杂物中最多的，实际上 D 类和 DS 复相夹杂物从分子式上看是由 MgO、CaO、Al_2O_3、SiO_2、Cr_2O_3、FeO、MnO、ZrO_2、TiO_2 等氧化物，两个、三个、四个或五个组合在一起，如 $\text{MgO} \cdot \text{Al}_2\text{O}_3 \cdot \text{SiO}_2 \cdot \text{CaO}$ 复合夹杂物，其中 SiO_2、CaO、BaO、TiO_2 等氧化物来自脱氧合金，ZrO_2 氧化物来源是中间包浸入式水口，Na_2O、

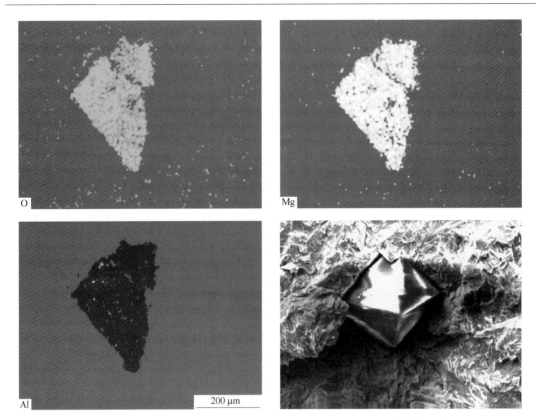

图 1-70　SWRH82B 钢热轧盘条拉伸断口 MgO·Al$_2$O$_3$ 尖晶石夹杂物形貌及
X 射线 O、Mg、Al 元素面分布图
（O、Mg、Al 元素分布均匀）

K$_2$O 来自结晶器保护渣。从破损的夹杂物立体形貌观察，以及夹杂物金相截面不同区域显示不同颜色并有明显的边界来分析，发现其内部结构并不像上述单相夹杂物那样质地均匀，它们大多像元宵的结构那样，中心有一个"馅"，可称其为夹杂物的"核心"。这个"核心"可以是最早形成的熔点较高的 Al$_2$O$_3$、SiO$_2$ 或尖晶石 MgO·Al$_2$O$_3$ 等固态夹杂物。这些固态夹杂物在钢水搅拌中颗粒相互碰撞，由于钢水与颗粒不湿润（Al$_2$O$_3$ 和钢水之间的接触角等于 140°~145°），钢水从颗粒间隙流出，颗粒碰撞后彼此烧结在一起，聚集长大到 10~100 μm，甚至长成更大的串簇状物，就有很大的驱动力使其上浮到钢水表面被渣相吸收并且不再进入钢液，由此降低了钢水中的总氧量。但是，总会有一部分固态夹杂物不能离开钢液，在以后的物化反应中，剩余的固态夹杂物在钢熔池中生长扩展并不断改变其化学成分，MgO、CaO、Al$_2$O$_3$、SiO$_2$ 等都会在核心上沉淀，像制作元宵那样一层一层在"核心"上包裹上 MgO、CaO、SiO$_2$、Cr$_2$O$_3$、FeO、MnO 等氧化物，形成铝酸盐相、硅酸盐相，核心与包裹物铝酸盐、硅酸盐相之间的体积分配既有"薄皮大馅"，也有"厚皮小陷"，形成双层结构的复相夹杂物特征。

图 1-71 是以 MgO·Al$_2$O$_3$ 尖晶石为核心外面包裹着 mCaO·nAl$_2$O$_3$——铝酸盐双层复相夹杂物截面金相形貌。中心三角状物即为 MgO·Al$_2$O$_3$ 尖晶石夹杂物，外层为 mCaO·nAl$_2$O$_3$ 铝酸盐。

图 1-72 是以 SiO$_2$ 为核心（中心黑色）CaO·SiO$_2$ 为基体的双层复相夹杂物形貌。

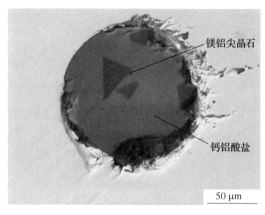

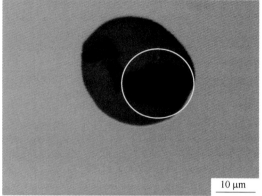

图 1-71　以 MgO · Al$_2$O$_3$ 尖晶石为核心外面包裹着 mCaO · nAl$_2$O$_3$ 铝酸盐的双层复相夹杂物形貌

图 1-72　以 SiO$_2$ 为核心（中心黑色）CaO · SiO$_2$ 为基体的双层复相夹杂物形貌

图 1-73 是 SWRH82MnA 钢轧后拉伸断口上的硬脆性铝酸钙 mCaO · nAl$_2$O$_3$（21 μm）形貌，沿金属流线方向（上下）有一个锥形空隙，球状铝酸钙表面有几个小锥形的尖晶石 MgO · Al$_2$O$_3$ 夹杂物粘连在表面上。铝酸钙 mCaO · nAl$_2$O$_3$ 夹杂物较硬，在轧后没有变形和碎裂，在轧制力或拉拔力的作用下，钢基体和夹杂物界面处的前后（轧制方向），夹杂物使金属流线受到一个成锐角的力，而使金属流线发生显微变化，故在夹杂物界面沿流线方向形成一个锥形空隙。

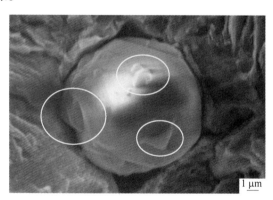

图 1-73　mCaO · nAl$_2$O$_3$ 铝酸盐夹杂物表面分布着数个 MgO · Al$_2$O$_3$ 尖晶石的复相夹杂物形貌

图 1-74 是 20SiMn 钢以 Al$_2$O$_3$ 为核心外面包裹着 2MnO · SiO$_2$ 的双层复相夹杂物形貌及 X 射线元素面分布图。图中显示 Al$_2$O$_3$ 核心占有较大的体积分数。

图 1-75 是 16Mn 钢 50 μm 的 DS 类球状不变形 Al$_2$O$_3$ · SiO$_2$ · CaO 复相夹杂物形貌，夹杂物中心有一个 Al$_2$O$_3$ 核心。

在高纯净度的非调质钢中，MnS 或（Mn, Fe)S 优先在钢中生成。随后在钢凝固和温度下降过程中，固态的 TiN 或 AlN 晶体颗粒依附在已生成的液态硫化物类夹杂物上，形成塑性硫化物与 TiN 或 AlN 晶体颗粒的共生体。塑性的硅酸盐和脆性的尖晶石夹杂物也会共生在一起，形成共生体。共生体也是复相夹杂物。

采用轻钙（喂钙硅线）处理的钢，钢中加入钙，把固态的 Al$_2$O$_3$ 转变成液态的铝酸钙

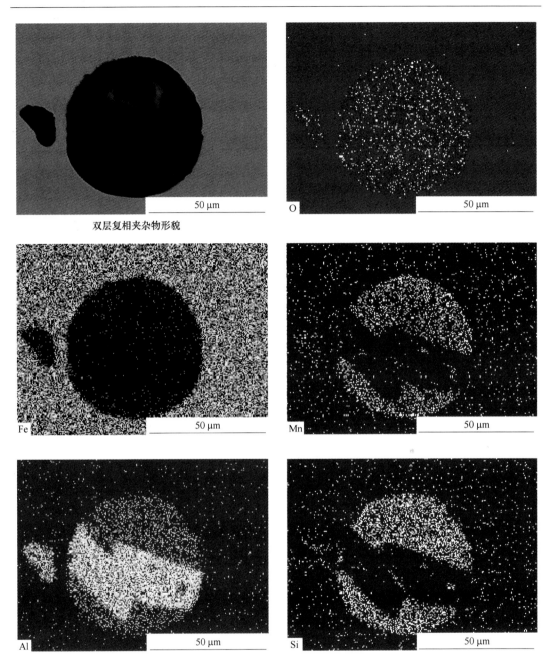

双层复相夹杂物形貌

图 1-74   20SiMn 钢以 Al_2O_3 为核心外面包裹着 $2MnO \cdot SiO_2$ 的双层复相
夹杂物形貌及 X 射线 O、Fe、Mn、Al、Si 元素面分布图

（$12CaO \cdot 7Al_2O_3$），这种富 CaO 的铝酸钙盐具有很高的硫含量，能吸收钢中的硫，在凝固过程中硫在铝酸钙盐的溶解度降低，以 CaS 形式在球体表面析出，形成内部为铝酸钙，表面包围一层 CaS 壳的双相夹杂物。钙处理时，除转变固态 Al_2O_3 形态，还要控制钢中硫含量，使 CaS 不单独析出，而形成心部为 $CaO \cdot 6Al_2O_3$，外围为 CaS+MnS 的双相夹杂物，它熔点高，轧制时不延伸，消除了 MnS 的不利影响。

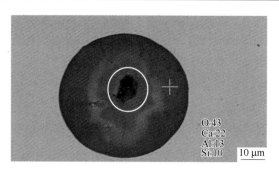

图 1-75　16Mn 钢 50 μm 的 DS 类球状不变形 $Al_2O_3 \cdot SiO_2 \cdot CaO$
复相夹杂物形貌，夹杂物中心有一个 Al_2O_3 核心

1.9.1.3　三层结构复相夹杂物

在检验中除发现双层复相夹杂物，还经常观察到三层单相夹杂物组成的复相结构，一种是其形核部位为 $MgO \cdot Al_2O_3$——镁铝尖晶石，外包裹 $mCaO \cdot nAl_2O_3$——钙铝酸盐的二层复相结构；另一种是表面还包裹一层 CaS 硬壳的三层结构复相夹杂物。

两层或三层结构的复相夹杂物，各个相分布无规律，可以是"薄皮大馅"或"厚皮小馅"，这只是一种复相夹杂物形貌的非专业的形象比喻。实际上钢水流动过程中各种夹杂物经历相互碰撞、长大、聚合复杂的化学物理过程，这种碰撞可以是布朗运动，夹杂物在钢水中做无规则运动彼此接触；也可能做斯托克斯碰撞，大颗粒夹杂物上浮速度快，追上小颗粒夹杂物而聚合在一起；或者液态夹杂物将固态夹杂物包裹镶嵌在其中；或速度梯度碰撞，钢水流动速度使两个夹杂物相互靠近而发生聚合。这种碰撞、聚合、包裹可以是固态夹杂物外包裹一层液相夹杂物，也可以是两个或三个液相夹杂物的融合，或者一个固相夹杂物与几个液相夹杂物的聚合，所以形成的复相夹杂物比较复杂。

图 1-76 是三层复相夹杂物金相形貌。基体为铝酸钙（3），核心为 $MgO \cdot Al_2O_3$ 尖晶石（1），CaS 硫化钙为外壳（2）。

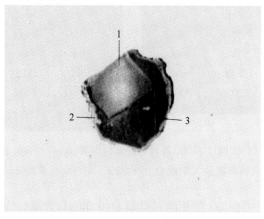

图 1-76　三层复相夹杂物金相形貌
（核心为 $MgO \cdot Al_2O_3$ 尖晶石（1），基体为铝酸钙（3），外表面为硫化钙（2））

图 1-77 和图 1-78 中的夹杂物也是三层复相夹杂物金相形貌，核心为 $MgO \cdot Al_2O_3$ 尖晶石，基体为硅铝酸钙，外表面似糖稀物为硫化钙。

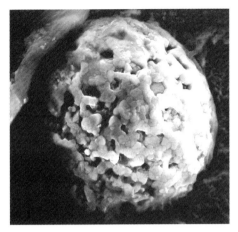 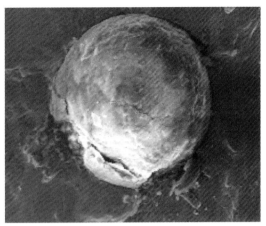

图 1-77　三层复相夹杂物扫描
电镜形貌及 X 射线能谱图
（基体为硅铝酸钙，核心为 $MgO \cdot Al_2O_3$
尖晶石，似糖稀物样的硫化钙为外壳）

图 1-78　三层复相夹杂物扫描电镜形貌
（基体为铝酸钙，核心为 $MgO \cdot Al_2O_3$
尖晶石，硫化钙为外壳）

1.9.1.4　析出镶嵌型复相夹杂物

另外，在铝酸钙 $m\mathrm{CaO} \cdot n\mathrm{Al_2O_3}$ 的基体内也会镶嵌上尖晶石 $MgO \cdot Al_2O_3$、ZrO_2、TiO_2 等硬脆性的晶体状夹杂物，氧化铝外包裹着硫化钙或硫化锰等多种情况，它们都属于镶嵌型复相夹杂物。目前，已经观察到析出镶嵌型球状复相夹杂物和保护渣液滴型镶嵌复相夹杂物两种。

图 1-79 是一种单颗粒析出镶嵌型球状复相夹杂物金相形貌。从抛光的夹杂物中心截面可以看出，深灰色基体为铝酸钙 $m\mathrm{CaO} \cdot n\mathrm{Al_2O_3}$，在其内部分布着颗粒状白灰色 $Al_2O_3 \cdot \mathrm{CaO} \cdot SiO_2$、亮白色 $ZrO_2 \cdot TiO_2$ 晶体颗粒，黑色的小方块为尖晶石。

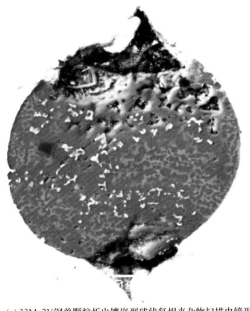

(a) 33Mn2V 钢单颗粒析出镶嵌型球状复相夹杂物扫描电镜形貌

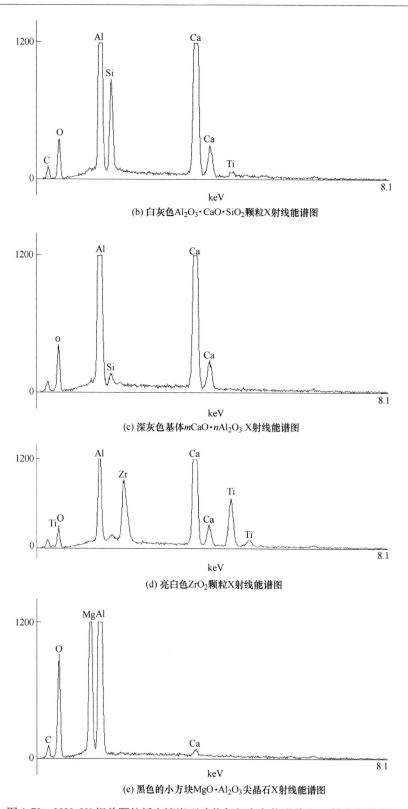

(b) 白灰色$Al_2O_3 \cdot CaO \cdot SiO_2$颗粒X射线能谱图

(c) 深灰色基体$mCaO \cdot nAl_2O_3$ X射线能谱图

(d) 亮白色ZrO_2颗粒X射线能谱图

(e) 黑色的小方块$MgO \cdot Al_2O_3$尖晶石X射线能谱图

图 1-79　33Mn2V 钢单颗粒析出镶嵌型球状复相夹杂物形貌和 X 射线能谱分析

图 1-80 所示的复相夹杂物基体为 $m\mathrm{CaO} \cdot n\mathrm{Al_2O_3}$——铝酸钙（70 μm），里面镶嵌着纯尖晶石——$\mathrm{MgO} \cdot \mathrm{Al_2O_3}$（块状）和灰色条状——$\mathrm{ZrO_2} \cdot \mathrm{TiO_2}$ 晶体颗粒（中间包水口结瘤落入钢水形成的）。

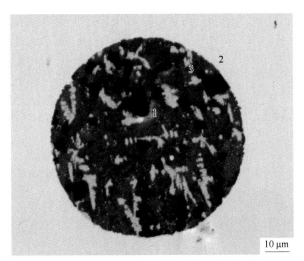

10 μm

(a) SA-210C钢单颗粒析出型镶嵌球状复相夹杂物形貌

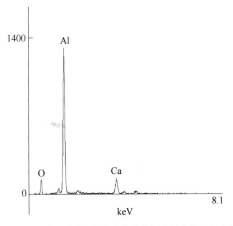

元素	重量百分比/%
Al	40.74
Si	0.00
Na	0.00
Mg	1.19
K	0.23
Ca	9.07
Ti	3.17
Zr	2.07
O	43.53
总量	100.00

(b) 镶嵌球状复相夹杂物基体铝酸钙能谱图及元素定量分析结果

元素	重量百分比/%
Al	38.31
Si	0.04
Na	0.00
Mg	15.66
K	0.06
Ca	0.36
Ti	0.42
Zr	0.23
O	44.92
总量	100.00

(c) 镶嵌物纯尖晶石$\mathrm{MgO} \cdot \mathrm{Al_2O_3}$(块状)的能谱图及元素定量分析结果

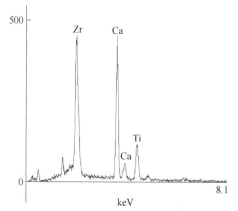

元素	重量百分比/%
Al	1.01
Si	0.00
Na	0.00
Mg	0.00
K	0.07
Ca	24.78
Ti	11.40
Zr	32.80
O	29.93
总量	100.00

(d) 灰色条状的$ZrO_2·TiO_2$晶体形夹杂物能谱图及元素定量分析结果

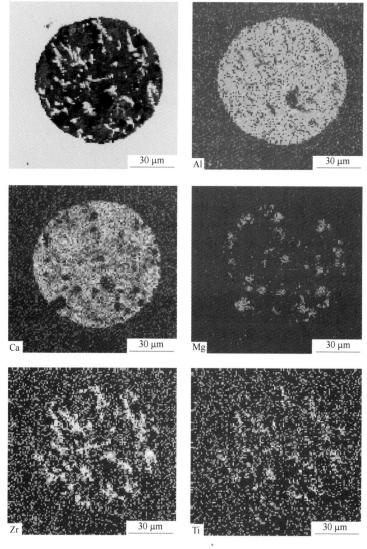

(e) SA-210C钢80 μm单颗粒析出型镶嵌球状复相夹杂物形貌及元素Al、Ca、Mg、Zr、Ti面分布

图1-80　SA-210C 钢单颗粒析出镶嵌型球状复相夹杂物综合分析

1.9.2 小结

综上所述，除单相夹杂物外，复相夹杂物的形核可以来自于耐火材料与炉渣外来夹杂物，但其外层组织却来自于内生夹杂物，因此复相夹杂物与工艺有着复杂的关系，即内层对应高熔点的外来夹杂物的固态夹杂物，而外层则产生在包裹内核的冶炼过程之中。低熔点的液态夹杂物和同等大小的固态夹杂物相比更难从钢液中去除，液态夹杂物与钢液的接触角比固态夹杂物与钢液的接触角要小很多，容易被钢液湿润，所以液态夹杂物与钢液分离前很容易再次进入钢液并进一步发展。在 D 类和 DS 类夹杂物中，一种是心部是 Al_2O_3，外面包裹着钙铝硅酸盐，其表面附有硫化钙硬壳的三层复相夹杂物；也可能是核心为高熔点的镁铝尖晶石，基体为钙铝酸盐 $12CaO \cdot 7Al_2O_3$，表面包裹一层 CaS 硬壳的三层复相夹杂物。

在炉渣碱度较高（$CaO/SiO_2 = 2 \sim 3.2$）的精炼条件下生产的低氧含量轴承钢中的 DS 类夹杂物主要是三层复相结构：心部，具有晶体学特征的尖晶石；次表层为钙铝酸盐；外表层为 CaS 硬壳。

2 结晶器保护渣夹渣缺陷

在连铸坯生产过程中，转炉、电炉、精炼炉、钢包、中间包炉衬材料、浇铸水口耐火材料和结晶器保护渣等都会产生冶金缺陷，通常称为外来夹杂物。这种外来夹杂物主要是钢水和钢包衬、中间包衬材料的剥蚀和结晶器保护渣发生了卷渣行为产生的偶然的化学和机械作用产物，它们对钢有百害而无一利，称之为夹渣。夹渣主要包括包衬耐火材料侵蚀剥离进入钢液形成的夹渣和结晶器保护渣卷渣造成的夹渣，或者是两者的熔融体。由于连铸工艺是近30年才普及应用的先进工艺，在当前的夹杂物评级标准中对其没有说明，但是夹渣在钢铁产品中出现的几率高危害大，已经引起钢铁界的广泛关注。本章主要介绍结晶器保护渣夹渣缺陷的四种形式：液态夹渣、烧结状夹渣、粉状夹渣、液滴镶嵌型夹渣。不仅显示其微观相貌和成分，更主要的是揭露它们对钢的有害作用。

2.1 连铸结晶器保护渣组成

一是基料部分，提供 SiO_2、CaO、Al_2O_3 的基本造渣材料。

二是辅助材料，为调节熔渣的熔化温度及黏度而提供 Na_2O、K_2O、CaF_2 等成分的物料或提供 LiO_2、K_2O、BaO_2、NaF、AlF_3、B_2O_3 等成分的物料，这些辅助材料起助熔作用。

三是为调剂熔化速度而配入提供的 C 粒子的材料，称为熔速调节剂。

Na_2O 具有较低的熔点（920℃），在保护渣中能使熔点明显降低。它又是碱土金属氧化物，可降低酸性保护渣的黏度。据研究，当渣中 $Na_2O<9\%$ 时，提高 Na_2O 的含量，有较强的降低熔渣黏度的作用。但当浇铸含 Al 高的钢种时，过高的 Na_2O 含量易与 Al_2O_3 结合，使渣中析出高熔点的霞石（$Na_2O\cdot Al_2O_3\cdot 2SiO_2$），从而降低液渣黏度。因此浇铸含 Al 高的钢种应限制渣中 $Na_2O\leqslant 12\%$。

当在检测到的夹渣中出现了 K、Na、F、Li、C、Ba、B 等保护渣元素时，即可判定是结晶器保护渣发生了卷渣行为，形成了夹渣缺陷。

按基料的化学成分，连铸结晶器保护渣可分为 SiO_2-Al_2O_3-CaO 系、SiO_2-Al_2O_3-FeO 系、SiO_2-Al_2O_3-Na_2O 系，其中以前者的应用最为普遍。在此基础上，可加入少量添加剂（碱金属或碱土金属氧化物、氟化物、硼化物等）和控制熔速的炭质材料（炭黑、石墨和焦炭）等。

按形状，连铸结晶器保护渣可分为粉状渣，由机械混合成型；颗粒渣，挤压成型的产品呈长条形，圆盘法成型的产品呈球形，喷雾法成型的产品呈空心球颗粒。

按使用的原材料，连铸结晶器保护渣可分为原始材料混合型、半预熔型和预熔型。按使用特性，根据钢种特性、连铸设备特点和连铸工艺条件，连铸结晶器保护渣可分为各种规格的保护渣，包括低、中、高碳钢保护渣和特种钢专用渣、发热型开浇渣等。

空心颗粒型保护渣见图 2-1~图 2-3。开浇渣见图 2-4 和图 2-5。300A 保护渣见图 2-6 和图 2-7。

图 2-1 空心球颗粒保护渣粉体形貌

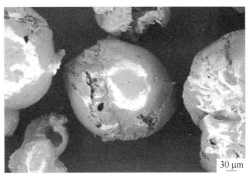

图 2-2 空心颗粒型保护渣背散射电子像

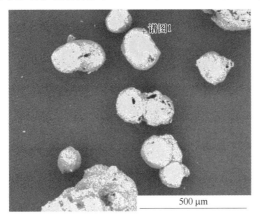

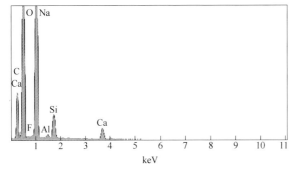

元素	重量百分比/%
C	15.63
O	51.21
F	0.83
Na	27.94
Al	0.26
Si	2.13
Ca	2.00
总量	100.00

图 2-3 保护渣 X 射线能谱图及 X 射线定量分析结果

（含有 C、O、F、Na、Al、Si、Ca 等保护渣成分）

图 2-4 开浇渣扫描电镜二次电子形貌

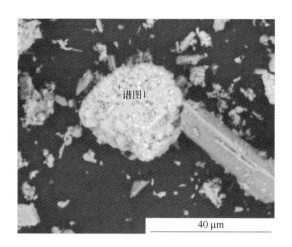

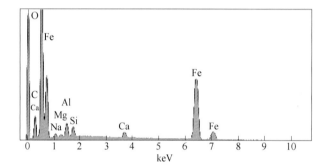

元素	重量百分比/%
C	9.93
O	34.75
Na	0.63
Mg	0.37
Al	1.56
Si	1.10
Ca	1.17
Fe	50.51
总量	100.00

图 2-5　开浇渣 X 射线能谱图及 X 射线定量分析结果

（含有 C、O、Na、Mg、Al、Si、Ca、Fe 等起铸粉成分）

图 2-6　300A 保护渣粉体形貌

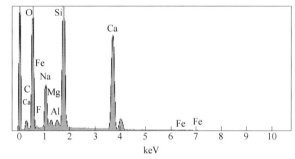

元素	重量百分比/%
C	4.97
O	46.34
F	1.55
Na	5.54
Mg	0.62
Al	0.55
Si	17.81
Ca	22.17
Fe	0.45
总量	100.00

图 2-7　300A 保护渣 X 射线能谱图及 X 射线定量分析结果

（含有 C、O、F、Na、Mg、Al、Si、Ca、Fe 等 300A 保护渣成分）

2.2　保护渣在结晶器中的基本功能

在连铸生产过程中保护渣发挥着五大基本功能：

（1）防止钢液面的二次氧化，此功能主要由熔渣层完成。连铸浇铸时保护渣加到钢液面上后迅速形成熔渣层，并均匀地覆盖在钢液面上，使钢液与空气隔离，从而有效防止空气与钢液接触，避免钢液二次氧化。但是若保护渣中含有较高的 FeO，会增加金属-渣界面的氧势，提高熔渣层中氧的扩散速率，促进氧从空气传入钢液面，因此应避免 FeO 的加入。一般保护渣总铁含量小于 4%，其中许多高规格保护渣已低于 1%。

（2）绝热保温，此功能主要由粉渣层和烧结层完成。提高保温性能能防止钢液面搭桥和凝固结壳，维持弯月面区域较高的温度，减轻振痕，保证熔渣流入结晶器/坯壳间缝隙的通畅，减少针孔等皮下缺陷。钢液表面的凝固和弯月面初生坯壳的提前凝固对坯壳表面将产生不良影响。保护渣的绝热保温性能与保护渣的散装密度、形状及炭的类型及含量有关。保护渣越细、密度越小，渣的铺展性越好，碳含量越高，粒径越小，保护渣的绝热性能就越好。粉渣和空心球形渣的绝热保温性能最佳，实心球形颗粒渣次之，柱状颗粒渣最差。

（3）吸收和溶解非金属夹杂物，此功能主要由液渣层完成。非金属夹杂物主要来源于耐火材料的腐蚀和还原产物，其中最为常见的是 Al_2O_3 夹杂，它们若不能被保护渣吸收，就可能被卷入坯壳，就会导致铸坯破裂和塑性损失。保护渣能与漂浮在钢液中的非金属夹杂物反应，生成低熔点物质，溶解进入液态保护渣中。黏度是保护渣吸收夹杂物能力的主要控制因素，黏度减小，夹杂物吸收能力增强。为防止夹杂物进入保护渣后引起碱度、黏度、熔化温度、结晶温度的较大变化，应对保护渣进行优化，如选用高碱性高玻璃化连铸保护渣等措施。

（4）在结晶器和坯壳间起润滑作用，此功能由液态渣膜完成。保护渣的润滑作用是相当重要的，良好的润滑作用是防止黏结漏钢发生，保证连铸过程顺利进行，提高铸坯质量的重要因素。润滑程度取决于所形成液态渣膜的厚度及均匀性，与熔化速度、黏度、凝固温度、液渣层厚度有关。

（5）控制坯壳与结晶器之间传热的速度和均匀性，此功能主要由固态渣膜完成。为改善结晶器的传热，形成均匀的坯壳，防止裂纹的产生，坯壳与结晶器之间必须有厚度均匀的渣膜。渣膜的传热取决于固态渣膜的厚度和液渣渗入到坯壳与结晶器间缝隙的行为。

在以上五个作用中，最重要的是润滑坯壳和控制传热。

2.3　保护渣在结晶器中的卷渣行为

连铸铜结晶器与钢液面之间的结晶器保护渣分三层：与铜结晶器接触的保护渣为粉状层，与钢液面接触的保护渣为液态层，中间是烧结层。因此，卷入连铸坯中的夹渣也有液滴状、烧结状和粉状三种形状。其中的液滴状呈现一种镶嵌复相夹杂物特征。图 2-8 是结晶器卷渣机理示意图。

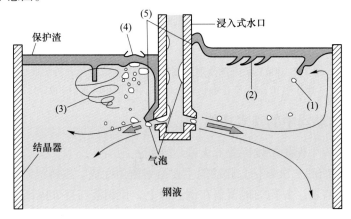

图 2-8　结晶器卷渣机理示意图

迄今为止，对卷渣机理的研究很多，现总结如下：

（1）回流夹渣。当浸入式水口插入深度过浅而拉坯速度较低时，流股冲击不到结晶器窄面，从浸入式水口流出的流股到达结晶器窄面后分为上升流和下降流，导致钢液与保护渣之间产生剪切流，其向下的分速度把保护渣卷入钢水，若渣滴不能再次回到渣层而被钢液裹挟至钢液熔池深处或被凝固坯壳捕捉，则会进入结晶器导致静态下卷渣。

（2）结晶器内壁卷渣。在结晶器壁附近，由于表面液体的不稳定流动，将保护渣卷入钢水。卷入的渣滴有可能重新上浮至渣钢表面，也有可能被凝固坯壳前沿捕捉，由于流场的快速变化导致的动态卷渣形成皮下夹渣。

（3）偏流卷渣。由于紊流或水口出流不对称造成的水口两侧流场的不对称，将导致水口两侧的表面流速不等，当表面流速相差到一定程度后，两表面流在水口附近汇合时将在速度较小的一侧产生旋涡，这种旋涡的能量较大时，即可把保护渣卷入钢液内部。此外，钢液从水口冲出时，水口从上方会形成负压区，在负压区的影响下旋涡会被拉伸、加强，由旋涡卷吸的渣滴就有可能被带到钢液熔池深处，卷渣就形成了。由于偏流引起的卡门（Kalman）旋涡也会导致偏流卷渣。

（4）由浸入式水口（SEN）出来的氩气泡上升到液面处破裂导致渣带入钢液。

（5）当钢流以固定速度流经 SEN 时，由于回压降低引起卷渣。

上述的卷渣机理中（图 2-8），当 SEN 出口的钢流速较大时，（1）、（2）、（3）、（5）可能发生，且在出现偏流时还会加强。当一定量的 Al_2O_3 黏附在 SEN 的内壁时，增加了流动的阻力，使得 SEN 的两个出口的钢流不相同，产生偏流。另外，当采用吹入氩气来减少黏附的 Al_2O_3 粒子时，氩气就会沿着水口内壁向下运动，从 SEN 一侧的水口流出，且在钢液中上升形成大气泡，同时 SEN 一侧出口流出的钢液增加。因此，在某种程度上，吹入 SEN 内的氩气就会引起偏流，当大氩气泡到达弯月面时，同保护渣接触，就会产生（4）中描述的卷渣。

如果液态保护渣中含有未熔保护渣颗粒就形成镶嵌晶体颗粒的复相夹杂物。加入能够软化和吸收浮渣的材料，改善浮渣的流动性，加强保护渣的干燥处理，可以减少连铸坯的皮下夹渣和皮下气泡。

2.4 夹渣的主要特征

夹渣的主要特征：

（1）尺寸大。来自耐火材料侵蚀的夹渣通常比结晶器保护渣卷渣造成的夹渣要大。

（2）复合成分及多相结构。钢水和渣中的 MgO、SiO_2、FeO 和 MnO 以及炉衬耐火材料之间的多元反应造成夹杂物成分复杂，它们在运动时，容易吸收捕获脱氧产物，这些外来夹杂物通常作为异相形核核心，在钢水中运动的新夹杂物以此核心沉淀析出。

（3）形状不规则。耐火材料侵蚀多呈棱角成堆集聚在显微疏松处，大多数为多相，保护渣夹渣有液态凝固状、烧结状和粉状三种。

（4）相比小夹杂物而言数量较少，但对钢性能危害严重。

（5）由于此类夹杂物通常是在浇铸和凝固时被捕捉，因此具有偶然性，在钢中零星分布。

为消除铸坯表面夹渣，应该采取如下措施：

（1）尽量减小结晶器液面波动，最好控制在小于 5 mm，保持液面稳定。

（2）浸入式水口插入深度应控制在（125±25）mm 的最佳位置。如过深，增加了夹杂物和气泡卷入铸坯深处的机会，且由于热点下移，增大了漏钢的概率，并造成化渣不良、润滑不好。

（3）浸入式水口出口的倾角要选择得当，以出口流股不致搅动弯月面渣层为原则。

（4）中间包塞棒的吹氩气量要控制合适，防止气泡上浮时对钢渣界面强烈搅动和翻动。

（5）选用性能良好的保护渣，并且 Al_2O_3 原始含量应小于 10%，同时控制一定厚度的液渣层。

（6）在保证保护渣能顺利流入结晶器与铸坯表面之间的缝隙的情况下，适当增大保护渣黏度，保证合适的液渣层厚度。

（7）拉坯速度较快，保护渣熔融结构变化，熔渣层厚变薄，粉渣层卷入钢液的几率增大；拉速太慢，容易造成回流卷渣。

（8）采用钢包吹氩搅拌、中间包净化、钢流保护等措施减少浮渣数量也是很关键的手段。

2.5　连铸坯结晶器保护渣夹渣的三种形式

2.5.1　连铸坯结晶器保护渣液态夹渣

2.5.1.1　U71Mn 钢重轨连铸方坯液态夹渣

规格为 250 mm×280 mm 的 U71Mn 钢重轨连铸方坯，酸洗后在其表面上发现有大量的圆形孔洞及白色球状颗粒，见图 2-9 和图 2-10。

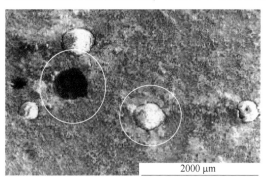

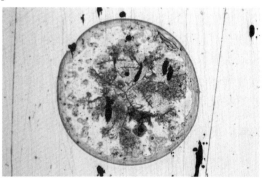

图 2-9　方坯表面圆形孔洞及白色球状　　　　　图 2-10　白色球状液态夹渣
　　　颗粒夹渣扫描电镜形貌　　　　　　　　　　　　颗粒二维扫描电镜形貌

U71Mn 钢重轨连铸方坯表面夹渣为连铸卷渣形成的液态球状颗粒，凝固时镶嵌在坯的表面或浅表面，球状夹渣颗粒脱落后留下半球形坑。夹渣主要含有 Na_2O、MgO、Al_2O_3、SiO_2、CaO 等成分，X 射线能量定量分析结果显示，其中 Na_2O、Al_2O_3、SiO_2 是结晶器保护渣的主要成分，MgO、Al_2O_3、SiO_2 是中间包及水口耐火材料的主要成分，$w(Na_2O) = 9.38\%$，$w(MgO) = 3.48\%$，$w(Al_2O_3) = 17.96\%$，$w(SiO_2) = 40.93\%$，$w(CaO) = 25.22\%$，$w(TiO_2) = 1.18\%$，$w(MnO) = 1.84\%$。所以，白色球状液态是熔融结晶器保护渣与耐火材料剥蚀产物的融合体，见图 2-11。

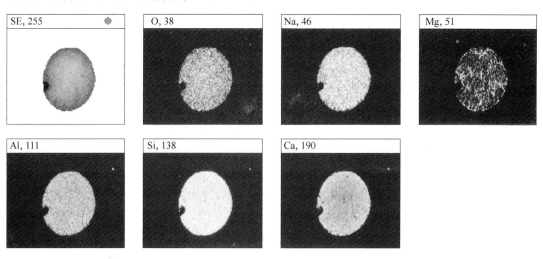

图 2-11　白色球状液态夹渣颗粒 X 射线 O、Na、Mg、Al、Si、Ca 元素面分布图
（该夹渣主要含有 Na_2O、MgO、Al_2O_3、SiO_2、CaO 等成分）

2.5.1.2　60Si2Mn 钢连铸方坯内的液态夹渣

在对 60Si2Mn 钢连铸方坯表面进行外观检查时，发现其表面有很多如图 2-12 所示的渣坑，于是取样进行内部金相观察。发现了很多形态尺寸极为相似的液态夹渣渣滴，见图 2-13 和图 2-14。

图 2-12　180 mm×180 mm 方坯 60Si2Mn 钢角部
深 4 mm 夹渣坑形貌

图 2-13　液态球状夹渣扫描电镜形貌

图 2-14　浮云状液态球状夹渣扫描电镜形貌

60Si2Mn 钢连铸方坯内的夹渣的主要特征：

（1）球状，尺寸大，80~160 μm。

（2）其中 Na_2O、Al_2O_3、SiO_2 是结晶器保护渣的主要成分，MgO、Al_2O_3、SiO_2 是中间包及水口耐火材料的主要成分，球状液态夹渣是熔融结晶器保护渣与剥蚀耐火材料的融合体，白色浮云状物为不导电的 CaO。

（3）质地坚硬，在抛光时感到比钢基体坚硬，甚至发生脆断。

（4）数量多，说明浇注时卷渣十分严重，如此多的液态夹渣轧成材并制成结构件，会产生不可估量的危害。

（5）由于此类夹渣通常是在浇铸和凝固时被捕捉，因此具有偶然性，在钢中零星分布。

2.5.1.3　45 钢连铸坯液态夹渣

45 钢连铸方坯酸洗后发现表面有大量圆形孔洞和黄白色残留物，见图 2-15~图 2-18。

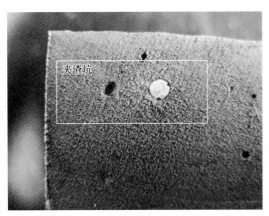

图 2-15　45 钢连铸方坯表面大量圆形孔洞和黄白色残留物形貌

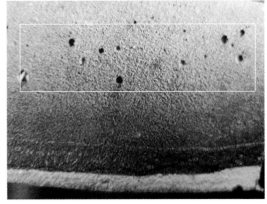

图 2-16　45 钢连铸坯表面上的夹渣坑形貌

图 2-17　45 钢连铸坯液态夹渣扫描电镜形貌

图 2-18　45 钢连铸坯浮云状液态夹渣扫描电镜形貌

45 钢铸坯表面残留物为球状液态夹渣，是熔融结晶器保护渣与剥蚀耐火材料的融合体，白色浮云状物为不导电的 CaO，半球形孔洞是液态夹渣脱落所致。

2.5.1.4 SWRH82B 钢连铸坯液态（玻璃态）夹渣

典型 SWRH82B 钢连铸坯液态（玻璃态）夹渣见图 2-19。

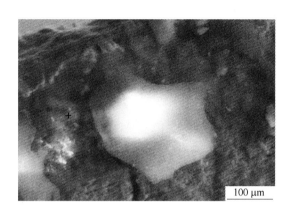

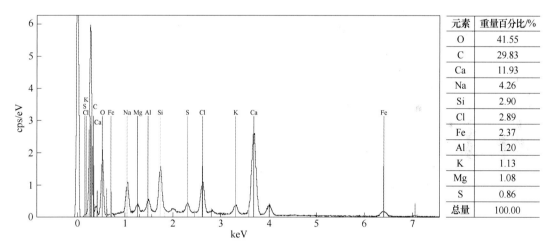

元素	重量百分比/%
O	41.55
C	29.83
Ca	11.93
Na	4.26
Si	2.90
Cl	2.89
Fe	2.37
Al	1.20
K	1.13
Mg	1.08
S	0.86
总量	100.00

图 2-19 SWRH82B 钢连铸坯呈玻璃态液态夹渣形貌、X 射线能谱图及 X 射线元素定量分析结果

SWRH82B 钢 140 mm×140 mm 连铸坯在进行低倍酸洗检验时，在铸坯横断面的浅表面发现肉眼可见的缺陷，切取缺陷试样，抛光腐蚀后在扫描电镜与 X 射线能谱仪上进行观察与分析，结果如下。

A 1 号试样

SWRH82B 钢连铸坯 1 号金相试样液态结晶器保护渣观察与成分分析见图 2-20~图 2-28。

B 2 号试样

SWRH82B 钢连铸坯 2 号金相试样结晶器液态保护渣夹渣成分分析见图 2-29~图 2-33。

观察分析认为，两个连铸坯低倍金相试样出现的冶金缺陷为连铸结晶器液态球状渣滴，其中 Na_2O、Al_2O_3、SiO_2 是结晶器保护渣的主要成分，MgO、Al_2O_3、SiO_2、TiO_2 是中间包及水口耐火材料的主要成分，球状液态渣滴是熔融结晶器保护渣夹渣与剥蚀耐火材料的融合体。

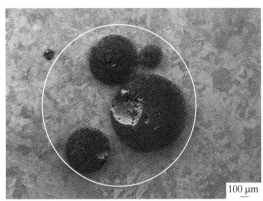

图 2-20　SWRH82B 钢连铸坯 1 号金相试样浅表面 5 个大小不一的球状液态结晶器保护渣夹渣扫描电镜形貌

图 2-21　图 2-20 浅表面大颗粒球状液态结晶器保护渣夹渣扫描电镜放大像

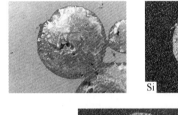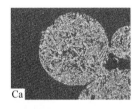
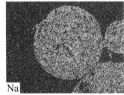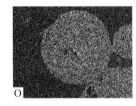

图 2-22　浅表面大颗粒球状液态结晶器保护渣形貌、
X 射线 Si、Ca、Fe、Na、O、Al 元素面分布

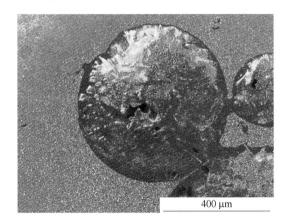

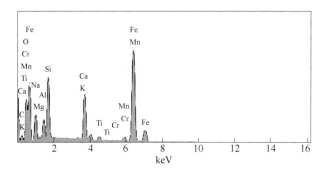

元素	重量百分比/%
C	0.10
O	21.44
Na	8.05
Mg	0.48
Al	3.35
Si	9.63
K	0.28
Ca	8.41
Ti	0.99
Cr	0.21
Mn	1.73
Fe	45.33
总量	100.00

图 2-23　另一个浅表面大颗粒球状液态结晶器保护渣扫描电镜形貌、X 射线能谱图及元素定量分析结果

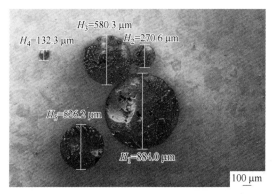

图 2-24　SWRH82B 钢连铸坯 1 号金相试样浅表面 5 个球状液态结晶器保护渣夹渣尺寸分布扫描电镜形貌
（最大接近 1 mm，两个 0.5 mm，最小 152 μm）

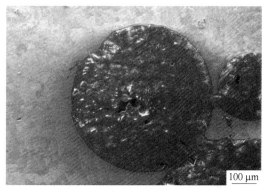

图 2-25　SWRH82B 钢连铸坯 1 号金相试样浅表面 1 个球状液态结晶器保护渣夹渣扫描电镜形貌

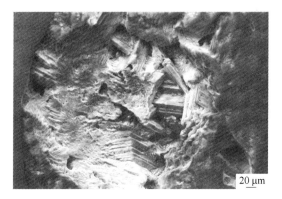

图 2-26　浅表面大颗粒球状液态结晶器保护渣夹渣内部层状放大像
（液态夹渣在抛光时由于其组织不致密导致部分玻璃脱落，露出其里面结晶结构特征，可以看到液态结晶时的层状生长特征）

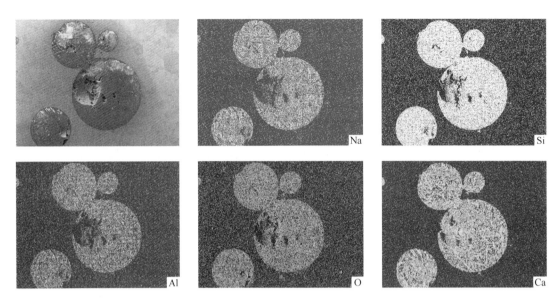

图 2-27　浅表面大颗粒球状液态结晶器保护渣形貌、X 射线 Na、Si、Al、O、Ca 元素面分布图

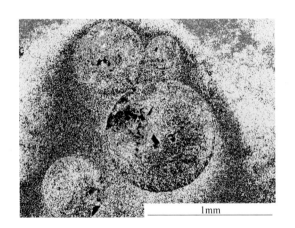

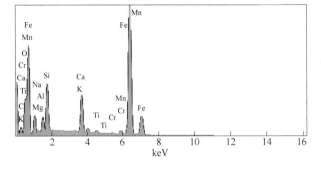

元素	重量百分比/%
C	0.12
O	13.25
Na	5.94
Mg	0.35
Al	2.34
Si	6.86
K	0.21
Ca	5.92
Ti	0.57
Cr	0.21
Mn	1.44
Fe	62.81
总量	100.00

图 2-28　浅表面球状液态结晶器保护渣形貌、X 射线能谱图及元素定量分析结果

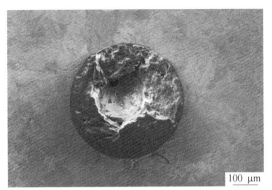 

图 2-29 SWRH82B 钢连铸坯 2 号金相试样浅表面
单个球状液态结晶器保护渣夹渣扫描电镜形貌

图 2-30 SWRH82B 钢连铸坯 2 号金相试样浅表面
另一个球状液态结晶器保护渣夹渣扫描电镜形貌

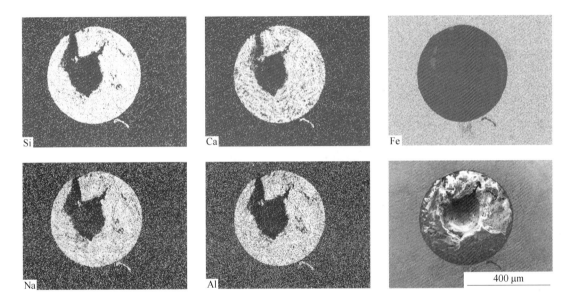

图 2-31 浅表面大颗粒球状液态结晶器保护渣形貌、X 射线 Si、Ca、Fe、Na、Al 元素面分布图

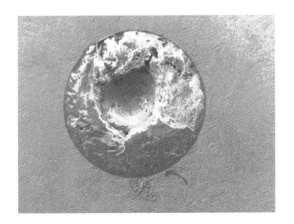

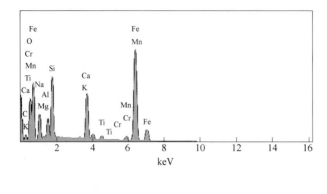

元素	重量百分比/%
C	0.14
O	10.55
Na	4.38
Mg	0.35
Al	1.90
Si	5.66
K	0.17
Ca	4.41
Ti	0.43
Cr	0.25
Mn	1.37
Fe	70.41
总量	100.00

图 2-32　浅表面大颗粒球状液态结晶器保护渣形貌，X 射线能谱图及元素定量分析结果

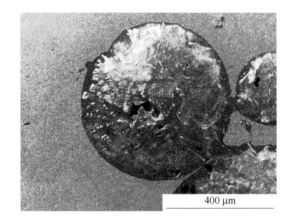

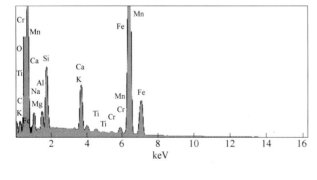

元素	重量百分比/%
C	0.10
O	21.44
Na	8.05
Mg	0.48
Al	3.35
Si	9.63
K	0.28
Ca	8.41
Ti	0.99
Cr	0.21
Mn	1.73
Fe	45.33
总量	100.00

图 2-33　大颗粒球状液态结晶器保护渣形貌，X 射线能谱图及元素定量分析结果

2.5.1.5　ER50-6 连铸坯低倍白色斑点与球状夹渣

ER50-6 连铸坯低倍检验中发现有两片低倍试片中出现了白色斑点冶金缺陷，在每片低倍试片的边部都有一颗白色斑点，尺寸约 1 mm，肉眼明显可见，白色。在其一个面的

3 cm深处还发现7颗类似的白色斑点。除白色斑点外，其他低倍组织均为合格。用镊子尖抠白色斑点后发现十分坚硬，质地均匀，证明是液态夹渣缺陷。

ER50-6连铸坯低倍白色斑点与球状夹渣的微观特征见图2-34~图2-36。

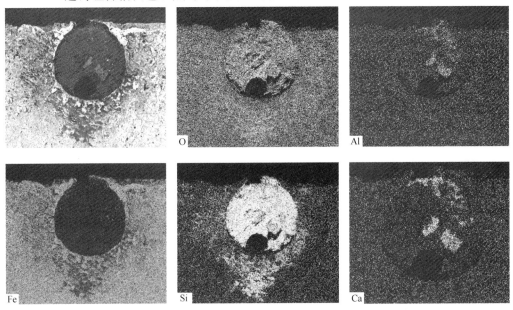

图2-34 白色斑点冶金缺陷扫描电镜放大像及O、Al、Fe、Si、Ca元素面分布图

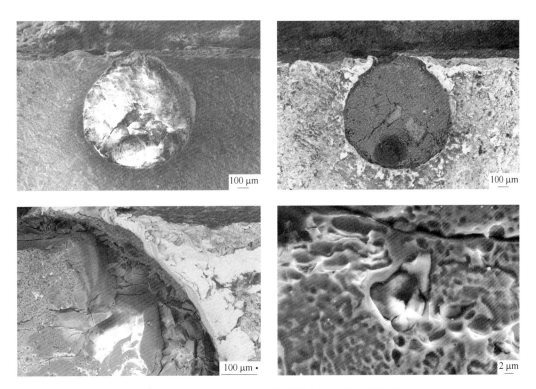

图2-35 ER50-6连铸坯低倍球形夹渣扫描电镜形貌

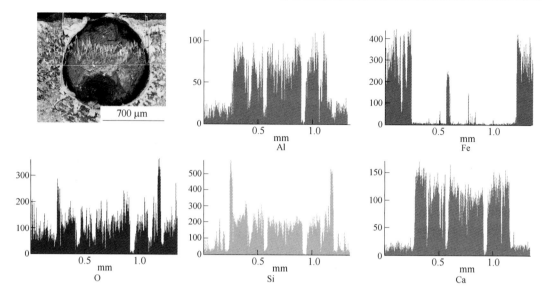

图 2-36　ER50-6 连铸坯低倍球形夹渣扫描电镜形貌及 X 射线
Al、Fe、O、Si、Ca 元素线扫描图

白色斑点或球状物的主要成分是 SiO_2、Al_2O_3、CaO 等，在定量分析中发现有少量 K_2O、Na_2O，它们是结晶器保护渣的成分，证明该白色球状物是结晶器保护渣的熔融渣滴卷入连铸坯的浅表面。

分析认为，任何冶炼上或钢水传递上的操作，尤其是在钢水从一个容器到另一个容器时，都会引起渣钢间的剧烈混合，造成渣颗粒悬浮在钢液中。卷渣形成的夹渣尺寸在 10～300 μm 之间，含有大量的 CaO、Al_2O_3、SiO_2、K_2O、Na_2O 等成分，在钢水温度下液渣层保护渣通常为液态。在敞开浇铸时如结晶器内的钢水上表面出现旋涡使得液渣层保护渣液滴浸入连铸坯的浅表面或更深的区域，滞留后就会形成这种像火山岩浆凝固后形成的坚固岩石，在其球形的内部也镶嵌没有熔化的保护渣固体颗粒。低倍及扫描电镜观察发现，颗粒较大夹渣缺陷在低倍试片呈现肉眼可见白色斑点特征，在发现白色斑点的试片边部切取条状试样并制造冲击断口。在扫描电镜下也观察到完全一样的夹渣冶金缺陷，说明这种卷渣形成的缺陷分布是随机的，在连铸坯上弧的浅表面任何部位都有可能存在，应该对产生这种缺陷的原因进行工艺上的改进。

2.5.2　连铸坯夹渣的烧结状夹渣

连铸铜结晶器与钢液面之间的结晶器保护渣分三层；与铜结晶器接触的保护渣为粉状层，与钢液面接触的保护渣为液态层，中间是烧结层。因此，卷入连铸坯中的夹渣包括液滴状、烧结状和粉状三种形状。其中的液滴状呈现一种镶嵌复相夹杂物特征。本节介绍连铸坯烧结状夹渣，烧结是指将粉状材料以低于其熔点温度转变为致密体的工艺过程，比如焦炭、烧结砖、铁矿粉烧结块等。

2.5.2.1　Q345 探伤密集烧结状夹渣缺陷

这是目前在连铸坯生产中观察到的最为严重的卷渣行为或者说事故，触目惊心的图片，令人震惊，它直接使高炉、转炉、精炼、连铸工艺成果付之东流，造成巨大的经济损失，望读者能从中吸取教训。图 2-37～图 2-41 是一组连铸坯表面密集分布的渣坑形貌，数量之多，数不胜数。

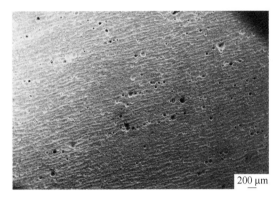

图 2-37　连铸坯表面的密集分布的
夹渣及渣坑形貌

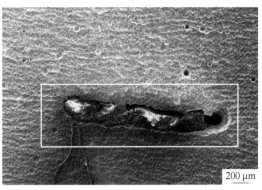

图 2-38　连铸坯表面尺寸超过 1.5 mm 的
条状烧结状夹渣扫描电镜形貌

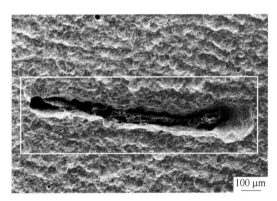

图 2-39　连铸坯表面尺寸超过 2 mm、宽度超过
100 mm 的条状烧结状夹渣扫描电镜形貌
（夹渣与钢基体有较大的缝隙，成为潜在的裂纹源）

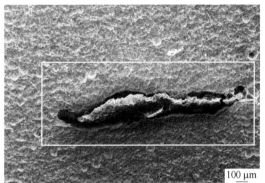

图 2-40　连铸坯表面尺寸超过 2 mm、
宽度超过 300 mm 的条状烧结状夹渣
扫描电镜形貌

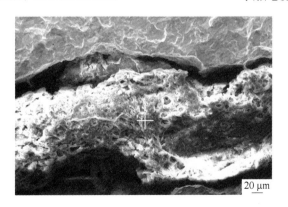

图 2-41　图 2-40 条状烧结状夹渣局部扫描电镜放大像

从上述案例可以明显看出，夹渣首先在连铸坯表面用眼睛检测到。连铸坯加工后，由于夹渣缺陷的遗传性，在棒材、线材、板材、无缝管、锻件等的裂纹缺陷处都能找到它们

的踪迹，它们与裂纹的产生密切相关。现将夹渣特征归纳如下：

（1）尺寸大。形成的夹渣尺寸在 10~300 μm，来自耐火材料被侵蚀的外来夹杂物通常比卷渣造成的外来夹杂物要大，卷渣造成夹渣主要含有大量的 CaO、Al_2O_3、SiO_2、Na_2O、K_2O 及 C 粉等成分；耐火材料被侵蚀的外来夹杂物通常含有 MgO、SiO_2、FeO、MnO、CaO、Al_2O_3 等。

（2）复合成分及多相结构。由于钢水和渣中的 MgO、SiO_2、FeO 和 MnO 以及炉衬耐火材料之间多元反应生成的外来夹杂物成分十分复杂，它们在运动时，容易吸收捕获脱氧产物，这些外来夹杂物通常作为异相形核核心，在钢水中运动的新夹杂物常常以此核心沉淀析出。

（3）夹渣经常与气孔或缩孔（疏松）共生，无金属光泽，在扫描电镜下有放电现象。

（4）产生裂纹或孔洞的夹渣冶金缺陷从来源上分，包括来自炉衬和中间包衬的耐火材料的夹渣，保护渣卷入连铸坯厚度方向形成的皮下夹渣冶金缺陷。

（5）由于此类夹渣缺陷通常是在浇铸和凝固时被捕捉，因此具有偶然性和随机性，在连铸坯中分布无规律性，在低倍酸浸试片上的表面、浅表面或更深的区域经常能观察到此种缺陷。

2.5.2.2　45 钢连铸坯烧结状夹渣缺陷

对 45 钢连铸坯进行断口观察时，发现很多烧结状夹渣缺陷，见图 2-42~图 2-45。

图 2-42　45 钢连铸坯断口烧结状夹渣缺陷
扫描电镜形貌 1

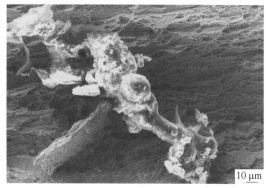
图 2-43　45 钢连铸坯断口烧结状夹渣缺陷
扫描电镜形貌 2

图 2-44　45 钢连铸坯断口烧结状夹渣缺陷
扫描电镜形貌 3

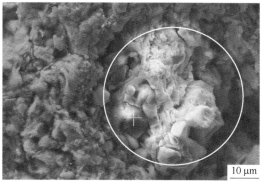
图 2-45　45 钢连铸坯断口烧结状夹渣缺陷
扫描电镜形貌 4

在《钢中非金属夹杂物含量的测定标准评级图显微检验法》（GB/T 10561—2005/ISO 4967：1998(E)）中没有对夹渣缺陷评级做出规定，但是目前在连铸坯、钢材的冶金质量检验和结构件失效分析中，夹渣的出现频率很高。钢在压力加工中承受轧制、冲压、扩孔、疲劳等力的作用，如果连铸坯的表面或浅表面中存在由于卷渣形成的夹渣冶金缺陷，轧制钢板会出现孔洞，冲压容器会出现裂纹，高压锅炉管扩孔试验会出现的小裂口，轴承钢疲劳断裂大多也是夹渣惹的祸，它们对钢质量的影响甚至超过标准中的 DS 类夹杂物，应该引起我们足够的重视。

烧结状夹渣特征：

（1）来自结晶器保护渣的烧结层；

（2）外形具有烧结特征，颗粒结合松散；

（3）无固定形状；

（4）每个颗粒的成分并不完全一致。

2.5.3 连铸坯夹渣的粉状夹渣

在对 SWRH82B 钢连铸坯进行断口观察时，发现了很多松散粉状夹渣缺陷，见图 2-46~图 2-49。

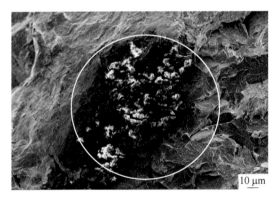

图 2-46 SWRH82B 钢连铸坯断口上成堆分布的粉状夹渣扫描电镜形貌 1

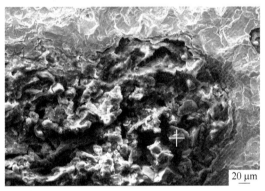

图 2-47 SWRH82B 钢连铸坯断口上成堆分布的粉状夹渣扫描电镜形貌 2

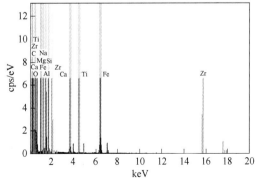

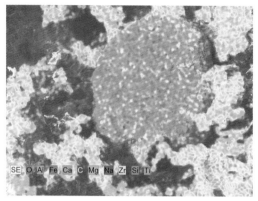

图 2-48　SWRH82B 钢连铸坯断口上成堆分布的粉状夹渣扫描
电镜形貌及 X 射线能谱图、X 射线元素假彩色分布

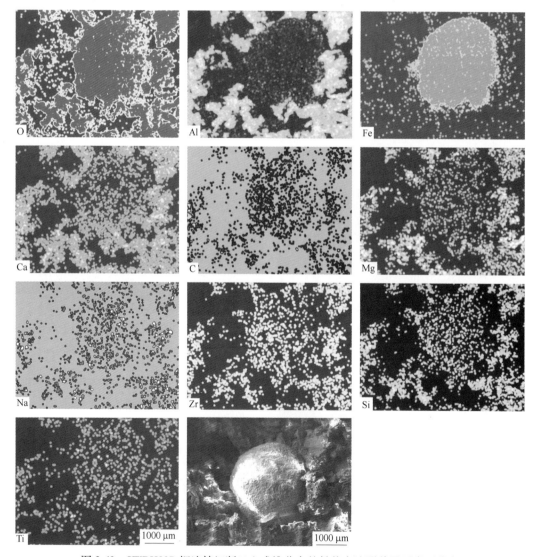

图 2-49　SWRH82B 钢连铸坯断口上成堆分布的粉状夹渣形貌及元素面分布

粉状夹渣特征：

（1）来自结晶器保护渣与铜结晶器接触的保护渣粉体层；

（2）极为松散的粉体特征；

（3）说明浇铸时湍流十分严重，将粉体层的保护渣卷入连铸坯内；

（4）分布面积大，对钢结构件危害极大。

2.5.4　液滴镶嵌型夹渣

2.5.4.1　45 钢连铸坯的液滴镶嵌型夹渣

45 钢连铸坯发现很多松散粉状夹渣缺陷，夹渣形状特征有三种形态：一种是呈松散的机械混合物，其中的单个颗粒形状不规则呈棱角特征，成堆集聚在显微疏松处，称为粉状夹渣；第二种是球形或不规则形状坚硬的凝固态或液态，内部镶嵌许多呈棱角特征的细小颗粒物，大多数为多相，称为液态夹渣；第三种是烧结状特征，称为烧结状夹渣。相比内生小夹杂物而言数量较少，但对钢性能危害十分严重。

在光镜和扫描电镜检验中，经常能检测出与结晶器保护渣成分相同的球形夹渣，例如冷轧板的带状缺陷和厚板的边裂缺陷。超低碳钢 60%的表面缺陷都是结晶器保护渣卷渣导致的缺陷，卷入连铸坯中的夹渣也有液滴状、烧结状和粉状三种形状。其中有的液滴状夹渣还呈现一种镶嵌复相夹杂物特征，图 2-50 是液滴镶嵌型夹渣扫描电镜形貌，基体为含有 C、Na、O、Si、Al 等成分的液态保护渣，夹渣中镶嵌着晶体型没有熔化的保护渣固体颗粒钠盐。

45 钢连铸坯的液滴镶嵌型夹渣的微观特征见图 2-51~图 2-53。

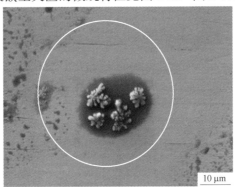

图 2-50　45 钢连铸坯中保护渣扫描电镜形貌
（内部镶嵌没有熔化的梅花状保护渣钠盐固体颗粒）

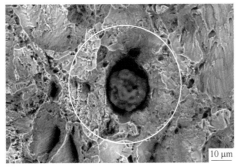

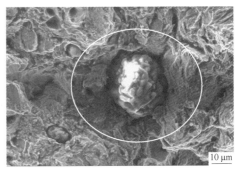

图 2-51　45 钢连铸坯断口中保护渣液滴
镶嵌型夹渣扫描电镜形貌 1

图 2-52　45 钢连铸坯断口中保护渣液滴
镶嵌型夹渣扫描电镜形貌 2

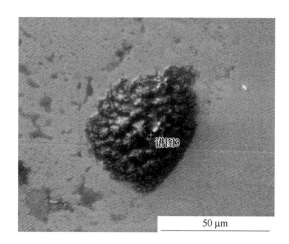

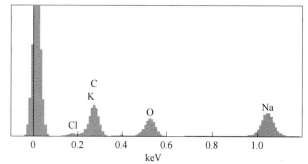

元素	重量百分比/%
C	48.58
O	20.35
Na	9.14
Cl	13.91
K	8.01
总量	100.00

图 2-53　45 钢棒材金相上结晶器保护渣镶嵌型夹渣形貌、X 射线能谱图及
保护渣 X 射线元素定量分析结果

　　在《钢中非金属夹杂物含量的测定标准评级图显微检验法》标准中将 D 类（球状氧化
物类）描写为不变形、带角或圆形的、形态比小（一般小于 3）、黑色或带蓝色的、无规
则分布的颗粒。这种描述由于受标准制定当时检测仪器、检测方法的局限，并没有对 D 类
球状氧化物给以本质上的解释。在钢生产的科技发展中，钢中非金属夹杂物研究一直是炼
钢中的重要课题，对钢中非金属夹杂物，特别 D 类球状氧化物的分析鉴定技术也随着扫描
电镜和 X 射线能谱仪、电子探针的普及应用有了很大提高。保护渣液滴镶嵌夹渣概念的提
出将改变以往对 D 类球状氧化物的认识，使我们对炼钢中复杂的物理化学反应有深刻直观
的感性认识。在此建议在修订钢中非金属夹杂物检测标准时能够吸纳相结构概念，也希望
检测工作者关注 D 类球状氧化物和保护渣液滴镶嵌夹渣，相互交流切磋，进一步丰富和完
善复相夹杂物生成机理、结构、形态、检测方法的基础研究，为洁净钢生产提供有力的技
术保证。

　　2.5.4.2　U71Mn 钢连铸方坯低倍液滴镶嵌型夹渣定性分析

　　U71Mn 钢连铸方坯低倍检验过程中检验出夹渣缺陷，在 3 片低倍试片出现 7 个夹渣缺
陷，对 7 个夹渣试样在体视显微镜下进行观察，发现其中 5 块夹渣缺陷已经脱落，只有 2

个试样上的夹渣未脱落，对此 2 块未脱落的夹渣进行扫描电镜成分测定。

U71Mn 钢连铸方坯低倍液滴镶嵌型夹渣的微观特征见图 2-54。

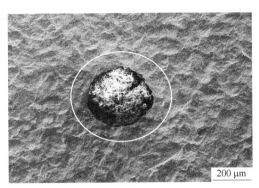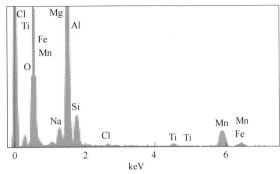

图 2-54　U71Mn 钢连铸方坯低倍检验夹渣缺陷扫描电镜形貌及 X 射线能谱图

U71Mn 钢连铸方坯低倍夹渣缺陷形貌及 X 射线能谱图显示，该保护渣液滴镶嵌夹渣主要成分是 MgO、Al_2O_3、SiO_2、Na_2O 等成分，其基体是结晶器保护渣液滴，在液滴之内镶嵌耐火材料剥离的微晶体颗粒。

2.6　棒材夹渣——φ6 mm Q195 钢盘圆表面夹渣结疤缺陷

图 2-55 为 Q195 钢盘圆表面缺陷宏观形貌。从图中可见，在盘条的一个方向表面每隔一定距离有一个凹坑表面缺陷，分布距离并不均匀，但都在一个方向上。将有缺陷的试样在缺陷处切取 10 mm 的试样，并在缺陷对侧用锯切割大约 4/5 的切口，然后用锤子打断制成断口，使其正好在缺陷处断裂，然后用超声波清洗，在扫描电镜观察断口和表面。

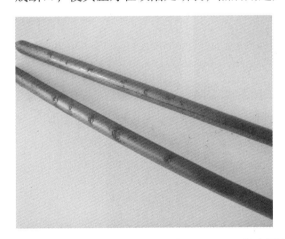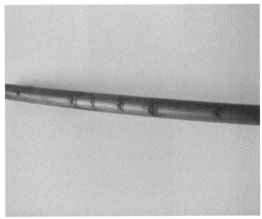

图 2-55　Q195 钢盘圆表面夹渣缺陷宏观形貌
（形似笛子的孔洞）

Q195 钢盘圆表面夹渣结疤缺陷的微观特征见图 2-56~图 2-59。

观察认为这是一起十分严重的结晶器卷渣缺陷案例，使得 Q195 钢盘条表面具有这种冶金缺陷的钢材报废。无论从形貌和 X 射线成分分析，都证明该夹渣含有结晶器保护渣

图 2-56　Q195 钢盘圆表面夹渣缺陷剥落后留下的微坑扫描电镜形貌

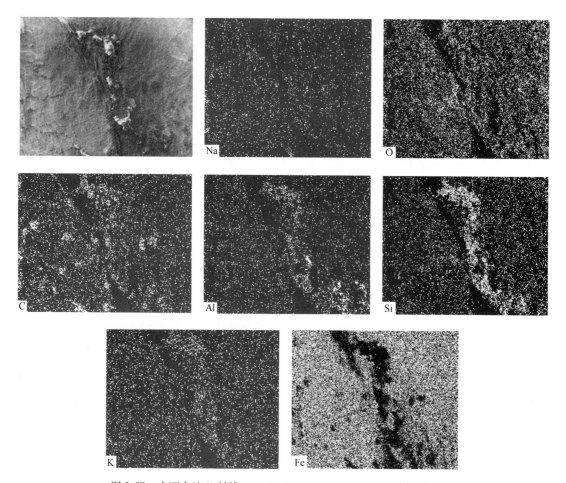

图 2-57　表面夹渣 X 射线 Na、O、C、Al、Si、K、Fe 元素面分布图
（该夹渣含有结晶器保护渣 SiO_2、Al_2O_3、Na_2O、K_2O、炭粉等成分）

SiO_2、Al_2O_3、Na_2O、K_2O、炭粉等成分。该夹渣为烧结状，来自保护渣的烧结层，盘条表面的夹渣来自连铸坯的表面夹渣。

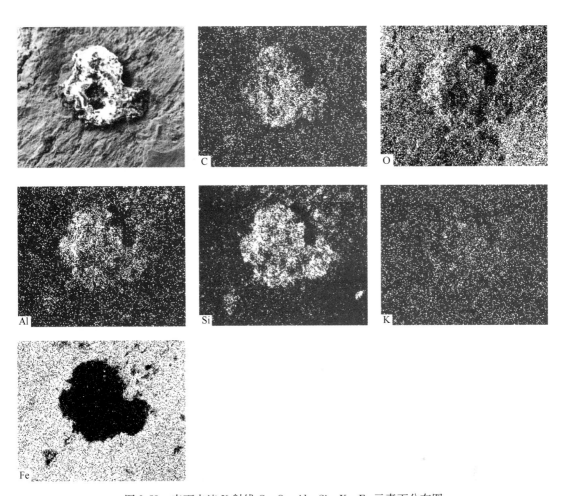

图 2-58 表面夹渣 X 射线 C、O、Al、Si、K、Fe 元素面分布图

（该夹渣含有结晶器保护渣 SiO_2、Al_2O_3、Na_2O 等成分）

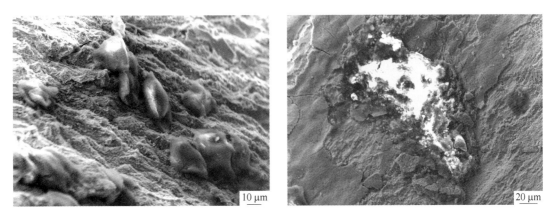

图 2-59 在 Q195 钢盘条表面观察到的各种形态的夹渣形貌

（有的夹渣已经脱落一部分，在表面上形成一个凹坑，这种坑就是盘条表面观察到的凹坑缺陷）

2.7　锻件夹渣——GCr18Mo 钢锻材皮下夹渣分析

GCr18Mo 钢锻材在检验中发现皮下夹渣缺陷，夹渣距皮下 6 ~ 16 mm 深，见图 2-60，同时存在折叠缺陷。

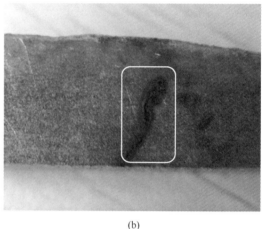

(a)　　　　　　　　　　　　　　　　　　(b)

图 2-60　椭圆形灰白色皮下夹渣形态(a)及曲线形暗黑色皮下夹渣形态(b)

通过宏观观察发现皮下夹渣分为两种：一种颜色为灰白色夹渣，另一种颜色发暗黑色，这两种颜色皮下夹渣与基体有明显界线。

GCr18Mo 钢锻材皮下夹渣的微观特征见图 2-61 和图 2-62。

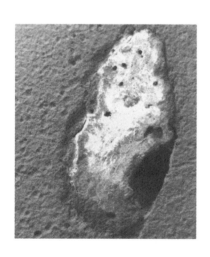
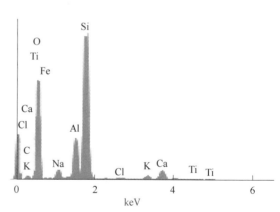

图 2-61　椭圆形灰白色烧结状皮下夹渣扫描电镜形态及 X 射线能谱图

该夹渣含有结晶器保护渣 SiO_2、Al_2O_3、MgO、Na_2O、K_2O、炭粉等成分，也包括中间包及水口耐火材料中 SiO_2、Al_2O_3、Cr_2O_3、V_2O_3、TiO_2 等成分，是两者的融合体，比较坚硬，在超声波清洗中没有被振掉和破碎。

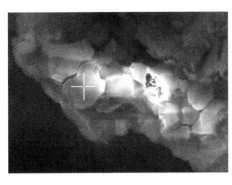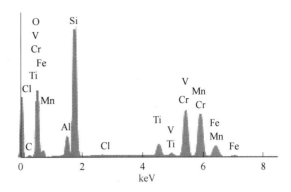

图 2-62 曲线形暗黑色烧结状皮下夹渣扫描电镜形态及 X 射线能谱图

2.8 转炉熔渣分析

在进行转炉双层覆盖剂试验中，从炉内取样进行金相分析，抛光后在金相观察时，发现很多类似地图边缘曲曲折折的玻璃状物质。金相显微镜仅凭形状并不能确定其为何物，含有什么成分。对其金相试样用扫描电镜和 X 能谱仪进行观察与分析，分析结果如下。

转炉熔渣的微观特征见图 2-63～图 2-67。

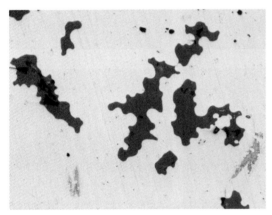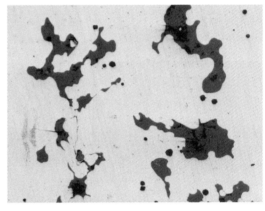

图 2-63 转炉钢岛屿状熔渣金相形貌 1　　　　图 2-64 转炉钢岛屿状熔渣金相形貌 2

图 2-65 转炉钢岛屿状熔渣金相形貌 3

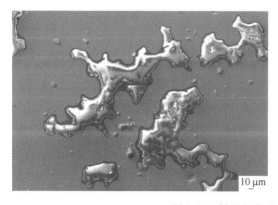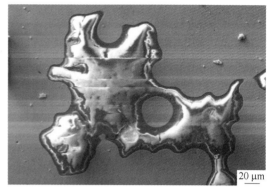

图 2-66　转炉钢岛屿状熔渣扫描电镜形貌

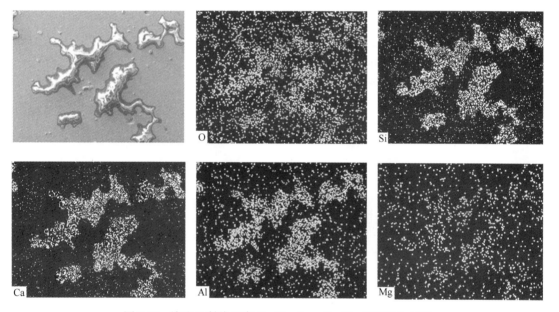

图 2-67　熔渣 X 射线元素 O、Si、Ca、Al、Mg 元素面分布图

　　分析认为，该转炉取样金相试样观察到的类似地图边缘曲曲折折的玻璃状物质是转炉炉渣或熔渣，是转炉钢水在火法冶金过程中生成的浮在钢液表面的炉渣熔体，在取样时夹带进试样中，其组成为 SiO_2、Al_2O_3、CaO、MgO 等氧化物。金相形状似地图，灰色，周边曲曲折折呈玻璃质状态。扫描电镜有凸浮感，导电性差呈白色，像岛屿，玻璃质形状怪异。通常熔渣的熔点低于钢液的熔点，处于液态玻璃质的熔渣无方向性地进入比它温度高、流动性好的钢液之中，形成无定型的地图形貌。

　　此外，熔渣中经常含有硫化物，如钢铁冶炼炉渣中含有少量 CaS，有色重金属冶炼炉渣中有时含有较多 FeS、Cu_2S 或 Ni_3S_2 等，炉渣中还夹带少量金属，个别强还原性炉渣含有 CaC_2。在冶金过程中，熔融炉渣与熔融金属、熔融铁合金与炉气等产物之间起着各种物理化学反应，达到该过程所预期的冶金目的。由于炉渣在钢液间的溶解度小以及两者密度不同而得以分离。依据组成不同，熔渣冷凝后形成岩石状或玻璃状物质。

炉渣在冶炼过程中起以下重要的物理及化学作用：

（1）形成熔融炉渣，使脉石组分或杂质氧化产物与熔融金属顺利分离。

（2）脱除钢液中的有害杂质硫、磷和氧，吸收钢液中非金属夹杂物，并保护钢液不致直接吸收氢、氮、氧。

（3）富集金属氧化物。

（4）在电炉冶炼（电弧炉、矿热电炉、电渣重熔炉等）中炉渣还起着电阻发热体的作用。

炉渣在保证冶炼产品质量、金属回收率、冶炼操作顺行以及各项技术经济指标方面都起着决定性的作用。"炼好渣，才有好钢"的说法，生动地反映了炉渣在冶炼过程中的重要作用。

炉渣的物理化学性质对冶金作用的好坏，主要取决于熔融炉渣的熔点、黏度、界（表）面张力、密度、电导率、热焓、热导率以及某些组分的活度等。这些物理化学性质由炉渣的组成决定。炉渣的组分靠加入适量的熔剂调整，最重要的熔剂是石灰石和石英石。萤石（CaF_2）在电炉炼钢渣及合成渣中也是重要的熔剂。

双层覆盖剂在减少钢水增碳、吸附钢水夹杂物、减少浇铸过程中钢水的热损失等方面具有较好的使用效果。

3 耐火材料剥离夹渣缺陷

镁质耐火材料是钢铁生产极其重要、使用量非常大的耐火材料。从高炉、转炉、电炉、精炼炉、VOD 到铁水包、钢包、中间包再到精炼炉的渣线部位、连铸水口等，无不使用各种材质与性能的镁质耐火砖或耐火材料。

镁质耐火材料按化学组成分为镁基二元复相耐火材料、镁基三元复相耐火材料、镁基四元复相耐火材料三大类，耐火度在 1820 ℃以上，常称镁砖、镁铝砖、镁锆砖等。

镁基二元复相耐火材料包括：$MgO\text{-}SiO_2$，主要用在高炉热交换器的砌筑；$MgO\text{-}CaO$，又称白云石砖；$MgO\text{-}FeO_n$，铁镁砖是钢水流槽与铁水流槽的修补料；$MgO\text{-}Al_2O_3$，又称铝镁砖，是精炼包渣线用耐火砖；$MgO\text{-}ZrO_2$，镁锆砖是大型钢包渣线用耐火砖；$MgO\text{-}TiO_2$，镁钛砖是冶炼炉与精炼炉炉衬用砖。

镁基三元复相耐火材料包括：$MgO\text{-}ZrO_2\text{-}SiO_2$，钢包渣线用砖；$MgO\text{-}CaO\text{-}Fe_2O_3$，电炉炉底打结耐火材料；$MgO\text{-}CaO\text{-}Al_2O_3$，钢包渣线用砖；$MgO\text{-}CaO\text{-}ZrO_2$，复合白云石砖，VOD 风口及周围用砖；$MgO\text{-}CaO\text{-}TiO_2$，水泥回转窑用砖；$MgO\text{-}Al_2O_3\text{-}ZrO_2$，冶炼铬镍不锈钢用砖；$MgO\text{-}Al_2O_3\text{-}TiO_2$，精炼包用砖；$MgO\text{-}Al_2O_3\text{-}Cr_2O_3$，具有 1925 ℃的耐高温用砖。

镁基四元复相耐火材料包括：$MgO\text{-}CaO\text{-}ZrO_2\text{-}SiO_2$，连铸水口用砖；$MgO\text{-}Al_2O_3\text{-}ZrO_2\text{-}SiO_2$，钢包用砖。

在钢冶炼的各个工艺过程，由于铁水与高炉炉衬、钢水与转炉炉衬、精炼钢水与包衬接触的机械和物理化学反应，耐火材料剥蚀是不可避免的。任何冶炼上或钢水传递上的操作，尤其是在钢水从一种容器到另一种容器时，都会引起渣钢间的剧烈混合，造成剥离耐火材料渣颗粒悬浮在钢液中，甚至在连铸时进入结晶器，在连铸坯表面形成夹渣缺陷。所以，熟悉耐火材料的组成对于分析夹渣的性质十分重要。

耐火材料与结晶器保护渣的氧化物成分有共同的，也有不同的。共同的它们都有 Al_2O_3、CaO、SiO_2。不同的是耐火材料中有一个主要成分 MgO，还有 TiO_2、ZrO_2、Cr_2O_3 等，而结晶器保护渣中独有炭粉、K_2O、Na_2O、CaF_2、Cl、LiO_2、BaO_2、NaF、AlF_3、B_2O_3 等。当进行 X 射线能谱分析时，出现上述氧化物时就可判定是结晶器保护渣卷渣夹渣或耐火材料剥蚀夹渣，或者两者的熔融体。熔融体的情况很多，有时以保护渣卷渣夹渣为主，有时以耐火材料剥蚀夹渣为主。

本章主要介绍耐火材料剥离进入钢液滞留在连铸坯的夹渣分析案例，供在各种断裂事故分析时参考。

3.1 耐火材料剥离进入钢液滞留在 304 钢连铸坯的夹渣分析

304 钢连铸坯酸洗后取样，肉眼发现两个可疑粒状物，见图 3-1 圈内，切取可疑粒状物并在扫描电镜下进行观察与分析。微观形貌见图 3-2。

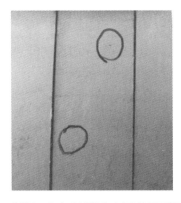 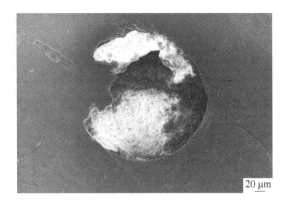

图 3-1 连铸坯酸洗后试样切割形貌及可疑物形貌　　图 3-2 连铸坯内球形夹渣扫描电镜形貌

　　MgO-Al$_2$O$_3$-CaO-SiO$_2$ 四元系耐火材料具有非常高的耐火度，其主要成分是 MgO、Al$_2$O$_3$、CaO、SiO$_2$，镁铬系列耐火材料制品中也都含有镁质材料。图 3-3 连铸坯内球形夹渣 X 射线元素面分布图中含有 MgO、Al$_2$O$_3$、SiO$_2$、CaO 镁铝系耐火材料的主要成分，证明该夹渣是钢包或中间包镁铝系耐火材料剥离进入钢液滞留在连铸坯的夹渣缺陷。

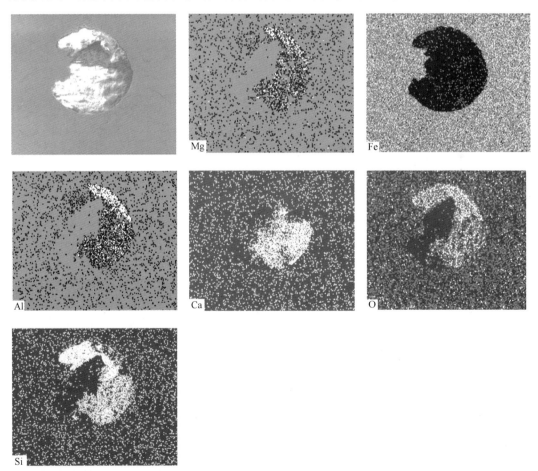

图 3-3 连铸坯内球形夹渣 X 射线 Mg、Fe、O、Al、Ca、Si 元素面分布图

3.2　GCr15 钢连铸坯铸态耐火材料剥离夹渣分析

在切取 GCr15 钢连铸坯试样时，发现了尺寸较大的夹渣缺陷（图 3-4），松散颗粒粘连在一起，表面凹凸不平，条状为切割刀痕。其微观特征见图 3-5 和图 3-6。

图 3-4　GCr15 钢连铸坯铸态夹渣扫描电镜形貌

元素	重量百分比/%
O	53.30
Mg	6.82
Al	21.47
Si	6.51
Ca	8.64
Cr	0.96
Mn	1.89
Fe	0.43
总量	100.00

图 3-5　GCr15 钢连铸坯耐火材料剥离夹渣扫描电镜形貌及 X 射线元素定量分析结果
（含有 MgO-Al_2O_3-SiO_2-Cr_2O_3 质耐火材料 O、Mg、Al、Si、Ca、Cr 主要元素）

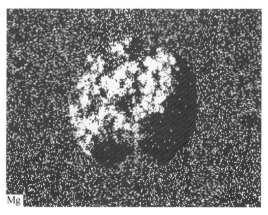

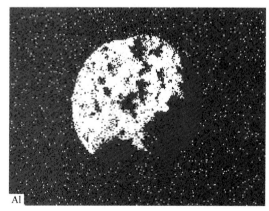

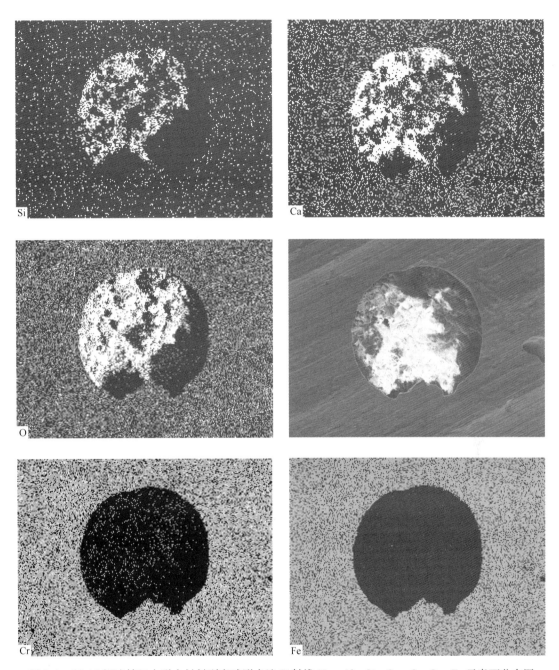

图 3-6 GCr15 钢连铸坯内耐火材料剥离球形夹渣 X 射线 Mg、Al、Si、Ca、O、Cr、Fe 元素面分布图
（含有 $MgO\text{-}Al_2O_3\text{-}Cr_2O_3$ 质耐火材料的主要成分）

该 GCr15 钢连铸坯冶金缺陷为包衬 $MgO\text{-}CaO\text{-}SiO_2\text{-}Al_2O_3\text{-}Cr_2O_3$ 质耐火材料或水口侵蚀造成的夹渣缺陷，其主要成分是 MgO、Al_2O_3、SiO_2、CaO、Cr_2O_3，元素面分布图显示，是这几种氧化物的松散机械混合物。

耐火材料的侵蚀物，包括砖块上的砂粒、松散的脏物、破损的砖块以及陶瓷类的内衬颗粒，是一类极为常见的典型固态的大型外来夹杂物的来源，它们通常尺寸较大，外形不规则，呈松散的颗粒状机械混合物形态。耐火材料侵蚀产物或机械作用产生的夹渣由于尺寸大，结构松散，损害了原本非常纯净钢的质量，常常导致失效的发生。

3.3 夹渣导致的高压锅炉管扩口裂纹分析

在《钢中非金属夹杂物含量的测定标准评级图显微检验法》（GB/T 10561—2005/ISO 4967：1998（E））中没有对夹渣评级做出规定，但是在钢的冶金质量检验和失效分析中，夹渣的出现频率很高，对钢质量的影响甚至超过标准中的夹杂物，应该引起我们足够的重视。

ϕ90mm SA-210C 钢无缝管管坯用于生产高压锅炉管，管坯经热穿孔和两道冷拔后制成外径 ϕ64 mm、内径 ϕ55 mm 的高压锅炉管，在进行成品管的扩口试验时，发现个别试样管的端部出现分叉的星形放射状裂纹，裂纹分 2~3 叉，长度约 1 mm，并沿管的纵向扩展，见图 3-7。压力容器用材对性能有较严格的要求：满意的强度指标，良好的韧性、塑性性能，合理的成分和组织，良好的工艺性和经济性等。扩口试验出现裂纹表明钢管内有潜在的冶金缺陷，这些夹渣在经过热加工后，可能与钢基体剥离而形成裂纹。成品无缝管存在夹渣或者有夹渣引起的裂纹将成为原始的宏观冶金缺陷，对使用构成潜在的威胁，导致无缝管过早失效，因此弄清楚裂纹的性质及产生原因十分重要，见图 3-7~图 3-10。

图 3-7　高压锅炉管扩口裂纹试样及低倍酸蚀试片形貌
（图中两白线的中间为扩口裂纹处）

3.3.1 检验结果

为分析裂纹产生的原因，进一步确定裂纹产生的本质，对裂纹试样用光谱仪测定了化学成分，进行了纵向和横向金相组织和缺陷观察、低倍酸蚀检验，并在裂纹处将试样打断成两个匹配的纵向断口，在扫描电子显微镜下对裂纹处的纵向断口进行形貌观察与分析，对裂纹内所含物质进行 X 射线能谱定性和定量分析。

3.3.1.1　试样化学成分

试样化学成分如下（%）：

C	Mn	Si	Cr	P	S	Ni
0.23	0.45	0.25	0.25	0.005	0.012	0.35

3.3.1.2　金相组织观察

试样的金相组织为铁素体和珠光体组成的带状组织，晶粒度为 7 级，带状为 2 级，见图 3-8 和图 3-9。

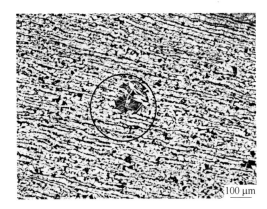 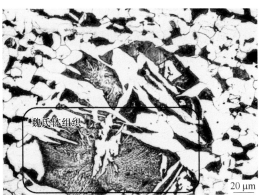

图 3-8　由铁素体和珠光体组成的
带状组织形貌

（中心部分为魏氏体组织，

晶粒度为 7 级，带状为 2 级）

图 3-9　图 3-8 中心部分魏氏体
组织的 500 倍放大图像

（白色针状为铁素体，黑色区为珠光体，

可以看到渗碳体和铁素体层片相间的显微特征）

3.3.1.3　金相夹杂物和夹渣观察

观察发现，试样中夹杂物包括氧化物、硫化物、硅酸盐和点状不变形夹杂物，均在合格标准等级之内。除这些夹杂物外，金相观察还发现较多聚集成堆分布、形状不规则、有棱角的非金属夹杂物，并非钢中的内生夹杂物，具有外来夹渣的典型特征（例如图 3-10），而且数量较多，将影响钢的使用性能。在《钢非金属夹杂物含量的测定标准评级图显微检验法》国家标准中并没有关于夹渣的检测标准，对轻微夹渣比照夹杂物标准进行评级，而像如此严重的夹渣并没有评判依据。

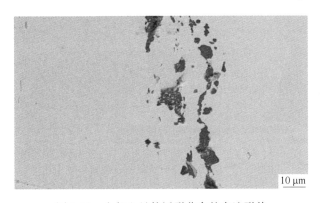

图 3-10　金相上呈纺锤形分布的夹渣形貌

（大量形状不规则有棱角的非金属夹杂物聚集在一起，成为影响钢性能的潜在裂纹源，夹渣轮廓呈纺锤形）

3.3.1.4　横向酸蚀检验

在横向酸蚀试片上表现为组织不致密，整个试片上表现为分散分布的小孔隙和小黑点，类似针孔，是钢中的杂质和孔隙为酸液溶解和浸蚀，呈现试片组织的不致密及亮区和暗区的差别的表现形式，是疏松残余的低倍特征。对比试验表明，在以往的同类检验中，该钢种管坯横向酸蚀试片疏松残余属于合格范围。

3.3.1.5　扫描电镜断口观察

无缝管扩口试样纵向断口宏观为纤维状断口，图 3-11 和图 3-12 是相互匹配的两幅纵向低倍断口形貌。在断口的边缘可以看到表面裂纹向纵向扩展的深度约 400 μm，在宏观裂纹的延长线上可以看到一条白色的二次裂纹（图 3-11），是在打断口时形成的；在图 3-12 的裂纹左上角可以清楚地看到一条凸起的条状特征，疑似残余缩孔在断裂时产生的断裂特征。

图 3-11　扫描电镜低倍纵向断口形貌

（黑色为在扩口时产生的纵向裂纹，白色的二次裂纹是在打断口时形成的，整个断裂表现韧性断裂特征）

图 3-12　与图 3-11 相匹配的宏观断口形貌

（裂纹左上角可以清楚地看到一凸起的条状特征，疑似残余缩孔在断裂时产生的断裂特征）

由图 3-13 可见，金相观察到的"夹杂物"形貌与扫描电镜观察到的疏松中的夹渣在分布外形上极为相似，可以证明这些"夹杂物"就是夹渣而不是"夹杂物"。图 3-14 为裂纹处有成堆积聚分布的形状不规则有棱角的粉状夹渣扫描电镜形貌，具有显著地粉状夹渣特征（白色）。在夹渣的周围呈现光滑自由表面是钢结晶时裹有夹渣的缩孔在加工变形后残留的显微特征（图 3-15）。由于较大的热加工变形，原来光滑的自由表面已经出现褶皱，但仍保留疏松孔洞的特征（图 3-16），在孔洞的左边白色堆积物为夹渣。

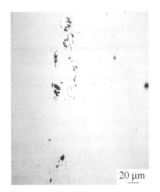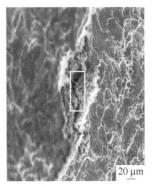

图 3-13　金相观察到的"夹杂物"与扫描电镜观察到的疏松中的夹渣形貌

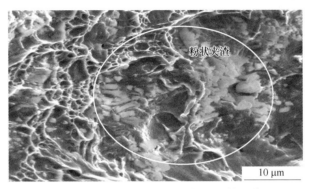

图 3-14　裂纹处粉状夹渣的扫描电镜形貌

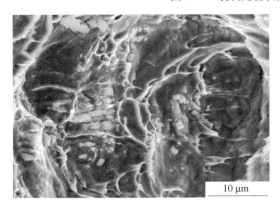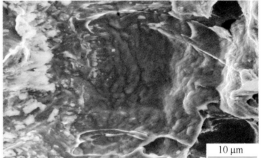

图 3-15　在夹渣的周围呈现光滑自由　　　　图 3-16　缩孔残余的松散夹渣颗粒及光滑自由
　　　　　表面扫描电镜特征　　　　　　　　　　　　　　表面扫描电镜特征

3.3.1.6　X 射线能谱仪夹渣定性定量分析

通过金相显微镜关于夹杂物的形貌观察与分析已经初步判断此种夹杂物并非钢中内生的夹杂物，而是一种外来的夹渣。扫描电子显微镜的形貌观察清楚地显示了夹渣的形貌特征和分布状态，特别是证明了夹渣存在于显微疏松之中，虽然经过热加工已经有较大的塑性变形，但是仍然可以看到显微疏松的光滑自由表面，只不过是光滑的自由表面已经出现褶皱。为了进一步确定夹渣的成分，用 X 射线能谱仪对夹渣中的一颗粒和成堆集中分布的一个局部选区进行了定性和定量分析，图 3-17 和图 3-18 是两个残余缩孔中夹渣 X 射线能谱仪能谱图和形貌图，以及成分定量分析结果。

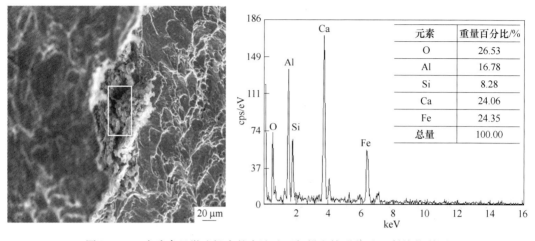

图 3-17　一个残余显微疏松中的夹渣选区扫描电镜形貌及 X 射线能谱图

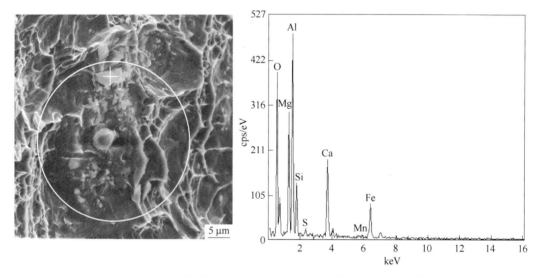

图 3-18　一个残余缩孔中的夹渣选区扫描电镜形貌及 X 射线能谱图

3.3.2　分析判断

SA-210C 钢是高压锅炉用无缝钢管系列钢种中的基础钢种，按成分划分属于优质碳素结构钢。其工艺流程为：

原料—100t UHP 电弧炉 EPT 出钢—100t LF 精炼—连铸—铸坯检验—加热—轧制圆坯—成品检验—入库

一流的设备、一流的工艺保证了对管坯的性能的较高要求——满意的强度指标、良好的韧性和塑性性能、合理的成分和组织。此钢质量要优于普通碳素结构钢，其 P 含量小于 0.015%，S 含量小于 0.010%。钢坯交货时，除保证化学成分和力学性能外还要求低倍组织，包括缩孔、气泡、裂纹、夹杂、白点和翻皮等缺陷达到合格的规定。其中要求：

$\phi 50 \sim 110$ mm 管坯：一般疏松、中心疏松、偏析均不大于 2 级。

$\phi 110 \sim 130$ mm 管坯：一般疏松、中心疏松、偏析均不大于 2.5 级。

$\phi130$ mm 管坯：一般疏松、中心疏松、偏析均不大于 3 级。

这些缺陷在无缝管冷拔过程中会被放大，造成无缝管外表面明显缺陷，特别是在扩口试验中，超过标准级别的残余缩孔或疏松会在试样顶部产生扩孔裂纹。

在本次试验中，金相观察证实其组织、夹杂物等检验指标均在合格范围之内，但在低倍酸蚀检验时发现了针孔缺陷，特别是在夹杂物检验时意外地发现了成堆聚集的多棱角的夹杂物，已经超出了夹杂物的评级范围，具有夹渣的典型特征，而且在多个视场中出现，并不是个别现象。

为进一步验证金相的观察结果，我们在裂纹处将试样打断成两个匹配的纵向断口，在扫描电子显微镜下对裂纹处的纵向断口进行观察与分析，对夹渣和裂纹形貌、夹渣所含的成分进行 X 射线能谱定性和定量分析，正如扫描电子显微镜所观察和分析的结果：

（1）发现在管壁上的星形放射状裂纹进一步向纵向扩展约 1 mm，并有明显的二次裂纹沿纵向扩展。检验结果证明，由于在试样顶端存在一个潜在的残余缩孔，在冲压外力的作用下迅速向几个方向扩展，形成肉眼可见的裂纹。

（2）观察发现，在缩孔的光滑显微空间内存在大量成堆的多棱角的夹杂物，即夹渣，与金相分析结果是完全一致的。它们是 MgO、Al_2O_3、SiO_2、CaO、FeO 的混合物，恰好是炉衬和中间包衬的镁耐火材料的成分，说明这些夹渣来自于炉衬和中间包衬的耐火材料。

（3）断口观察还发现，这种夹渣和疏松残余同时出现，有夹渣的地方必有缩孔，有缩孔必有夹渣，是钢液最后凝固的地方，是一个共同体，残余缩孔和夹渣就是一个潜在的裂纹源，这种缺陷在管坯穿管和随后的两道冷拔过程中对裂纹的敏感性较强，缺陷会被放大，成为无缝管潜在的裂纹源，影响最终的使用性能和使用寿命。

（4）根据调查，出现扩口裂纹的几炉钢坯，其中间包的耐火材料质量不好，以前每个中间包可以连浇 7 炉连铸方坯，而那时连浇 4 炉方坯后中间包的包衬耐火材料就有较大的剥落，甚至将包壁侵蚀成两个深坑，包衬耐火材料被带入钢液中，而不得不重新修复包衬，这与在金相和断口疏松残余看到的夹渣是完全一致的。另外，根据调查，还有一炉在浇铸时挡渣墙被冲塌，挡渣墙耐火材料当然会有部分进入钢液，这显然是在钢坯中产生夹渣缺陷的直接原因。

夹渣产生的理论分析：

（1）在浇铸过程中，钢包、中间包和结晶器带来的外来夹杂物主要是钢水和外界（卷渣及耐火材料侵蚀）之间偶然的化学反应和机械作用产物。其特征为：1）尺寸大。来自耐火材料侵蚀的夹杂物通常比卷渣造成的夹杂物要大。2）复合成分及多相结构。由于钢水和渣中的 MgO、SiO_2、FeO 和 MnO 以及炉衬耐火材料之间的多元反应造成夹杂物成分复杂，它们在运动时，容易吸收捕获脱氧产物，这些外来夹杂通常作为异相形核核心，在钢水中运动的新夹杂物以此核心沉淀析出。3）形状不规则，多呈棱角成堆集聚在显微疏松处，大多数为多相。4）相比小夹杂物而言数量较少，但对钢性能危害严重。5）由于此类夹杂通常是在浇铸和凝固时被捕捉，因此具有偶然性，在钢中零星分布。

（2）侵蚀包衬耐火材料形成的夹渣。此类夹渣容易上浮去除，所以它们只集中在凝固速度最快的区域或者在某些方面上浮受阻的区域。因此，此类夹渣经常出现在表层附近。结晶器钢水表面的空气渗透在这类二次氧化过程中，脱氧元素如 Al、Ca 和 Si 等优先氧化，氧化产物发展成为非金属夹杂物，通常比脱氧夹杂物大 1~2 个数量级。二次氧化产物另一来源是渣中以及包衬耐火材料中的 MgO、SiO_2、FeO 和 MnO。此类二次氧化产物形成的机理为，靠近渣或包衬界面时钢水中的夹杂物通过反应 $SiO_2/FeO/MnO+[Al] \rightarrow f[Si]/[Fe]/[Mn]+Al_2O_3$ 而长大，由此生成的氧化铝夹杂尺寸较大且含有各种成分。上述反应能够侵蚀包衬耐火材料表面并可使其表面凹凸不平，从而改变包衬壁附近的钢水流场，并且引起包衬的破损加速；包衬破损产生的大型外来夹杂物以及卷入的渣可以捕捉小夹杂物，如脱氧产物；也可以作为异相形核核心产生新的析出物，这就使得外来夹杂物的成分变得比较复杂。

（3）卷渣造成的外来夹杂物。任何冶炼上或钢水传递上的操作，尤其是在钢水从一种容器到另一种容器时，都会引起渣钢间的剧烈混合，造成渣颗粒悬浮在钢液中。卷渣形成的夹杂物尺寸在 10～300 μm，含有大量的 CaO 和 MgO 成分，在钢水温度下通常为液态，因此在外形上为球形。对于连铸工艺，下列因素可能造成钢水卷渣：钢水从钢包到中间包和从中间包到结晶器时，尤其是敞开浇铸；钢水上表面出现漩涡时。

（4）包衬耐火材料侵蚀/腐蚀造成的外来夹杂物。耐火材料的侵蚀物，包括砖块上的砂粒、松散的脏物、破损的砖块以及陶瓷类的内衬颗粒，是一类极为常见的典型固态的大型外来夹杂物的来源，它们通常尺寸较大，外形不规则。外来夹杂物可以作为氧化铝的异相形核核心，可以包含中心颗粒，或者聚集其他内生夹杂物，耐火材料侵蚀产物或机械作用产生的夹杂物的出现完全损害了原本非常纯净的钢的质量。

包衬侵蚀通常出现在湍流区域，特别是在二次氧化、浇铸温度较高以及化学反应时。以下因素对包衬侵蚀有较大影响：1）一些钢种具有很强的腐蚀性（例如高锰钢种以及未经脱氧的钢中自由氧较高的钢种）对包衬耐火砖造成侵蚀。2）二次氧化反应，诸如钢水中溶解铝还原包衬耐火材料中的 SiO_2 的反应，具有很强反应性能并且与包衬材料浸润性好的 FeO 基夹杂物的生成，均能在湍流程度较强的区域对包衬耐火材料造成侵蚀。这类反应的程度可以通过测定钢水中［Si］含量来定量化。耐火材料中的碳与黏结剂或其他杂质反应时需要的氧也可能来自 CO。3）耐火砖的成分和质量。耐火砖质量对钢的质量有重要影响。

3.3.3　结论

（1）SA-210C 钢高压锅炉管坯金相组织、夹杂物等检验指标均在合格范围之内，但在低倍酸蚀检验中发现了针孔缺陷，特别是在金相高倍夹杂物检验时意外地发现了成堆聚集的多棱角的"夹杂物"，已经超出了夹杂物的评级范围，具有夹渣的典型特征，而且在多个视场中出现，并不是个别现象。

（2）残余缩孔和夹渣就是一个潜在的裂纹源，这种缺陷在管坯穿管和随后的两道冷拔过程中对裂纹的敏感性较强，缺陷会被放大，成为无缝管潜在的裂纹源，影响最终的使用性能和使用寿命。

（3）中间包或水口的耐火材料质量不好，耐火材料被侵蚀带入钢液中，是在钢坯中产生夹渣缺陷的直接原因。

3.4　65 钢铸态耐火材料夹渣分析

在转炉冶炼中取 65 钢铸态光谱分析用试样，见图 3-19，灰色区为光谱发射点。铸态光谱分析用试样内的耐火材料剥离夹渣的微观特征见图 3-20 和图 3-21。夹渣 X 射线能谱分析见图 3-22 和图 3-23。

图 3-19　65 钢铸态精炼后取光谱分析试样上的夹渣缺陷形貌

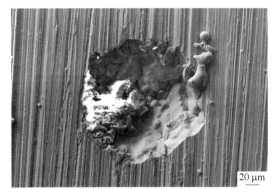

图 3-20　65 钢铸态夹渣形貌 1
（尺寸超过 160 μm，有部分夹渣脱落）

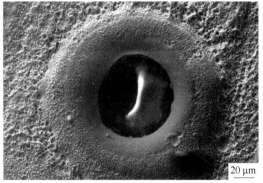

图 3-21　65 钢铸态夹渣形貌 2
（尺寸超过 80 μm，在凝固中有气体冒出，
形成火山口形貌特征）

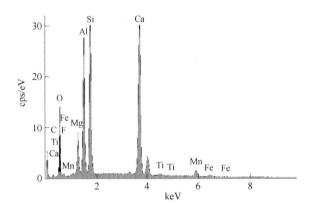

元素	重量百分比/%
C	0.17
O	33.99
F	1.83
Mg	4.31
Al	13.52
Si	16.71
Ca	26.35
Ti	0.39
Mn	2.41
Fe	0.32
总量	100.00

图 3-22　$MgO \cdot Al_2O_3 \cdot SiO_2 \cdot CaO \cdot MnO \cdot CaF_2$ 夹渣形貌、X 射线能谱图及 X 射线元素定量分析结果

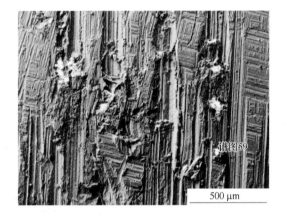

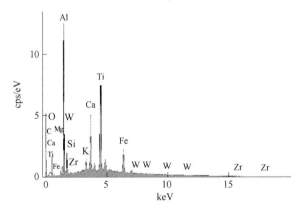

元素	重量百分比/%
C	0.37
O	20.06
Mg	1.18
Al	20.41
Si	2.92
K	2.22
Ca	11.13
Ti	25.26
Fe	14.06
Zr	0.89
W	1.51
总量	100.00

图 3-23　$MgO \cdot Al_2O_3 \cdot SiO_2 \cdot CaO \cdot MnO \cdot TiO_2 \cdot ZrO_2 \cdot Fe_2O_3 \cdot WO$

夹渣形貌、X 射线能谱图及 X 射线元素定量分析结果

　　由图 3-23 可见，该夹渣中 MgO、Al_2O_3、TiO_2、ZrO_2 是四元质耐火材料的主要成分，少量 K_2O 是结晶器保护渣的成分。

　　在光谱分析试样中，观察发现很多夹渣是耐火材料剥离形成的夹渣，主要成分为：MgO-Al_2O_3-SiO_2-CaO-CaF_2；MgO-Al_2O_3-SiO_2-CaO-MnO-TiO_2-ZrO_2-Fe_2O_3-WO；MgO-Al_2O_3-SiO_2-CaO-MnO-CaF_2 等。其中，MgO、Al_2O_3、TiO_2、ZrO_2 是四元质耐火材料的主要成分，并且

融入了少量结晶器保护渣 K_2O 和 CaF_2 的成分。

3.5 耐火材料剥离夹渣导致 Q235 钢板剪切分层问题分析

3 mm 厚 Q235 钢板在剪切时出现分层现象，见图 3-24。本次试验分析了钢板剪切分层的根本原因是连铸板坯卷入耐火材料侵蚀剥落的夹渣缺陷所致。

图 3-24　3 mm 厚 Q235 钢板剪切分层宏观形貌

剪切分层的微观特征和元素定量分析见图 3-25~图 3-29。

图 3-25　3 mm 厚 Q235 钢板剪切分层放大 300 倍扫描电镜形貌
（在分层底部沟槽内可以明显看到颗粒状夹渣）

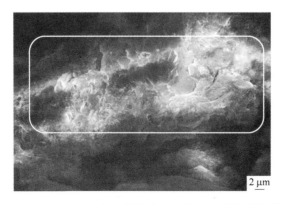

图 3-26　3 mm 厚 Q235 钢板剪切分层放大 2000 倍扫描电镜形貌

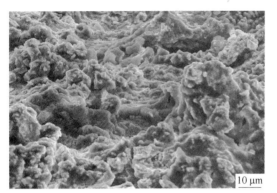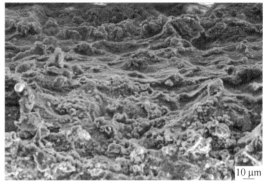

图 3-27　3 mm 厚 Q235 钢板剪切分层侧面扫描电镜形貌
（具有铸坯中心显微空隙光滑自由表面在轧制后的残留特征）

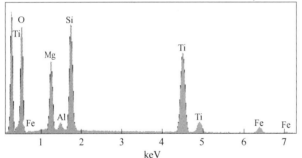

元素	重量百分比/%
O	54.86
Mg	9.07
Al	0.72
Si	12.14
Ti	20.54
Fe	2.67
总量	100.00

图 3-28　MgO-Al_2O_3-SiO_2-TiO_2 夹渣形貌、X 射线能谱图及 X 射线元素定量分析结果

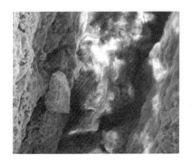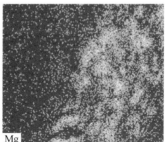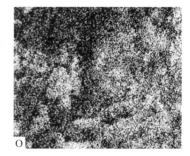

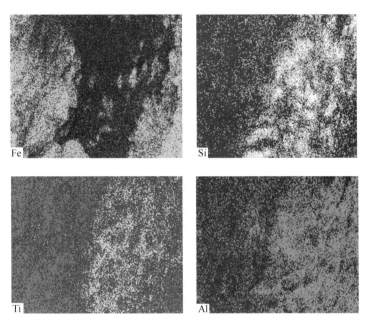

图 3-29   MgO-Al$_2$O$_3$-SiO$_2$-TiO$_2$ 夹渣扫描电镜形貌及 X 射线元素面分布图

3 mm 厚 Q235 钢板剪切分层的根本原因是连铸板坯卷入耐火材料侵蚀剥落的夹渣缺陷，主要成分为 MgO、Al$_2$O$_3$、SiO$_2$、TiO$_2$，是镁质耐火材料的主要成分。

3.6   耐火材料剥离夹渣与钢板冷冲压裂纹分析

包装工业中的金属容器，如交通工具壳体、搪瓷制品毛坯到锅、盆、盂、壶等日常用品，一般都属于薄壁容器，加工时需要采用冷冲压工艺。冲压性能是衡量薄板性能的主要指标，冲压性是指金属通过冲压变形而不发生裂纹等缺陷的性能。在生产中，冲压裂纹时有发生，取裂纹断口在扫描电镜下观察，见图 3-30～图 3-35。

图 3-30   在冲形断口上的夹渣冶金缺陷及显微空隙形貌扫描电镜形貌 1

在冷冲压裂纹处 MgO-Al$_2$O$_3$-CaO-SiO$_2$ 耐火材料侵蚀剥落下来的夹渣是导致冷冲形过程中出现裂口的主要原因，板材厚度方向存在的显微气孔对裂纹的产生也有贡献。

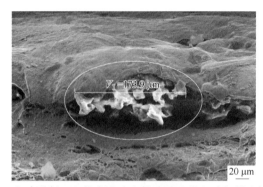

图 3-31　在冲形断口上的夹渣冶金缺陷及显微空隙扫描电镜形貌 2

元素	重量百分比/%
C	0.25
O	46.92
Mg	9.38
Al	4.02
Si	0.53
Ca	4.19
Mn	0.21
Fe	34.51
总量	100.00

图 3-32　夹渣处的扫描电镜形貌及 X 射线定量分析结果 1
（$MgO\text{-}Al_2O_3\text{-}CaO$ 耐火材料剥蚀产生的夹渣缺陷）

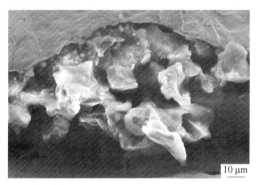

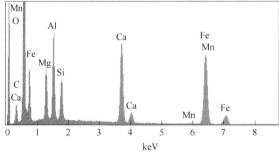

元素	重量百分比/%
C	0.11
O	50.28
Mg	5.22
Al	7.49
Si	3.67
Ca	9.41
Mn	0.18
Fe	23.63
总量	100.00

图 3-33　夹渣处的扫描电镜形貌、X 射线能谱图及 X 射线定量分析结果 2
（$MgO\text{-}Al_2O_3\text{-}CaO\text{-}SiO_2$ 耐火材料剥蚀产生的夹渣缺陷）

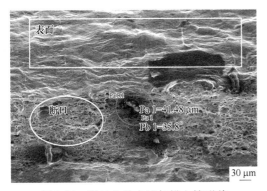

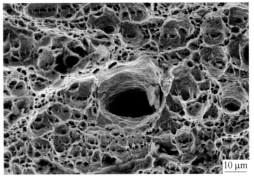

图 3-34　断口上的夹渣扫描电镜形貌　　　图 3-35　断口上的显微气孔扫描电镜形貌

3.7　耐火材料剥离夹渣与 SAE 钢方坯角部裂纹分析

对 SAE 钢 210 mm×210 mm 方坯进行低倍检验时，发现一个角部出现分叉裂纹，本节从金相和断口两个方面分析裂纹产生的原因。

其微观特征见图 3-36~图 3-40。在裂纹处人造断口观察结果见图 3-41 和图 3-42。

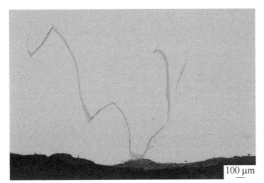

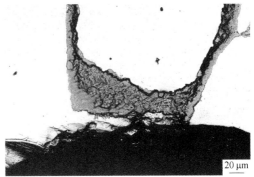

图 3-36　SAE 钢 210 mm×210 mm 方坯角部
裂纹扫描电镜全貌 1
（裂纹形成后分成两个枝叉沿柱状晶晶界扩展）

图 3-37　SAE 钢 210 mm×210 mm 方坯角部
裂纹源扫描电镜形貌 2
（裂纹形成后分成两个枝叉沿柱状晶晶界扩展）

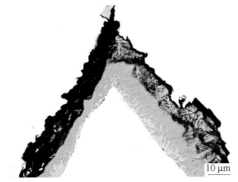

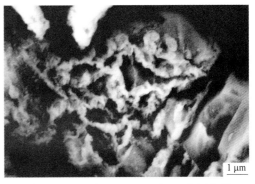

图 3-38　SAE 钢 210 mm×210 mm 方坯角部
裂纹尖角扫描电镜局部形貌
（说明裂纹沿柱状晶晶界扩展）

图 3-39　SAE 钢 210 mm×210 mm 方坯角部
裂纹扫描电镜局部放大形貌
（白色为高温氧化生成物）

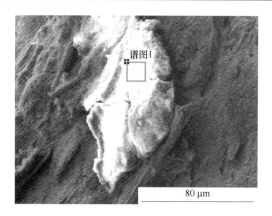

元素	重量百分比/%
O	26.84
Mn	0.43
Fe	72.73
总量	100.00

图 3-40　裂纹内铁的高温氧化生成物形貌及 X 射线定量分析结果

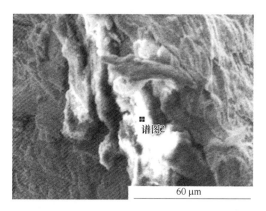

元素	重量百分比/%
O	61.44
Al	1.46
Si	2.21
Ti	29.95
Fe	4.94
总量	100.00

图 3-41　在人造断口发现的耐火材料剥落形成的夹渣扫描电镜形貌及 X 射线定量分析结果

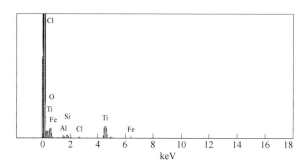

元素	重量百分比/%
O	63.54
Al	1.72
Si	3.21
Cl	1.09
Ti	27.53
Fe	2.90
总量	100.00

图 3-42　在人造断口发现的另一个耐火材料剥落形成的夹渣扫描电镜形貌、
X 射线能谱图及 X 射线元素定量分析结果

分析判断：

（1）裂纹出现在连铸坯的一个角上，这表明 SAE 钢连铸坯的角部是裂纹敏感区。

（2）裂纹在角部形成后沿着连铸坯的柱状晶晶界分叉扩展，并在高温区在裂纹内产生铁的高温氧化物。

（3）在裂纹处人造断口的裂纹源处观察到两个尺寸很大的耐火材料剥落形成的夹渣缺陷，夹渣中含有较多的 TiO_2 金红石，证明是耐火材料剥落形成的夹渣。

分析认为裂纹出现在内弧，结晶器液相穴夹杂物和夹渣上浮使一部分夹杂物和夹渣被正在凝固的树枝晶捕集，常常在铸坯内弧 10~20 mm 处居多，夹渣是产生角部裂纹的一个原因。另一个原因是由于重力的作用，晶体下沉，抑制了外弧侧柱状晶生长，故内弧侧柱状晶比外弧侧要长，由于内弧侧的内在冶金质量较差，所以角部裂纹也常常集中于内侧。

3.8　45 钢棒材拉伸断口中的耐火材料剥蚀夹渣分析

45 钢棒材拉伸强度及塑性指标均不合，为分析不和原因对断口进行观察，见图 3-43。

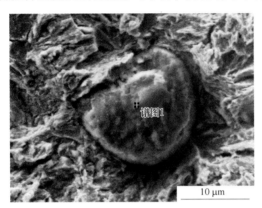

元素	重量百分比/%
C	5.70
O	50.57
F	2.37
Mg	1.11
Al	5.92
Si	17.10
Ca	10.91
Mn	6.33
总量	100.00

图 3-43　45 钢棒材拉伸断口中的 $MgO\text{-}Al_2O_3\text{-}CaO\text{-}SiO_2$ 耐火材料侵蚀夹渣
扫描电镜形貌及 X 射线元素定量分析结果

45 钢棒材拉伸断口中的夹渣是 $MgO\text{-}Al_2O_3\text{-}CaO\text{-}SiO_2$ 耐火材料侵蚀进入连铸坯的夹渣缺陷，其中有少量 CaF_2 是结晶器保护渣的成分，断口上较多的耐火材料剥蚀夹渣是导致拉伸性能不合的主要原因。

3.9　Q235 钢高频直缝焊管压力试验沿焊缝发生纵向断裂分析

Q235 钢高频直缝焊管在压力试验中沿焊缝发生纵向断裂，裂纹长约 40 cm，见图 3-44。切取断口试样与焊缝处金相试样，在扫描电镜下观察，见图 3-45~图 3-50。

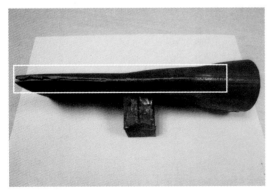

图 3-44　Q235 钢高频直缝焊管压力
测试纵向裂纹形貌

图 3-45　层状裂纹断口纵向密集分布
的显微沟槽扫描电镜形貌

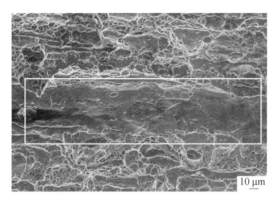 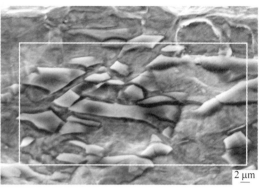

图 3-46　层状裂纹断口纵向密集分布的　　　　图 3-47　图 3-46 显微沟槽壁上的颗粒状
　　　　　显微沟槽扫描电镜放大像　　　　　　　　　　　夹渣扫描电镜形貌

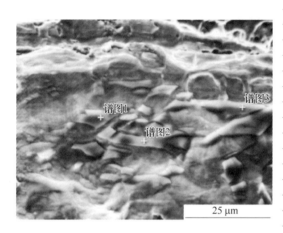

元素	重量百分比/%
O	26.09
F	1.88
Mg	4.74
Al	8.12
Si	12.73
S	0.36
K	0.09
Ca	4.66
Ti	0.43
Cr	0.17
Mn	1.75
Fe	38.96
总量	100.00

图 3-48　沟槽壁上 $MgO\text{-}Al_2O_3\text{-}SiO_2\text{-}CaO\text{-}MnO$ 夹渣颗粒
扫描电镜形貌及 X 射线元素定量分析结果 1

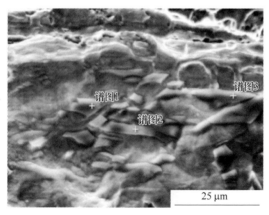

元素	重量百分比/%
O	26.13
F	1.44
Mg	5.16
Al	9.54
Si	15.87
S	0.10
K	0.11
Ca	7.26
Ti	0.68
Mn	2.26
Fe	31.46
总量	100.00

图 3-49　沟槽壁上 $MgO\text{-}Al_2O_3\text{-}SiO_2\text{-}CaO\text{-}MnO$ 夹渣颗粒
扫描电镜形貌及 X 射线元素定量分析结果 2

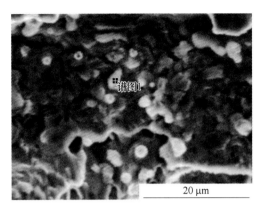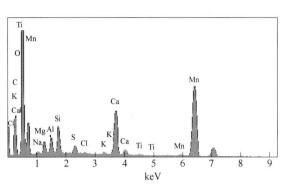

图 3-50　沟槽壁上 $MgO-Al_2O_3-SiO_2-CaO-MnO$ 夹渣颗粒扫描电镜形貌及 X 射线能谱图

Q235 钢高频直缝焊管在压力试验中沿焊缝发生纵向断裂，裂纹长约 40 cm，低倍断口呈现层状断裂特征，在层状断口纵向密集分布着相互平行的显微沟槽，显微沟槽有长有短，相互间距为几十微米。在显微沟槽壁上分布着含有耐火材料成分的 $MgO-Al_2O_3-SiO_2-CaO-MnO$ 夹渣颗粒，在夹渣中熔入少量结晶器保护渣 CaF_2，密集分布的相互平行的显微沟槽破坏了钢基体的连续性，降低了钢的强度。

层状裂纹是轧制钢材时在短横向受到较大的拘束力后，沿平行于板面呈分层分布的非金属夹杂物或夹渣碎块方向扩展形成的阶梯状裂缝。形成层状裂缝的原因与非金属夹杂物或夹渣碎块、外力负荷等各种诱导因素有关。非金属夹杂物或夹渣碎块是引起层状裂纹的最主要因素。其中，$MgO-Al_2O_3-SiO_2-CaO$ 耐火材料夹渣在轧制方向变成显微沟槽，在压扁 Z 向应力作用下，引起显微沟槽与基体金属剥离而产生空穴，最终以空穴的彼此连接导致层状断裂。

3.10　25CrMn 钢棒材中耐火砖剥落块分析

在 25CrMn 钢棒材的浅表面发现了块状的夹渣冶金缺陷，尺寸在 $60\sim300$ μm，超过钢中 DS 夹杂物 13 μm 的上限，而且数量多，是钢中不允许存在的冶金缺陷，棒材中心没有观察到类似夹渣冶金缺陷。

耐火砖剥落块 1 的微观特征见图 3-51~图 3-53。耐火砖剥落块 2 的微观特征见图 3-54 和图 3-55。

分析判断：

（1）在棒材的浅表面发现了块状夹渣冶金缺陷，尺寸在 $60\sim300$ μm，超过钢中 DS 夹杂物 13 μm 的上限，而且数量多，是钢中不允许存在的冶金缺陷，棒材中心没有观察到类似夹渣冶金缺陷。

（2）夹渣的主要成分是 SiO_2、CaO、Cr_2O_3、MnO、Fe_2O_3 等，不同分析点成分不同，但是它们都是耐火材料的主要成分。

（3）这些夹渣主要分布在棒材的浅表面，是包衬耐火材料剥蚀后在浇注时随注流卷入结晶器内的钢液之中，滞留在连铸坯的浅表面，轧制成材遗传给钢材和结构件。较多的夹渣破坏了钢基体的连续性，降低了钢的强度。

（4）如此多的耐火材料剥蚀夹渣对棒材来讲是不能允许的冶金缺陷，由它导致的失效将十分严重，必须引起高度重视。

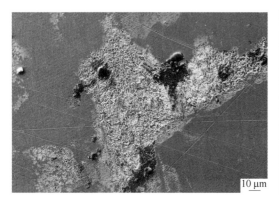

图 3-51　耐火砖剥落块放大
500 倍扫描电镜形貌

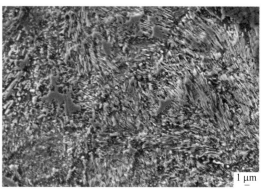

图 3-52　图 3-51 耐火砖剥落块放大
2000 倍扫描电镜形貌

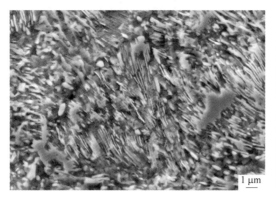

图 3-53　图 3-51 耐火砖剥落块组织放大
5000 倍扫描电镜形貌

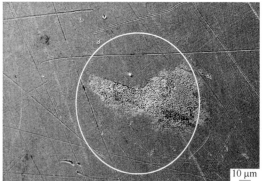

图 3-54　另一个耐火砖剥落块放大
500 倍扫描电镜形貌

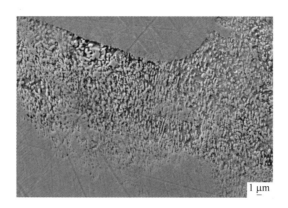

图 3-55　图 3-54 耐火砖剥落块放大 2000 倍扫描电镜形貌

4　夹渣与裂纹萌生

第 2 章介绍了结晶器保护渣卷渣行为产生的夹渣缺陷，第 3 章介绍了耐火材料剥离产生的夹渣缺陷。目前已经熟悉的夹渣，主要包括这两种夹渣缺陷，或者两者的融合体。在第 1 章，我们对钢中非金属夹杂物及其对钢产品生产和使用的影响做过描述，与非金属夹杂物相比，夹渣是外来夹杂物，在国家夹杂物检测标准中并没有给以说明。但是，连铸工艺的广泛应用及其特殊的操作和工艺流程，使得夹渣在连铸坯和钢材出现的几率大大超过非金属夹杂物，它对钢产品质量和机械结构件的破坏作用远远超过非金属夹杂物。本章讨论夹渣导致的以下质量问题，比如夹渣导致冷轧薄板边部产生孔洞；轴承钢疲劳裂纹与断裂；棒材拉伸面缩延伸不合脆性断裂问题；钢丝心部孔隙与夹渣导致笔尖状断裂问题；40Cr 汽车用螺栓安装断裂失效问题；钢丝夹渣导致断裂问题等。在分析其断裂问题时，不仅仅显示其相貌和成分，分析夹渣与裂纹萌生的机理，更主要的是揭露它们对钢的有害作用及预防对策。

4.1　夹渣导致低碳冷轧薄板边部孔洞分析

低碳冷轧薄板在进行外观检查时，发现如图 4-1 所示的边部成串分布的星形孔洞。孔洞是薄规格冷轧产品中常见的一种缺陷，孔洞基本为塑性拉裂状，单个出现，或成串状出现，有的明显可见基板分层。孔洞边缘无明显机械擦伤，冷轧板正反两面的形貌差异并不明显。

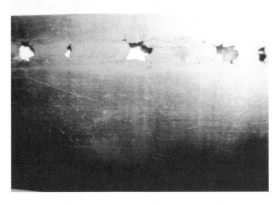

图 4-1　低碳冷轧薄板边部附近出现的轧制星形孔洞形貌

将其中一个孔洞沿四周外围切割下来，然后从中间切割制得孔洞断口观察试样，将试样立在扫描电镜的试样盘上，以便于观察孔洞厚度方向的侧面，微观特征见图 4-2。

观察发现，在钢板塑性拉裂孔洞的断面上存在片状夹渣冶金缺陷，主要成分是 Na_2O、K_2O、CaO、Al_2O_3、炭粉，它们是结晶器保护渣的成分。可以认为该冶金缺陷是在连铸时

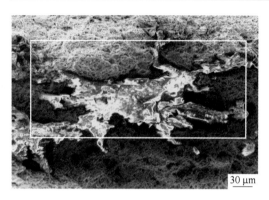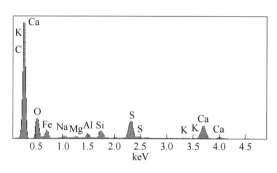

图 4-2　低碳冷轧薄板轧制孔洞断口上的液态状夹渣形貌及 X 射线能谱图
（该夹渣含有 C、Na、K、Al、Si、Ca 等结晶器保护渣的成分）

由于保护渣卷入连铸坯厚度方向形成皮下夹渣冶金缺陷。在轧板时这些潜在的片状夹渣成为轧制孔洞的裂纹源，并导致在轧制时形成孔洞，由于连铸坯厚度方向的皮下夹渣并不是一个，而是几个呈串状分布，所以在钢板的边部形成串状分布的孔洞。

　　除片状结晶器保护渣夹渣冶金缺陷造成轧制孔洞，连铸坯中的中心分层缺陷、水口结瘤物卷入铸坯、含钛脆性夹杂物、DS 类大颗粒夹杂物或聚集状 Al_2O_3 夹杂物、连铸坯的中心偏析等缺陷，均有可能导致冷轧板产生孔洞缺陷。

4.2　轴承钢疲劳裂纹源与夹渣

　　疲劳破坏约占机械事故的 80% 以上，传统疲劳数据往往局限于不大于 10^7。许多部件，如发动机部件、汽车承力运动部件、铁路车轮和轨道、飞机、海岸结构、桥梁、特殊医疗设备等，要求承受 $10^8 \sim 10^{12}$ 周次的循环载荷而不发生断裂。在一次旋转弯曲疲劳试验中，该旋转弯曲疲劳试验应力为 843 MPa，在 $N_f = 3.47 \times 10^5$ 发生断裂，还没有到使用要求的下限 10^8 循环周次就发生断裂，将其断口在扫描电镜下观察，其微观特征见图 4-3。

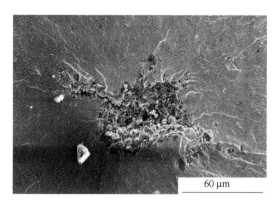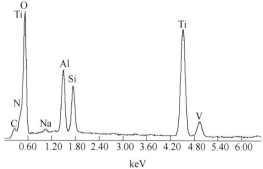

图 4-3　旋转弯曲试验疲劳断裂夹渣裂纹源扫描电镜形貌及其 X 射线能谱图

　　该疲劳断裂疲劳源的夹渣直径 $d = 54.7$ μm，夹渣距表面距离 $h = 196.5$ μm，夹渣主要成分为 TiO_2、Al_2O_3、SiO_2、V_2O_3、Na_2O、炭粉等，夹渣分布松散，是耐火材料剥落夹渣的机械混合物，含有少量的结晶器保护渣成分（图 4-3）。试验证明内部缺陷引起的内部疲劳破坏以非金属夹杂物引起居多，特别是夹渣缺陷，由于尺寸大，其显微缝隙更容易成为疲劳破坏的疲劳源，疲劳性能恶化十分严重。

4.3 45 钢棒材拉伸面缩不合断口观察

45 钢棒材正火后拉伸试验有 6 对面缩不合（40%），对匹配断口试样用扫描电镜及 X 射线能谱仪进行观察与分析。拉伸断口宏观呈现斜面、中间白斑、凸点、"豆腐渣"、脊岭和深锥等特征。

1 号拉伸断口扫描电镜观察分析见图 4-4～图 4-6。夹渣主要成分为 O、Na、K、Mg、Al、Si、S、Cl、Ca、Fe、P、Zn 等。其中，Na、K、Cl 是结晶器保护渣的成分；Mg、Al、Si 是耐火材料剥蚀物成分；P、Zn 是镀锌液的成分，从夹渣缝隙侵入并在夹渣上结晶。

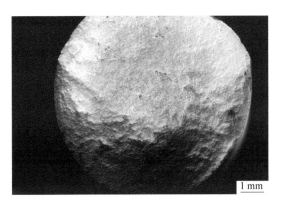

图 4-4　1 号拉伸匹配断口扫描电镜形貌

2 号拉伸断口扫描电镜观察分析见图 4-7～图 4-9。夹渣主要成分为 O、K、Na、Cl、Mg、Al、Si、Ca、Fe、Zn 等。

分析判断：

（1）在上述 5 组试样的断口浅表面有 3 个是结晶器保护渣形成的夹渣缺陷，有 1 个是耐火材料剥落夹渣缺陷，有 1 个是保护渣形成的夹渣与耐火材料剥落夹渣的融合体，有些夹渣甚至侵入到棒材的内部。

（2）其中 Na、K、Cl 是结晶器保护渣的成分，Mg、Al、Si 是耐火材料的成

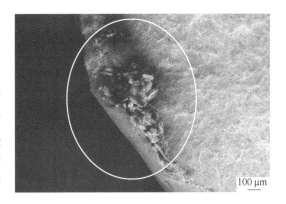

图 4-5　1 号拉伸断口裂纹源处的夹渣
扫描电镜形貌

分，证明 1 号与 2 号夹渣是结晶器保护渣卷渣与耐火材料剥落的融合体滞留在钢坯的浅表面，轧制后又滞留在棒材浅表面，P、Zn 是镀锌液沿夹渣缝隙侵入后残留在夹渣上。

（3）该浅表夹渣成为一个潜在的裂纹源和显微缝隙，是材料最薄弱区域，导致拉伸面缩不合。

元素	重量百分比/%
O	19.38
Mg	0.98
Al	1.01
Si	3.34
P	1.67
S	2.16
Cl	0.98
K	2.14
Ca	6.62
Ti	0.74
Cr	5.50
Fe	51.87
Zn	3.61
总量	100.00

图 4-6　1 号拉伸断口裂纹源处夹渣形貌及 X 射线元素定量分析结果

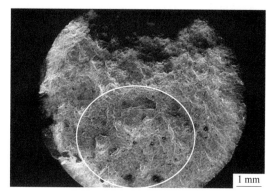

图 4-7　2 号拉伸断口扫描电镜形貌
（断口表面分布着较多的颗粒状夹渣）

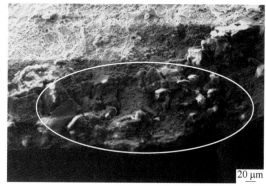

图 4-8　2 号拉伸断口浅表面裂纹源处的
颗粒状夹渣扫描电镜形貌

元素	重量百分比/%
O	56.06
Mg	1.19
Al	0.76
Si	11.58
Ca	28.55
Fe	1.38
Zn	0.48
总量	100.00

图 4-9　2 号拉伸断口裂纹源处夹渣扫描电镜形貌及 X 射线元素定量分析结果

4.4　60Si2Mn 钢母材拉伸面缩延伸不合脆性断裂分析

60Si2Mn 合金弹簧钢是应用广泛的硅锰弹簧钢，强度、弹性和淬透性较 55Si2Mn 合金弹簧钢稍高，适于铁道车辆、汽车拖拉机工业上制作承受较大负荷弹簧钢扁形弹簧或线径在 30 mm 以下的螺旋弹簧、板簧，也适于制作工作温度在 250 ℃ 以下非腐蚀介质中的耐热弹簧以及承受交变负荷及在高应力下工作的大型重要卷制弹簧。在生产中 60Si2Mn 母材拉伸检验中经常出现面缩延伸不合脆性断裂现象，其脆性断裂断口没有面缩和延伸，断面较平，见图 4-10。断口裂纹源处的微观形貌见图 4-11～图 4-16。

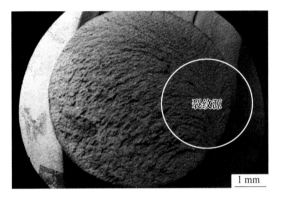

图 4-10 60Si2Mn 钢母材拉伸面缩延伸不合
脆性断口扫描电镜形貌

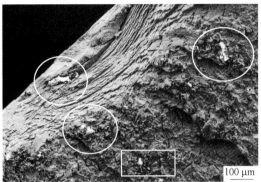

图 4-11 60Si2Mn 钢脆性断口裂纹源
扫描电镜形貌及夹渣分布形貌

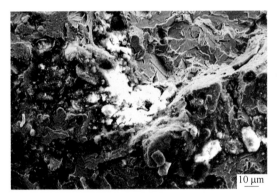

图 4-12 60Si2Mn 钢脆性断口裂纹源处的夹渣扫描电镜形貌 1

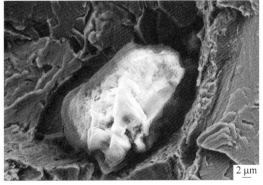

图 4-13 60Si2Mn 钢脆性断口裂纹源处的夹渣扫描电镜形貌 2

由图 4-15 可见，该夹渣的主要成分是 K、Cl、Al、Si、S、Ca、O、Fe、P、Zn 等，其中 S 是酸洗液进入夹渣的残留物成分。由图 4-16 可见，该夹渣的主要成分是 MgO、Al_2O_3、SiO_2、CaO、O、Fe_2O_3、Na_2O、K_2O 等，其中 Na_2O、K_2O、Cl 是结晶器保护渣的成分，MgO、Al_2O_3、SiO_2 是耐火材料剥蚀物的成分，是结晶器保护渣卷渣与耐火材料剥落的融合体滞留在钢坯的浅表面，轧制后又滞留在棒材浅表面。

图 4-14　60Si2Mn 钢拉伸脆性解理断口扫描电镜形貌

元素	重量百分比/%
C	0.02
O	17.42
Mg	0.35
Al	0.93
Si	3.00
P	0.60
S	4.41
K	0.37
Ca	20.44
Ti	0.46
Mn	0.49
Fe	50.81
Zn	0.70
总量	100.00

图 4-15　60Si2Mn 钢拉伸脆性断口裂纹源处夹渣扫描电镜形貌 1 及 X 射线元素定量分析结果

元素	重量百分比/%
C	0.15
O	52.15
Na	1.83
Mg	0.38
Al	1.80
Si	5.36
S	0.56
Cl	1.11
K	1.02
Ca	3.55
Mn	0.30
Fe	31.80
总量	100.00

图 4-16　60Si2Mn 钢拉伸脆性断口裂纹源处夹渣扫描电镜形貌 2 及 X 射线元素定量分析结果

60Si2Mn 螺旋弹簧钢在拉伸中出现的面缩延伸不合脆性断裂，是由于在连铸中发生了卷渣行为，主要成分是 MgO、Al_2O_3、SiO_2、CaO、O、Fe_2O_3、Na_2O、K_2O 等，其中 Na_2O、

K_2O、Cl 是结晶器保护渣的成分，MgO、Al_2O_3、SiO_2是耐火材料剥蚀的成分，是结晶器保护渣卷渣与耐火材料剥落的融合体。该夹渣滞留在钢坯的浅表面，轧制后又滞留在棒材浅表面，成为潜在的裂纹源，导致拉伸面缩延伸不合脆性断裂现象发生。

4.5 60Si2Mn 弹簧钢卷簧断裂分析

60Si2Mn 螺旋弹簧钢在冷卷弹簧卷制过程中出现了断裂现象。断口具有如下特点：断裂首先产生横向一次断裂，在其一次断口的中间沿纵向产生二次裂纹，在二次裂纹断口上产生三次裂纹。同时产生一次、二次、三次裂纹比较少见。本次试验用扫描电镜对三次裂纹断口进行逐个观察，论证了弹簧产生断裂的原因。

60Si2Mn 钢淬火温度正常取 850~870 ℃淬火+470 ℃回火。热处理后，60Si2Mn 螺旋弹簧钢在冷卷前经酸洗磷化处理，经含有锌（Zn）、锰（Mn）、铬（Cr）、铁（Fe）等磷酸盐的溶液处理后，在基底金属表面形成一种不溶性磷酸盐膜，此过程称为磷化。磷化使金属表面形成一层附着良好的保护膜，磷化液主体成分是钼酸盐、硝酸盐、亚硝酸盐、磷酸氯酸盐、有机硝基化合物等。形成的磷化膜主体成分为 $Zn_3(PO_4)_2 \cdot 4H_2O$、$Zn_2Fe(PO_4)_2 \cdot 4H_2O$。磷化晶粒呈树枝状、针状、孔隙较多，其中主要化学成分是 P、Zn 和 Fe。

磷化膜具有如下优点：

（1）提高耐蚀性。磷化膜虽然薄，但由于它是一层非金属的不导电隔离层，能使金属工件表面的优良导体转变为不良导体，抑制金属工件表面微电池的形成，故可有效阻止涂膜的腐蚀。

（2）提高基体与涂层间或其他有机精饰层间的附着力。磷化膜与金属工件是一个结合紧密的整体结构，其间没有明显界限。磷化膜具有的多孔性，使封闭剂、涂料等可以渗透到这些孔隙之中，与磷化膜紧密结合，从而使附着力提高。

（3）提供清洁表面。磷化膜只有在无油污和无锈层的金属工件表面才能生长，因此，经过磷化处理的金属工件，可以提供清洁、均匀、无油脂和无锈蚀的表面。

（4）改善材料的冷加工性能，如拉丝、拉管、挤压等。

（5）改进表面摩擦性能，以促进其滑动。

4.5.1 观察结果

一次脆性断裂宏观形貌见图 4-17。从图 4-17 可以看出，裂纹源在断口边缘，边缘有磨痕缺陷。

裂纹源处夹渣形貌见图 4-18~图 4-22。从图 4-22 可以看出，夹渣主要成分是 Al、S、Ca、O、Na、Mg、K、Fe、Zn、P 等。其中，S 是酸洗液进入夹渣的残留物成分，Al、Ca、O、Na、K、Fe 是结晶器保护渣的成分，Zn、P 镀膜液的成分，Mg、Al、Ca 是耐火材料成分。

4.5.2 分析判断

（1）60Si2Mn 螺旋弹簧钢在冷卷制过程中出现断裂现象，该断裂首先产生横向一次断裂，在其一次断口的中间沿纵向产生二次裂纹，在二次裂纹断口上产生三次裂纹，同时产生一次、二次、三次裂纹比较少见。

（2）一次裂纹起源于表面伤痕及结晶器保护渣，该夹渣是结晶器保护渣卷渣与耐火材

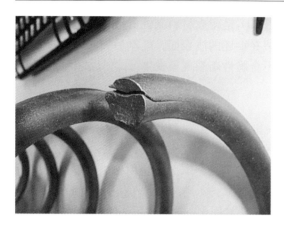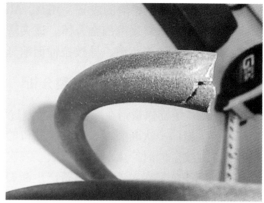

图 4-17　60Si2Mn 螺旋弹簧冷卷弹簧一次、二次裂纹断口宏观形貌

图 4-18　60Si2Mn 螺旋弹簧裂纹源处形貌

（边缘有磨痕缺陷）

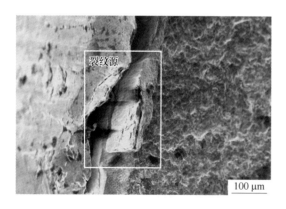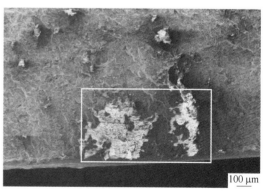

图 4-19　60Si2Mn 螺旋弹簧断口裂纹源处　　　图 4-20　60Si2Mn 螺旋弹簧断口裂纹源处
　　　　块状夹渣扫描电镜形貌　　　　　　　　　　　　夹渣扫描电镜形貌

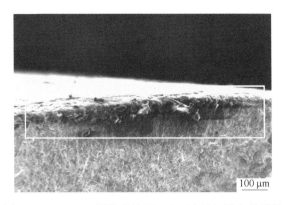

图 4-21　60Si2Mn 螺旋弹簧断口表面夹渣扫描电镜形貌

元素	重量百分比/%
C	0.22
O	32.32
Na	0.52
Mg	0.82
Al	3.52
Si	6.94
P	2.30
S	1.66
K	1.24
Ca	20.42
Mn	0.61
Fe	26.45
Zn	2.97
总量	100.00

图 4-22　60Si2Mn 螺旋弹簧断口裂纹源粉状夹渣形貌及 X 射线元素定量分析结果

料剥落的融合体。由于在冷卷前进行酸洗和磷化处理，酸洗和磷化处理液通过表面伤痕缝隙浸入到结晶器保护渣并沉积在上面，使得在保护渣夹渣中含有 S、P、Zn 成分。

（3）二次裂纹起源于棒截面 1/2 处有线状分布的结晶器保护渣条带。观察发现，在其二次断口的一侧浅表面有连续分布的结晶器保护渣夹渣，十分严重，二次裂纹在顶部形成后沿这条结晶器保护渣条带向纵向扩展，产生一次、二次、三次裂纹的断裂特征，钢材浅表面伤痕、夹渣，内部存在一条线状分布的结晶器保护渣夹渣是产生一次、二次、三次裂纹的主要原因。

4.6　ϕ5.5 mm SWRH82B 钢绞线母材拉伸延伸面缩不合脆性断口观察

钢绞线用 SWRH82B 钢母材盘条（ϕ12.5 mm）经常出现断面收缩率和延伸率不合问题，本节对 ϕ5.5 mm SWRH82B 钢绞线母材拉伸延伸面缩不合脆性断口进行观察，宏观特

征见图 4-23 和图 4-24。从图 4-23 可以看出，断面较平，几乎没有塑性变形。微观特征见
图4-25~图 4-30。

图 4-23　ϕ5.5 mm SWRH82B 钢绞线母材拉伸脆性断口形貌

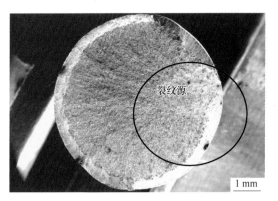

图 4-24　图 4-23 脆性扫描电镜断口放大像

（圈内为裂纹源）

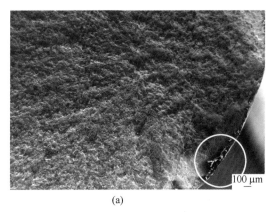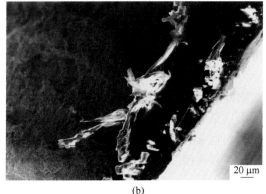

(a)　　　　　　　　　　　　　　(b)

图 4-25　图 4-24 裂纹源上的夹渣扫描电镜形貌

（图（b）为夹渣扫描电镜放大像）

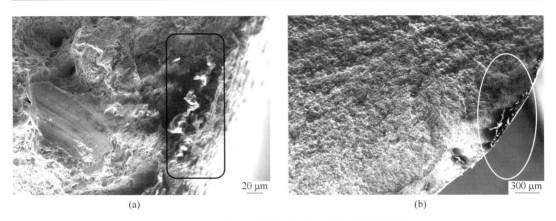

(a)　　　　　　　　　　　　　　　　　(b)

图 4-26　匹配断口上裂纹源上的夹渣扫描电镜形貌

（图（b）为夹渣扫描电镜放大像）

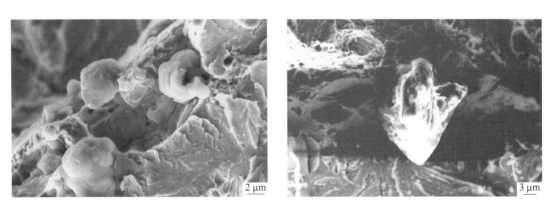

图 4-27　裂纹源上的夹渣扫描电镜放大像 1

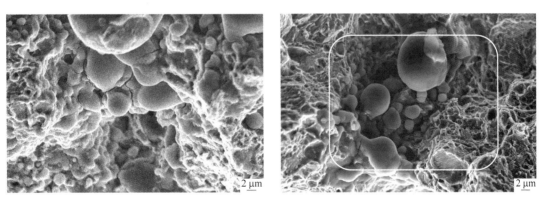

图 4-28　裂纹源上的夹渣扫描电镜放大像 2

分析判断：

（1）φ5.5 mm SWRH82B 钢绞线母材拉伸呈脆性断口特征，断面较平，几乎没有塑性变形。

（2）脆性断裂源在试棒的边部，具有裂纹源特征，在裂纹源有一堆夹渣缺陷，数量较多，尺寸较大。

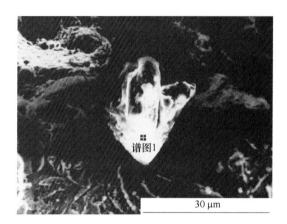

元素	重量百分比/%
O	61.25
Na	13.93
Si	2.68
S	2.36
Cl	8.87
K	4.39
Ca	2.68
Fe	3.83
总量	100.00

图 4-29　裂纹源上的夹渣扫描电镜放大像及 X 射线元素定量分析结果 1

元素	重量百分比/%
O	27.18
Na	4.04
Al	5.03
Si	24.84
S	0.30
Cl	1.20
K	1.08
Ca	0.59
Fe	35.75
总量	100.00

图 4-30　裂纹源上的夹渣扫描电镜放大像及 X 射线元素定量分析结果 2

（3）该夹渣为结晶器保护渣卷渣造成的夹渣缺陷，主要成分为 Na、Cl、K、Al、Si、Ca 等，是结晶器保护渣的主要成分。

在拉力试棒的边部存在较多的夹渣成为拉力最薄弱的区域，在给力的开始以夹渣为裂纹源产生裂纹，随后裂纹瞬间呈放射状扩展断裂，使得 ϕ5.5 mm SWRH82B 钢绞线母材拉伸延伸面缩不合，并产生脆性断裂。

4.7　45 钢丝心部夹渣导致冷拔笔尖状断裂分析

45 钢线材在冷拔过程中常出现断线、断丝的现象，有一种情况是其断口形貌呈笔尖状和漏斗状（也称杯锥状），因笔尖状和漏斗状是一匹配断口，一般将此类断口统称为笔尖状断口，该断裂称为笔尖状断裂。图 4-31 和图 4-32 为笔尖状断口的匹配断口——漏斗状断口形貌。

由于凹陷断裂面底部夹渣较深，X 射线能谱仪探测不到，故不能做成分分析，但从形貌上分析已经能够确认是夹渣缺陷。从断口形貌分析可知，钢丝断裂起始于截面心部，由于心部存在夹渣及孔隙，在冷拔过程中，夹渣及孔隙破坏了金属的连续性且形成 V 形裂纹，裂纹逐渐沿周边向外扩展，导致线材断裂，形成笔尖状和漏斗状断口。该夹渣缺陷是在连铸过程中，钢液发生湍流将结晶器保护渣卷入连铸坯的较深区域，轧制成钢丝后仍滞留在钢丝的心部，所以夹渣及孔隙是产生笔尖状断裂的主要原因。

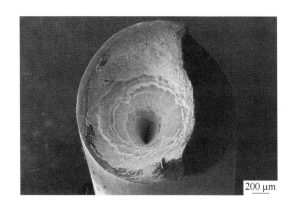 

图 4-31   45 钢丝冷拔笔尖状断口匹配断裂面 　图 4-32   在漏斗状凹陷断裂面底部观察到
　　　　 漏斗状扫描电镜形貌　　　　　　　　　　 夹渣冶金缺陷扫描电镜形貌

4.8   45 钢丝边部夹渣导致冷拔脆性断裂分析

45 钢线材在冷拔过程中常出现断线、断丝的现象，除上述笔尖状断裂，也有脆性断裂的情况。图 4-33 为冷拔脆性断裂断口形貌。从图 4-33 可以看出，断口右边有一个白色的夹渣。图 4-34 为白色夹渣放大像及成分分析。夹渣的主要成分是 Na_2O、K_2O、Cl、CaO、CaS 等，是结晶器保护渣的主要成分。

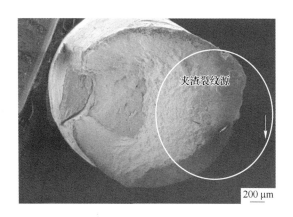

图 4-33   冷拔钢丝脆性断裂扫描电镜宏观形貌

钢丝的边部存在的结晶器保护渣夹渣及孔隙是钢丝潜在的裂纹源，在冷拔过程中裂纹首先在这里产生，裂纹产生后瞬间扩展形成脆性断裂，而没有形成笔尖状断口。

元素	重量百分比/%
O	55.35
Na	19.45
S	4.28
Cl	13.55
K	4.71
Ca	1.20
Fe	1.46
总量	100.00

图 4-34　裂纹源白色夹渣的放大像及 X 射线元素定量分析结果

4.9　45 钢丝心部孔隙与夹渣导致笔尖状断裂分析

这是 45 钢线材在冷拔过程又一个笔尖状和漏斗状（也称杯锥状）案例，将杯锥状断口磨掉一部分成平面，在其平面上观察到一条裂纹，在裂纹内观察到一个冶金缺陷。图 4-35 为笔尖状断口心部孔隙及夹渣扫描电镜形貌。

4.9.1　微观特征

图 4-36 将裂纹内观察到的冶金缺陷放大，从扫描电镜形貌上分析认为是夹渣缺陷，其尺寸为 86 μm×53 μm，是导致该试样断裂的直接原因。

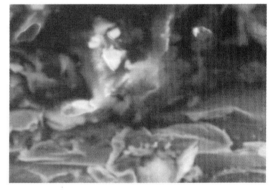

图 4-35　杯锥状断口心部孔隙扫描电镜形貌　　　　图 4-36　裂纹内观察到的冶金缺陷放大形貌

由图 4-37 可以看出，该夹渣成分以 MgO、CaO、Al_2O_3、SiO_2、Na_2O、K_2O 为主，夹渣中含有结晶器保护渣的 Na 与 K 元素，也含 MgO、CaO、Al_2O_3、SiO_2 耐火材料的成分，所以该夹渣是两者的熔融体。

4.9.2　分析判断

在浇铸过程中，钢包、中间包包衬材料和结晶器保护渣带来的外来夹杂物主要是钢水和外界之间偶然的化学和机械作用产物。主要包括包衬耐火材料被侵蚀形成的夹渣和结晶器保护渣卷渣造成的外来夹杂物。

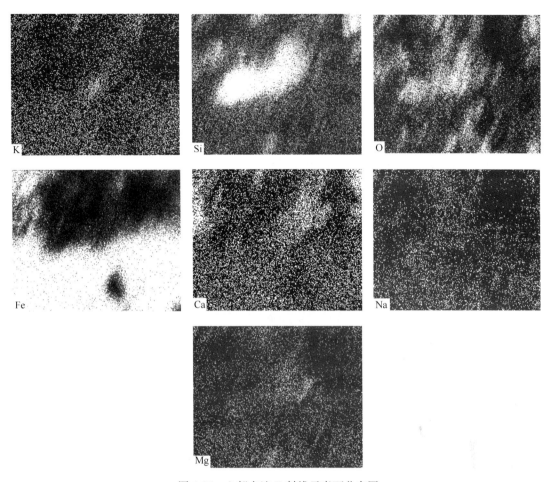

图 4-37　心部夹渣 X 射线元素面分布图

其特征为：

（1）尺寸大。来自耐火材料侵蚀的夹渣通常比卷渣造成的夹渣要大。

（2）复合成分及多相结构。由于钢水和渣中的 MgO、SiO_2、FeO 和 MnO 以及炉衬耐火材料之间的多元反应造成夹杂物成分复杂，它们在运动时容易吸收捕获脱氧产物，这些外来夹杂物通常作为异相形核核心，在钢水中运动的夹杂物以此核心沉淀析出。

（3）形状不规则，多呈棱角成堆集聚在显微疏松处，大多数为多相。

（4）相比小夹杂物而言数量较少，但对钢性能危害严重。

（5）由于此类夹杂物通常是在浇铸和凝固时被捕捉，因此具有偶然性，在钢中零星分布。

任何冶炼上或钢水传递上的操作，尤其是在钢水从一种容器倒到另一种容器时，都会引起渣钢间的剧烈混合，造成渣颗粒悬浮在钢液中。卷渣形成的夹杂物尺寸在 10~300 μm 之间，含有大量的 CaO、MgO、Al_2O_3、SiO_2 成分，在钢水温度下通常为液态，因此在外形上为球形。对于连铸工艺，下列因素可能造成钢水卷渣：钢水从钢包到中间包和从中间包到结晶器时，尤其是敞开浇铸时钢水上表面出现漩涡。

结晶器保护渣以 Na_2O、K_2O、Al_2O_3、SiO_2 等为主，保护渣卷渣产生的夹渣中含有结晶器保护渣的 Na 与 K 元素。该夹渣同时还含 MgO、CaO、Al_2O_3、SiO_2 耐火材料的成分，所以是两者的熔融体。

在《钢中非金属夹杂物含量的测定标准评级图显微检验法》（GB/T 10561—2005/ISO 4967：1998（E））中没有对夹渣评级做出规定，但是在钢的冶金质量检验和失效分析中，夹渣的出现频率很高，对钢质量影响甚至超过标准中的夹杂物，应该引起我们足够的重视。

4.10 5Cr9Si3 钢气门杆夹渣导致断裂分析

5Cr9Si3 钢柴油机气门杆上机试验 20 h 左右时发生断裂，气门管同时断裂。气门杆的热处理工艺为调质处理，硬度要求 HRC35~42，表面镀 Cr，实测约 0.010 mm。气门包括气门杆部以及气门盘部，见图 4-38，其作用是控制发动机进气与排气，气门盘部受气缸盖的压力，杆部受弹簧拉力。

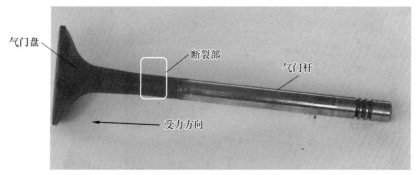

图 4-38 5Cr9Si3 钢柴油机气门杆发生断裂部位图像

5Cr9Si3 钢柴油机气门杆断口形貌及夹渣分析见图 4-39~图 4-43。由图 4-43 可以看出，疲劳裂纹上下匹配面在扩展中相互摩擦，表面变得光滑，在没有受到摩擦的凹陷处有气体腐蚀特征。

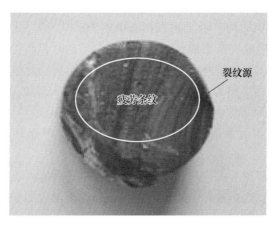

图 4-39 5Cr9Si3 钢柴油机气门杆疲劳断口及裂纹源形貌

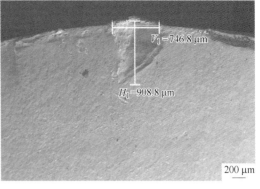

图 4-40　5Cr9Si3 钢柴油机气门杆断口
疲劳源及疲劳扩展区扫描电镜形貌 1

图 4-41　5Cr9Si3 钢柴油机气门杆断口
疲劳源及疲劳扩展区扫描电镜形貌 2

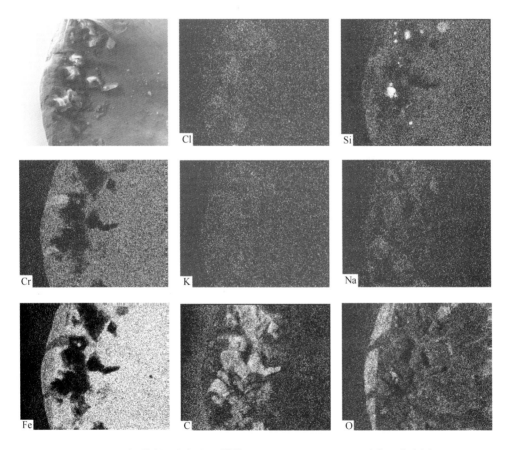

图 4-42　在裂纹源处夹渣 X 射线 C、Na、K、Cl、Si、Cr 元素面分布图

　　柴油机气门杆断裂属于腐蚀应力与疲劳应力混合断裂形式。在疲劳源处发现较多的松散状保护渣夹渣和表面加工缺陷，疲劳就是起源于气门杆浅表面结晶器保护渣和表面加工缺陷，裂纹形成后以疲劳方式扩展，并且受到尾气的腐蚀，裂纹上下面相互摩擦使得裂纹扩展面较为光滑，在腐蚀应力和疲劳应力共同作用下，气门杆发生断裂。

图 4-43　疲劳扩展路径形貌

4.11　20Cr2MnMo 钢汽车冷却水泵轴连轴内圈滚道剥落失效分析

20Cr2MnMo 钢汽车冷却水泵轴连轴承运行中振动和噪声急剧增加，提供了失效事故的信号，将其汽车水泵轴取出，发现汽车水泵轴内圈滚道表面出现疲劳剥落，对发生滚道疲劳剥落的轴承内圈进行外观检查，见图 4-44，其剥落坑分布在内圈滚道的一侧，在剥落坑内，氧化变色较为严重，表面还有许多压痕。

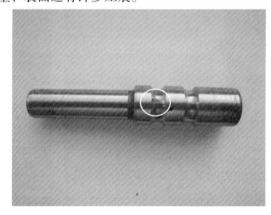

图 4-44　冷却水泵轴连轴承滚道剥落坑宏观形貌

4.11.1　微观特征

剥落坑尺寸较大，约 3 mm×2 mm，表面还有许多压痕，在剥落坑的周边分布着很多在电镜下有放电现象呈现熔融状态的白色物质，大部分剥落碎块已经被冷却液带走，见图 4-45。

在剥离处边缘滚道表面虽未剥落，但在表面产生星形裂纹，每个星形裂纹内都有一颗脆性夹杂物，见图 4-46。在载荷的长期作用下，这些坚硬的脆性夹杂物导致在滚道面上产生显微裂纹，显微裂纹的扩展和连接形成剥落。

在剥落坑内局部区域，除夹渣外，也同样观察到残留的脆性夹杂物。以上情况说明，在外套滚道浅表层存在着一个面积较大的结晶器保护渣，在保护渣中有较多脆性夹杂物 Al_2O_3，见图 4-47，有些已超过 YJZ84 标准上规定的合格级别。

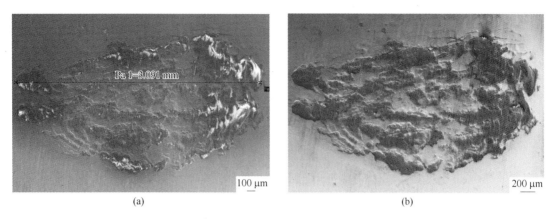

(a)　　　　　　　　　　　　　　(b)

图 4-45　冷却水泵轴连轴承滚道剥落坑扫描电镜全貌

（图(b)为 1 kV 低电压拍摄，消除了图(a)20 kV 高电压的放电现象）

图 4-46　剥落坑内残留的结晶器保护渣颗粒扫描电镜形貌

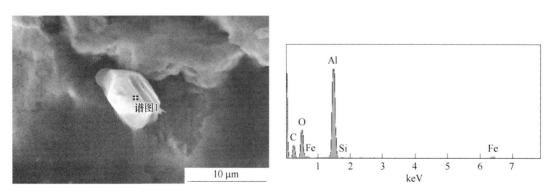

图 4-47　剥落坑内中残留的结晶器保护渣中 Al_2O_3 颗粒扫描电镜形貌及 X 射线能谱图

图 4-48 所示的颗粒中含有 C、O、Na、Si、Cl 等成分，其中 C、Na、Cl 是结晶器保护渣的重要成分。图 4-49 所示的颗粒中含有 O、Na、K、Si、Ca、Si 等成分，其中 Na、K 是结晶器保护渣的重要成分。

元素	重量百分比/%
C	46.42
O	19.93
Na	0.42
Si	0.59
Cl	0.34
Cr	0.60
Fe	31.69
总量	100.00

图 4-48　剥落坑周边残留的结晶器保护渣残留颗粒形貌及 X 射线元素定量分析结果 1

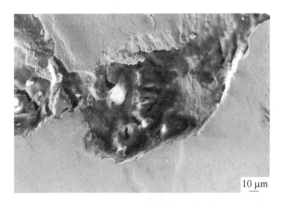

元素	重量百分比/%
O	47.76
Na	11.98
Si	0.52
S	0.74
Cl	6.23
K	2.00
Ca	0.88
Cr	0.51
总量	100.00

图 4-49　剥落坑周边残留的结晶器保护渣残留颗粒形貌及 X 射线元素定量分析结果 2

4.11.2　分析判断

上述检验证明，该轴承内圈滚道的一个浅表面处存在一个潜在的夹渣冶金缺陷，成为滚道内一个潜在的裂纹源。轴承运行时，滚道与滚动体表面在周期载荷的长期作用下，潜在的夹渣成为滚道强度最薄弱的区域，因此，在滚道皮下夹渣处形成显微裂纹并扩展，产生的剥落碎块和夹渣颗粒被冷却液带走，直至滚道表面产生疲劳剥落坑。观察发现，虽然剥落坑内的夹渣大部分已经被冷却液带走，但是在剥落坑内及周边的星状裂纹之间仍然保留一些夹渣颗粒，这些夹渣颗粒成为导致疲劳剥落的见证。

汽车发动机的冷却水泵轴连轴承是汽车的重要部件。连轴承运行中一旦出现这种情况，其振动和噪声将急剧增加，说明滚道已经发生了剥落现象，会使整机丧失工作能力。

4.12　45 钢汽车摇臂轴断裂分析

摇臂轴是汽车动力转向器中的关键零件。其生产工艺流程为：下料—模锻—正火—探伤—热处理—喷丸—机加工—探伤—装配。在使用过程中，摇臂轴主要承受汽车转向时产生的反复扭转力作用。摇臂后端受向上的推力，中间受摇臂轴的制约，前端向下运动。摇臂轴材料为 45 钢，经渗碳、淬回火后使用。45 钢摇臂轴在使用中发生断裂。为了更好地观察断口，用机床切断该摇臂，被切掉的部分见图 4-50 （a），图 4-50 （b）为观察断口试样。

(a) 被切掉的部分形貌

(b) 断口形貌

图 4-50　45 钢摇臂轴断后形貌

　　分析判断：45 钢摇臂轴断口外表面有一狭长的夹渣带，它们成为断裂的裂纹源并导致疲劳断裂。因为摇臂和摇臂座的配合为间隙配合，在润滑油充分润滑的情况下，摇臂座的支承轴受力较大的下端面会存在油膜，可以起到一定的浮动效应；但是如果因气门弹簧弹力下降或气门间隙调整不当，在气门摇臂工作情况下，就会相对地在应力集中的部位出现间隙性的冲击负荷，此时摇臂后端受向上的推力，中间受摇臂轴的制约，前端向下运动，这种冲击负荷作用到含有较多夹渣的浅表面处，就会以夹渣为裂纹源产生疲劳断裂（图 4-51～图 4-57）。

图 4-51　摇臂断口扫描电镜宏观形貌
（上部边缘黑点区为裂纹源）

图 4-52　摇臂断口扫描电镜微观形貌
（上部边缘黑点区为裂纹源）

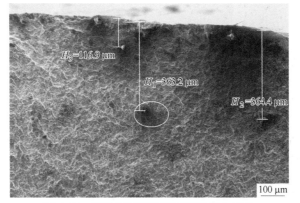

图 4-53　摇臂断口裂纹源区背散射电子像
（图中边缘密集分布的黑点为夹渣颗粒）

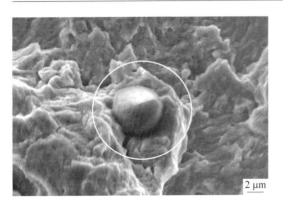 

图 4-54 摇臂断口裂纹源区的夹渣颗粒扫描电镜形貌

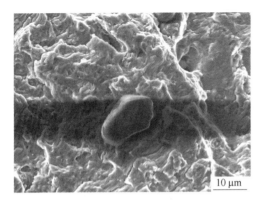

元素	重量百分比/%
C	9.09
O	6.07
Mg	0.31
Al	2.86
Si	3.10
K	0.73
Mn	0.52
Fe	77.33
总量	100.00

图 4-55 摇臂断口裂纹源区的结晶器保护渣颗粒扫描电镜形貌及 X 射线元素定量分析结果
（该夹渣含有结晶器保护渣 C、K、Al、Si 等成分）

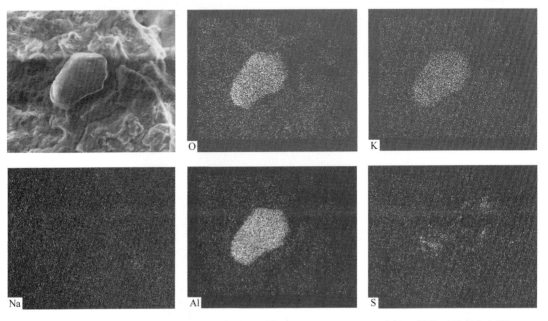

图 4-56 摇臂断口裂纹源区的结晶器保护渣颗粒 O、K、Na、Al、S 元素 X 射线面元素分布图

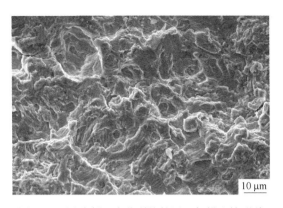

图 4-57　摇臂断口疲劳裂纹扩展区扫描电镜形貌

4.13　40Cr 钢内六角螺栓断裂分析

　　40Cr 钢内六角螺栓在使用中发生断裂，图 4-58 为断后形貌，断裂发生在螺纹的根部，断口颜色成灰色。将其断口在扫描电镜下进行观察与分析，结果见图 4-59~图 4-62。

图 4-58　40Cr 钢内六角螺栓断裂
试样宏观形貌

图 4-59　导致 40Cr 钢内六角螺栓断裂的
裂纹源扫描电镜形貌

（断裂发生在螺纹的根部，黄圈内有很多夹渣冶金缺陷）

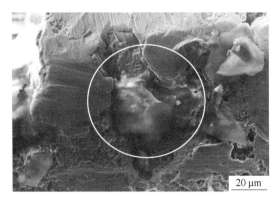

图 4-60　在裂纹源处的观察到较大的夹渣冶金缺陷扫描电镜形貌

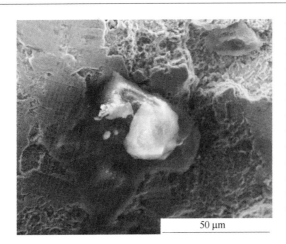

元素	重量百分比/%
C	56.93
N	8.71
O	21.92
Na	2.36
Si	0.16
S	0.73
Cl	3.35
K	3.17
Ca	0.84
Fe	1.84
总量	100.00

图 4-61　在裂纹源处夹渣 X 射线元素定量分析结果
（该夹渣含有结晶器保护渣 C、Na、K、N、Cl、Si、Ca 等成分）

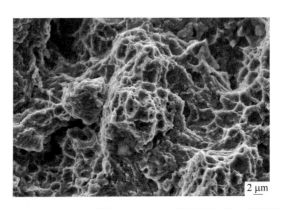

图 4-62　裂纹以韧性韧窝方式疲劳扩展的扫描电镜形貌

　　螺栓根部一处存在的夹渣冶金缺陷是导致螺栓断裂的直接原因。结晶器保护渣在连铸时卷入连铸坯的浅表面并滞留在连铸坯中，在轧制成棒材时这种夹渣缺陷遗传到棒材的浅表面，成为一个潜在的裂纹源。在使用中由于内六角螺栓受到几种力的作用，螺栓产生松动，螺栓紧固件松动后产生巨大的动能，这一巨大的动能直接作用于螺栓紧固件，当夹渣处的强度承受不了这种冲击能量时，便以夹渣为裂纹源导致瞬间断裂。

　　一般情况下对于螺栓断裂从以下四个方面来分析：螺栓的质量、螺栓的预紧力矩、螺栓的强度和螺栓的疲劳强度。

　　实际上，螺栓断裂绝大多数情况都是因为松动而断裂的。由于螺栓松动断裂的情况和疲劳断裂的情况大体相同，所以人们总能从疲劳强度上找到原因，实际上，疲劳强度大得我们无法想象，螺栓在使用过程中根本用不到疲劳强度。

　　（1）螺栓断裂不是由于螺栓的抗拉强度。以一只 M20×80 的 8.8 级高强螺栓为例，它的质量只有 0.2 kg，而它的最小拉力载荷是 20 t，高达它自身质量的 10 万倍，一般情况下只会用它紧固 20 kg 的部件，即只使用它最大能力的 1/1000。即便是设备中其他力的作用，也不可能突破部件质量的千倍，因此螺纹紧固件的抗拉强度是足够的，不可能因为螺栓的强度不够而损坏。

（2）螺栓的断裂不是由于螺栓的疲劳强度。螺纹紧固件在横向振动实验中只需 100 次即可松动，而在疲劳强度实验中需反复振动 100 万次。换句话说，螺纹紧固件在使用其疲劳强度的万分之一时即松动了，我们只使用了不到它能力的万分之一，所以说螺纹紧固件的松动也不是因为螺栓疲劳强度。

（3）螺纹紧固件损坏的真正原因是松动。螺纹紧固件松动后，产生巨大的动能，这种巨大的动能直接作用于紧固件及设备，致使紧固件损坏。紧固件损坏后，设备无法在正常的状态下工作，进一步导致设备损坏。受轴向力作用的紧固件，螺纹被破坏，螺栓被拉断；受径向力作用的紧固件，螺栓被剪断，螺栓孔被打成椭圆。

（4）选用防松效果优异的螺纹防松方式是解决问题的根本所在。以液压锤为例，GT80 液压锤的重量是 1.663 t，其侧板螺栓为 7 套 10.9 级 M42 螺栓，每根螺栓的抗拉力为 110 t，预紧力取抗拉力一半计算，预紧力高达 300~400 t，但是螺栓一样会断。现在准备改成 M48 的螺栓，根本原因是螺栓防松解决不了。螺栓断裂，人们最容易得出的结论是强度不够，因而大都采用加大螺栓直径强度等级的办法。这种办法可以增加螺栓的预紧力，其摩擦力也得到了增加，当然防松效果也可以得到改善，但这种办法其实是一种非专业的办法，它的投入成本太大、收益太小。总之，螺栓应该是"不松不断，一松就断"。

4.14 40Cr 钢汽车用螺栓安装断裂失效分析

在汽车制造业中将各种汽车零部件装配成整车的过程，需要很多种不同类型的连接，比如焊接、螺栓连接和粘胶连接等。其中螺栓连接是最重要的连接方法之一。在汽车底盘下摆的一个 40Cr 钢紧固螺栓正常装配预紧时，紧固还没有到位就发生螺栓断裂失效问题。图 4-63 为 40Cr 钢紧固螺栓装配中断裂形貌，断裂均发生在螺纹根部。图 4-64 为断裂螺栓螺孔纵向打开后的宏观形貌。

图 4-63　40Cr 钢紧固螺栓正常装配预紧时断裂形貌　图 4-64　断裂螺栓螺孔纵向打开后的宏观形貌

该汽车装配用螺栓采用锌系磷化液镀膜，磷化镀膜工艺过程是一种化学与电化学反应形成磷酸盐化学转化膜的过程，所形成的磷酸盐转化膜称为磷化膜。磷化液主体成分是钼酸盐、硝酸盐、亚硝酸盐磷酸氯酸盐、有机硝基化合物等。形成的磷化膜主体组成分为 $Zn_3(PO_4)_2 \cdot 4H_2O$、$Zn_2Fe(PO_4)_2 \cdot 4H_2O$。磷化晶粒呈树枝状、针状，孔隙较多，其中主要化学成分是 P、Zn 和 Fe。磷化镀膜的目的主要是给螺栓基体金属提供保护，在一定程度上防止金属被腐蚀。

　　将断裂螺栓从螺孔中完整取出，经酒精超声波清洗后放在扫描电镜进行断口观察。图
4-65 为断裂螺栓断口的宏观形貌。从断裂表面可以观察到如下信息：在断口的最下方为断
裂源，断裂源向上为放射状的裂纹扩展区，左上角为瞬断区。整个断裂发生在螺纹根部，
在断裂源处可以观察到不规整的断裂特征。

　　将断裂源处放大观察，发现在螺纹根部有一个比较明显的冶金缺陷，如图 4-66 圆圈
中心所示，以断裂为起点的放射状裂纹扩展区十分明显，断裂源左边为螺纹宽度。

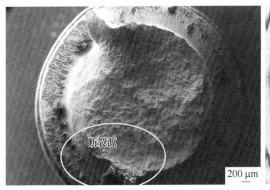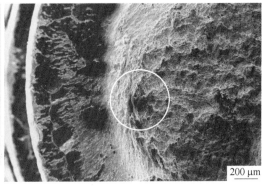

图 4-65　断裂螺栓断口扫描电镜宏观形貌　　　图 4-66　断裂螺栓断口断裂源扫描电镜微观形貌

　　将断裂源处的冶金缺陷进一步放大（图 4-67），可以看到一个宽 40 μm、长 176 μm 的
显微空隙，空隙内存在一堆夹渣。该冶金缺陷距离螺纹根部约 44 μm，是一个存在螺纹根
部的浅表面冶金缺陷。

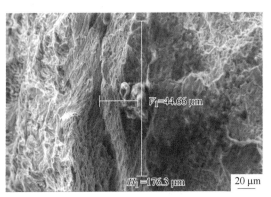

图 4-67　断裂螺栓断口断裂源夹渣扫描电镜微观形貌

　　图 4-68 是断裂螺栓断口断裂源夹渣 X 射线元素面分布图。从面分布图可以看出，该
夹渣是几种氧化物的机械混合物，炭粉是结晶器保护渣的成分，MgO 、Al_2O_3、SiO_2 是耐
火材料的主要成分，磷化物和锌化物是磷化膜的主要成分。夹渣是剥蚀的耐火材料与结晶
器保护渣融合体卷入钢液并滞留在连铸坯的浅表面，在连铸坯轧制成棒材后滞留在钢材的
浅表面。

　　综合上述试验结果分析认为，汽车底盘下摆 40Cr 钢紧固螺栓正常装配预紧时还没有

到位就发生螺栓断裂失效问题是由于母材的浅表面存在结晶器保护渣卷入钢液的夹渣所致。该夹渣缺陷先是在轧制时导致母材在夹渣处产生表面裂纹，之后在螺栓经磷化镀膜工艺过程中磷化液沿着裂纹进入到夹渣的显微缝隙，并在上面结晶形成含有磷和锌的结晶产物。这种浅表面夹渣产生的表面裂纹使得螺栓在紧固中不需要很大的力就在旋转紧固中发生早期断裂。

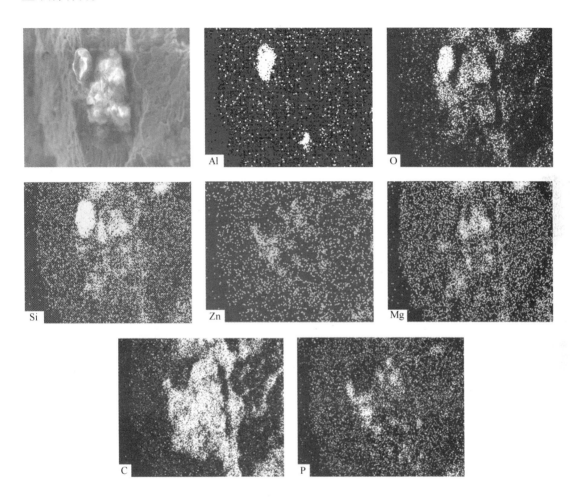

图 4-68　断裂螺栓断口断裂源夹渣 X 射线元素面分布图

4.15　夹渣导致起重设备螺杆断裂分析

起重设备中直径 60 mm 螺杆在使用中发生非正常疲劳断裂，见图 4-69。从图 4-69 中可见，断裂发生在螺纹的根部，裂纹在往复升降的疲劳循环中，裂纹扩展到内径的 1/2 时发生瞬间断裂，裂纹源在断口的正前方表面处。裂纹源处的微观形貌见图 4-70~图 4-74。

分析判断：螺杆在使用中发生非正常疲劳断裂为裂纹源处存在夹渣冶金缺陷所致。另外，在钢基体中存在气泡，也有助于断裂的扩展。

图 4-69　φ60 mm 螺杆在使用中发生非正常
疲劳断裂断口形貌

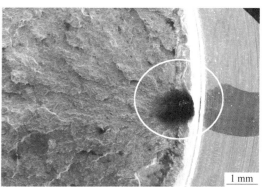

图 4-70　螺杆疲劳断裂裂纹源扫描电镜形貌

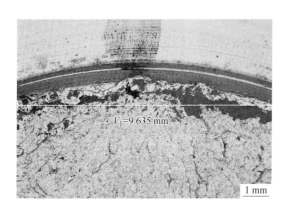

图 4-71　在裂纹源附近的 9.6 mm 的浅表面
夹渣缺陷扫描电镜形貌
（在其中心有一个黑色的夹渣区）

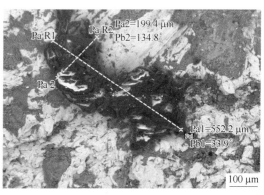

图 4-72　图 4-72 黑色夹渣区扫描电镜放大像
（其尺寸为 552 μm×199 μm）

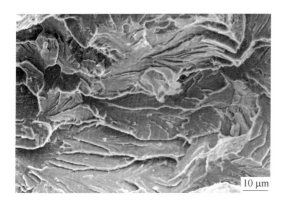

图 4-73　裂纹扩展解理断裂扫描电镜形貌

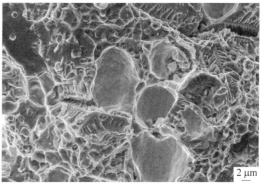

图 4-74　裂纹扩展区显微气泡扫描电镜形貌

4.16　ϕ21 mm 20CrMnTiH 钢结构轴件表面纵向裂纹分析

　　ϕ21 mm 20CrMnTiH 钢结构轴件制造工艺为退火—冷拔—下料—磷化—挤压—机加工，生产中在一些轴件成品的表面上发现长约 20 mm 的表面纵向裂纹，见图 4-75。图 4-76 是裂纹试样切割形貌，切割后将裂纹试样沿纵向裂纹打开，露出裂纹断口，并在扫描电镜下观察，见图 4-77~图 4-80。

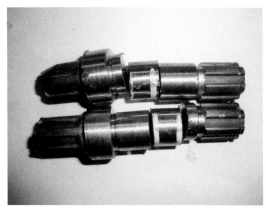

图 4-75　ϕ21 mm 20CrMnTiH 钢结构轴件
表面裂纹宏观形貌

图 4-76　ϕ21 mm 20CrMnTiH 钢结构轴件
表面裂纹试样切割形貌

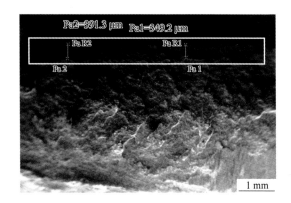

图 4-77　表面裂纹断口扫描电镜形貌
（断口显示表面裂纹深度约 400 μm）

图 4-78　表面裂纹断口处的
夹渣扫描电镜形貌

　　分析判断：为分析表面裂纹的本质，将表面裂纹打开露出裂纹扩展的断口十分重要。采用扫描电镜对表面裂纹断口进行观察，在表面裂纹的开口处发现较多的结晶器保护渣夹渣冶金缺陷。X 射线能谱仪分析证明它们含有结晶器保护渣 Na_2O、Al_2O_3、SiO_2、CaO 等的成分，这些夹渣在表面裂纹的开口处几乎连续分布，有烧结状、松散颗粒状。据此可以推断，该表面裂纹是连铸坯浅表面存在一堆结晶器保护渣夹渣冶金缺陷，在轧制后沿纵向形成表面裂纹，机械加工后在轴件成品的表面上呈现长约 20 mm 的表面纵向裂纹。

图 4-79　表面裂纹断口处的颗粒状夹渣形貌

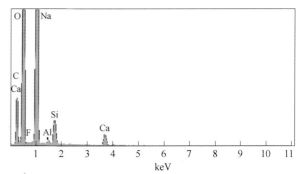

图 4-80　表面裂纹断口处的夹渣 X 射线能谱图
（含有结晶器保护渣 Na_2O、Al_2O_3、SiO_2、CaO 等成分）

4.17　45 圆钢热顶锻夹渣裂纹分析

45 钢 $\phi40$ mm 圆钢热顶锻试验时出现横向裂纹，见图 4-81。如图 4-81 所示，试样顶锻开裂严重，裂纹呈弧形沿圆钢纵向分布。裂纹试样用扫描电镜及 X 射线能谱仪进行观察与分析，分析结果见图 4-82~图 4-88。

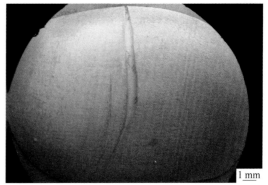

图 4-81　热顶锻开裂宏观形态及裂纹处断口形貌　　　　图 4-82　热顶锻开裂宏观形态 1

图 4-83 热顶锻开裂宏观形态 2
（裂纹表面有一层高温氧化膜）

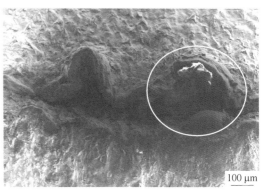

图 4-84 热顶锻开裂裂纹侧面的
夹渣颗粒扫描电镜形貌

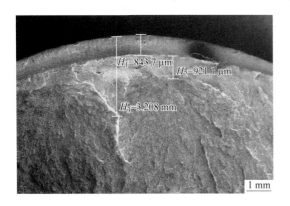

图 4-85 热顶锻裂纹处断口形貌

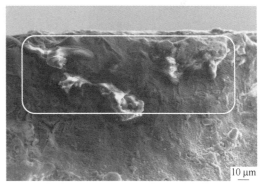

图 4-86 在第一层轧制中形成裂纹处断口
观察到的夹渣颗粒扫描电镜形貌

元素	重量百分比/%
O	50.96
Na	1.46
Mg	0.38
Al	0.94
Si	2.28
S	0.70
Cl	1.11
K	0.58
Ca	2.48
Fe	39.11
总量	100.0

图 4-87 在第一层轧制中形成裂纹处断口观察到的严重夹渣颗粒带形貌及 X 射线元素定量分析结果
（该夹渣中含有结晶器保护渣 O、Na、K、Cl、Si、Ca 等成分）

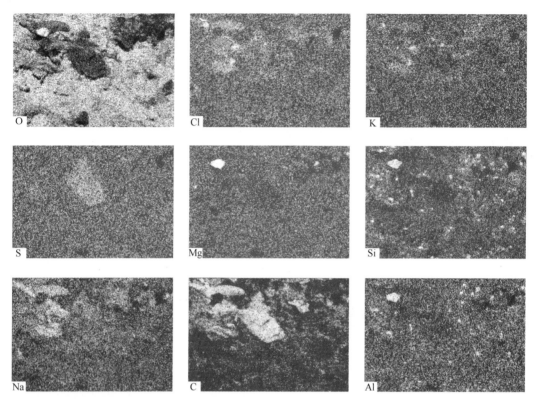

图 4-88　45 钢 φ40 mm 圆钢热顶锻裂纹侧面的夹渣颗粒群 X 射线 O、Cl、K、S、Mg 等元素面分布图

分析判断：45 钢 φ40 mm 圆钢热顶锻试验时出现横向裂纹，裂纹较深，开裂深度和宽度不均匀。裂纹分两层，第一层在轧制中形成，已经严重氧化，说明裂纹在轧制前已经存在；第二层在热顶锻时扩展，最深处达 1 mm，最宽处达 1 mm，长度几乎延伸至试样两端，除粗大弧形裂纹，还有与之平行的细小弧形裂纹。

在第一层轧制中形成裂纹处断口观察到的夹渣颗粒、X 射线能谱图及 X 射线元素定量分析证明该夹渣是结晶器保护渣卷渣形成的夹渣。这些夹渣的存在使得在棒材轧制后就出现表面纵向裂纹，裂纹经高温氧化表面有一层高温氧化膜，已经存在的裂纹在热顶锻时扩展。

4.18　45 钢丝冷拔夹渣导致断裂原因分析

45 钢线材在冷拔过程中断线、断丝是经常常出现的现象，一种情况是其断口形貌呈笔尖状和漏斗状（也称杯锥状），因笔尖状和漏斗状是同一匹配断口，一般将此类断口统称为笔尖状断口，该断裂称为笔尖状断裂。图 4-89 为笔尖状断口的匹配断口——漏斗状断口形貌。断口上的夹渣放大形貌及其 X 射线能谱和 X 射线元素分布情况见图 4-90~图 4-92。

分析判断：在钢丝镀 Zn 前，钢丝就存在横向裂纹，在横向裂纹处存在成堆分布的夹渣。该夹渣是几种氧化物的机械混合物，其中 K、Cl 是结晶器保护渣的成分，MgO 、

Al_2O_3、SiO_2 是耐火材料的主要成分，Zn 是镀锌膜的主要成分。夹渣是剥蚀的耐火材料与结晶器保护渣卷渣的融合体卷入钢液并滞留在连铸坯的浅表面，连铸坯在轧制成棒材后滞留在钢材的浅表面，在镀锌时随镀锌液从裂纹浸入到钢丝，沉淀后形成白色物质。成堆的夹渣大大弱化了钢基体的强度，导致冷拔断裂。

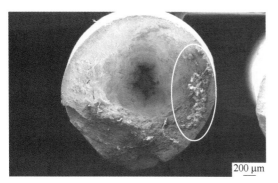

图 4-89 钢丝断裂断口扫描电镜宏观形貌
（在断口上观察到成堆白色物质是夹渣）

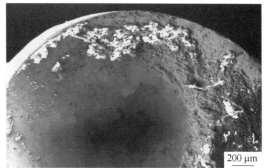

图 4-90 断口上大面积分布的夹渣放大形貌

元素	重量百分比/%
O	41.21
Mg	0.61
Al	1.79
Si	4.58
S	0.50
Cl	3.41
K	0.40
Ca	1.50
Fe	31.94
Zn	14.06
总量	100.00

图 4-91 X 射线能谱及 X 射线元素定量分析结果
（含有 Zn、S、K、Si、Ca、Al、Fe、Cl 等成分）

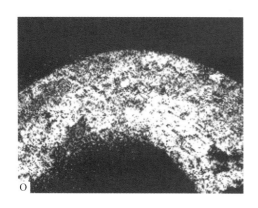

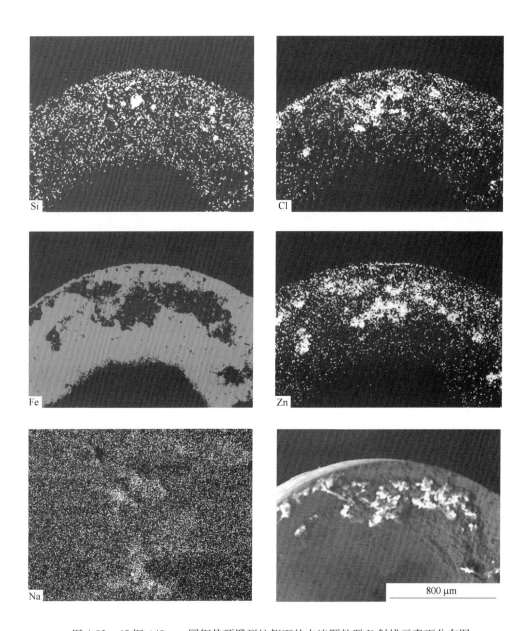

图 4-92　45 钢 ϕ40 mm 圆钢热顶锻裂纹侧面的夹渣颗粒群 X 射线元素面分布图

4.19　螺纹钢轧制劈头分析

　　螺纹钢在轧制时出现头部劈裂现象，头部劈裂断口见图 4-93 和图 4-94，断面已经严重氧化。其微观特征见图 4-95～图 4-97。

　　分析判断：螺纹钢在轧制时出现头部劈裂是浇铸时结晶器保护渣卷夹渣与耐火材料剥蚀熔融体夹渣进入连铸坯浅表面，在轧制时形成劈裂。

图 4-93 螺纹钢轧制头部劈裂断口宏观形貌 1

图 4-94 螺纹钢轧制头部劈裂断口宏观形貌 2

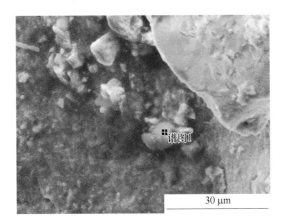

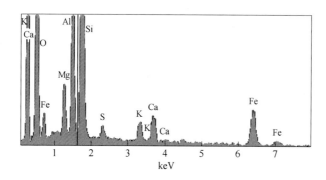

元素	重量百分比/%
O	61.04
Mg	2.54
Al	6.34
Si	19.54
S	0.56
K	1.30
Ca	1.99
Fe	6.68
总量	100.0

图 4-95　在螺纹钢轧制头部劈裂断口观察到的 $K_2O \cdot MgO \cdot Al_2O_3 \cdot SiO_2 \cdot CaO \cdot Fe_2O_3$ 夹渣形貌及 X 射线元素定量分析结果

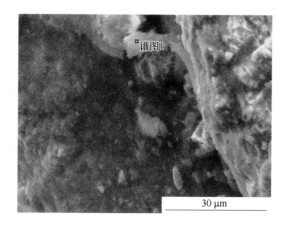

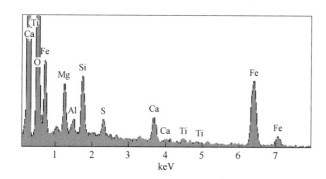

元素	重量百分比/%
O	71.23
Mg	3.94
Al	0.75
Si	3.62
S	1.13
Ca	2.06
Ti	0.54
Fe	16.74
总量	100.00

图 4-96　在螺纹钢轧制头部劈裂断口观察到的 $MgO \cdot Al_2O_3 \cdot SiO_2 \cdot CaO \cdot Fe_2O_3$ 夹渣形貌、X 射线能谱图及 X 射线元素定量分析结果

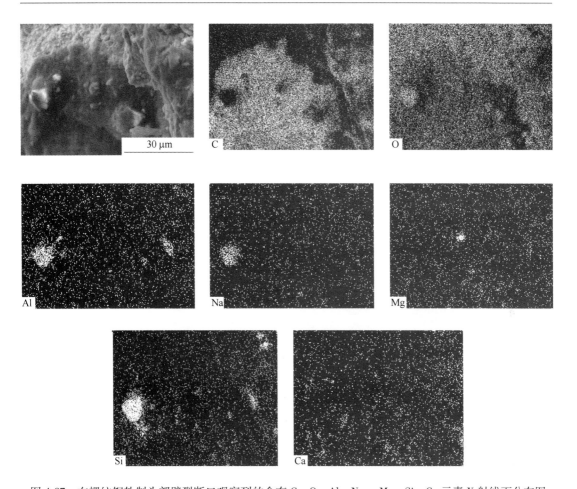

图 4-97　在螺纹钢轧制头部劈裂断口观察到的含有 C、O、Al、Na 、Mg、Si、Ca 元素 X 射线面分布图

4.20　夹渣导致 ϕ12.5 mm SWRH82B 钢盘圆开卷断裂原因分析

　　ϕ12.5 mm SWRH82B 钢盘圆在开卷时多次发生断裂现象，对发生断裂的断口试样用扫描电镜及 X 射线能谱仪观察与分析，具体观察分析结果见图 4-98~图 4-100。

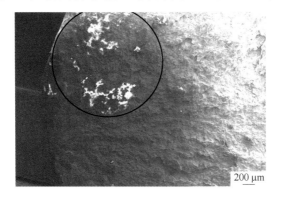

图 4-98　断口试样断裂源区大面积大尺寸夹渣扫描电镜形貌

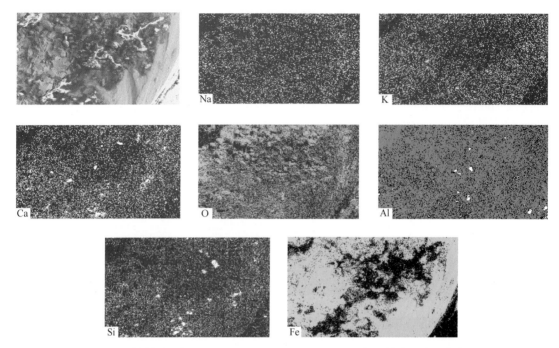

图 4-99　断裂源区夹渣 Na、K、Ca、O、Al、Si、Fe 元素 X 射线元素面分布图

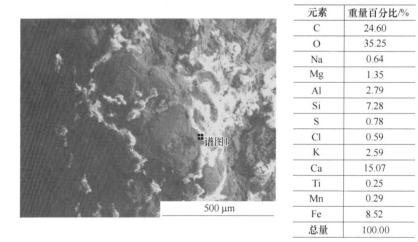

元素	重量百分比/%
C	24.60
O	35.25
Na	0.64
Mg	1.35
Al	2.79
Si	7.28
S	0.78
Cl	0.59
K	2.59
Ca	15.07
Ti	0.25
Mn	0.29
Fe	8.52
总量	100.00

图 4-100　裂纹源处夹渣形貌及 X 射线元素定量分析结果

分析判断：

（1）ϕ12.5 mm SWRH82B 钢盘圆开卷断裂断口试样经扫描电镜及 X 射线能谱仪观察与分析，在三个试样断口的断裂源区均发现夹渣冶金缺陷。其中，3 号断口有近 1/3 的浅表面存在严重的夹渣。

（2）夹渣具有松散、密集分布的特点，夹渣的主要成分是 C、O、Cl、Na、K、Ca、Si、Al 等，与结晶器保护渣的成分一致。

（3）分析认为，浇铸时钢流发生湍流导致结晶器保护渣卷入连铸坯浅表面，轧制后遗传到盘圆棒材的浅表面，这些夹渣冶金缺陷成为一个潜在的裂纹源，在开卷时受扭力的作用而导致断裂。

4.21 345C 钢

345C 钢在进行冲击试验时，冲击值远低于标准值，宏观断口为脆性结晶状，断面平坦，见图 4-101。在扫描电镜下观察断口，观察结果见图 4-102~图 4-105。

图 4-101　345C 钢冲击脆性结晶状断口形貌

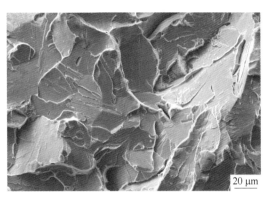

图 4-102　345C 钢冲击脆性扇形解理断口
500 倍扫描电镜形貌

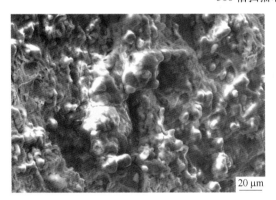

图 4-103　脆性扇形解理断口开槽附近的烧结状夹渣扫描电镜形貌

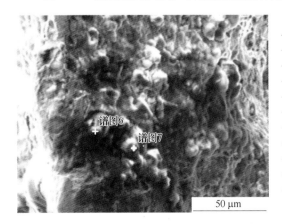

元素	重量百分比/%
O	10.97
Na	1.04
Al	5.47
Si	17.99
Cl	1.04
K	0.44
Ca	0.45
Fe	62.59
总量	100.0

图 4-104　冲击断口上夹渣 X 射线元素定量分析结果

从图 4-104 可以看出，夹渣的主要成分为结晶器保护渣的成分：K、Na、Cl、Al、Si 、Ca 等，证明是结晶器保护渣卷渣后滞留在连铸坯中。

从图 4-105 可以看出，夹渣的主要成分为结晶器保护渣的成分：K、Na、Cl、Al、Si 、Ca 等，证明是结晶器保护渣卷渣后滞留在连铸坯中，并遗传到棒材上。

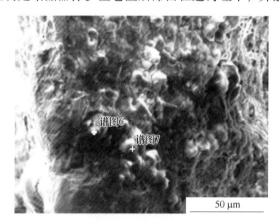

元素	重量百分比/%
O	11.86
Na	2.91
Mg	0.48
Al	0.46
Si	0.83
S	3.75
Cl	3.56
K	4.44
Ca	4.79
Fe	66.92
总量	100.00

图 4-105　冲击断口上夹渣 X 射线元素定量分析结果

分析结果表明，345C 钢在连铸浇铸时，由于钢流发生湍流，将结晶器保护渣卷入连铸坯的浅表面。夹渣主要成分为结晶器保护渣的成分：K、Na、Cl、Al、Si 、Ca 等，属烧结状夹渣。该夹渣在轧制后滞留在型钢的浅表面，如果取的冲击试样恰好有夹渣，由于夹渣破坏了钢基体的连续性，导致冲击值降低，冲击值降低多少与断面上所含夹渣的多少有关。

5 异金属夹杂缺陷与断裂

异金属夹杂缺陷既不是非金属夹杂物，也不是夹渣，但是它对钢的破坏作用却超过非金属夹杂物和夹渣，必须引起高度重视。异金属夹杂在酸浸试片上色泽与形状不规则，但边缘比较清晰。有时在切割试样时因遇到了较硬的颗粒而锯不动，便可以发现块状的异金属夹杂。

钢的异金属夹杂破坏了钢组织的完整性，因此它属于不允许存在的冶金缺陷。钢锭或连铸坯内部存有异金属夹杂的原因，主要是浇铸过程中掉入模内或结晶器内的外来金属以及钢包水口的冷瘤随钢流注入到连铸坯内造成的，但也有的是补加的铁合金（包括包中加入的铁合金）不能全部熔化或扩散不均匀而引起的。因此，对模铸来讲，浇铸前应保持模内清洁，不允许有任何金属残留遗物；浇铸过程中，打掉的冷瘤、凝钢严禁掉入中注管中；浇铸后钢锭最好不采取插铁牌的方式进行标记，以免帽口内钢液温度高将铁牌熔化而沉入锭体中或不慎将铁牌掉入锭内；对连铸工艺，加入发热剂、保温剂、保护渣时要防止外来金属块进入结晶器内；出钢前补加的铁合金距出钢的时间间隔要充足，使其全部熔化，或保证加入包中的铁合金熔化均匀扩散。

5.1 几种典型的异金属夹杂

在生产检验中，经常发现异金属夹杂缺陷，在低倍试样或金相抛光试样，或者在断口中由于其形貌、颜色、衬度都与钢基体有较大的差别，所以很容易找到它们的身影，下面一组照片供您在检验工作中参考，见图5-1~图5-6。

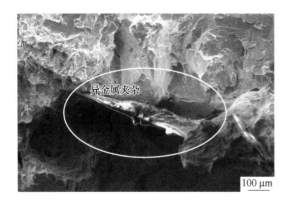

图 5-1 35钢断口中的异金属夹杂（中间片状闪光物）扫描电镜形貌

图 5-2 20CrMo20圆钢中心异金属夹杂金相形貌

图 5-3　φ500 mm 圆坯中条状
异金属夹杂宏观形貌

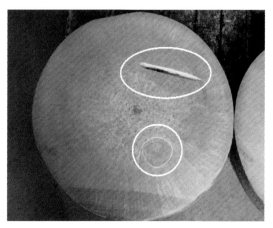

图 5-4　φ500 mm 圆坯条状及球状
异金属夹杂宏观形貌

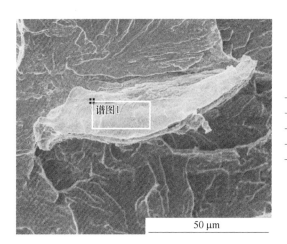

元素	重量百分比/%
Cr	13.80
Fe	86.20
总量	100.00

图 5-5　5Cr17MoV 钢剪棒钳断裂失效断口上的 Cr-Fe 合金异金属夹杂
形貌及 X 射线元素定量分析结果

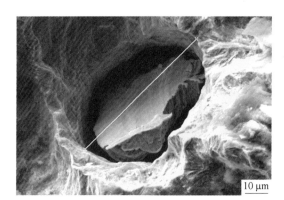

元素	重量百分比/%
Cr	1.28
Fe	98.72
总量	100.00

图 5-6　40Cr 钢带式输送机改向滚轮轴端部断裂分析中裂纹源处含少量 Cr 的 Fe 块状
异金属夹杂形貌及 X 射线元素定量分析结果（尺寸约 35 μm）

5.2 20钢板的异金属夹杂分析

在金相检验时发现了20钢板存在尺寸较大异金属夹杂缺陷，在片状试样的中间有一个较大的凸起，片状的一侧与钢基体已经形成明显的裂纹，几乎贯通整个异金属长度，见图5-7。

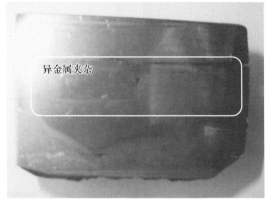

图5-7 在20钢板检验中发现较为特殊的异金属夹杂形貌

异金属夹杂的微观特征见图5-8~图5-12。由图5-8可以看出，异金属与钢基体的裂纹处，裂纹宽度超过400 μm，上下两个裂纹之间为异金属夹杂，裂纹内充填结晶器保护渣。在异金属的另一侧也有细小的裂纹。

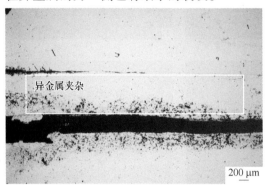
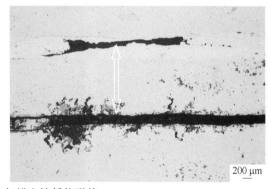

图5-8 异金属夹杂扫描电镜低倍形貌

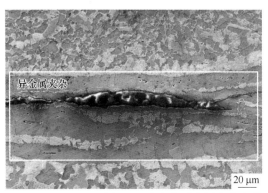
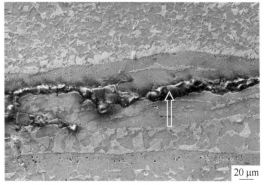

图5-9 在条状异金属中的条状液态凝固状的保护渣扫描电镜形貌
（箭头所示，异金属组织与钢基体组织明显不同）

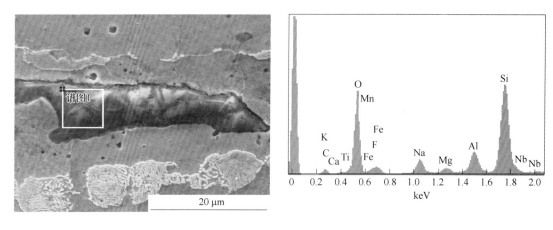

图 5-10　条状液态凝固状的保护渣扫描电镜形貌及 X 射线能谱图

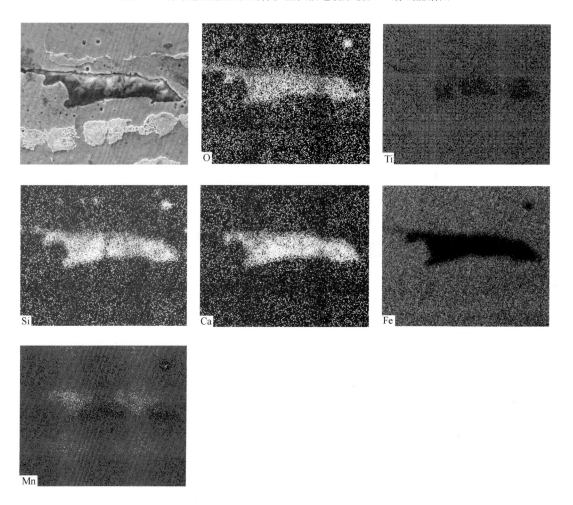

图 5-11　条状液态凝固状的保护渣 X 射线 O、Ti、Si、Ca、Fe、Mn 元素面分布图

由图 5-10 可以看出，是以 Na_2O、K_2O、MgO、CaO、Al_2O_3、SiO_2、CaO、MnO、TiO_2

(a)　　　　　　　　　　　　　　　　　　(b)

图 5-12　异金属带组织(a)和钢基体组织(b)

(图(a)大部分为铁素体，极少部分为珠光体；图(b)珠光体部分明显多于异金属中的珠光体)

为主要成分的保护渣卷渣产生的夹渣，夹渣中含有结晶器保护渣的 C、Na、K、F 元素，MgO、TiO$_2$ 是耐火材料的成分，夹渣呈液态凝固状。

由表 5-1 可以看出，含有结晶器保护渣 C、Na、K、F 等元素，Mg、Ti 是耐火材料剥蚀物的成分。

表 5-1　条状液态凝固状的保护渣 X 射线 C、O、F、Na、Mg、Al 等元素定量分析结果

元　　素	重量百分比/%	元　　素	重量百分比/%
C	3.40	K	1.18
O	39.32	Ca	9.66
F	5.22	Ti	9.36
Na	2.94	Mn	9.38
Mg	0.71	Fe	4.74
Al	2.43	Nb	0.88
Si	10.78		

分析判断，该异金属夹杂为未完全熔化的铁合金，具有如下特点：

（1）尺寸大，大部分呈片状，中间有一较大的块状区，周边已经与钢基体分离。

（2）异金属组织与钢基体有明显差异，异金属带组织为铁素体，钢基体组织的珠光体部分明显多于异金属中的珠光体。

（3）异金属的上下两侧存在熔融态结晶器保护渣条状夹渣，下面有较大的缝隙，已经与钢基体完全分离。

（4）异金属夹杂的 C 含量低于钢基体，证明异金属是外来物，其周围被结晶器保护渣夹渣包围，说明它与结晶器保护渣随钢流一起被卷入到连铸坯中，凝固在坯的浅表面，在轧制过程中异金属周围的保护渣使他与钢基体分离。在受力时异金属作为薄弱区成为裂纹源，导致结构件失效断裂。

5.3　45 钢 ϕ150 mm 棒材钼铁异金属夹杂分析

切割 45 钢 ϕ150 mm 棒材试样，当切割到某一位置时锯条突然改变方向，甚至锯条崩断。观察发现，此时锯条遇到了硬性物质颗粒，尺寸较大，见图 5-13 条状物。该条状物的微观特征见图 5-14~图 5-19。

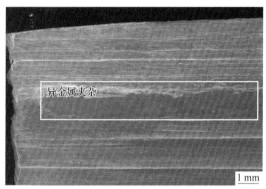

图 5-13　45 钢 ϕ150 mm 棒材内
异金属夹杂宏观形貌

图 5-14　45 钢 ϕ150 mm 棒材内
片状异金属夹杂扫描电镜形貌

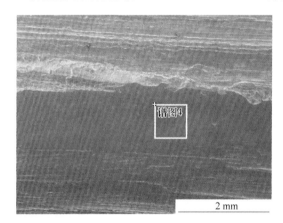

元素	重量百分比/%
V	0.64
Cr	3.05
Fe	89.65
Mo	6.65
总量	100.00

图 5-15　45 钢 ϕ150 mm 棒材内异金属夹杂 X 射线 V、Cr、Mo、Fe 元素定量分析结果

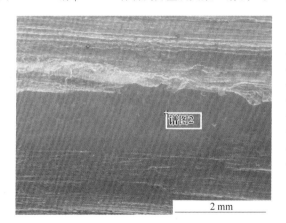

元素	重量百分比/%
V	0.99
Cr	3.67
Fe	78.08
Co	7.83
Mo	9.43
总量	100.00

图 5-16　45 钢 ϕ150 mm 棒材内异金属夹杂 X 射线 V、Cr、Mo、Co、Fe 元素定量分析结果

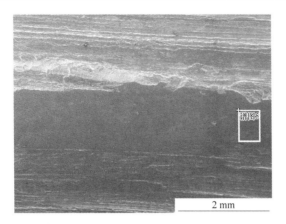

元素	重量百分比/%
Cr	3.26
Fe	82.78
Co	6.71
Mo	7.25
总量	100.00

图 5-17　45 钢 φ150 mm 棒材内异金属夹杂 X 射线 Cr、Mo、Co、Fe 元素定量分析结果

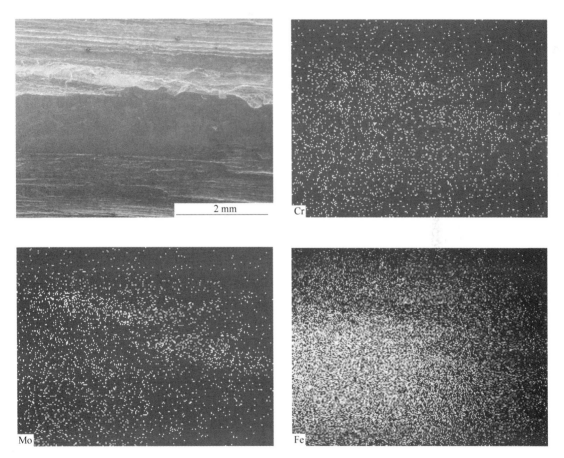

图 5-18　异金属夹杂 X 射线 Cr、Mo、Fe 元素面分布

分析判断：

（1）该异金属夹杂为含 V、Cr、Mo、Co、Fe 的铁合金；

（2）异金属夹杂硬度高于钢基体；

（3）该异金属夹杂是用作合金添加剂的 V、Cr、Mo、Co、Fe 的铁合金在精炼时没有完全熔化而滞留在连铸坯内，并遗传到棒材内，呈条状。

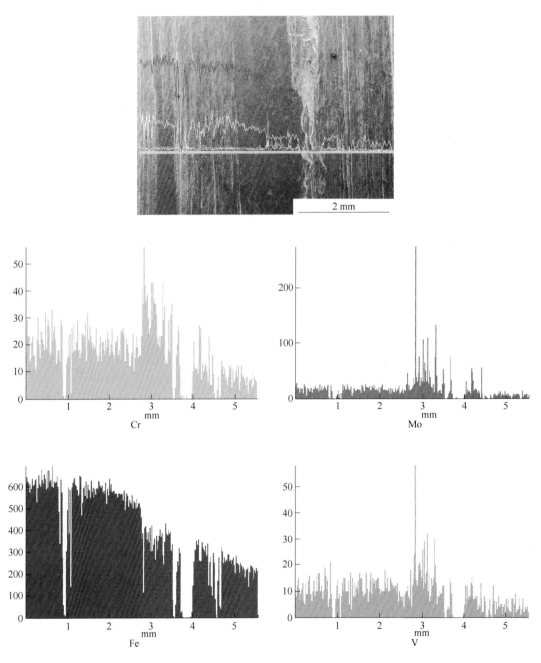

图 5-19　异金属夹杂 X 射线 Cr、Mo、Fe、V 元素线扫描图

5.4　304 不锈钢钢结瘤浸入结晶器产生的异金属夹杂分析

在抛光 304 不锈钢金相试样时，在其表面上发现一个圆形凸起物，用手摸有明显刮手的感觉，见图 5-20。该凸起物的微观特征见图 5-21～图 5-23。

图 5-20　铬不锈钢中异金属夹杂宏观形貌

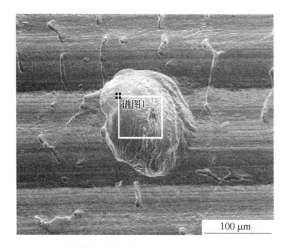

元素	重量百分比/%
O	4.21
Mg	1.02
Al	0.98
Si	1.68
Ca	0.28
Cr	17.98
Mn	1.45
Fe	64.66
Ni	7.75
总量	100.00

图 5-21　铬镍不锈钢中异金属夹杂扫描电镜形貌及 X 射线元素定量分析结果

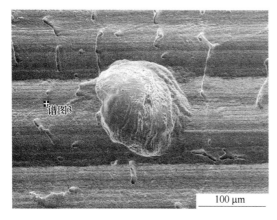

元素	重量百分比/%
O	1.48
Si	0.79
Cr	18.44
Mn	1.10
Fe	70.76
Ni	7.43
总量	100.00

图 5-22　铬不锈钢中异金属夹杂宏观形貌及 X 射线元素定量分析结果

　　检验分析认为该连铸坯冶金缺陷为异金属夹杂，尺寸为 100 μm。在横向低倍试样上，呈现边界清晰，与基体金属颜色显然不同的异型金属块。

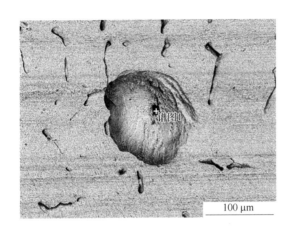

元素	重量百分比/%
O	22.48
Mg	11.35
Al	8.79
Si	10.62
Ca	6.37
Ti	2.00
Cr	8.85
Mn	1.15
Fe	25.85
Ni	2.55
总量	100.00

图 5-23　异金属夹杂内包裹一颗非金属夹杂物形貌及夹杂物 X 射线元素定量分析结果

X 射线能谱仪分析认为，异金属夹杂化学成分与钢基体相差不大。试验观察到在异金属夹杂中含有一颗复相夹杂物，主要成分为 $MgO \cdot Al_2O_3 \cdot SiO_2 \cdot CaO \cdot TiO_2 \cdot Cr_2O_3 \cdot MnO \cdot NiO$ 的复相夹杂物。该异金属夹杂是浇注过程中中间包水口的冷瘤注入结晶器内造成的。

5.5　Q195 钢异金属夹杂分析

Q195 钢是一种碳素结构钢，屈服强度 195 MPa。比 Q235 钢强度低，用于建筑结构、摩托车车架等。在对其棒材进行常规金相检验时，在其抛光试样发现了两个异金属夹杂冶金缺陷，见图 5-24 和图 5-25。

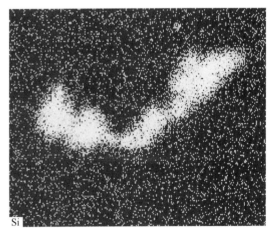

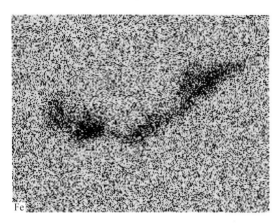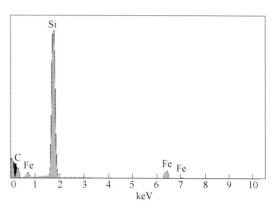

图 5-24 异金属夹杂 X 射线 Si、Fe 元素面分布及 X 射线能谱图

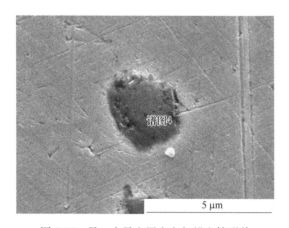

图 5-25 另一个异金属夹杂扫描电镜形貌

分析认为,在一个试样中发现的 Q195 钢两个异金属夹杂是精炼时硅铁(Si-Fe)脱氧剂没有完全熔化呈颗粒串状滞留在连铸坯内,与钢基体有明显的边界。

5.6 GH4169 镍基高温合金轴承套圈外表面钛异金属夹杂分析

在检修中发现 GH4169 镍基高温合金轴承套圈外表面近于中心的地方有一个肉眼可见的凸起异物,尺寸约 200 μm,用手摸有一种凸起划手、很硬的感觉。将该套圈放在扫描电镜下对异物进行形貌观察与成分分析。图 5-26 是异金属夹杂扫描电镜形貌。其微观特征见图 5-27~图 5-32。

分析判断:轴承套圈是具有一个或几个滚道的向心滚动轴承环形零件。该轴承套圈由 GH4169 沉淀强化镍基高温合金无缝钢管制成。该合金在 253~700 ℃温度范围内具有良好的综合性能,650 ℃以下的屈服强度居变形高温合金的首位,并具有良好的抗疲劳、抗辐射、抗氧化、耐腐蚀性能,以及良好的加工性能、焊接性能,能够制造各种形状复杂的零部件,在宇航、核能、石油工业及挤压模具中,在上述温度范围内获得了极为广泛的应用。该合金标准热处理状态的组织由 γ 基体及 γ′、γ′、δ、NbC 相组成。

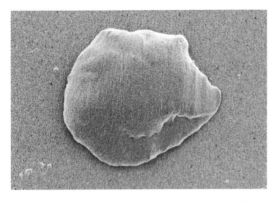

图 5-26　凸起的异金属夹杂扫描电镜形貌

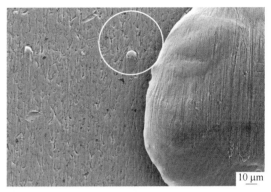

图 5-27　Ti 异金属夹杂局部扫描电镜形貌

（旁边小颗粒为 Nb 异金属夹杂颗粒）

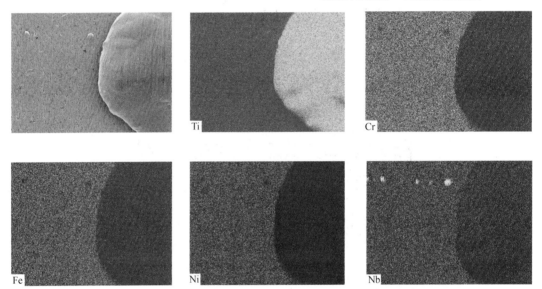

图 5-28　Ti 异金属夹杂 X 射线元素面分布图

（主要成分是金属 Ti，微量元素是 Cr、Fe、Ni，三个小颗粒为金属 Nb 颗粒）

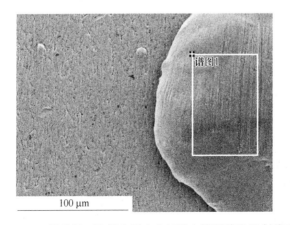

元素	重量百分比/%
C	0.11
Ti	99.89
总量	100.00

图 5-29　Ti 异金属夹杂扫描电镜形貌及 X 射线元素定量分析结果

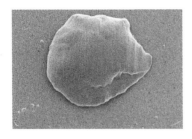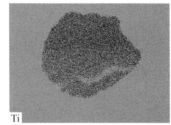
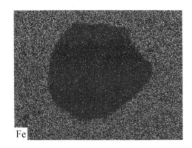

图 5-30　Ti 异金属夹杂 X 射线元素面分布图

（主要成分是金属 Ti，微量元素是 Cr、Fe、Ni）

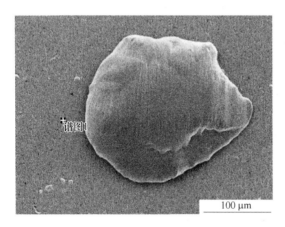

元素	重量百分比/%
Ti	2.44
Cr	17.96
Fe	18.97
Ni	48.27
Nb	4.92
Mo	3.41
总量	100.00

图 5-31　GH4169 镍基高温合金基体及 X 射线元素定量分析结果

（主要成分是金属 Ni、Cr，微量元素是 Ti 、Nb、Mo）

　　分析结果认为，该轴承套圈外表面异物为在精炼微合金化时加入的钛合金颗粒和铌合金颗粒未完全熔化的残留物，属于异金属夹杂冶金缺陷。其中，钛合金异金属夹杂尺寸约200 μm，铌合金颗粒异金属夹杂颗粒较小，但数量较多，尺寸约为 10 μm。钛和铌是合金的重要元素，是在精炼炉进行微合金化时加入的，其目的是形成强化相 Nb、Ti 的碳氮化物，提高力学性，改善耐蚀性、耐热性。相对于主加合金元素，钛和铌的加入量属微量范围，在高温合金中加入量为 1%~3%。分析认为钛和铌异金属夹杂的存在是因为微合金化时间不充分，使得加入的钛合金和铌合金没有完全熔化造成的，适当延长微合金化时间可以减少或完全避免这种冶金缺陷的产生。

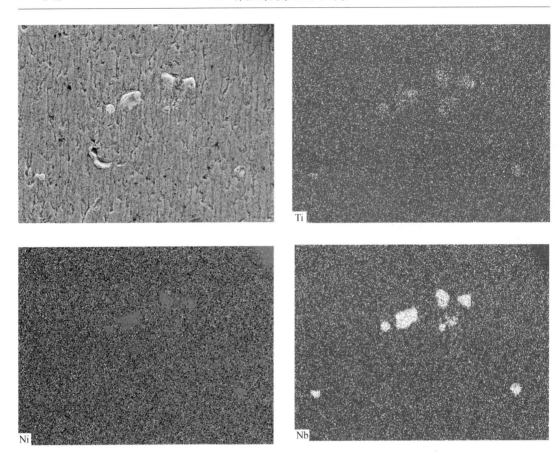

图 5-32　Nb、Ti 颗粒异金属颗粒扫描电镜形貌及 X 射线元素面分布图

5.7　304 钢连铸坯铸态异金属夹杂分析

304 钢连铸坯酸洗前取样，在检修中发现在轴承套圈有 4 个可疑粒状物，见图 5-33 圈内，切割可疑粒状物试样，并在扫描电镜下进行观察与分析，见图 5-34 和图 5-35。

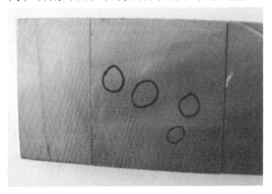

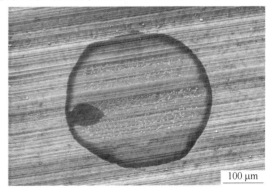

图 5-33　连铸坯酸洗前试样切割
　　　发现的异金属夹杂形貌

图 5-34　异金属夹杂扫描电镜形貌

元素	重量百分比/%
O	1.59
Si	0.70
Cr	18.81
Mn	1.35
Fe	68.62
Ni	8.92
总量	100.00

图 5-35　连铸坯内异金属夹杂形貌及 X 射线元素定量分析结果

图 5-35 异金属夹杂 X 射线能谱图显示，异金属夹杂与钢基体 X 射线能谱基本一致，分析认为，异金属夹杂为中间包水口结瘤落入钢液进入结晶器所致。

5.8　430 不锈钢连铸坯铸态异金属夹杂分析

在进行 430 不锈钢连铸坯金相检验时，发现了梯形块状异金属夹杂，见图5-36。图中可见异金属夹杂有浮凸特征，边界清晰。

X 射线能谱图（图 5-37）分析认为，该异金属夹杂是 Cr_2N 、Cr_2O_3、MnO 的固溶体，是精炼时所加的 Cr-Mn 合金局部熔化并与钢水反应生成 Cr_2N 、Cr_2O_3、MnO 的固溶体。

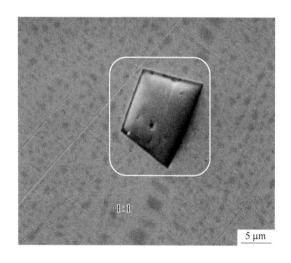

图 5-36　430 不锈钢中梯形异金属夹杂扫描电镜形貌

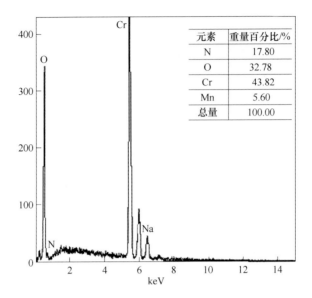

图 5-37　430 不锈钢中异金属夹杂 X 射线能谱图及 X 射线元素定量分析结果

5.9　SWRH82B 钢盘条拉伸断口上的异金属夹杂缺陷

在进行 SWRH82B 钢 φ12.5 mm 盘条拉伸试验中，该试样的拉伸强度、面缩和延伸指标不合。图 5-38 为拉伸杯锥状断口。为探索拉伸不合原因，用扫描电镜作如下分析，见图5-39~图 5-47。

钢经钡合金处理后，钢的奥氏体晶粒细化，珠光体片层间距减小，各项机械性能有不同程度的改善。经过检测发现，残存于钢液中的钡元素大部分处于晶界处，一方面，由于钡的原子半径大，可以产生严重的晶格畸变，阻碍晶界运动；另一方面，钡在钢中是强的表面活性元素，使晶粒表面能发生变化，因此钢的组织得到细化，机械性能提高。

图 5-38　SWRH82B 钢盘条拉伸不合杯锥状断口形貌

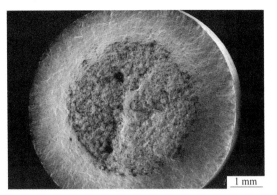

图 5-39 SWRH82B 钢盘条拉伸不合
断口扫描电镜低倍形貌

图 5-40 SWRH82B 钢盘条拉伸杯锥断口底部的
尺寸为 150 μm 异金属缺陷形貌

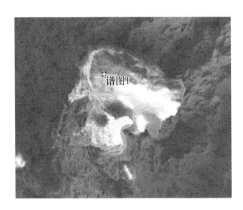

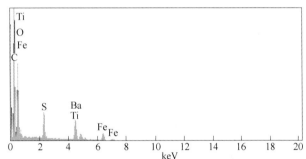

图 5-41 SWRH82B 钢盘条拉伸杯锥断口底部的尺寸 150 μm 异金属缺陷的 X 射线能谱图
（主要成分是 O、Ba、Ti、Fe、S 等元素，是钡脱氧剂在合金化时没有完全熔化的残留物）

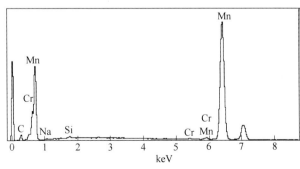

图 5-42 SWRH82B 钢盘条拉伸杯锥断口底部的尺寸为 150 μm 异金属缺陷的 X 射线能谱图
（主要成分是 Mn、Fe 等元素，是锰铁脱氧剂在合金化时没有完全融化的残留物）

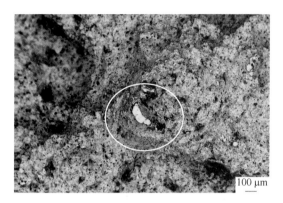

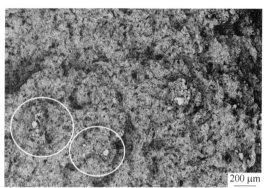

图 5-43　在断口上观察到的颗粒较大的
钡脱氧剂残留物形貌 1

图 5-44　在断口上观察到的颗粒较大
密集分布的钡脱氧剂残留物形貌

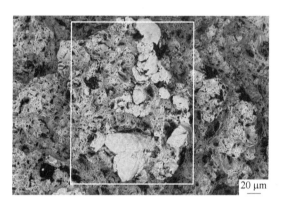

图 5-45　在断口上观察到的颗粒较大的钡脱氧剂残留物形貌 2

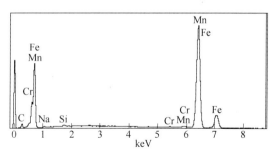

图 5-46　在断口上观察到的颗粒较大的钡脱氧剂残留物形貌及 X 射线能谱图
（主要成分为 Mn，是出钢时加入的锰铁脱氧剂没有完全熔化的残留物）

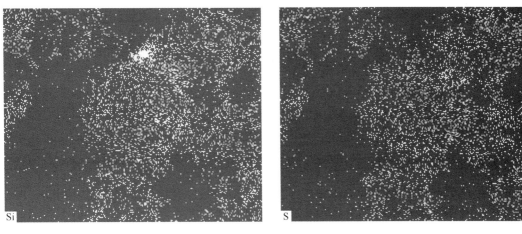

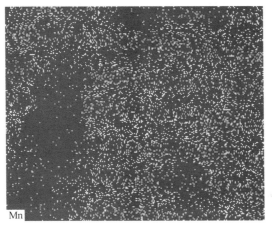

图 5-47 出钢时加入的含锰硅脱氧剂没有完全熔化的
残留物的 X 射线元素 Si、S、Mn 元素面分布图

分析判断：SWRH82B 钢 ϕ12.5 mm 盘条拉伸性能不合是由于在钢材中存在较多的异金属夹杂缺陷，该异金属夹杂缺陷包括冶炼中加入的钡脱氧剂、锰硅脱氧剂、锰铁脱氧剂，由于合金化不充分没有完全熔化而滞留在连铸坯中，轧制后分布在轧材的心部附近，这种异金属夹杂缺陷导致拉伸性能不合。

6 金相组织缺陷

本章彩图

为什么不同种类的金属材料具有不同性能，而且同一金属材料也有可能具有不同性能呢？大量研究证明，金属材料的性能除与钢中金属原子结构以及原子间的结合键有关外，还与金属原子的排列方式，即组织结构或金相组织密切相关。

金相组织是指在金属组织中化学成分、晶体结构和物理性能相同的组成，其中包括固溶体、金属化合物及纯物质。金属材料的内部结构，只有在光学显微镜和扫描电镜下才能观察到。在光学显微镜和扫描电镜显微镜下看到的内部组织结构称为显微组织或金相组织。金相组织反映金属金相组织的具体形态，钢材常见的金相组织有铁素体、奥氏体、渗碳体、珠光体、马氏体、索氏体、屈氏体、回火索氏体、回火屈氏体、贝氏体、莱氏体、孪晶奥氏体、位错等。这些都是在生产和使用的正常金相组织，但是在检验中也经常发现非正常的金相组织，比如混晶组织、带状组织、魏氏组织、液析组织、网状组织、心部马氏体、心部网状组织等，这些异常组织对钢的性能有很大影响，甚至导致失效断裂的发生。所以，在检验中识别这些异常组织并分析其产生根源十分重要。

6.1 渗碳体网缺陷引起的断裂——GCr15钢沿晶渗碳体网自身解理断裂分析

在某冶金企业，钢坯在进入下一道轧制前必须对钢坯表面进行清理，将表面裂纹及其他冶金缺陷清除掉，否则，在进一步热加工时裂纹会进一步扩大。令人费解的是一种特殊情况发生了，清理工人在用砂轮清理轴承钢钢坯的表面细小纵向裂纹时惊奇地发现，裂纹不但没有清除掉，相反，裂纹在研磨过程中迅速向钢坯内扩展，本来看似已经磨掉的裂纹，过了一段时间，又生出新的裂纹。工人们百思不得其解，不得不求助科技人员解决这个问题。裂纹形貌见图6-1~图6-7。

图6-1 裂纹在研磨过程中迅速向钢坯内扩展（图中白线）形貌

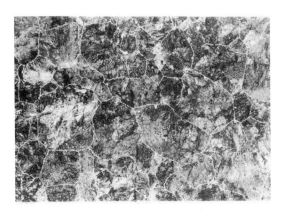

图 6-2 轴承钢坯沿晶封闭渗碳体网
（白色网纹）金相形貌

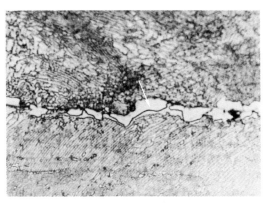

图 6-3 在研磨过程中"研磨裂纹"沿晶
封闭渗碳体网迅速向钢坯内扩展
（粗黑色锯齿状条纹）金相形貌

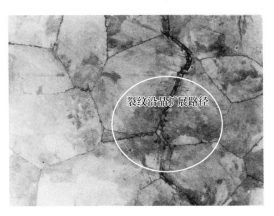

图 6-4 晶界被腐蚀后形成的黑色渗碳体网及
裂纹沿晶扩展路径扫描电镜形貌

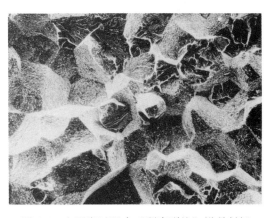

图 6-5 在研磨过程中"研磨裂纹"沿晶封闭
渗碳体网迅速向钢坯内扩展，形成沿晶石状
脆性断口扫描电镜形貌（SEM，1000×）

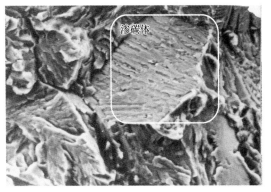

图 6-6 在研磨过程中"研磨裂纹"沿晶封闭
渗碳体网迅速向钢坯内扩展，形成沿晶
石状脆性断裂扫描电镜形貌
（图 6-5 的局部放大像，晶界表面有一层较厚的渗碳体）

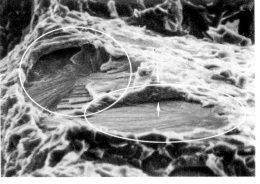

图 6-7 图 6-6 沿晶石状脆性断口
扫描电镜形貌放大像

图 6-7 显示出晶界上的渗碳体及脆性解理断裂特征，中心两个圆形区域的边缘可以显露渗碳体层的截面、厚度和脆性断裂特征。

分析判断：综合鉴定分析结果，可以推断产生沿晶脆断的主要原因是终轧温度过高所致。终轧温度过高使轧后的晶粒粗大，从钢坯表面向里随着深度的增加，钢的晶粒尺寸逐渐增加。在其中心，最大晶粒尺寸可达 0.5 μm，二次渗碳体沿着晶界呈封闭网状析出，定量金相显微镜测得渗碳体平均厚度为 2 μm，最厚可达 14 μm，晶粒的比晶界面积是正常晶粒的比晶界面积的 1/7，晶粒十分粗大。因此，同样多的渗碳体，在奥氏体缓慢冷却过程中，分布在晶粒边界的网状渗碳体的厚度比正常晶粒析出的渗碳体厚得多。粗晶以及平均厚度达 2 μm 的二次渗碳体网的形成，一方面说明终轧温度过高；另一方面也说明轧后冷却过于缓慢，使得溶解在奥氏体里的碳在缓慢冷却的过程中沿着奥氏体晶粒边界充分析出并长大，包围整个晶粒。这种析出和长大过程是在两相邻晶粒表面同时相向进行的，所以在渗碳体的中心部位会产生孔隙、位错等微观缺陷，成为渗碳体层较薄弱的区域，在正常研磨压力的作用下，甚至在震动力的作用下，就容易在这里形成显微裂纹或瞬间脆性断裂，在渗碳体层的中间产生解理断裂。

控制好终轧温度和轧后冷却速度，使之不形成较厚的渗碳体网，可以防止这种研磨裂纹的产生。

6.2　中心网状渗碳体缺陷引起的断裂——SWRH82B 钢盘条冷拔中心渗碳体网导致笔尖状断裂分析

规格 ϕ12.5 mm SWRH82B 钢热轧盘条，在生产规格 ϕ5.05 mm 的预应力钢绞线时存在以下问题：

（1） ϕ12.5mm SWRH82B 钢热轧盘条在拉拔过程中还没有达到 ϕ5.05 mm 预应力钢绞线尺寸就发生提前断裂。

（2）预应力钢绞线成品在拉力试验中，个别试样有 1 根提前断裂现象（检测规定 7 根在拉力试验中应同时断裂）。

试样化学成分见表 6-1。

表 6-1　试样化学成分　　　　　　　　　　　　（%）

元素	C	Si	Mn	P	S	Cr	Ni	Cu	Al
实测	0.856	0.26	0.74	0.018	0.009	0.242	0.013	0.011	0.005
内控	0.78~0.84	0.20~0.30	0.65~0.85			0.23~0.28			
目标	0.81	0.25	0.75			0.25			

ϕ12.5 mm SWRH82B 钢热轧盘条 C 成分超过企业内控标准上限（0.84%）0.016%，超过企业目标控制（0.81%）0.046%。

热轧盘条试样力学性能见表 6-2。

表 6-2　热轧盘条试样力学性能

抗拉强度 R_m/MPa	延伸率 A/%	Z/%
1210	10.0	26.0

该企业技术文件规定热轧盘条力学性能为不小于 1150 MPa，7 天时效后 $Z \geqslant 25\%$，试样热轧盘条抗拉强度符合技术文件规定值，延伸率 $A\%$ 与 $Z\%$ 均符合技术规定值。

金相组织特征：

（1）SWRH82B 钢热轧盘条正常组织。金相观察认为 SWRH82B 钢热轧盘条试样组织正常为珠光体+索氏体，如图 6-8 所示，中间晶粒为珠光体，周围灰色区为索氏体。

（2）ϕ12.5 mm SWRH82B 钢热轧盘条心部网状渗碳体组织。观察发现 SWRH82B 热轧盘条心部组织与其周围组织明显不同，存在一定量的网状渗碳体，显示出中心碳偏析。将图 6-8 试样经苦味酸钠腐蚀处理后，中心渗碳体网清晰可见，其网状渗碳体面积（中心碳偏析面积）占盘条横截面积的 1.6%，见图 6-9。

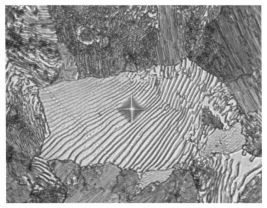
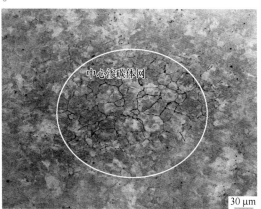

图 6-8　ϕ12.5 mm SWRH82B 钢热轧盘条基体金相组织（珠光体+索氏体，组织正常）

图 6-9　图 6-8 试样经苦味酸钠腐蚀处理后的中心渗碳体网扫描电镜形貌

（3）绞线笔尖断口纵向金相观察。观察 ϕ5.05 mm SWRH82B 钢预应力钢绞线笔尖状断口纵向剖面，在纵向剖面上显示出与断裂方向一致平行排列的"V"形裂纹（黑色），在"V"形裂纹带上腐蚀较浅，颜色较白，显示出盘条中心的 C、Cr、Mn 元素偏析，见图 6-10。将笔尖状断口纵向剖面用经苦味酸钠腐蚀处理后，在笔尖处显露出渗碳体网异常组织，见图 6-11 和图 6-12。

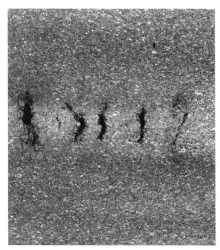

图 6-10　ϕ5.05 mm SWRH82B 钢预应力钢绞线笔尖状断口纵向剖面扫描电镜形貌

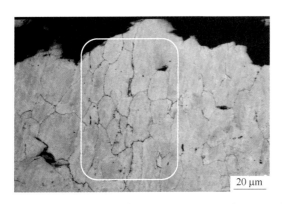

图 6-11　笔尖处纵向剖面经苦味酸钠腐蚀
处理后渗碳体网扫描电镜形貌

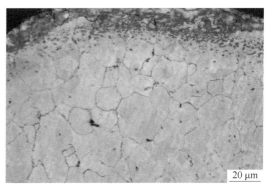

图 6-12　笔尖处纵向剖面经苦味酸钠腐蚀处理后的
扫描电镜形貌，在笔尖处显露出渗碳体网

在笔尖状断口笔尖下 3 mm 处也观察到网状渗碳体异常组织（白色网状），见图 6-13。图中显示，在拉拔中网状渗碳体作为一个硬性异常组织已经与基体产生明显的显微裂纹。图 6-14 与图 6-15 显示，"V" 形裂纹的方向与笔尖一致，两个 "V" 形裂纹之间为渗碳体网异常组织。显然，拉拔中产生笔尖状断裂与这种渗碳体网异常组织密切相关。

图 6-16 与图 6-17 为盘条在冷拉拔过程中发生断裂形成笔尖状断口的宏观特征，与之匹配的另一端为漏斗状。观察笔尖状断口纵向剖面，不经腐蚀，在纵向剖面上显示出与断裂方向一致平行排列的 "V" 形裂纹。

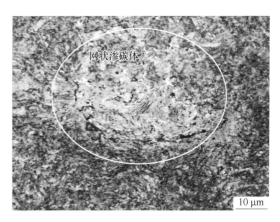

图 6-13　φ5.05 mm SWRH82B 钢纵向笔尖
断口下 3 mm 处观察到的网状渗碳体异常
组织扫描电镜形貌（白色网状）

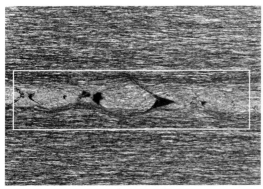

图 6-14　笔尖处纵向渗碳体网及
"V" 形裂纹扫描电镜形貌
（"V" 形裂纹的方向与笔尖一致
（4%硝酸酒精腐蚀））

图 6-15　笔尖处纵向渗碳体网及 "V" 形裂纹
扫描电镜形貌（苦味酸钠腐蚀）
（"V" 形裂纹的方向与笔尖一致，
两个 "V" 形裂纹之间为渗碳体网）

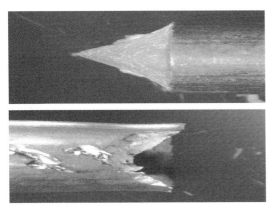

图6-16 盘条在冷拉拔过程中断口宏观特征为
笔尖状，与其匹配的另一端为漏斗状

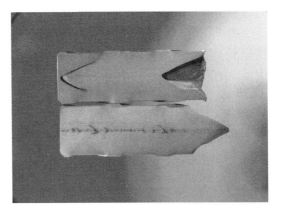

图6-17 笔尖状断口纵向剖面形貌

试验结果分析认为，ϕ12.5 mm SWRH82B 钢热轧盘条 C 成分超过企业内控标准上限（0.84%）0.016%，超过企业控制目标（0.81%）0.046%。金相观察到在试样横截面的中心有一个渗碳体网区域，网状渗碳体面积（中心碳偏析面积）占盘条横截面积的 1.6%，在盘条心部纵向抛面也观察到网状渗碳体，说明在盘条心部网状渗碳体呈现一种似棒状的空间特征。X 射线元素线扫描图显示在渗碳体网区域 C、Mn、Cr 元素 X 射线峰值较高，表明盘条中心存在 C、Mn、Cr 元素正偏析，容易形成渗碳体网，网状渗碳体是在冷却过程中产生的异常金相组织（图6-18）。

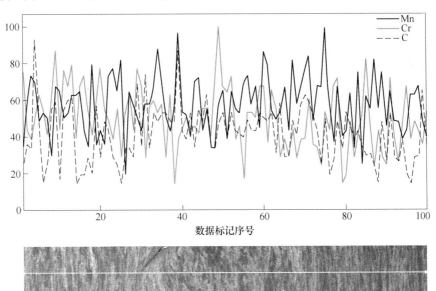

图6-18 渗碳体网周围 1 mm 范围的 X 射线 C、Mn、Cr 元素 X 射线线扫描图
（在渗碳体网区域 C、Mn、Cr 元素 X 射线峰值较高，表明盘条中心存在 C、Mn、Cr 元素正偏析）

做 12 根 ϕ5.05 mm 预应力钢绞线拉伸试验，发现有 6 根出现笔尖状断口。文献认为，碳偏析容易形成渗碳体网，渗碳体网使其中心与其他基体组织不同，观察到的笔尖状断口

与这种组织不均匀性有关。

用户在生产预应力钢绞线时出现的拉拔断裂问题，也与该热轧盘条 C 成分超过企业内控标准上限密切相关，C 成分超标会提高钢材的抗拉强度，抗拉强度达到 1210 MPa，在强度提高的同时增加了热轧盘条的脆性。

热轧盘条在生产线上经过斯太尔摩控冷工艺过程得到珠光体+索氏体组织正常。钢经过高温奥氏体化后，经过多道次连续轧制，奥氏体晶粒经大变形后通过回复与再结晶等过程不断细化，并快速转化为过冷奥氏体，再以适当的过冷度获得珠光体+索氏体组织。但如果冷却速度不够快，没有造成奥氏体分解的足够过冷度，会使共析渗碳体先于珠光体析出，形成网状渗碳体（图6-13），而盘条中心的 C、Mn、Cr 元素正偏析更有助于渗碳体网的形成。

拉拔过程中变形区受力情况见图 6-19。钢丝中心质点 m 受 P，P_1，…，P_n 应力的作用沿纵向流动，当变形不能深入到心部时，在质点 m 处产生附加拉应力（确切讲应产生在变形金属与未变形金属交汇处）。当附加拉应力加上拉拔应力 P 大于钢丝中心强度时，就会在心部产生裂纹源，并随着拉拔变形的增加逐渐扩展，造成笔尖状断口，并在笔尖附近产生一系列的"V"形裂纹。P 是定值，因此质点 m 是否破裂一是取决于质点本身的

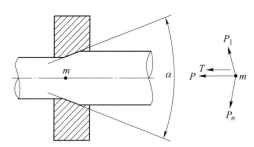

图 6-19　变形区质点 m 受力情况
P—拉伸应力；T—附加拉应力；α—工作区锥角；
P_1，…，P_n—拉丝模对质点的压应力

强度，二是取决于 T 的大小，只要拉丝模角度和压缩率合适就可使 T 很小。一般工作区角度为 140° 时，压缩率要大于 20%；工作区角度为 120° 时，压缩率要大于 18.5%，使各道次都能变形渗透，即表层、1/2 半径、心部变形保持一致才不会产生附加拉应力。

对拉拔断丝进行高倍组织观察，可见试样笔尖处存在大面积网状渗碳体，尺寸范围 200~300 μm，且网状渗碳体基本未变形。移动视场发现，渗碳体网区域的边沿有明显变形。分析认为：这些网状碳化物起着分割晶粒、削弱晶粒与晶粒之间结合力的作用，从而使得盘条的强度和塑性均显著下降。拉拔时在较小的塑性变形条件下，会在脆性的网状碳化物处出现早期的裂纹并扩展至断裂。网状碳化物产生的原因是由于碳偏析达到一定程度，加上控冷时冷却速度不一致，盘条表面冷却速度较快，其中心及盘圈与盘圈的搭接口处冷却速度偏慢而造成的。

钢丝受拉丝模压应力向心部变形渗透时遇到网状渗碳体组织，连续性受破坏，在拉拔应力作用下，网状渗碳体区域的边沿首先滑移形成纤维孔洞，变形无法深入，随着拉拔变形量增加，裂纹扩展造成断丝，形成笔尖状断口，中心偏析形成网状渗碳体是导致热轧盘条笔尖状断裂的主要根源。

结论与建议：

（1）选用合适的轧制速度和比水量，将钢水的过热度严格控制在 20~30 ℃，同时使用电磁搅拌和轻压下装置，改善铸坯内部质量，减少 C、Mn、Cr 元素偏析造成的拉拔脆断。

（2）加大 SWRH82B 钢线材在斯太尔摩线的冷却速度，特别是在夏天，应投入更多的

风机、更大的风量，保证相变前的冷却速度在 10 ℃/s 以上，避免或减少网状渗碳体的形成。

（3）为使盘条获得理想的力学性能，应将碳含量控制在合理的范围之内。

6.3 中心马氏体偏析带缺陷引起的断裂——SWRH82B 钢盘条冷拔中心马氏体偏析带导致笔尖状断裂分析

某公司生产的预应力钢绞线 SWRH82B 钢盘条，用户在冷拔过程中出现断线现象，对断口处的组织检验发现，心部有不易变形的黄亮组织出现，见图 6-20。

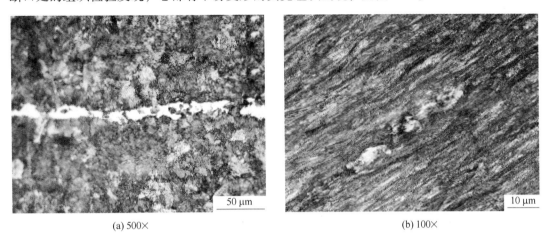

(a) 500×　　　　　　　　　　　　　　　　　　(b) 100×

图 6-20　SWRH82B 钢盘条冷拔过程中断裂处心部不易变形的黄亮组织特征

对母材纵剖检验，也发现同样组织，见图 6-21。为了确定是什么组织，对它进行了显微硬度测试及扫描电镜能谱微区成分分析，显微硬度测试结果比基体组织硬，微区成分分析显示主要是 Cr、Mn 元素的偏聚，见图 6-22。由此推断，该组织可能为残余奥氏体或者马氏体，可用化学染色法区分：3 g 无水亚硫酸钠，3 g 冰醋酸，50 mL 蒸馏水，试样经 2% 的硝酸酒精浅腐蚀后用水冲净，然后染色，时间为 40~60 s，然后在光学显微镜下观察，残余奥氏体保持亮黄，马氏体为天蓝色或棕黑色。说明此亮黄组织为马氏体，见图 6-23。

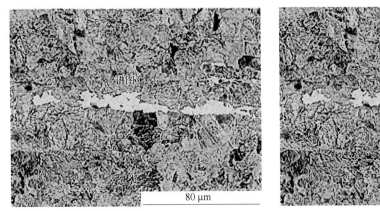

图 6-21　SWRH82B 钢盘条母材中心的马氏体条带金相特征

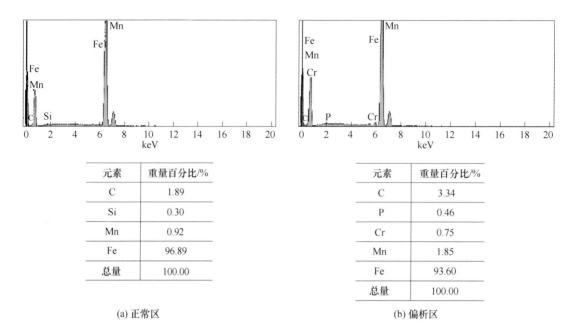

元素	重量百分比/%
C	1.89
Si	0.30
Mn	0.92
Fe	96.89
总量	100.00

元素	重量百分比/%
C	3.34
P	0.46
Cr	0.75
Mn	1.85
Fe	93.60
总量	100.00

(a) 正常区　　　　　　　　　　　　　　　(b) 偏析区

图 6-22　SWRH82B 钢盘条母材中心的马氏体条带 Cr、Mn 元素
偏聚的 X 射线能谱图及 Cr、Mn 元素正偏析分析结果

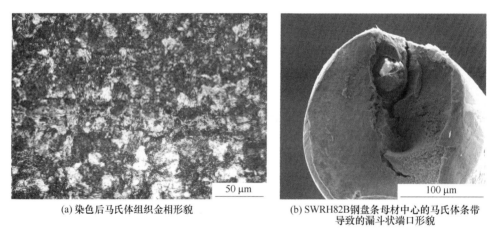

(a) 染色后马氏体组织金相形貌　　　　　(b) SWRH82B钢盘条母材中心的马氏体条带
　　　　　　　　　　　　　　　　　　　导致的漏斗状端口形貌

图 6-23　马氏体形貌

SWRH82B 钢盘条中心隐晶马氏体见图 6-24~图 6-27。

马氏体是高温奥氏体快速冷却，在抑制其扩散性分解的条件下形成的。要形成马氏体，必须具备条件：（1）过冷奥氏体以大于临界淬火速度冷却，以避免发生奥氏体向珠光体和贝氏体转变；（2）过冷奥氏体过冷到一定温度点 M_s 以下才能开始发生马氏体转变。马氏体形成的根本原因是在连铸过程中的 Cr 偏析，Cr 偏析的形成，改变了 "C" 曲线的位置，使 "C" 曲线朝右移动了，在高线风冷线上的冷却过程中，由于速度较快，心部的偏析基体转变成马氏体。15.0 mm SWRH82B 钢盘条的中心马氏体见图 6-27。马氏体的形态呈针片状，且横截面马氏体尺寸无明显变化。针片状马氏体的精细亚结构主要为孪晶，并且存在大量的显微裂纹。

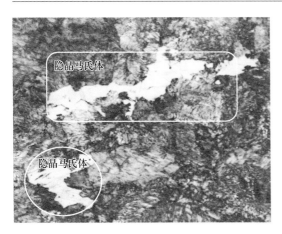

图 6-24　SWRH82B 钢（φ15.0 mm）热轧盘条
心部存在的隐晶马氏体扫描电镜形貌
（白色区可见马氏体针，钢基体为珠光体+索氏体）

图 6-25　SWRH82B 钢（φ15.0 mm）热轧盘条
心部存在的隐晶马氏体扫描电镜形貌
（白色区可见马氏体针，钢基体为珠光体+索氏体）

图 6-26　SWRH82B 钢（φ15.0 mm）热轧
盘条心部存在的隐晶马氏体形貌
（钢基体为珠光体+索氏体）

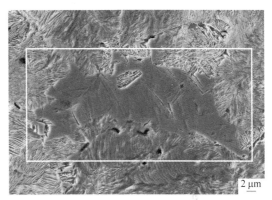

图 6-27　SWRH82B 钢（φ15.0 mm）隐晶
马氏体扫描电镜二次像
（中间似地图的白色区域为隐晶马氏体，显微硬度
为 HV1300，灰色区可见马氏体针）

　　马氏体拉拔后的变形特征见图 6-28～图
6-30。预应力钢绞线在拉拔到 10.0 mm 尺寸
后捻螺旋过程中发生断裂，产生笔尖状断
口，在笔尖 3 mm 横截面观察到 10 个变形后
的马氏体。

　　分析认为，虽然断裂发生在捻螺旋过
程，但是在捻螺旋过程之前的拉拔过程中钢
绞线中心已经出现了微裂纹，所以分析断裂
原因还得从拉拔说起。

　　图 6-31 中黑色代表网状碳化物和马氏
体，网状碳化物和马氏体作为强硬相起着分

图 6-28　马氏体拉拔后马氏体组织形貌(横向白色区)

图 6-29　SWRH82B 钢（φ15.0 mm）冷拔后　　　图 6-30　SWRH82B 钢（φ15.0 mm）冷拔后马氏体
马氏体特征（横向白色区）　　　　　　　　　　和网状渗碳体同时存在的特征（纵向）

割晶粒、削弱晶粒与晶粒之间结合力的作用，从而使得盘条的强度和塑性均显著下降。拉拔时在较小的塑性变形条件下，会在脆性的网状碳化物和马氏体处出现早期的裂纹并扩展至断裂。

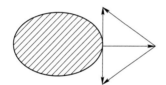
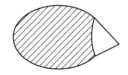

图 6-31　"V"形显微孔洞形成示意图

　　对拉拔断丝进行高倍组织观察，可见试样凸尖处存在大面积网状渗碳体和少量马氏体，尺寸范围 200~300 μm，且网状渗碳体基本未变形。移动视场发现，网状区域的边沿有明显变形。分析认为：钢丝受拉丝模压应力向心部变形渗透时遇到网状渗碳体组织，连续性受到破坏，在拉拔应力作用下，网状渗碳体区域的边沿首先滑移形成纤维孔洞，变形无法深入，随着拉拔变形量增加，裂纹扩展造成断丝。

　　SWRH82B 钢盘条在轧后冷却过程中，盘条表面冷却速度大于中心冷却速度，盘条表面没有产生马氏体，而中心产生了马氏体，说明线材中心 C、Mn、Cr 元素的正偏析对马氏体的形成起到了重要作用。高碳马氏体硬而脆，在线材中心就像一粒粒不易变形的脆性夹杂，线材在拉拔过程中，由于马氏体与基体变形不一致，拉拔后各道次马氏体形态随着钢基体变形的增加，马氏体不变形，周围形成孔洞，最后第 8 道、第 9 道钢基体已经形成显微裂纹，显微裂纹发展到一定的程度，容易造成拉拔脆断，并形成笔尖状断口。

　　消除或减轻异常组织的建议：

　　（1）SWRH82B 钢盘条 N 含量始终在 50×10^{-6} 以上，应减少钢水中氮含量，减少转炉倒炉次数，减少出钢过程增氮及精炼炉增氮，严禁钢水长时间裸露与空气接触，连铸过程中应做好保护浇铸。

　　（2）精炼炉冶炼过程碳含量控制的准确度应加强，保证后期弱磁搅拌时间足够；精炼炉冶炼过程要存在一个高温过程，保证中间包钢水过热度符合要求；精炼炉全程专人负责保证白渣操作，减少气体含量对铸坯质量的影响。

（3）合金化和钢中夹杂物的变性处理。对钢液的最终成分进行准确的调整，保证连铸钢水成分控制在所确定的目标值内；配备的喂线机可对钢液进行喂铝线和硅钙线等处理，从而改变钢液中夹杂物的形态，提高钢水质量，满足连铸的要求；吹氩搅拌，促进钢液中夹杂物的上浮，纯净钢液。

（4）大包自开率达到100%，减少连铸过程钢水二次氧化。

（5）连铸结晶器液面控制要稳定，避免卷渣现象；同时保证拉速稳定，减少铸坯中心偏析。

（7）轧钢采用快速冷却，保证盘条在冷却线上的冷却速度，避免网状渗碳体的形成。

6.4　φ12.5 mm SWRH77B 钢盘条中心隐晶马氏体显微组织特征

在对 φ12.5 mm SWRH77B 钢盘条进行金相鉴定时，在其盘条中心（横向与纵向）观察到在索氏体与珠光体的基体上分布着少量隐晶马氏体异常组织，见图 6-32~图 6-38。

图 6-32　φ12.5 mm SWRH77B 钢盘条中心
隐晶马氏体横向显微组织形貌

图 6-33　φ12.5 mm SWRH77B 钢盘条浅中心
隐晶马氏体横向显微组织形貌 1

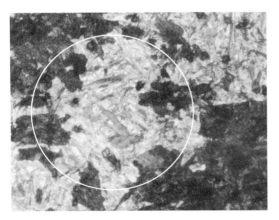

图 6-34　φ12.5 mm SWRH77B 钢盘条浅表面隐晶
马氏体横向显微组织形貌（马氏体针清晰）

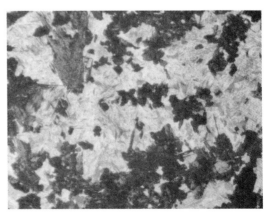

图 6-35　φ12.5 mm SWRH77B 钢盘条浅中心
隐晶马氏体横向显微组织形貌 2

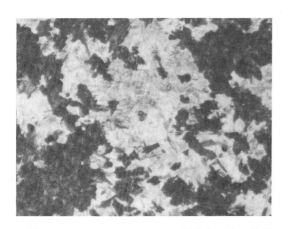

图 6-36　φ12.5 mm SWRH77B 钢盘条浅中心隐晶
马氏体横向显微组织形貌 3

图 6-37　φ12.5 mm SWRH77B 钢盘条中心隐晶
马氏体纵向显微组织形貌 1

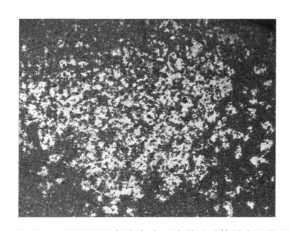

图 6-38　φ12.5 mm SWRH77B 钢盘条中心隐晶马氏体纵向显微组织形貌 2

分析判断：φ12.5 mm SWRH77B 钢盘条中心存在隐晶马氏体纵向条带，其类型为高碳隐晶马氏体。通常隐晶马氏体存在于盘条的心部，这与可心部存在严重的 Mn、Cr 元素偏析有关。这类元素均属于提高钢的淬透性的元素，可使该偏析部位的奥氏体稳定性增大，"C" 曲线右移（相对于非偏析区更靠右），形成马氏体的临界冷却速度降低，从而在非淬火条件下得到隐晶马氏体纵向条带。盘条心部 Mn、Cr 元素偏析与连铸坯中心偏析有关。

这种组织相对于基体的索氏体与珠光体，其强度、硬度高，延塑性低。在随后的冷拔过程中，不协调的形变导致马氏体带出现空隙和裂纹，并最终产生笔尖状断裂。

6.5　一次碳化物缺陷——45 钢 φ150 mm 棒材内一次碳化物分析

45 钢 φ150 mm 棒材在切割试样时，如切割到某一位置时锯条改变方向，甚至锯条崩断，可观察发现此时锯条遇到了硬性物质颗粒，见图 6-39。图 6-40 是硬颗粒物扫描电镜形貌，图中可见硬颗粒物表面十分光滑，几乎没有锯齿磨痕，进一步说明该颗粒物十分坚硬，在其下面镶嵌一些夹渣。其微观特征见图 6-41~图 6-46。

图 6-39　45 钢 φ150 mm 棒材内部的硬颗粒物形貌

图 6-40　45 钢 φ150 mm 棒材内部的硬颗粒物
　　　　　扫描电镜形貌

图 6-41　硬颗粒物下部镶嵌一些夹渣的扫描电镜形貌

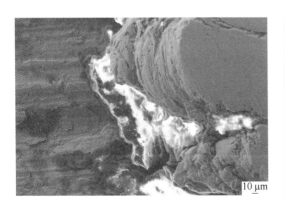

图 6-42　硬颗粒物镶嵌夹渣的扫描电镜放大形貌

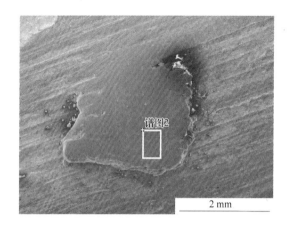

元素	重量百分比/%
C	5.66
Fe	94.34
总量	100.00

图 6-43 硬颗粒物 X 射线 C、Fe 元素定量分析结果

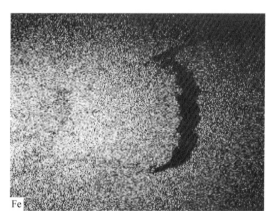
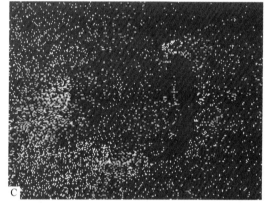

图 6-44 硬颗粒物 X 射线 C、Fe 元素面分布图

元素	重量百分比/%
C	6.64
Fe	93.36
总量	100.00

图 6-45 硬颗粒物 X 射线 X 射线 C、Fe 元素定量分析结果

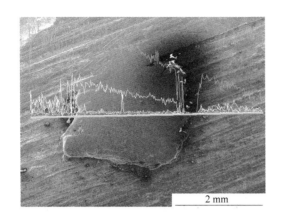
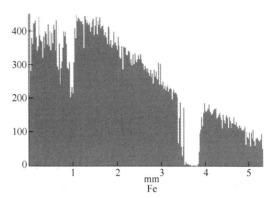

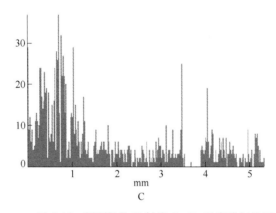

图 6-46　硬颗粒物 X 射线 C、Fe 元素线扫描图

分析判断：

（1）硬颗粒物 X 射线 C、Fe 元素定量分析结果表明，该硬颗粒物为碳化物液析或一次碳化物。

（2）一次碳化物硬度高于钢基体，并粘连一些结晶器保护渣。

（3）需要高温扩散退火处理消除。

碳化物液析一般发生在高碳钢中，是一种冶金缺陷。在钢液冷却凝固过程中，由于成分的不均匀，碳化物出现偏聚，而碳化物的溶点较低，当周围的液体都凝固后，碳化物才凝固，因为碳化物是直接由液体转变而来（不是从 A 中析出），故称为碳化物液析。

6.6　一次碳化物缺陷——E2330 轴承内套滚道一次碳化物剥离分析

在反复的滚动和滑动作用下，轴承和轴承套圈接触表层和表面将出现疲劳。重复性的加载、卸载循环会产生表层变形和表面裂纹，超过一定循环次数后，表面最终剥离出碎片，在表面上留下凹坑，它们被称为点蚀或剥落坑。ϕ300 mm GCr15 钢轴承内套在滚道处发生较大面积的剥落，由于在剥落后机器仍在运转，轴承内套滚套在轴承反复的滚动和滑动作用下，剥落坑断裂原始面貌已经面目全非，坑底表面十分光滑，给分析剥落原因带来较大困难。为此，可采取综合分析方法，在蛛丝马迹中寻找可疑的信息，经过对试验结果的分析判断，取得确切的结论。

　　为进行综合分析，在剥离处中心沿纵向切开，进行金相与扫描电镜观察。图 6-47 为疲劳磨损表面剥离坑扫描电镜形貌，图中可见剥离坑呈"V"字形，剥离坑底部光滑，坑的上下各有一处凸起及二次裂纹。

　　通过金相观察，缺陷部位组织为调质态组织，夹杂物级别为 A1.0/B0.5/C0/D1.0，带状组织 2.5 级，网状组织 1.0 级，均符合 GB/T 18254—2016 标准要求。但是在纵向面上发现大量的一次碳化物颗粒，颗粒最大直径达到 100 μm 以上。如图 6-48~图 6-50 所示的一次碳化物的金相形貌。

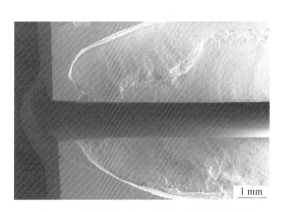

图 6-47　疲劳磨损表面剥离坑扫描电镜形貌

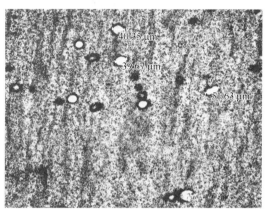

图 6-48　金相显微镜观察到较大的一次碳化物颗粒
（白色，50×，颗粒最大直径达到 75 μm 以上）

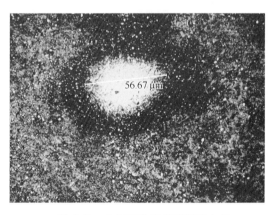

图 6-49　金相显微镜观察到较大的
一次碳化物颗粒（500×）

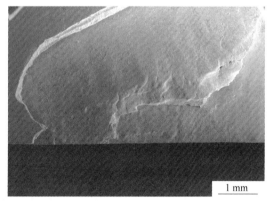

图 6-50　剥离部分扫描电镜低倍宏观形貌

　　观察试样的纵向面，一次碳化物二次电子形貌和背散射形貌分别见图 6-51~图 6-55，在这些碳化物与基体的边界部位，存在较多的二次微裂纹，见图 6-56~图 6-61，并且发现裂纹的起始部分存在大颗粒的碳化物。

　　在疲劳裂纹开裂后的断口相对面上，进行规则的往复推压时，由相对面上的尖刃，大颗粒一次碳化物或坚硬夹杂物等质点反复挤压或刻入形成压痕，这些压痕与汽车轮胎在泥地上的压痕十分相似，因此成为轮胎压痕。

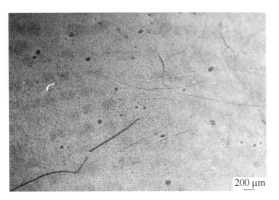

图 6-51 扫描电镜观察到的大量的
一次碳化物颗粒（黑点）

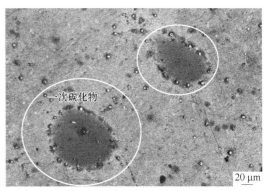

图 6-52 扫描电镜观察到的一次
碳化物颗粒二次电子像 1

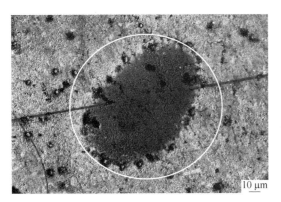

图 6-53 扫描电镜观察到的一次碳化物
颗粒二次电子像 2

（碳化物颗粒尺寸超过 100 μm）

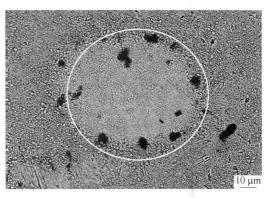

图 6-54 一次碳化物颗粒的扫描电镜
背散射电子像（中心浅色区）

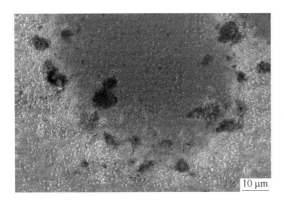

图 6-55 一次碳化物颗粒边缘的微裂纹
扫描电镜形貌

（疲劳磨损起源于这些微裂纹）

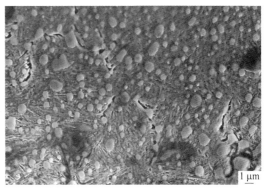

图 6-56 图 6-55 的扫描电镜放大像

（一次碳化物边缘的微裂纹形貌）

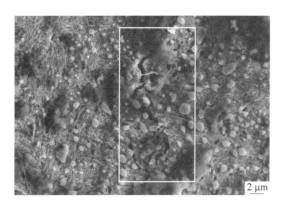

图 6-57　一次碳化物周围的
微裂纹扫描电镜形貌

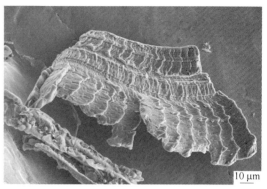

图 6-58　在轴承内圈滚道底部剥落块观察到
的接触疲劳轮胎状条纹扫描电镜形貌

图 6-59　在轴承内圈滚道底部观察到的
接触疲劳剥落块形貌 1

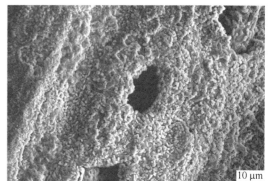

图 6-60　在轴承内圈滚道底部观察到的
接触疲劳剥落块形貌 2

图 6-61　图 6-60 剥落块局部放大 3500 倍扫描电镜形貌

　　滚动摩擦时产生的热量发生了低温回火马氏体向高温回火马氏体的转变，金属表面组织发生了严重的过度回火烧伤现象。高温回火即大于 500 ℃的回火，形成在铁素体基体上弥散分布细粒状渗碳体混合物的索氏体组织，图 6-62 和图 6-63 为形似米粒的细粒状渗碳体，这种组织易产生高温回火脆性，在接触疲劳中更容易产生剥落块。

图6-62　在铁素体基体上弥散分布细粒状
渗碳体混合物索氏体组织形貌

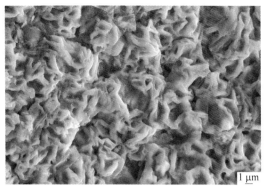

图6-63　图6-62剥落块局部放大3500倍形貌
（金属的表面摩擦受热层发生了严重的过热
烧伤现象，图中为过热烧伤断口形貌）

分析判断：

（1）扫描电镜观察到的剥落块疲劳条纹特征证实，轴承内套在滚道处发生较大面积的剥落，属于在交变应力作用下的疲劳磨损断裂。由此说明，疲劳磨损剥落是由四个连续过程形成的。

1）在压力 p 作用下，除在接触表面产生拉应力外，在载荷点的下方还存在剪切应力，在交变剪切应力作用下，使表层产生周期性变形和位错行为。

2）在位错塞积应力的影响下，裂纹或空穴在变形中形成并不断积聚。

3）在金属产生塑性剪切变形时，裂纹在近乎与表面平行的方向上扩展。

4）当裂纹扩展到表面时便形成薄片剥离层，最终剥离下来。

（2）剥离通常首先发生在钢的冶金缺陷、组织缺陷、加工缺陷或设计缺陷的薄弱区域。本次试验认为钢中一次碳化物是产生疲劳磨损断裂的根源。金相和扫描电镜都观察到剥离部位附近的纵向面上存在较多的一次碳化物，这种碳化物也叫做液析碳化物，其来源于钢材的冶炼和连铸或模铸过程。轴承钢因化学成分的高碳、含有 1.5% 左右的 Cr，在凝固过程中遵循相律和选分结晶的自然规律，钢液最终凝固时，在树枝状晶之间凝固析出（Fe、Cr）$_3$C 及 Cr$_7$C$_3$ 大颗粒碳化物，即碳化物液析。这种碳化物属于三角晶系，其硬度和脆性极高，易与奥氏体形成亚稳态莱氏体共晶产物，是碳化物不均匀性中危害最大的一种，破坏性要远远大于点状不变形夹杂物和氧化物夹杂。液析碳化物破坏了钢的连续性，使用过程中在交变载荷、冲击载荷的作用下，液析碳化物处极易产生应力集中，而且由于液析碳化物和基体的热膨胀系数不同，在压力加工过程中或零件热处理时，在液析碳化物和基体的界面上易形成初始微裂纹，初始微裂纹是轴承疲劳磨损断裂的裂纹源和产生疲劳剥落的根本原因。

由此可以判断，轴承在交变剪切应力作用下，大颗粒液析碳化物成为疲劳磨损断裂的裂纹源并产生微裂纹，这些微裂纹扩展到一定程度时，连接在一起，造成轴承内圈滚道壁的部分脱落。

（3）试验观察到疲劳磨损断裂的碎块有明显的高温回火和过热现象。将剥落块局部放大3500倍可以看到形似米粒的细粒状渗碳体和过热断口特征。轴承在运转过程中由于摩擦而产生的热量，导致发生从低温回火马氏体向高温回火马氏体的转变，金属表面组织发生了严重的过度回火烧伤现象。高温回火即大于 500 ℃的回火，造成铁素体基体上弥散分布细粒状渗碳体混合物，即索氏体组织，这种形似米粒的细粒状渗碳体极易产生高温回火脆性，在接触疲劳磨损中可加快裂纹扩展并形成剥落块。过度回火烧伤现象与轴承润滑剂形成的油膜有关。

（4）通过上述分析，认为 E2330 轴承内套滚道产生剥离的根本原因是在金相组织中存在较多的一次碳化物，一次碳化物是产生疲劳剥离的裂纹源，由于润滑不良而产生的高温回火和过热现象助长了疲劳裂纹的扩展和金属的剥离。

建议：由于 GCr15 钢在凝固过程中不同程度地存在着宏观和微观偏析，在生产中，首先应从冶炼浇铸工艺着手，尽最大可能降低偏析程度，控制好初生碳化物的形状和尺寸。然后在加工工序采取合理的扩散处理措施，就轧钢工序而言，提高加热温度，延长加热时间，是消除液析碳化物的有效途径。加热温度提高到 1200 ℃，保温时间 30 min，碳化物液析可以完全消除，这样的加热制度在工业生产中可以使用。

改善轴承的运营环境，增加润滑剂的黏性，改善润滑系统以形成足够的油膜，控制轴承的油隙，保证轴承的良好润滑，可以防止高温回火和过热现象的发生。并在提高轴箱装置的装配质量等方面严格操作。采取这些措施可以防止轴承内套滚道产生早期剥离，降低检修成本，保证行车安全。

（5）一次碳化物的形成机理。GCr15 钢中的主要合金元素是碳和铬，碳是液析倾向极高的元素，铬的偏析倾向虽不高，但极易形成碳化物。GCr15 钢在平衡状态下冷却到室温的组织是珠光体和二次碳化物 $(Cr,Fe)_3C$。然而，由于树枝状偏析的结果，钢锭或连铸坯树枝晶之间会出现大块状共晶碳化物。具有严重树枝状偏析的钢锭或连铸坯如果在加热过程中没有得到充分的扩散，共晶碳化物没有被溶解，仍然呈液态，那么保留在钢中的共晶碳化物在随后的轧制过程中将会被破碎成不规则的角状小块，沿着轧制延伸方向分布，成为碳化物液析。碳化物液析属于三角晶系碳化物，硬度极高，它的存在会使轴承零件在热处理过程中容易产淬火裂纹。在使用过程中因处于表面层的液析碳化物容易剥落成为磨损的起源，显著降低轴承零件的耐磨性。处于内部的液析碳化物和脆性夹杂物一样是疲劳裂纹的起源，会显著降低轴承零件的疲劳寿命。因此，由于 GCr15 钢在凝固过程中不同程度地存在着宏观和微观偏析，在生产中，首先应从冶炼浇铸工艺着手，尽最大可能降低偏析程度，控制好初生碳化物的形状；然后在加工工序采取合理的扩散处理措施，才能取得较好的效果。就轧钢工序而言，提高加热温度、延长加热时间，是消除液析的有效途径。

6.7　网状渗碳体引起的断裂——Cr17MoV 钢医用剪棒钳网状渗碳体失效分析

5Cr17MoV 钢医用剪棒钳在剪棒操作中沿剪孔发生断裂，见图 6-64，剪棒钳用钢标准规定其成分为：C 0.45% ~ 0.70%，Si 1.00%，Mn 1.00%，P 0.035%，S 0.030%，Cr 16.00% ~ 17.00%，Mo 0.5% ~ 1.0%，V 0.05% ~ 0.15%。试件加工工序为：线切割—钻孔—抛光—热处理—后道处理（图 6-65）。本测试旨在通过观察试件的断口形貌、金相组织等，分析其断裂失效原因。

通过扫描电子显微镜观察断口形貌，判断失效方式；同时对试样的金相组织评级，测试试样的硬度，判定是否符合标准规定。断口清理、保存均按照测试规程要求，其微观特征见图 6-66~图 6-76 及表 6-3、表 6-4。

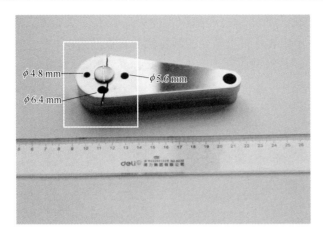

图 6-64 断裂失效剪棒钳实物

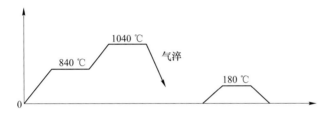

图 6-65 剪棒钳工件热处理工艺

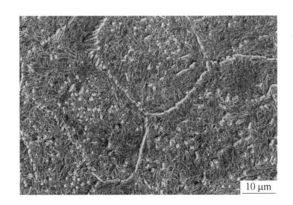

图 6-66 剪棒钳网状碳化物金相组织形貌

图 6-67 剪棒钳失效断口形貌

（左光滑面为剪棒孔，两个孔中间断面有一个蓝色粗晶区）

　　从图 6-66 可以看出，剪棒钳金相组织为淬火后低温回火组织，晶粒粗大，晶粒度约为 4 级，碳化物呈网状弥散分布于晶界，颗粒状分布在晶内。

　　硬度值为 HRC55，材料调质处理后硬度值要求为 HRC53~58。

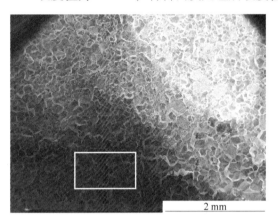

图 6-68　断面中蓝褐色区域扫描电镜
沿晶断裂扫描电镜特征

图 6-69　断面蓝黑区能谱分析
区域示意图

表 6-3　图 6-69 元素含量　　　　　　　　　　　　　　　　　　（%）

C	O	Si	Cr	Mn	Fe	Ni	Mo	合计
0.23	3.31	0.47	18.10	0.80	75.81	0.67	0.62	100.00
0.23	3.31	0.47	18.10	0.80	75.81	0.67	0.62	100.00

图 6-70　蓝黑区域晶界能谱分析区域

表 6-4　图 6-70 元素含量　　　　　　　　　　　　　　　　　　（%）

C	O	Si	Cr	Mn	Fe	Ni	Mo	合计
0.30	4.22	0.45	21.22	0.94	71.26	0.58	1.03	100.00
0.30	4.22	0.45	21.22	0.94	71.26	0.58	1.03	100.00

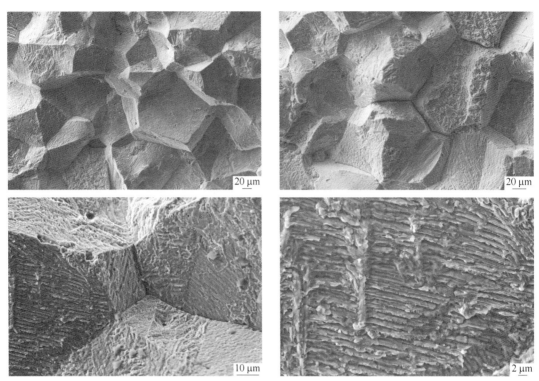

图 6-71　非蓝黑区域粗大沿晶断口扫描电镜逐级放大像
（金相中的网状碳化物在晶界表面上呈条纹状脆性解理断裂特征）

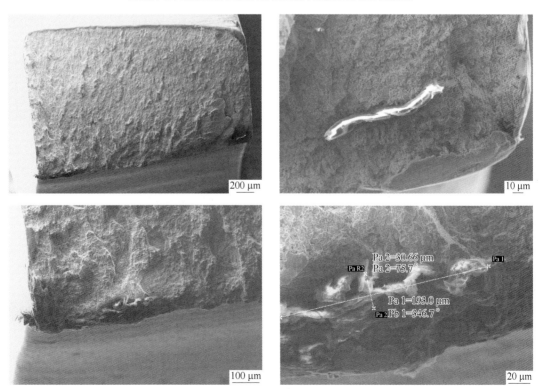

图 6-72　裂纹源处的结晶器保护渣卷渣熔融渣滴放大像扫描电镜形貌

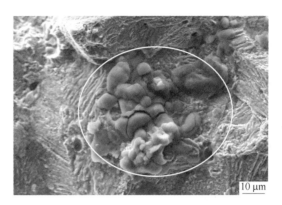

图 6-73　存在于晶界面上的结晶器保护渣卷渣熔融渣滴扫描电镜形貌

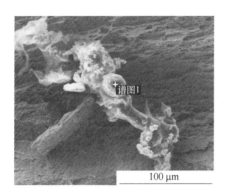

元素	重量百分比/%
C	14.65
Cr	35.47
Fe	47.50
Mo	2.38
总量	100.00

图 6-74　沿晶碳化物电镜形貌 X 射线元素定量分析结果

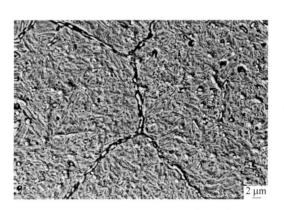

图 6-75　沿晶碳化物回火马氏体形貌

结果分析认为：

（1）剪棒钳金相组织为淬火后低温回火组织，根据 GB 6394—2002 标准，晶粒度超过 4 级，晶粒十分粗大，碳化物颗粒呈网状弥散分布于晶界和晶内。

（2）从图 6-67 和图 6-68 中可以看出，断裂起源于断面中蓝褐色区域，对图 6-68 中断面呈蓝褐色区域进行能谱测试，结果表明 O 元素存在。蓝褐色是金属氧化产生的干涉色，故推断由于过热导致晶粒粗大，同时局部区域晶界被氧化，成为薄弱环节，呈现粗大沿晶

元素	重量百分比/%
C	65.15
O	21.73
Na	2.29
Al	1.53
Si	3.16
K	1.01
Fe	3.00
Cu	2.12
总量	100.00

图 6-76　夹渣液滴 X 射线元素定量分析结果

断裂特征，断口平坦，晶粒粗大无光泽，晶界被弱化，局部区域呈蓝褐色，裂纹首先在这里发生，由于进去空气而发生氧化。断裂方式为沿晶脆断，晶界网状碳化物在晶界表面上呈条纹状脆性解理断裂特征。

（3）孔边部的夹渣成为断裂的裂纹源，裂纹源处的熔融渣滴证明裂纹起源于结晶器保护卷渣渣滴，而晶界面上也密集分布着结晶器保护渣卷渣熔融渣滴。

（4）断口上存在显微气孔，说明钢中存在较多气体。

（5）从图 6-64 中可以看出，材料的孔径加工尺寸与技术要求不符，$\phi6.4$ mm 和 $\phi5.6$ mm孔位置应互相调换。

过共析钢轧后在冷却过程中沿奥氏体晶界析出先共析渗碳体。依钢的含碳量、形变终止温度和冷却速度的不同，先共析渗碳体呈半连续或连续网状。网状碳化物的厚度随停轧（锻）温度的提高和冷却速度的减小而增大。形变终止温度过高（例如 1000 ℃），会使奥氏体粗化，这种晶粒粗大的奥氏体在随后冷却时可沿晶界形成粗厚的渗碳体网，在随后的热处理过程中难以得到改正。降低形变终止温度（例如 850 ℃）所得到的奥氏体晶粒比较细小，在随后冷却过程中，即使有网状碳化物析出，也将是细薄的。这种细薄的网状碳化物在以后热处理过程中比较容易通过球化处理加以消除。

形变终止温度对形成网状碳化物的影响，应当和轧后冷却速度的影响结合起来考虑。而冷却速度又与钢材的截面大小有关。为了得到细薄的网状碳化物，甚至完全抑制网状碳化物的产生，形变终止温度不应高于 900 ℃，最好在 850 ℃左右。形变终止温度过低，将会使轧辊的咬入条件变坏，轧辊磨损变大，轧材表面质量降低，动力消耗也增大。轧后的冷却视钢材截面大小而定，或空冷，或鼓风冷却，或喷雾冷却等，总之，应适当加速冷却以不产生粗厚网状渗碳。

结论：

（1）工件经 1040 ℃淬火导致严重过热，晶粒十分粗大，碳化物网状沿晶分布，弱化晶界强度，是导致材料脆断的主要原因之一。

（2）结晶器保护渣卷渣在连铸坯中的熔融渣滴遗传给板材，进一步弱化钢基体的强度，与过热缺陷双重因素，在剪棒力的作用下，导致瞬间脆断的发生。

（3）孔径加工错误使剪棒钳受力不符合设计要求。

6.8 混晶缺陷引起的断裂——Q195 钢盘条混晶导致拉伸多颈缩分析

一段时间内，某企业在生产 φ10 mm 及以上规格 Q195 钢热轧盘条过程中，曾多次在力学性能测试时出现拉伸试样上出现多个颈缩，导致断后伸长率低于 GB/T 701—2008 标准的现象，被判定为不合格，而且存在多颈缩的盘条因通长上变形不均匀，容易造成拉拔过程中的断丝，影响使用性能。

统计发现，出现多颈缩导致延伸偏低的盘条主要集中在 φ10~16 mm 等较大规格上，φ6.5 mm 和 φ8 mm 的 Q195 钢盘条上未曾出现。同时出现的时机主要集中在更换规格经过较长时间保温后重新开轧的批次上。

有一次在 φ8 mm 换轧 φ10 mm Q195 钢盘条过程中，拉伸过程中再次连续出现多颈缩现象，伸长率在 24%~31%，未满足 GB/T 701—2008 标准中的断后伸长率不低于 30% 的要求。总共检测到 7 个试样，其具体力学性能检测见表 6-5。

表 6-5 试样的力学性能

试样编号	1	2	3	4	5	6	7
抗拉强度/MPa	380	380	375	375	380	380	380
延伸率 A/%	24	25	28	31	20	28	28

检测结果与分析：

（1）断口形貌分析。出现多颈缩现象的试样拉伸断口形貌具有纤维状和剪切唇等断口特征，均是韧窝断口，从宏观形貌看断口圆滑，均具有塑性变形的特征，属于延性断口，见图 6-77 和图 6-78。

图 6-77 拉伸试样断口的宏观形貌   图 6-78 拉伸试样断口的宏观形貌

除 4 号样品外，其他 6 支试样的延伸率均低于 GB/T 701—2008 规定要求，且试样上存在多处缩颈。由于多颈缩现象的存在，试样在标距外也已经变形，致使材料在标距范围内测定的伸长率较低。

化学成分分析结果表明，试样的化学成分符合 GB/T 701—2008 的要求。

（2）夹杂物分析。钢中夹杂物主要是硫化物和硅酸盐及少量氧化物，见图 6-79 和图

6-80，根据GB/T 10561—2005对样品的夹杂物进行评级，见表6-6。

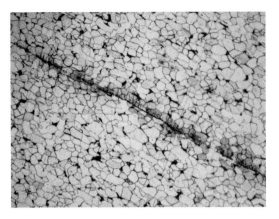

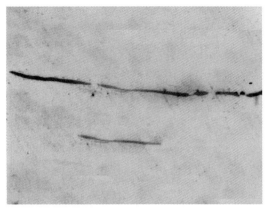

图6-79　钢中的条状夹杂物形貌（100×）　　　图6-80　钢中的条状夹杂物形貌（100×）

表6-6　夹杂物级别

编号	1	2	3	4	5	6	7
A	2.0	2.0	2.5	2.0	2.0	2.5	3.0
B	0	0	0	0	0	0	0
C	2.5	2.0	2.0e	1.5	2.0	2.0	3.0e
D	1.0	1.0	1.5	1.5	1.0	1.5	1.0
DS	0	0	0	0	0	0	0

（3）显微组织。观察断后的试样，在试样上存在多个颈缩的现象，如图6-81箭头所指部位所示，取试样的颈缩部位及无颈缩部位解剖、磨制后用4%硝酸酒精侵蚀。

在颈缩中心区域，以细小的块状铁素体及少量珠光体组织为主。整个变形区，晶粒变形均匀，晶粒度9级，如图6-82所示。

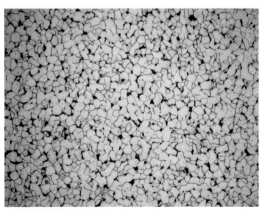

图6-81　多个颈缩宏观形貌　　　　　　图6-82　颈缩中心的金相组织（100×）

在试样颈缩点中心两侧的部位存在严重的混晶现象，细晶区的晶粒度为 9 级，粗晶区的晶粒度达到 5.5 级，见图 6-82。这种混晶现象在距离颈缩中心 2 cm 处表现得尤为明显，见图 6-83。同时在延伸偏低的样品中观察到铁素体晶界处存在少量无规律的三次渗碳体组织，见图 6-84 和图 6-85。

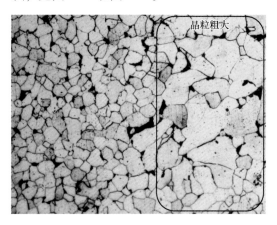

图 6-83　样品中的混晶现象（500×）

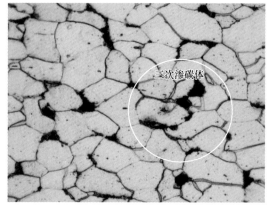

图 6-84　沿晶析出的三次渗碳体组织特征（500×）

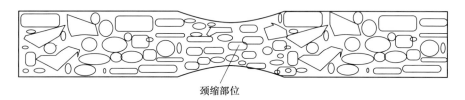

图 6-85　试样内部组织

（4）断口扫描电镜分析。图 6-86 显示的是拉伸断口的宏观形貌。断口存在明显的颈缩现象，断口呈现出大量韧窝形貌及少量平面状开裂面。从韧窝的形貌来看，大小韧窝交替出现，大韧窝周围布满小韧窝，见图 6-87。在韧窝底部经常可以看到夹杂物的存在。平面状开裂面上分布着明显的韧窝，从形状和大小判断是由相界或晶界开裂后形成。扫描电镜显示的断口区域断裂特征与金相照片显示的组织特征相似。

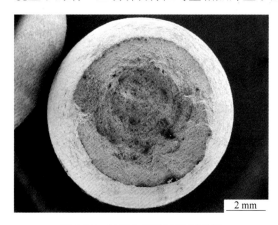

图 6-86　扫描电镜断口宏观形貌

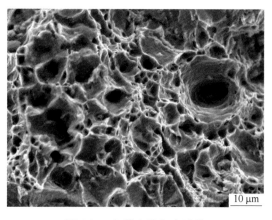

图 6-87　扫描电镜韧窝形貌

Q195 钢线材中夹杂物的存在破坏了组织的连续性，起到一个显微裂纹的作用。当受到外力作用时，在夹杂物顶端产生附加的应力集中，夹杂处迅速发展成裂纹源，并失稳扩展，从而使盘条塑性下降。

分析判断：查阅运转工时记录可知，本次多颈缩和延伸率不合发生在 $\phi8$ mm 换轧 $\phi10$ mm Q195 钢盘条过程中，而先前轧制 $\phi8$ mm Q195 钢盘条过程中未发生断后伸长率低于标准的现象。期间停车保温 4 h，保温温度为 1000 ℃、开轧温度为 1050 ℃、吐丝温度为 980 ℃，斯泰尔摩冷却线上保温罩全关。

盘条在轧制时如果钢坯加热温度过高、保温时间过长，将造成铸坯原始晶粒长大。尤其是停轧保温阶段，因换规格的时间难以准确掌握，为减少升温时间，在保温阶段温度未降至规定温度，造成铸坯在加热炉内保温时间长。因 Q195 钢属于非合金钢，合金含量较低，晶粒长大明显，在轧制过程中便容易形成混晶缺陷。同时因终轧温度过高，再结晶后的细晶粒也容易继续长大，尤其是大规格盘条，冷却速度慢，集卷后盘条温度依然很高，导致盘条组织中出现三次渗碳体的析出，降低延伸性能。

综合上述分析，认为 Q195 钢热轧盘条断后多颈缩、伸长率不合格主要是钢中的混晶现象所引起的，夹杂物、三次渗碳体组织对伸长率偏低也有不良影响。针对上述原因，主要采取以下措施：

（1）严格钢坯加热制度，将出钢温度严格控制在 1050 ℃ 以下，更换规格的等待期要进行降温，防止晶粒长大。停车时间在 10~40 min 内的炉温应适度降温，一般不超过 20 ℃；停车时间在 40~120 min 内的炉温应下降 20~50 ℃的；停车时间在 120~480 min 内炉温应下降 50~120 ℃；停车时间超过 480 min 的，炉温应降至 850~950 ℃。

（2）采用控轧控冷工艺，优化温度参数：开轧温度 980~1050 ℃、进精轧温度 930~980 ℃、吐丝温度控制在 930~960 ℃，开启靠后辊道的保温罩。

（3）加强了冶炼过程中钢水纯净度的控制，S、P 等有害元素的控制和脱氧的控制，使用了铝脱氧并进行钙处理。

对工艺进行优化后，并加强了工艺纪律的检查后，生产至今该缺陷未再出现。同时加强钢水纯净度的控制和控制控冷，盘条的拉拔性能也得到了提高。

6.9　磷共晶引起的中间裂纹——900A 钢连铸坯磷共晶导致中间裂纹分析

900A 钢是国际铁路联盟制订可用于生产高速铁路用轨的重轨钢种。900A 钢连铸坯低倍检查时，出现了中间裂纹，对中间裂纹取样进行金相观察与分析，发现了磷共晶组织，其微观形貌见图 6-88~图 6-93。

分析判断：

（1）一般只有当磷含量大于 0.2% 后才会出现磷共晶。由于磷的强烈正偏析，磷含量仅为 0.05% 时已经有可能在铸铁中形成磷共晶。磷主要分布在磷共晶中，以 Fe_3P 形式存在，磷共晶呈白亮色，在基体中磷的溶解度极低，Fe_3P 与基体有明显的边界。

（2）磷共晶呈液滴状、半网状，含磷高时多呈连续网状，细的磷共晶沿晶界分布。磷共晶常以网状分布在共晶团的周界上。

（3）面积较大的磷共晶内有颗粒状（Fe，Mn）$_3$C 碳化物、石墨和夹杂物。

（4）磷共晶能够导致连铸坯中间裂纹。

（5）铸铁中有 P 存在，就有磷共晶出现的可能，磷共晶有四种：二元磷共晶、二元复合磷共晶、三元磷共晶、三元复合磷共晶，在显微镜下观察是很漂亮的。质地硬而脆，分布均匀时可提高耐磨性；反之，若以粗大连续网状分布时，将降低铸件的强度，增加铸件的脆性。

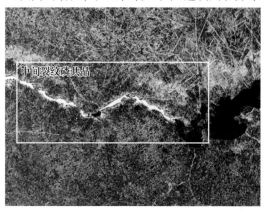

图 6-88　900A 钢连铸坯中间裂纹磷
共晶扫描电镜形貌

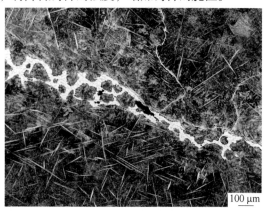

图 6-89　磷共晶常以网状分布
在共晶团的周界上

图 6-90　网状磷共晶内的粒状碳化物
扫描电镜形貌

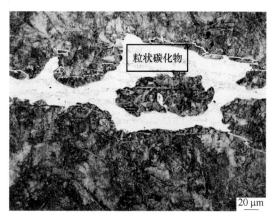

图 6-91　网状磷共晶内的粒状碳化物
扫描电镜形貌

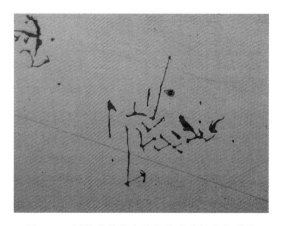

图 6-92　网状磷共晶内的条状碳化物金相形貌

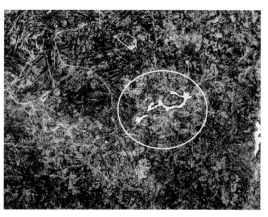

图 6-93　网状磷共晶内的碳化物扫描电镜形貌

6.10　82MnA 钢连铸坯磷化物 Fe₃P 分析

82MnA 钢连铸坯连铸工艺为开浇后钢液到 2/3 高度加入覆盖剂，以后陆续补加覆盖剂；大包采用氩气封长水口，中包采用 φ32 mm 水口；中间包钢水液面高度不低于 300 mm 开浇，上下炉连接转包浇钢时，中间包液面高度不低于 400 mm；停浇时中间包液面高度不高于 250 mm；结晶器冷却水、二冷比水量、分配比、断面拉速应匹配。

在 82MnA 钢连铸坯中心组织中发现并不多见的含磷较高相，本节对高磷相进行系统分析。82MnA 钢连铸坯的宏观形貌见图 6-94。

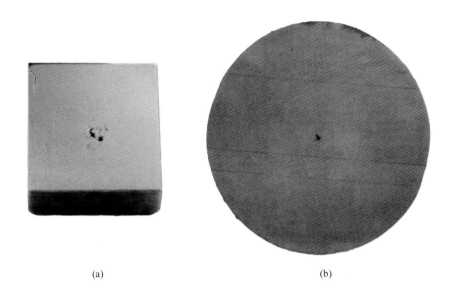

(a)　　　　　　　　　　　　　　　　(b)

图 6-94　82MnA 钢连铸坯的宏观形貌

图 6-94（a）为从坯子中心部位上取 50 mm×50 mm×20 mm 的试样，图 6-94（b）为连铸钢坯，钢坯中心部位明显存在缩孔。其化学成分分析结果见表 6-7。

表 6-7　化学成分分析结果（质量分数）　　　　　　　　（%）

试样及标准	C	Si	Mn	P	S	Cr	Cu
试样	0.76	0.23	0.72	0.012	0.009	0.26	0.026
GB/T 222	0.78~0.84	0.20~0.35	0.65~0.85	≤0.025	≤0.025	0.25~0.30	≤0.20

金相显微镜金相照片与扫描电镜二次电子的形貌特征见图 6-95。金相高倍观察及扫描电镜组织分析表明，82MnA 钢连铸坯显微组织为索氏体+珠光体+沿晶界分布少量含磷较高相（白色），扫描电镜图中的菱形为显微硬度计压痕。

图 6-96（a）中片层比较大的白亮区为珠光体组织，灰色的为索氏体组织；图 6-96（b）中呈现梯田状的为珠光体组织，片层比较小的为索氏体组织。

图 6-95　金相显微镜金相照片与扫描电镜二次电子的形貌特征

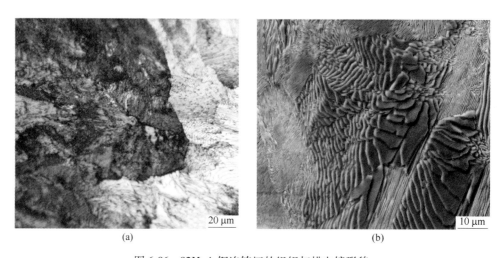

(a)　　　　　　　　　　　　　　　(b)

图 6-96　82MnA 钢连铸坯的组织扫描电镜形貌

　　图 6-97 为显微硬度仪测定的含磷较高相的金相照片，图中的菱形压痕即为所测硬度值的区域，图 6-97（a）的硬度值为 HV1231.82，图 6-97（b）的硬度值为 HV1216.12，

硬度平均值为 HV1223.97，测定结果说明这种磷化物相硬度较大。

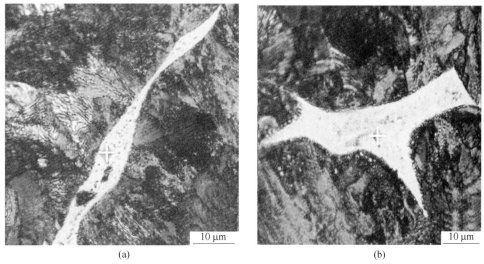

(a)　　　　　　　　　　　　　　　　　(b)

图 6-97　硬度测量点

X 射线能谱仪分析结果认为这种含磷较高相（图 6-98 中间灰色区域）为磷化物 Fe₃P，图 6-99 所示为 Fe₃P 的 X 射线能谱图。

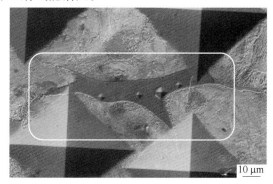

图 6-98　磷化物 Fe₃P 二次电子像

（磷化物沿晶界分布基体为珠光体与索氏体组织）

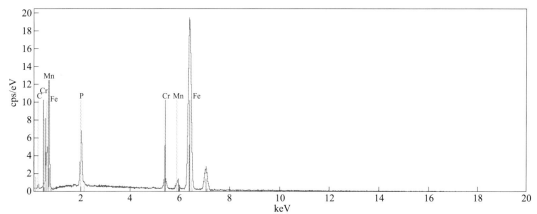

图 6-99　磷化物 Fe₃P X 射线能谱图

从图 6-100 与图 6-103 磷化物 P 与 Fe 元素的 X 射线元素面分布图可见，在铁元素的面分布图中隐隐约约显露出磷化物中铁的分布形貌，由于磷化物中铁较少于基体中的铁，所以磷化物中的铁元素形貌并不十分清晰，而磷化物中的磷元素含量远高于基体，磷化物中磷元素的面分布图形貌就十分清楚（图 6-100～图 6-103，表 6-8 和表 6-9）。

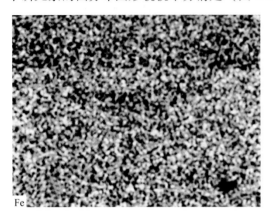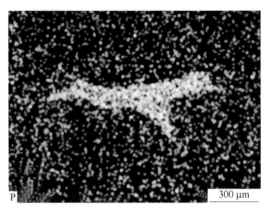

图 6-100　磷化物 Fe_3P 的 X 射线 Fe 与 P 元素面分布图

图 6-101　磷化物 Fe_3P 二次电子像

（基体为珠光体与索氏体组织）

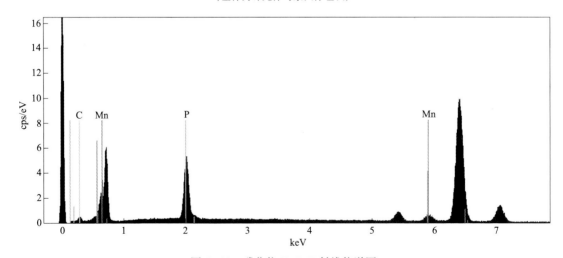

图 6-102　磷化物 Fe_3P X 射线能谱图

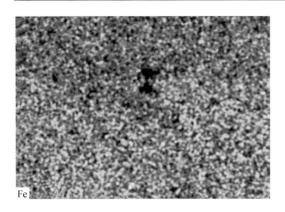
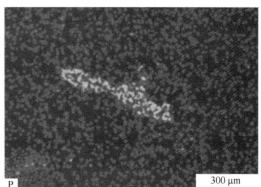

图 6-103 磷化物 Fe_3P 的 X 射线 Fe 与 P 元素面分布图

表 6-8 磷化物 Fe_3P 的 X 射线元素定量分析结果

元　素	实测 C/%	归一化 C/%
Fe	80.51	81.75
P	10.57	10.73
Mn	2.71	2.75
C	2.39	2.43
Cr	2.30	2.34
总量	98.49	100.00

表 6-9 磷化物 Fe_3P 的 X 射线元素定量分析结果

元　素	实测 C/%	归一化 C/%
Fe	78.63	81.05
P	10.31	10.62
Cr	3.20	3.30
Mn	2.78	2.87
C	2.10	2.16
总量	97.02	100.00

以上 X 射线能谱分析结果表明沿晶界分布的磷化物 Fe_3P 主要成分为 Fe 和 P。在 82MnA 钢连铸坯观察到白色具有光滑曲面的块状、条状或球状沿晶界分布含磷较高相为磷化物 Fe_3P。

分析判断：在钢的夹杂物中，磷化物 Fe_3P 并不常见，虽然在文献中有过报道，但很难见到磷化物 Fe_3P 金相和扫描电镜二次电子形貌特征，所以在 82MnA 钢连铸坯观察到磷化物 Fe_3P 实属偶然。试验分析认为，磷化物 Fe_3P 具有较高的显微硬度，平均值为 HV1223.97，远高于钢基体，是磷化物的一个主要特征。观察到的磷化物大多数为沿晶分布，具有明显的边界和液态随意凝固特征，说明磷化物是从钢液中析出的。由于磷化物的熔点低于钢的熔点，与液析碳化物有类似的形貌特征和较高的显微硬度，故在分析中曾一度将其误认为是液析碳化物。通常认为，磷不是液析碳化物形成元素，所以观察到的含磷较高相就不应该是液析碳化物，通过进一步对其进行定性和定量分析，证明含磷较高相主要含有 P 和 Fe 两种元素，X 射线能谱图和元素面分布图能够清楚地显示磷元素的分布形貌特征，在铁元素的面分布图中隐约显露出磷化物中铁的分布形貌，这是由于磷化物中铁含量少于基体中的铁，所以磷化物中的铁元素形貌不十分清晰，而磷化物中的磷元素含量远高于基体，因此磷化物中磷元素的面分布图形貌十分清楚。定量分析结果表明，由于基体其他元素有一定量的影响，Fe 与 P 的原子个数不符合三比一关系，故可以认为磷化物的分子式为 Fe_3P。我们的工作与一些文献一致认为磷化物硬度高、脆性大，具有明显的边界和液态随意凝固特征，其熔点低于钢的熔点，在钢的凝固结晶过程中易偏聚到树枝晶晶间和晶粒边界处，与网状碳化物、液析碳化物、带状碳化物相比，其危害更大。

结论与建议：

（1）82MnA 钢连铸坯组织中观察到的类液析碳化物为含磷较高的液析磷化物 Fe_3P，该磷化物含有较高的磷。

（2）磷在钢中主要以固溶态 Fe_3P 等状态存在，常呈液析状态，Fe_3P 是一种很硬的物质，易发生冷脆现象，从而影响钢的可锻性。

（3）钢坯在轧制前高温加热能够使磷化物 Fe_3P 溶解或部分溶解，因此在热轧材上很难找到磷化物 Fe_3P 的存在。

（4）降低钢中枝晶 P 偏析程度，可以防止磷化物 Fe_3P 生成。采用合理连铸坯形、降低浇注温度、高的凝固速度可改善连铸坯枝晶 P 的偏析程度。

6.11　晶粒粗大缺陷——Q235D 圆钢晶粒粗大导致冲击不合分析

Q235D 圆钢在冲击测试时，发现一些炉号的冲击值很低——7.98J、7.49J、13.1J、14.5J、7.98J 等，远低于标准 27J 的要求，其冲击断口为脆性解理断裂特征，几乎没有塑性变形，见图 6-104。

Q235D 圆钢冲击值低的断口均为解理断裂特征脆性，晶粒粗大，为 5~6 级。冲击断口上的显微空隙分布夹渣缺陷，见图 6-105~图 6-107。

分析认为，超过奥氏体相变点的温度越大，高温保温时间越长，奥氏体晶粒越大，温度的影响更为显著。调查发现该炉钢在加热炉 1200 ℃ 加热 8 h 后才轧制，加热时间长是导致晶粒粗大的主要原因，晶粒粗化使 a_k 值明显降低。

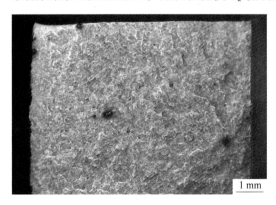

图 6-104　Q235D 圆钢冲击脆性断口扫描电镜形貌　　图 6-105　Q235D 圆钢冲击解理断裂扫描电镜形貌 1

图 6-106 Q235D 圆钢冲击解理断裂扫描
电镜形貌 2

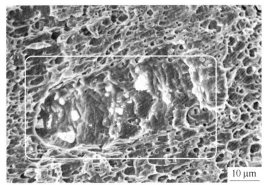

图 6-107 Q235D 圆钢冲击断口上的显微
空隙扫描电镜形貌

6.12 混晶缺陷——ϕ85 mm 45 钢棒材混晶现象分析

直径 ϕ85 mm 的 45 钢棒材，在进行晶粒度评级时，发现同一试样，不同视场的晶粒度差别十分严重，见图 6-108~图 6-112。

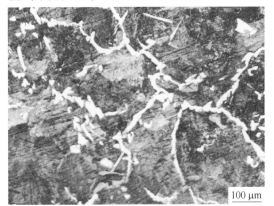

图 6-108 在 100 倍视场仅有 6 个晶粒
金相形貌（网状铁素体+珠光体）

图 6-109 在 100 倍视场仅有 1 个
完整的晶粒金相形貌

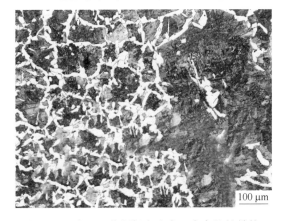

图 6-110 在 110 倍视场右边有 1 个完整的晶粒，
左边 2/3 的视场却有 60 多个晶粒

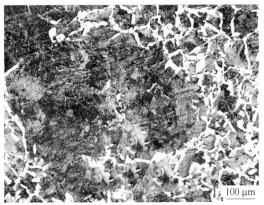

图 6-111 在 100 倍视场混晶
十分严重的混晶金相形貌

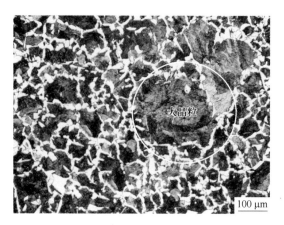

图 6-112　　在 100 倍视场正常晶粒之中有 1 个大晶粒

分析判断：

（1）85 mm 45 钢棒材金相检验中，组织为网状铁素体+珠光体，在同一视场按 1~8 级晶粒度标准评定大的晶粒可达 1 级，小的晶粒可为 7~8 级，甚至更小些，混晶现象十分严重，对产品综合力学性能有不良影响。

（2）不同部位连铸坯组织晶粒尺寸存在显著差异，从表面的 30~50 μm 增大到中部的 150~500 μm，这是导致成品组织中出现混晶现象的重要原因。

（3）轧制工艺不当是 φ85 mm 45 钢棒材出现混晶现象的主要原因。

（4）控制轧制对混晶的影响很大，合理配置变形温度和变形量，可以有效地避免混晶的产生。

6.13　低碳高硫高铅易切削钢铅粒在钢中的形态、尺寸和分布规律研究

某企业生产的低碳高硫高铅易切削钢 SUM24HSL 主要用于机械加工行业，因切削性能好，可以大幅度提高加工效益，提高零件表面光洁度和尺寸精度，广泛用于汽车、家电、办公用品、精密仪器、标准件的生产，市场形势很好。

钢中含有如 S、P、Pb、Bi、Se、Ca 等易切削元素，它们的加入方法、在钢中的含量和形态的控制比较困难，同时对轧制钢材的表面质量要求很高。该企业生产低碳高硫高铅易切削钢已经有几年的历史，在加入方法、硫化物和铅粒控制等方面已经积累一些成熟的经验。但是，对铅粒在钢中的形态、尺寸和分布等理化检验没有进行系统的研究，检验方法不成熟，形态、尺寸和分布并不清楚。为提高铅易切削钢生产中铅的收得率，弄清楚铅粒在钢中的形态、尺寸和分布规律，本节探讨低碳高硫高铅易切削钢优于高硫易切削钢切削加工效率的机理，让用户愿意使用铅易切削钢，以进一步开拓市场。

硫铅颗粒物是一种奇特的金相组织，虽不是金相组织缺陷，但是本次试验是一项有意义的基础性工作。低碳高硫高铅易切削钢金相组织见图 6-113。

弄清低碳高硫高铅易切削钢 SUM24HSL 铅粒在钢中的形态、尺寸和分布规律是一项很有意义的基础性工作。它可以在试验的基础上，为提高铅的收得率、改进加入方法、改善环保条件提供科学依据。

试验选取 25 个 φ18 mm 棒材试样（每盘选取一个试样，共 100 个试样），用荧光分析

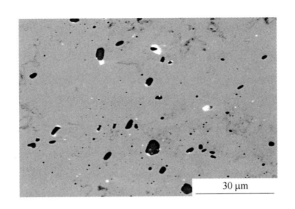

图 6-113　低碳高硫高铅易切削钢金相组织

和光谱分析分析化学成分；用两种不同腐蚀试剂在金相显微镜进行腐蚀试验；进行纵向和横向抛光和抛光腐蚀金相试样的金相和扫描电镜观察；进行 850 ℃保温 1 h 后的金相观察试验；制成了 3 个横向冲击试样，其中两个经 910 ℃保温 2 h 后水淬，再经−80 ℃冲击打成两个横向冲击断口，另一个打成常温冲击断口，将三对横向冲击断口试样在扫描电镜上进行断口的铅粒形貌、尺寸、分布规律的观察和分析，同时用 X 射线能谱仪进行成分定性和定量分析。

试验结果：

（1）试样化学成分如下（%）：

C	S	P	Mn	Ni	Cr	Cu	As	Sn	Pb	Sb
0.072	0.258	0.047	1.24	0.036	0.061	0.12	0.012	0.014	0.28	0.005

25 个试样铅含量在 0.22%~0.30%。

（2）适用于铅易切削钢的腐蚀剂试验。试验证明 4%硝酸酒精已经不适合铅易切削钢的腐蚀显示，为此根据资料提供的显示钢中铅的试剂进行腐蚀试验：

无水乙醇	碘化钾（分析纯）	甘油（分析纯）	硝酸（分析纯）
100 mL	2.5 g	5 mL	0.80 mL

浸蚀时间 15~20 s 仅观察铅的分布。

无水乙醇	碘化钾（分析纯）	甘油（分析纯）	硝酸（分析纯）
100 mL	3 g	6 mL	1 mL

15~30 s 显示铅粒及基体组织。

试验发现，铅粒在明场下的微坑呈黄褐色，在暗场下的微坑呈黄色或橙黄色，似"太阳"，在外面还有一圈"日晕"，非常好看，与资料完全一致，见图 6-114。

将抛光试样、铅腐蚀剂腐蚀试样、加热试验试样、低温冲击纵向和横向断口试样、常温冲击断口试样在扫描电镜上进行铅粒形貌、尺寸和分布规律的观察，同时进行 X 射线能谱成分定性和定量分析，进一步验证金相显微镜铅腐蚀剂观察到的结果，结果见图 6-115~图 6-125。

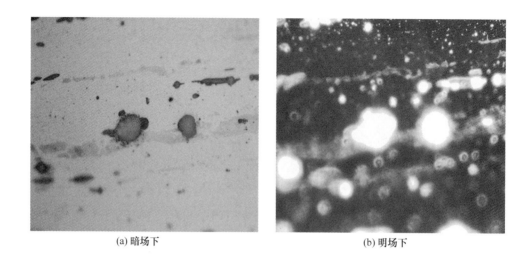

(a) 暗场下　　　　　　　　　　　　　　(b) 明场下

图 6-114　腐蚀试验后铅粒的变化

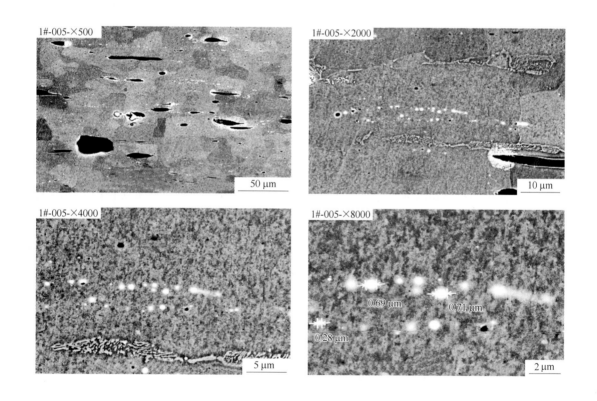

图 6-115　抛光试样扫描电镜背散射电子像

（细小铅粒（白色）逐级放大扫描电镜像（金相显微镜腐蚀后的小黑点子），

最小 0.28 μm，最大 0.71 μm，黑色的小坑表明铅粒已经脱落，

在条状硫化锰的端部有白色的铅粒）

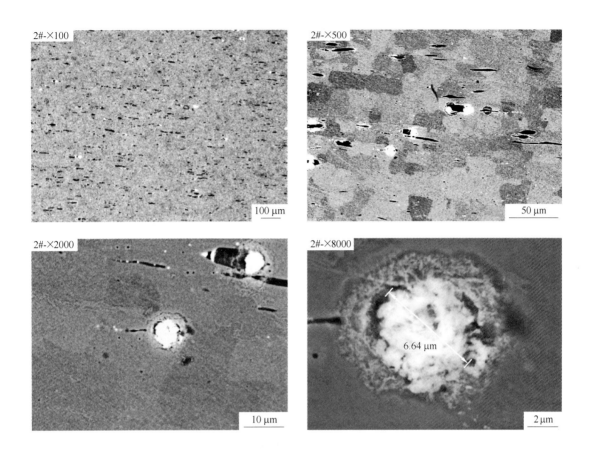

图 6-116 纵向抛光试样扫描电镜背散射电子像

（白色细小铅粒逐级放大扫描电镜像，最大 6.64 μm。铅粒分布均匀，
与硫化锰一起，构成了密集分布的增加切削性能的颗粒群，
在硫化锰的两端有白色的铅粒）

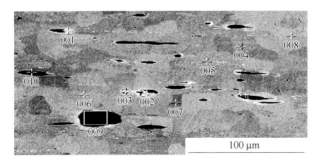

元素	重量百分比 /%
C	40.31
S	22.04
Mn	37.65
总量	100.00

图 6-117 硫化锰夹杂物背散射电子像、X 射线元素定量分析结果

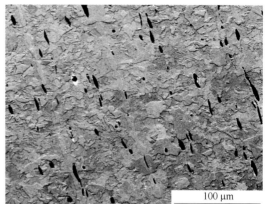

图 6-118　抛光铅腐蚀剂腐蚀试样背散射扫描电镜图像

（白色小点子为细小铅粒，在硫化锰夹杂物的两端有白色的铅粒，黑色小点为铅粒腐蚀
脱落后留下的小坑，黑色条状物为硫化锰夹杂物，组织有立体感）

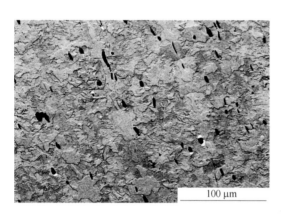
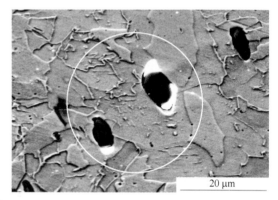

图 6-119　抛光铅腐蚀剂腐蚀试样背散射扫描电镜图像

（白色小点子为细小铅粒，在硫化锰夹杂物的两端有白色的铅粒，黑色的小点为铅粒腐蚀
脱落后留下的小坑，黑色条状物为硫化锰夹杂物，组织有立体感）

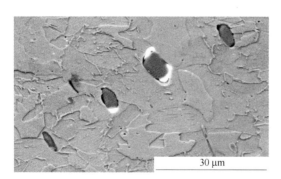
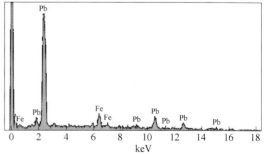

图 6-120　图 6-119 扫描电镜背散射电子放大图像及 X 射线能谱图

（硫化锰夹杂物两端白色铅粒的 X 射线能谱图，在硫化锰夹杂物的两端有白色的铅粒，
黑色的小坑为铅粒腐蚀脱落后留下的小坑，黑色条状物为硫化锰夹杂物，组织有立体感）

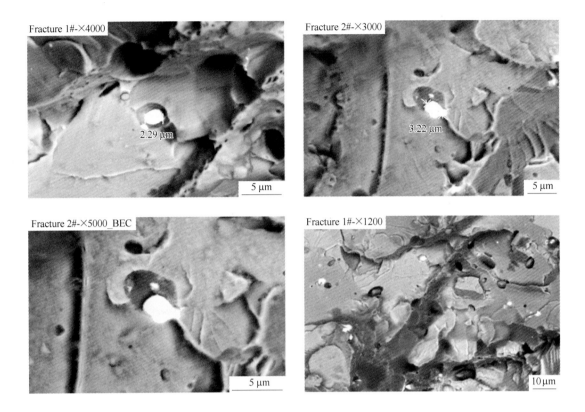

图 6-121 低温冲击横向断口扫描电镜背散射电子图像

(解理断裂区，白色颗粒为铅粒，由于铅比铁的体积收缩系数大，凝固后在铅与钢基体之间
产生较大的缝隙，在硫化锰夹杂物增加切削性能的基础上进一步增加了切削性能)

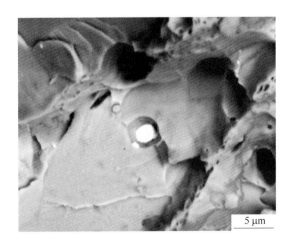

图 6-122 图 6-121 低温冲击断口扫描电镜背散射电子放大图像

(解理断裂区，白色颗粒为铅粒，由于铅比铁的体积收缩系数大，
凝固后在铅与钢基体之间产生较大的缝隙)

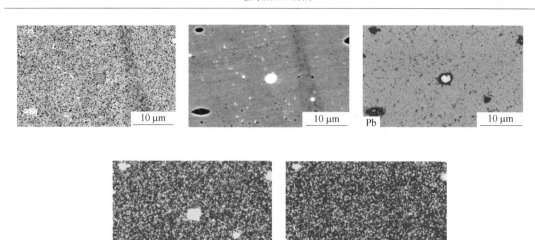

图 6-123　一个试场的电镜背散射电子图像，铅、硫、锰元素 X 射线面分布图

（白色为铅粒，蓝色为铅的 X 射线面分布图，红色为硫的 X 射线面分布图，绿色为锰的 X 射线面分布图）

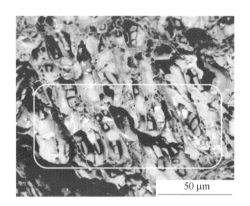

图 6-124　常温冲击断口扫描电镜
背散射电子图像

（解理断裂，图中白色小点子为铅粒）

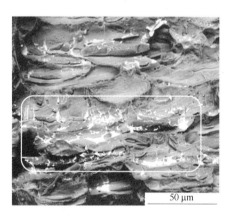

图 6-125　910 ℃保温 2 h 后水淬，经-80 ℃冲击
打成两个横向冲击断口的扫描电镜背散射电子图像

（图中白色为铅，有明显的融化特征）

分析判断：

（1）在低碳高硫高铅易切削钢中，铅的收得率最低为 70%。

（2）试验证明，铅与铁在液态时互不溶解，铅也几乎不溶于固态铁中，因此单相的铅常呈微粒状态存在，铅粒以四种形态存在于钢的基体之中：

第一种，小于 1 μm 的细小铅粒宏观上弥散地分布在钢中，这是由于铅含量较高，在液态易形成大颗粒以及铅的成分偏析，在热轧时可使这些较大的铅粒变形或分裂成更细的铅粒。但在微观上并不均匀，有的区域呈条带密集分布，有的区域呈弥散分布。

第二种，1~3 μm 的铅粒各自独立分散在钢的基体中，有的地方多一些，有的地方少一些，微观上并不均匀。

6.14　钢的异常组织

钢的异常组织形貌见图 6-126~图 6-131。

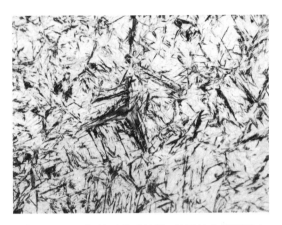

图 6-126 45 钢的下贝氏体针+马氏体金相形貌 1

（灰色基体为马氏体，黑色针状为下贝氏体）

图 6-127 45 钢的下贝氏体+马氏体金相形貌 2

（黑色细针为马氏体，黑色粗针状为下贝氏体）

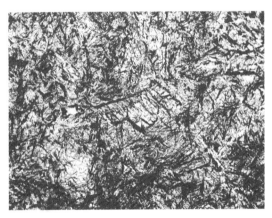

图 6-128 45 钢的下贝氏体+马氏体金相形貌 3

（灰色细针为马氏体，黑色粗针状为下贝氏体）

图 6-129 45 钢的下索氏体+马氏体金相形貌 4

（灰色细针为马氏体，黑色团状为下索氏体）

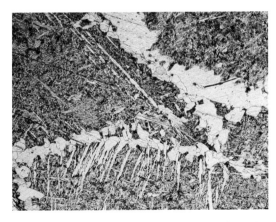

图 6-130 15CrMoG 钢 φ90 轧材表面铁素体形貌

（铁素体呈成针状，由晶界向晶内扩展，为魏氏组织）

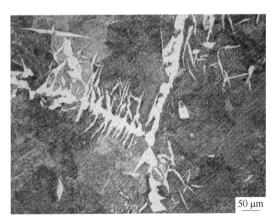

图 6-131 35 钢显微铸态针状
铁素体魏氏组织

　　焊接区热影响中的过热区或者钢在过热时，由于奥氏体晶粒长得非常粗大，这种粗大的奥氏体在较快的冷却速度下会形成一种特殊的过热组织，其组织特征为在一个粗大的奥氏体晶粒内会形成许多平行的铁素体针片，在铁素体针片之间的剩余奥氏体最后转变为珠光体，这种过热组织称为铁素体魏氏组织。

　　简单说来，就是在奥氏体晶粒较粗大、冷却速度适宜时，钢中的先共析相呈以针片状形态与片状珠光体混合存在的复相组织。

　　魏氏组织不仅晶粒粗大，而且由于大量铁素体针片形成的脆弱面，使金属的柔韧性急速下降，这是不易淬火钢焊接接头变脆的一个主要原因。

　　在亚共析钢中常见的魏氏组织呈羽毛状，有呈等边三角形的，有铁素体相互垂直的，也有混合型的魏氏组织。钢铸态沿晶界析出形貌见图 6-132～图 6-134。

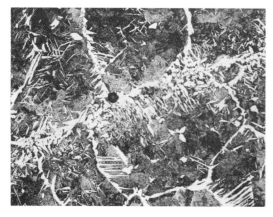

图 6-132　35 钢铸态沿晶界析出
铁素体针魏氏组织形貌 1

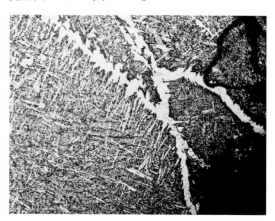

图 6-133　35 钢铸态沿晶界析出
铁素体针魏氏组织形貌 2

图 6-134　45 钢铸态沿晶界析出
渗碳体针魏氏组织形貌

过共析钢，在一定冷却条件下，渗碳体沿奥氏体一定晶面析出，也能形成魏氏组织。魏氏组织的存在如果伴随晶粒粗大，将使钢的力学性能下降，尤以冲击性能下降为甚（图6-135和图6-136）。

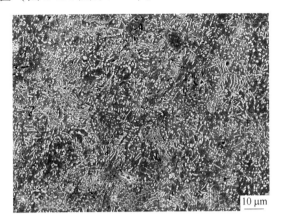

图6-135 过共析钢沿奥氏体晶面
析出魏氏组织形貌
（球化不完全，珠光体仍然保持
片层结构，渗碳体分布不均匀）

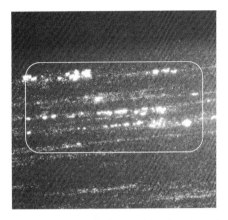

图6-136 GCr15钢棒材4级液析金相形貌

某些高碳合金钢，如高碳铬轴承钢，在由液态向固态转变时，最后凝固部分的碳及合金元素富集而产生亚稳定共晶莱氏体，这种碳化物偏析称为碳化物液析，也就是一次碳化物。碳化物液析（莱氏体钢外）属于碳偏析缺陷。液析碳化物是指钢锭或连铸坯凝固时出现的由钢液中碳及合金元素富集而产生的亚稳定莱氏体共晶，是由液态偏析而形成的，是从钢液直接形成的一次碳化物，所以称为液析碳化物（图6-137~图6-140）。

液析碳化物对钢材组织不均和性能有明显影响，其表现有：

（1）液析碳化物颗粒大、硬度高、脆性大，暴露在零件表面时容易引起剥落。

（2）大块液析碳化物的晶界，是疲劳裂纹的发源地。

（3）引起所制成零件硬度的不均匀性和力学性能的异向性，并增大零件淬火时的开裂倾向。

图6-137 H13磨具钢棒材4级
液析扫描电镜形貌1

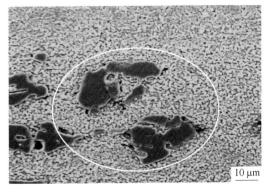

图6-138 H13磨具钢棒材4级
液析扫描电镜形貌2

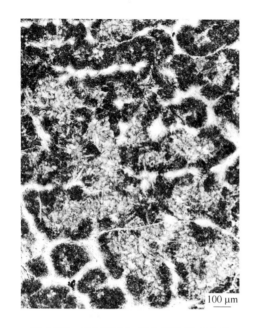

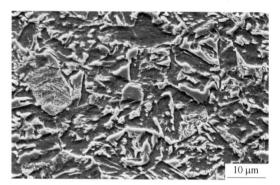

图 6-139　GCr15SiMn 钢心部液析碳化物
沿晶界析出（碳偏析）

图 6-140　16Mn 钢粒状贝氏体扫描电镜形貌
（在铁素体基体上分布着 M 与（M-A）岛，
就像露出水面的石头）

　　（4）未消除的一次共晶碳化物，在热加工时随钢中奥氏体塑性变形而转动、变形，形成位错，并在位错线处碳扩散、熔断为小块，且沿轧制方向呈条状分布。

　　改善或消除高碳、高合金钢钢材中液析碳化物的主要措施有：

　　（1）控制钢中碳和合金元素含量在范围的中下限，钢中加入少量钒也可以降低液析碳化物程度。

　　（2）改进浇铸工艺和选择合理锭型，采用合适的浇铸温度和较高的凝固速度，浇铸后急冷，能减少偏析（连铸坯由于冷却速率比较大，液析碳化物比较少）。

　　（3）通过扩散退火可以消除液析碳化物。

　　（4）热变形时采用较大的变形量或伸长率，可以细化液析碳化物。

　　带状组织是指金属材料中两种组织组

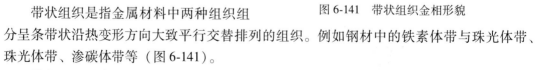

图 6-141　带状组织金相形貌

分呈条带状沿热变形方向大致平行交替排列的组织。例如钢材中的铁素体带与珠光体带、珠光体带、渗碳体带等（图 6-141）。

　　带状组织的存在将使钢的组织不均匀，并影响钢材性能，形成各向异性，降低钢的塑性、冲击韧性和断面收缩率，造成冷弯不合、冲压废品率高、热处理时钢材容易变形等不良后果。产品标准中有带状组织评级图片，可根据用途确定允许的级别。

7　钢材的内应力与断裂

>>>

　　一块钢板是由无数个铁分子（包括其他成分的分子）组成的，分子与分子之间之所以能够紧密地连接在一起，而不像一盘沙一样，是因为分子与分子之间有强大的分子键紧紧地"拉"在一起，分子之间的"拉力"会由于相邻分子之间的位置远近、角度差异，在整个钢板的平面内不是很均匀。通俗地说，有些方向的"拉力"大，有些方向的"拉力"小。虽然钢坯在轧钢机轧成平板后，这些钢材各个分子之间的"拉力"会暂时趋于平衡，但是如果将钢板用刨床切削一部分，比如切薄一半的厚度，这时，剩下的钢板将立刻发生变形，如发生翘曲，这就是内应力在起作用。

　　零件或钢材内部的应力状态对受力构件的使用寿命有着重要影响和直接作用，可使受力构件产生裂纹，甚至导致断裂的发生。钢材生产后存在于钢材内部的内应力也称为残余应力。即使构件或钢材不受外力作用，其内部仍然可能存在着残余应力不均匀，而且在自身范围内存在着平衡的应力场。应力场虽然是一个很抽象的概念，但是在应力断裂的断口上可以清晰地看到它存在的形貌与特征。

　　根据残余应力平衡范围，可以把残余应力划分为宏观残余应力和微观残余应力两类。宏观残余应力是指整个物体的大范围内平衡的应力，例如，大体积的钢件在凝固、相变和冷却过程中因体积变化的大小和先后不同而在冷却或相变之后残存于物体内部的应力，比如淬火内应力、组织应力、热应力等，称为第一类内应力。从晶粒大小到原子间距尺度范围内平衡的残余应力称作微观内应力，也称第二、第三类内应力。各种晶体缺陷以及微观不均匀的变形和相变引起的应力就属于这类残余应力，比如点状偏析、混晶缺陷存在着微观内应力。本章着重介绍第一类内应力及宏观残余应力对钢材使用的影响。

7.1　钢材的内应力

　　淬火内应力是指在淬火过程中工件内部产生的应力。工件不同部位变温速度的差异是产生内应力的来源。淬火冷却时，变温速度的不均匀性最大，引发的内应力也最大，因此淬火内应力实际上是淬火过程的内应力。

　　热应力和组织应力：热应力是指材料按其热膨胀规律，在冷却时发生收缩，由于相邻两部位降温速度不同，导致冷却过程的任一时刻比容产生差异，从而相互产生应力。组织应力是指马氏体的比容大于奥氏体，在马氏体转变时，随着马氏体量增多，工件发生膨胀，相邻部位冷却到马氏体转变点 M_s 的时间不同，或者在 M_s 以下冷却速度不同，由于钢中马氏体转变的变温转变特性从而产生的内应力。热应力和组织应力的方向正好相反。在 M_s 以上，仅存在热应力机制；在 M_s 以下两种机制同时发生，但由于马氏体相变引起的线膨胀量大于热膨胀（约一个数量级），所以 M_s 点以下组织应力机制起主要作用。

　　工件淬火冷却时，外层冷却快，心部慢；薄壁部位冷却快，厚壁部位冷却慢。冷却介质与工件的相对流动情况也会影响冷却的均匀性，冷却速度越大，不均匀性越大。上述种种，加上高低温（M_s 以上和以下）阶段的两种内应力机制，导致工件淬火冷却时内应力的形成和发展极其复杂。

当应力超过屈服极限时，将发生局部塑性变形。因此，最高应力值取决于受力部位的屈服极限。多余的尺寸差异会转化为塑性变形，如果材料的塑性不良，则内应力将迅速超过断裂强度而导致开裂。在 M_s 以上，由于温度高及钢处于奥氏体状态，屈服强度低，塑性良好，热应力多表现为工件的变形；在 M_s 以下，马氏体量随温降而增多，塑性迅速下降，组织应力可达很高值，可能导致工件开裂。

棒状工件不均匀淬冷时的轴向热应力最简化模型如图 7-1（a）所示。对横截面形状对称的棒状工件，按轴线（点划线）分成上下（Ⅰ、Ⅱ尺寸相同）两半部，施以不同速度的冷却，如Ⅱ相当于均匀地喷液淬冷，而Ⅰ相当于空冷；设Ⅰ、Ⅱ两部分在整个冷却过程中内部温度是均匀的，降温曲线见图 7-1（b）。研究Ⅰ、Ⅱ两部分在全过程中轴向受力的变化（图 7-1（c））。

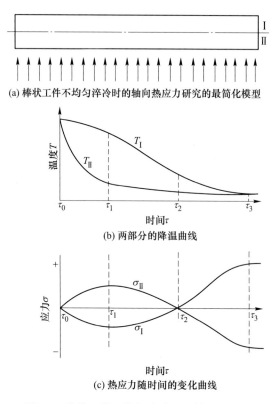

(a) 棒状工件不均匀淬冷时的轴向热应力研究的最简化模型

(b) 两部分的降温曲线

(c) 热应力随时间的变化曲线

图 7-1　棒状工件不均匀淬冷时的轴向热应力

热应力及变形内应力的变化可分为 3 个阶段：（1）从开始冷却 τ_0 到Ⅰ、Ⅱ温差达到最大的时间 τ_1。Ⅱ的先期收缩使其本身受张应力，同时Ⅰ受压应力，由 τ_0 至 τ_1 逐渐增大。由于Ⅰ、Ⅱ截面积相同，σ_I 和 σ_{II} 曲线是对称的。特别要注意到，在 τ_1 之前，对于钢铁等屈服强度不高的材料，两部分都将发生轴向的塑性变形，Ⅱ为拉伸，Ⅰ为压缩，在 τ_1 达到最大值。（2）从 τ_1 至 τ_2（零应力点）。Ⅱ的降温速度减慢，Ⅰ则增快，使应力逐渐松弛。零应力点是这样一种状态：温度差所对应的尺寸差，正好被Ⅱ的伸长（弹、塑变形）

和Ⅰ的缩短所抵消。(3) 从 τ_2 至 τ_3 (室温)。Ⅰ的降温速度继续大于Ⅱ,使 $\tau_1 \sim \tau_2$ 间的冷缩特征延续下来。由于起点是零应力状态,从一开始就使Ⅰ进入张应力状态,Ⅱ为压应力态,弹性和塑性变形呈反向。过程一直进行到Ⅰ、Ⅱ都降到室温,终态的应力值与材料在室温下的屈服强度相对应,此时的应力称为残留热应力。

最简模型的热应力弯曲变形:在 τ_1 状态,曲率中心在Ⅱ方(向Ⅰ方弓出)。如果全过程只有弹性变形,无塑性变形,则零应力点将移至 τ_3 (均温点),并且弯曲量逐渐减少至零。非均温时零应力点的出现正是 $\tau_0 \sim \tau_1$ 间发生了塑性变形的反映。Ⅰ的塑性压缩和Ⅱ的塑性伸长,导致冷却的后期产生弯曲的反向(向冷却快的Ⅱ方弓出)。类似的现象在生产中是常见的。

组织应力及变形:如果把图 7-1(b)、(c)的 τ_0 点定为 M_s 温度,则只需将 σ_1、σ_2 符号互相调换,即为组织应力曲线。简言来说,组织应力机制会使冷却快的一侧受张应力,最终的弯曲为向冷速慢的一侧弓出。

图 7-2~图 7-4 分别是将中等尺寸的短棒状工件经整体浸入冷却介质进行激冷(到 0 ℃)的热应力和组织应力的实测结果。为了获得单一的热应力或组织应力,设计了特殊

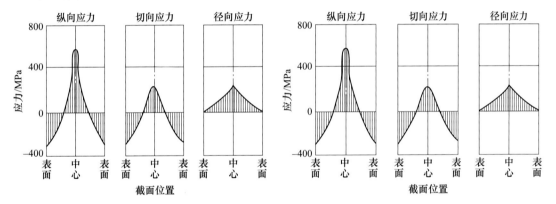

图 7-2　棒状工件的淬火应力
(0.3%C 钢,ϕ44 mm,加热至 700 ℃,
整体浸入冰水冷却到 0 ℃,室温测定应力)

图 7-3　棒状工件的淬火热应力
(0.3%C 钢,ϕ44 mm,加热至 700 ℃,
整体浸入冰水冷却至 0 ℃,室温测定应力)

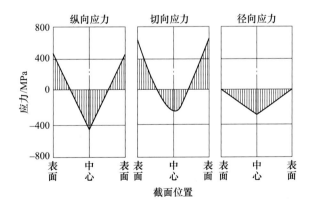

图 7-4　棒状工件的淬火组织应力
(Fe-16Ni,ϕ50 mm,加热至 300 ℃,整体浸入冰水冷却至 0 ℃,室温测定应力)

的加热、冷却工艺（如图题后括号中的说明）。试件在浸冷时，外圈可参考图7-1（a）中的Ⅱ，心部则相当于Ⅰ。热应力测定结果与图7-1（c）（τ_3）相一致。运用相似的推理，不难理解切向和径向残留热应力的形成机制，该测定结果也证明了前面关于组织应力与热应力相反的推断。

7.2　高应力线缺陷——螺纹钢冒料出现的高应力线异常组织

螺纹钢在轧制中出现冒料现象，取冒料试样，经金相检查，发现很多异常裂纹，分析认为异常裂纹为高应力线异常组织有关，如图7-5～图7-16所示。

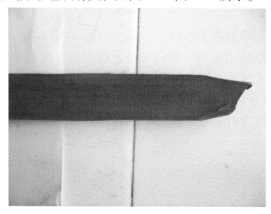

图 7-5　螺纹钢冒料头部形貌

图 7-6　螺纹钢冒料断裂形貌

图 7-7　残留在轧机里脆裂螺纹钢形貌

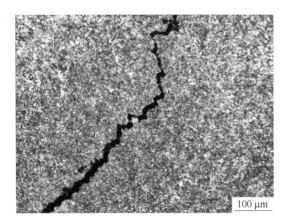

图 7-8 冒料后出现的淬火沿晶裂纹金相形貌

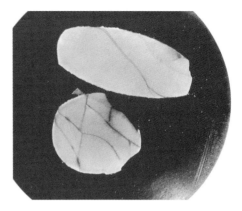

图 7-9 开裂试样浸蚀后出现网状和
单一条形裂纹形貌

图 7-10 无缺陷试样浸蚀后的对称
网状条纹金相形貌

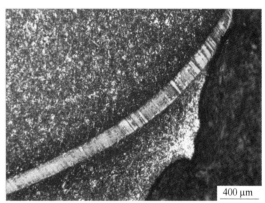

图 7-11 高应力条纹金相放大像

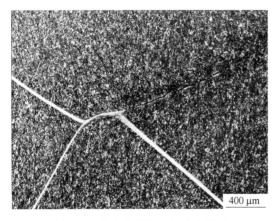

图 7-12 高应力条纹金相放大像及
淬火沿晶裂纹形貌

图 7-13 在高应力条纹中的淬火
沿晶裂纹金相形貌

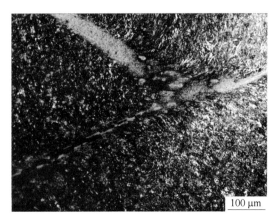

<table>
<tr><td>图 7-14　在高应力条纹中的淬火沿晶裂纹金相形貌</td><td>图 7-15　在高应力条纹中的淬火沿晶裂纹金相形貌</td></tr>
</table>

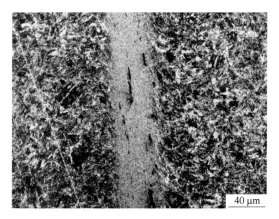

图 7-16　在高应力条纹中的细小裂纹金相形貌

　　分析判断：螺纹钢在轧制时受切向力的作用，在钢基体中形成高应力条状线异常组织。高应力线导致沿晶裂纹的产生。

7.3　钢材的内应力缺陷——ϕ15 mm SWRH82B 高碳钢盘条拉伸脆性黑斑异常断口分析

　　SWRH82B 高碳钢盘条是生产钢绞线的特色产品，通常采用高速线材生产线生产，可用于拉拔生产钢丝和钢绞线。在 SWRH82B 高碳钢盘条生产检测中，经常发现刚生产的高碳钢盘条在进行拉伸试验时产生脆性黑斑异常断口，断口平直，几乎没有塑性变形，收缩率偏低，难以满足生产的要求。另外，盘条在拉拔过程中也常出现断线、断丝的现象，严重时将使生产无法进行，给产品质量和生产效率带来严重影响。SWRH82B 高碳钢盘条作为预应力钢丝的坯料，其化学成分偏析、气体含量、显微组织和力学性能成为影响 SWRH82B 高碳钢盘条拉拔性能的主要因素。在生产过程中，若钢丝的拉拔性能达不到要求，则要追查 SWRH82B 高碳钢盘条的质量，或 SWRH82B 高碳钢连铸坯的冶金质量，检测坯料的化学成分、非金属夹杂、显微组织和力学性能。根据国内外文献资料报道，盘条在拉拔过程中断丝与其内应力、氢气、表面缺陷及内部缺陷、化学成分不稳定和内部组织不正常有关。

SWRH82B 高碳钢盘条产生拉伸脆性黑斑异常断口，并不是鲜为人知的疑难问题，过去和现在，在很多国内同行企业，都存在类似的问题。在长期的生产和使用中，上下游企业已经摸索出 SWRH82B 高碳钢盘条的一些性能规律，如当 SWRH82B 高碳钢盘条放置一段时间后，或经低温人工时效处理，断面收缩率会有较大提高，而强度变化不大，可用于拉丝生产，即所谓的高碳钢时效现象。同时还发现，各个生产厂家生产的高碳钢盘条，在不同季节所需要的时效时间并不相同，夏季时效时间相对较短，而冬季时效时间相对较长。由于生产的高碳钢盘条需经时效后才能用于拉丝生产，因此该现象对产品质量的稳定性、资金的周转和产品的使用很不利，会提高了相关厂家生产成本。因此，对高碳钢盘条的时效规律进行研究是十分重要的。本节通过对 SWRH82B 高碳钢盘条拉伸脆性黑斑异常断口进行时效处理试验，并分析其形成原因，提出了避免产生坯料拉伸脆性黑斑异常断口和拉拔出现断丝现象的建议措施。

实验方案：

（1）试验材料。采用拉伸试验中出现的 6 支 12 个 φ15 mm SWRH82B 高碳钢拉伸脆性黑斑异常断口（炉号 OB-0544）试样，将部分剩余断裂试样重新拉断，得到拉伸脆性黑斑异常断口。

（2）断口的宏观观察和组织、成分、气体分析。截取拉伸脆性黑斑异常断口试样，分别用光学显微镜、体视显微镜和扫描电镜进行宏观特征观察，分析其化学成分和气体含量。

（3）时效处理试验。将部分产生拉伸脆性黑斑异常断口试样经 300 ℃保温 2 h 时效处理后进行拉伸试验。

（4）扫描电镜断口观察及夹杂物 X 射线能谱仪成分分析。应用金相显微镜、体视显微镜、扫描电子显微镜及 X 射线能谱仪对 12 个脆性黑斑异常断口进行微观观察和研究，了解脆性黑斑异常断口的断裂机制，全面显示了异常断口上的显微空洞、二次裂纹、夹杂物等冶金缺陷，并对夹杂物形貌、尺寸、成分、分布及夹杂物类型的定性、定量进行观察与分析。

试验结果与分析：

（1）拉伸试验结果。从表 7-1 可以看出，荣钢生产的 φ15 mm SWRH82B 高碳钢异常断口抗拉强度符合 YB/T 146—1998 标准规定值，但面缩 $Z(\%)$ 低于标准规定值（≥25.0），平均为 18%。该钢化学成分符合 GB/T 222—2016 规定标准，气体含量小于规定值，但钢中全 Al 和酸溶铝含量低于标准规定值。

表 7-1　异常断口拉伸试验结果

炉　号	钢种	规格/mm	R_m/MPa	A/%	Z/%
OB-0544	SWRH82B	15.0	1150	10.0	20.0
OB-0544	SWRH82B	15.0	1150	9.5	17.0
YB/T 146—1998			1060		25.0

（2）金相高倍检查结果表明，断裂显微组织为热轧钢的典型组织：索氏体+少量珠光体，见图 7-17。

（3）拉伸脆性黑斑异常断口的宏观形貌见图 7-18~图 7-22。将已经拉断的试样重新拉

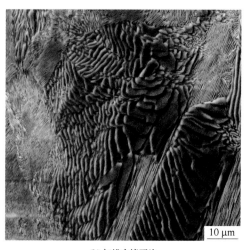

20 μm　　　　　　　　　　10 μm

(a) 金相照片(×1000), 索氏体(灰色)+少量　　　　(b) 扫描电镜照片
珠光体(白色), 索氏体化率为80%左右

图 7-17　断裂试样显微组织

断, 露出新的断口, 新断口离原始断口的距离约 7 cm。新断口仍然有黑斑, 不过黑斑已经由边部移到了断口的中心部位, 其面积也扩大了。这说明黑斑在试样的一定长度内是连续贯通的, 可能随着金属变形而被拉长。

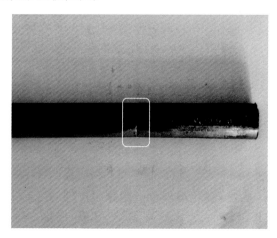

图 7-18　拉伸试棒断裂后断口处几乎没有塑性变形
（中间为断裂裂纹）

（4）拉伸脆性黑斑异常断口的微观形貌。通过使用扫描电子显微镜及 X 射线能谱仪对 6 对匹配脆性黑斑异常断口进行微观观察和研究, 结果表明, 拉伸断口属于脆性断裂, 断口平直, 几乎没有塑性变形, 每个断口中心或偏离中心处有一个黑斑, 黑斑尺寸在 2~3 mm 之间, 黑斑区断口有明显的二次裂纹, 见图 7-23; 黑斑与周围放射状裂纹扩展区有明显的边界, 见图 7-24; 两者的断裂机制不同, 黑斑为解理+韧窝混合断裂, 见图 7-25; 周围放射状裂纹扩展区为扇形解理断裂, 见图 7-26 和图 7-27。黑斑的解理+韧窝混合断口由于韧窝对光的吸收作用, 肉眼呈现黑色斑点。而扇形解理断口对光有较强的反射作用, 肉眼呈现较亮的颜色。

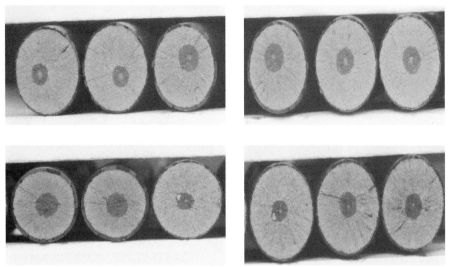

图 7-19　拉伸试棒断裂后横向断口

（断裂面平直，几乎没有塑性变形，中间或偏离中间有一个圆形黑色区，简称黑斑）

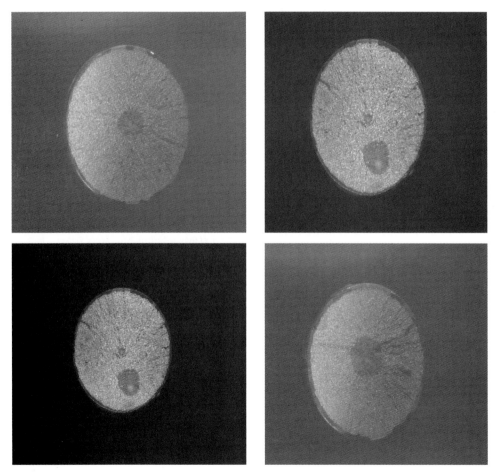

图 7-20　断口的体视显微镜宏观形貌

（图中显示黑斑为裂纹源，黑斑中有一个白色斑点，周围白亮区呈现放射状，是裂纹扩展区）

图 7-21　黑斑的扫描电镜宏观形貌 1

（中间圆状区对应体视显微镜宏观照片的黑斑，
黑斑中心有一微坑，周围为放射状裂纹扩展区，
黑斑与裂纹扩展区有明显的边界）

图 7-22　黑斑的扫描电镜宏观形貌 2

（中间圆状区对应体视显微镜宏观照片的黑斑，
黑斑中心有一颗 DS 类夹杂物，周围为放射状
裂纹扩展区，黑斑与裂纹扩展区有明显的边界）

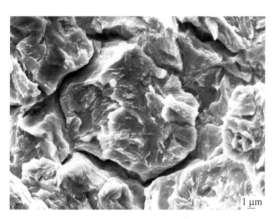

图 7-23　黑斑区断口有明显的沿晶
二次裂纹的扫描电镜形貌

图 7-24　黑斑与周围放射状裂纹扩展区
有明显的边界

（对角线左侧为黑斑区，右侧为裂纹扩展区）

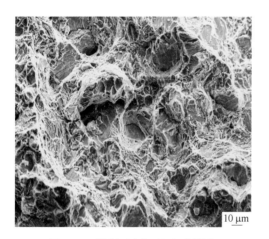

图 7-25　黑斑区为解理+韧窝混合
断裂扫描电镜形貌

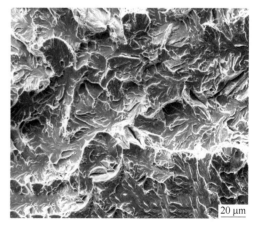

图 7-26　黑斑周围放射状裂纹扩展区为扇形
解理断裂扫描电镜形貌

　　黑斑区密集分布的夹杂物的扫描电镜形貌见图 7-28。由图中可看出，黑斑区的夹杂物明显多于周围裂纹扩展区的夹杂物，观察到的夹杂物主要有 A 类硫化物、B 类 FeO 球形氧化物、D 类（小于 13 μm）CaO·Al$_2$O$_3$ 铝酸钙球状氧化物、大颗粒以 CaO·Al$_2$O$_3$ 铝酸钙为主的 DS 复合夹杂物四种类型。

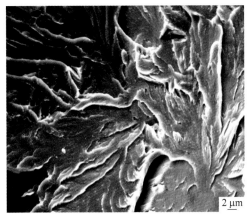
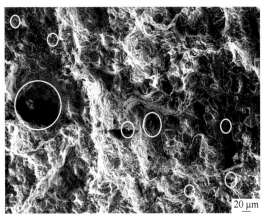

图 7-27　图 7-26 扇形解理断裂的　　　　　　　图 7-28　黑斑区密集分布的夹杂物的
　　　　局部扫描电镜放大像　　　　　　　　　　　　　　扫描电镜形貌

黑斑区的显微孔穴见图 7-29。

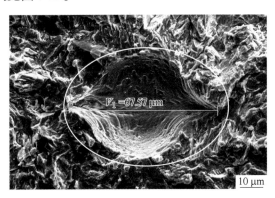

图 7-29　连铸坯中心缩孔或疏松在轧制中没有轧合残留的显微孔穴扫描电镜形貌
（孔尺寸最大达到 140 μm，孔壁有光滑的自由表面和塑性变形特征）

　　（5）时效试验。将剩余试样经 300 ℃ 保温 2 h 时效处理后进行拉伸试验，圆形黑斑消失，解理断口变为韧性韧窝断口，强度没有多大变化，面缩值提高到 25%。该试样中的各类夹杂物级别均小于 1.5 级，属于标准控制范围，观察到的 DS 类夹杂物只是极个别现象。

　　高碳钢盘条通过轧后快冷来获得索氏体组织，使得 ϕ15 mm 盘条因直径较大而产生了较大的内应力。时效使内应力得到释放，因而盘条的断面收缩率均有明显上升。

　　氢在奥氏体组织中的溶解度很高，而在常温下珠光体中溶解度较低，因此，高碳钢在高温轧制过程中，氢均匀分布于盘条内部，轧后快速冷却到室温，氢在钢中过饱和而没有时间进行扩散。Johnston 和 Hirth 认为携带氢气团的异号位错对消后，氢原子被倾泻出来，与此同时氢原子也要扩散出去；Nair 等人进一步认为氢只倾泻在陷阱处，例如连铸坯缩孔和疏松在轧制后留下的残余显微孔洞，大颗粒夹杂物与基体的间隙（图 7-29）。有试验表明，盘条自然时效 1 天后，由于材料内应力的释放，溶解在原来存在应力区域的氢被释放出来，大部分氢逐渐向体外扩散，表现为时效 1 天后，氢含量降低速度较快。另一部分则偏聚于缺陷处，造成较大的内应力，导致材料发生一定程度的脆化，表现为时效进行到第 2 天时抗拉强度和断面收缩率均有一定程度的降低。随着时效时间的延长，材料内部氢的陷阱逐渐增加，偏聚的部分氢扩散至新产生的陷阱处，应力集中程度降低，表现为盘条的力学性能逐渐上升；当扩散达到平衡后，力学性能也就稳定下来了。珠光体钢中氢促进裂纹形成的微观模型认为材料内部缺陷周围易聚集氢，导致材料内部形成微裂纹而脆化。从拉伸断口形貌上可以看到，时效进行到第 2 天时，拉伸断口的纤维区颜色较浅，有一明显黑斑；当时效进行 4 天以后，黑斑变浅消失，说明经过一段时间的时效后，氢逐渐扩散到其他陷阱中或扩散出体外。当时效时间达到 12 天后，盘条的力学性能趋于稳定，可以认为，材料的缺陷周围易聚集较多的氢，需经过较长时间才能充分扩散。说明时效时间与盘条的直径密切有关，直径越大氢扩散出体外需要的时间越长，即需要的时效时间越长。

结论及建议：

（1）φ15 mm SWRH82B 高碳钢盘条拉伸脆性黑斑异常断口中，黑斑区为韧窝+解理混合断裂对光的吸收作用，使该区呈现较深的颜色。经 300 ℃保温 2 h 时效处理后圆形黑斑消失，并提高断面收缩率。大颗粒夹杂物和显微孔洞对光的反射使该区呈现一个白色的斑点。

（2）由于夹杂物和显微孔洞与钢基体存在间隙，成为氢积聚的陷阱，造成较大的内应力，导致材料发生一定程度的脆化。

（3）黑斑区的夹杂物明显多于周围裂纹扩展区的夹杂物，主要有 A 类硫化物、B 类 FeO 球形氧化物、D 类（小于 13 μm）CaO·Al_2O_3 铝酸钙球状氧化物、大颗粒以 CaO·Al_2O_3 铝酸钙为主的 DS 复合夹杂物四种类型。

（4）试样经 300 ℃保温 2 h 时效处理，再进行拉伸试验，圆形黑斑消失，解理断口变为韧性韧窝断口，强度没有多大变化，面缩值提高到 25%。

（5）建议 SWRH82B 高碳钢盘条生产后对其进行自然时效，使轧制过程中产生的内应力释放和材料中的氢能够重新分布与扩散。

7.4　局部高应力缺陷——阀座局部高应力缺陷导致断裂失效分析

阀座材料采用 GCr15 钢淬火低温回火处理，试验环境为燃油压力 120~180 MPa，在小于 100 h（800 r/min）发生断裂，图 7-30 为失效断口及切割后形貌，断口试样在经超声波清洗后进行扫描电镜观察。微观特征形貌见图 7-31~图 7-38。

分析判断：

（1）断口宏观呈现瓷状断裂特征，表面平整，无明显塑性变形。

（2）裂纹源发生在阀座倒角附近 0.5 mm 处，在裂纹源区观察到应力断裂特征，源区表面较光滑，并在其表面处观察到一显微裂纹与表面相通。

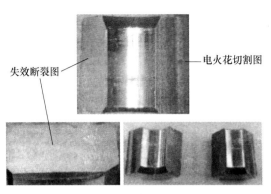

图 7-30 阀座失效断口及切割后形貌

图 7-31 裂纹源发生在阀座倒角
附近 0.5 mm 处的扫描电镜形貌

图 7-32 裂纹源与表面匹配关系
扫描电镜形貌

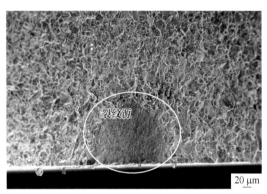

图 7-33 大半圆形裂纹源扫描电镜形貌
（具有高应力断裂特征）

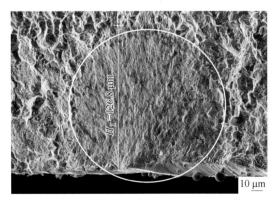

图 7-34 裂纹源扫描电镜放大像
（表面光滑，具有应力断裂特征，高度为 126.8 μm）

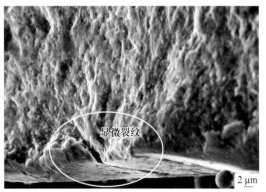

图 7-35 裂纹源局部扫描电镜放大像
（在其表面处有一显微裂纹与表面相通）

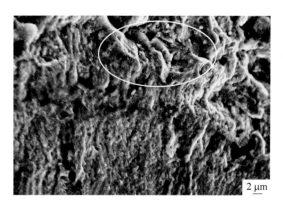

图 7-36　裂纹源上部与裂纹扩展区交界处断裂扫描电镜形貌

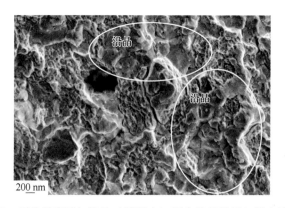

图 7-37　裂纹沿穿晶与沿晶（黑圈内）混合路径扩展扫描电镜形貌

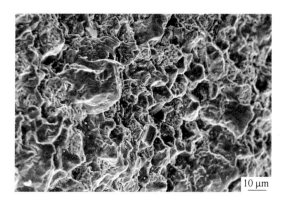

图 7-38　裂纹沿穿晶与沿晶混合路径疲劳扩展扫描电镜形貌

　　（3）裂纹沿穿晶与沿晶混合路径疲劳扩展。

　　（4）该阀座断裂为疲劳断裂失效，裂纹源呈现高应力断裂特征，在其表面处有一显微裂纹与表面相通，显微裂纹的存在极易引起应力集中而使应力分布不均匀，即造成三向拉应力状态，局部高应力及表面显微裂纹是在燃油压力作用下导致阀座脆性断裂的直接原因。

　　各种应力集中起裂断口形貌见图 7-39～图 7-58。

图 7-39　偏中心马氏体组织
高应力区断口形貌

图 7-40　图 7-39 的放大像
（棒材偏中心马氏体组织应力导致的应力
脆性断裂扫描电镜形貌）

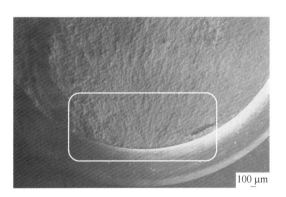

图 7-41　下弧浅表面高应力区断口
扫描电镜形貌

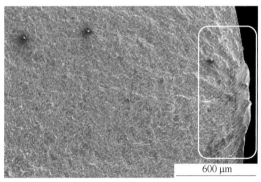

图 7-42　表面耳子或凸起高应力
起裂断口扫描电镜形貌

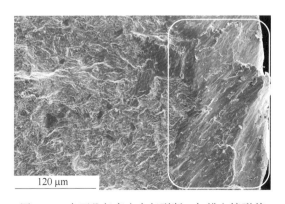

图 7-43　表面凸起高应力起裂断口扫描电镜形貌

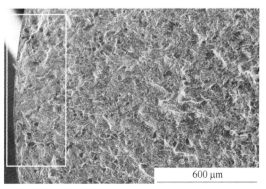

图 7-44　表面应力集中起裂断口扫描电镜形貌 1

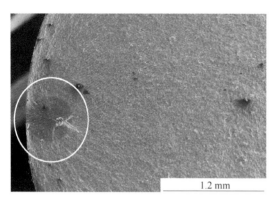

1.2 mm

图 7-45　表面应力集中起裂断口扫描电镜形貌 2

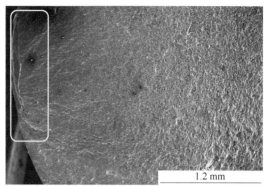

1.2 mm

图 7-46　表面应力集中起裂断口扫描电镜形貌 3

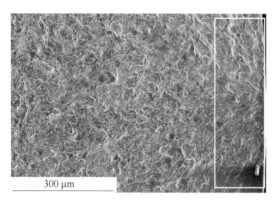

300 μm

图 7-47　表面应力集中起裂断口扫描电镜形貌 4

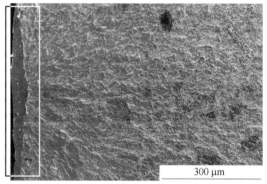

300 μm

图 7-48　表面应力集中起裂断口扫描电镜形貌 5

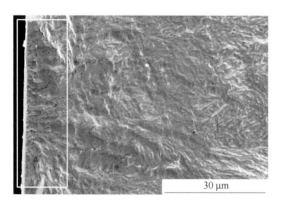

30 μm

图 7-49　表面应力集中起裂断口扫描电镜形貌 6

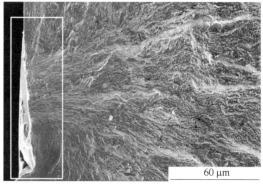

60 μm

图 7-50　表面刀痕高应力起裂断口扫描电镜形貌

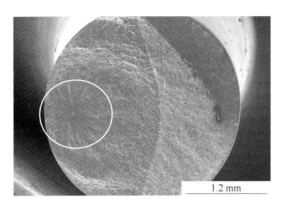

图 7-51　浅表面应力集中起裂断口扫描电镜形貌 1

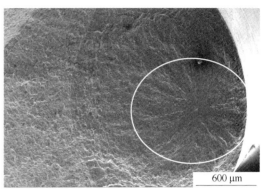

图 7-52　浅表面应力集中起裂断口扫描电镜形貌 2

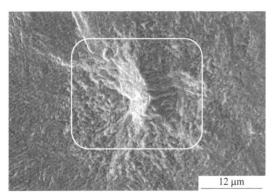

图 7-53　高应力基体起裂断口扫描电镜形貌

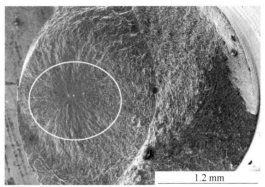

图 7-54　浅表面应力集中起裂断口扫描电镜形貌 3

图 7-55　高应力淬火裂纹扫描电镜形貌 1

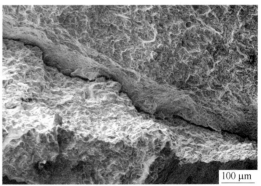

图 7-56　高应力淬火裂纹扫描电镜形貌 2

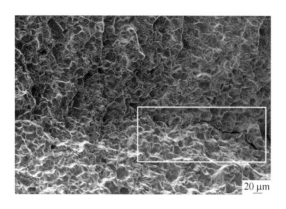

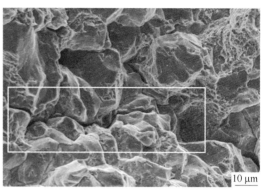

图 7-57　图 7-56 高应力淬火裂纹沿晶断裂　　　　图 7-58　图 7-56 高应力淬火裂纹沿晶断裂
扫描电镜形貌 1　　　　　　　　　　　　　　　　扫描电镜放大形貌 2

7.5　70Cr3Mo 钢支承辊热处理断裂原因分析

两件 70Cr3Mo 钢支承辊（φ1360 mm×4880 mm，单重 29.15 t）采用电炉双真空冶炼，8000 t 水压机锻造成型，经锻后退火、粗车，调质处理，精加工后，进行热处理，热处理为台车炉快速加热淬火、电炉回火。调质工艺为：880 ℃油淬，560 ℃回火；最后热处理工艺为：950 ℃×6 h 喷冷淬火，510 ℃×80 h 回火。处理后放置大约 5 天，由于辊身硬度偏高（要求 HS57~62，实测 HS66~69），拟装炉做二次回火；在入炉约 2 h 炉温刚到达 280 ℃时，其中一件发生断裂（图 7-59 和图 7-60）。

图 7-59　令人震惊的支承辊开裂　　　　　　　　图 7-60　在冒口一侧的次生裂纹

观察试验：

（1）断口观察。支承辊为横向脆性断裂，主断裂面基本在辊身纵向正中间。断口齐平，与轴线垂直。裂纹源在中心处，扩展区断口为结晶状，有明显放射状撕裂岭，面积较大。沿外圆瞬时破断区深约 100 mm，为瓷状断口，应为最终热处理淬硬层。从主裂纹上可见二次裂纹（图 7-61 和图 7-62）。

图 7-61　支承辊主断裂面
（结晶状及瓷状断口）

图 7-62　扩展区放射状撕裂岭指向裂纹源

（2）化学分析。经直读光谱分析，化学成分见表 7-2。

表 7-2　化学成分

元素	C	Si	Mn	P	S	Cr	Mo	Cu	Ni
实测成分/%	0.69	0.50	0.60	0.013	0.008	3.10	0.31	0.04	0.07
标准/%	0.60/0.75	0.40/0.70	0.50/0.80	≤0.025		2.00/3.50	0.25/0.60	≤0.25	

（3）金相组织。辊身基体高倍组织：显微组织为回火索氏体+碳化物（图 7-63）；部分晶粒较为粗大（约为 7 级），晶界有析出物（图 7-64）。

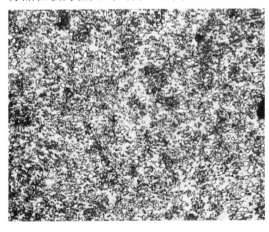

图 7-63　基体显微组织
（回火索氏体+碳化物，750×）

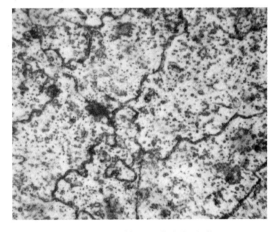

图 7-64　基体晶界存在析出物
（2000×，苦味酸腐蚀）

（4）淬硬层显微组织为定向回火屈氏体+未溶碳化物+少量残余奥氏体（图 7-65 和图 7-66）。

（5）淬硬层硬度梯度见图 7-67 中 HS-mm 关系曲线。

分析判断：众所周知，热处理导致开裂有两种基本类型：热应力型和组织应力型。对于热处理轴类件而言，由于单纯热应力或单纯组织应力导致的开裂有不同之处，如开裂发生时间不同（前者多在加热过程，后者多在冷却过程），断口方向不同（前者多为横向开

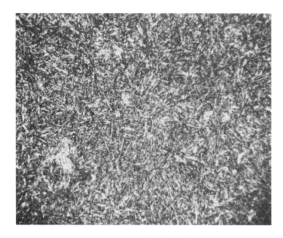

图 7-65　淬硬层组织

（可见原针状 M 形态，500×）

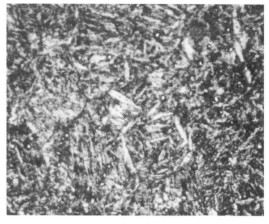

图 7-66　淬硬层组织

（明显针状 M 形貌）

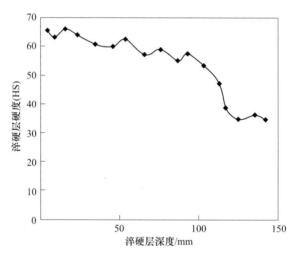

图 7-67　淬硬层 HS-mm 关系曲线

裂，后者多为纵向开裂）；二者的相同之处是两种开裂都是首先从低温区（未加热区或先行冷却区）起裂，或者说，两种开裂的裂纹源都在低温区（由于低熔点析出物在晶界析出所造成的热脆开裂除外）。这主要是因为，处在较高温度（≥500 ℃）下的材料对于一定大小的应力具有足够的协调能力，可以通过自身形变使应力得到松弛、变向或消溶；而温度较低的材料不具备这种协调能力，一旦这些应力在低温区超过材料的允许应力值，便发生开裂。

　　该支承辊断裂的特点：从该支承辊的断裂方向（横向断裂）看似乎可以认为是热应力断裂。但是，从该辊断裂的时间看，发生于淬回火几天之后的二次回火开始 2 h，当时炉内温度刚刚到达 280 ℃，工件内外温差不过 200 ℃，完全不具备造成热应力断裂的条件；而从淬硬层的显微组织（表现为马氏体针状形态的定向屈氏体+未溶碳化物+少量残余奥氏体），可以看出热处理组织应力在这里的重要作用。经过一次回火仍然显现出来的粗大马氏体形态的组织（定向屈氏体）和少量残余奥氏体，表明最后热处理淬火温度偏高。恰恰是这些残余奥氏体（开始不是少量！），在一次回火后的长时间低温（冬季车间内温度应低于 10 ℃，时间超过 100 h）放置过程中发生了转变，因而使辊身中心承受巨大的拉应力。这显然是残余奥氏体向马氏体转变体积膨大所引发的组织应力。这种工件在长期放置过程中由于组织应力导致的开裂，就是一般所谓的"置裂"，也称"时效开裂"。显而易见，该支承辊开裂是组织应力与热应力叠加，两种应力共同作用的结果；而其中组织应力应当起主导作用。所以，这种"置裂"，其实质是组织应力导致的一种热应力型断裂。

　　关于显微组织，辊身基体较为粗大的晶粒以及晶界上明显的析出物，将会消弱基体强度，增加材料脆性，使工件更容易发生脆性断裂。尤其晶界上明显的析出物，会破坏材料的连续性，使材料在一定的应力作用下，表现更加脆弱，开裂的敏感性明显增大。淬硬层定向回火屈氏体的粗大针状形貌，明确反映了回火之前淬火马氏体的形态。不言而喻，如此粗大的针状马氏体会使材料脆性增加，易于发生开裂；同时，与粗大针状马氏体相伴而生的残余奥氏体，不仅影响淬火效果，使非马氏体相变产物增加，而且在之后的低温情况下会诱发意外的应力变化，引发变形或者开裂。当然，客观地讲，对于类似该支承辊这样的大型工件而言，材料内部存在某些冶金方面的原始缺陷，或者在热加工过程中由于工艺失当而产生某些后天缺陷，都是正常、难免的，问题在于这些缺陷的量和严重程度。根据高倍检测结果，有理由确认，调质处理的组织缺陷为该辊开裂的发生奠定了基础，而最后热处理工艺的失当则启动了这一开裂。

　　关于淬硬层深度，对于各种轧辊（冷、热轧辊或支承辊），如何提高其淬硬层深度，历来是备受关注的热门话题之一。根据有关接触疲劳理论，低于一定淬硬层深度的轧辊（尤其是冷轧工作辊）不能上机使用；只有达到或超过（考虑磨削量）这个深度才能上机。但是，事情都有其二重性，轧辊淬硬层深度常常是一把双刃剑。例如 70Cr3Mo 钢支承辊的情况，按一般标准或规范推论，此辊淬硬层深度达到 60 mm 即可满足使用要求，100 mm 的淬层深度理论上是好的，但必须是正常的热处理效果才行。由于最后热处理加热温度偏高，淬火残余奥氏体量较大，该辊后来在放置过程中发生马氏体转变，产生组织应力而导致开裂，且淬硬层深度越深，相应组织应力就越大，开裂也越容易发生。

　　关于淬火温度与残余奥氏体量，对于中高碳合金钢而言，提高淬火温度将导致残余奥氏体量增多。资料表明，对于一定的原始组织而言，提高奥氏体化温度或延长奥氏体化时间，将促使碳化物溶解、成分均匀和奥氏体晶粒长大，使奥氏体等温转变曲线右移，从而造成奥氏体稳定性增加，淬火之后残余奥氏体量增多。而这些残余奥氏体的转变或消除是较为困难的，通过一次回火根本不能完全消除，有时要经过多次回火甚至经过长时间低温处理，才可以做到基本转变或大部消除。因此，大型高碳合金钢轴（辊）类锻件在最后热处理之后，如果工件表层保留一定量的残余奥氏体，在随后的长时间低温放置过程中，发生"置裂"的可能性将是相当大的，尤其是在热处理不当导致辊体和淬层组织异常时更甚。同时，从热处理工艺方面讲，偏高的淬火加热温度会造成淬硬层针状马氏体粗大，这也是导致轧辊类工件产生剥落的重要原因之一。

　　结论：

　　（1）此 70Cr3Mo 钢支承辊实为组织应力导致的热应力型断裂，属于"置裂"类型。断裂的直接原因是工件内部组织应力和二次回火热应力叠加的结果。

　　（2）产生断裂的主要原因是最后热处理加热温度偏高，淬硬层马氏体粗大而且保留较多残余奥氏体，残余奥氏体在放置过程中发生组织转变，心部巨大的组织拉应力导致发生开裂。

（3）调质处理造成辊体晶粒较为粗大，部分晶界有析出物产生，也是造成支承辊开裂的重要原因。

建议：

（1）修订调质工艺，防止辊体产生粗大晶粒和晶界析出物。

（2）最后热处理采用异炉倒炉的"差温"加热法代替同炉快速加热法，以便收到更好的热处理效果。

（3）适当降低最后热处理淬火加热温度，淬火时适当预冷。

（4）采取两次回火，第一次回火可考虑空冷。

7.6　QT650-3 球铁曲轴主轴油道孔磨削裂纹分析

QT650-3 球铁曲轴主轴是柴油机的主要零部件，该轴经过铸造和精加工后，在磁力探伤过程中，在主轴油道孔与斜面交角处发现一条锯齿状磨削裂纹，裂纹深度为 0.2 ~ 0.5 mm，最深为 0.6~1 mm，见图 7-68。为对磨削裂纹的性质进行分析鉴定，试样用扫描电镜及 X 射线能谱仪进行金相及断口观察与分析，分析结果如下。

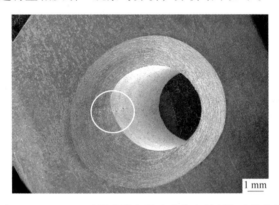

图 7-68　QT650-3 球铁曲轴主轴油道孔磨削裂纹试样全貌

（1）磨削裂纹高倍形貌见图 7-69 和图 7-70。

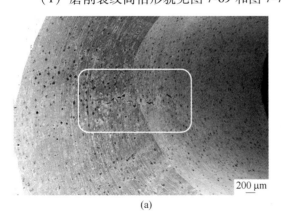

(a)	(b)

图 7-69　QT650-3 球铁曲轴主轴油道孔磨削裂纹扫描电镜形貌

（图 (b) 为磨削裂纹扫描电镜放大像）

（2）油道孔断口扫描电镜形貌见图7-71～图7-74。

（3）油道孔断口中夹杂物扫描电镜形貌见图7-75～图7-77。

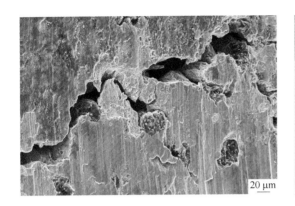

图7-70　QT650-3球铁曲轴主轴油道孔磨削裂纹
沿晶扩展扫描电镜形貌

图7-71　QT650-3球铁曲轴主轴油道孔人造断口
及油孔表面扫描电镜形貌

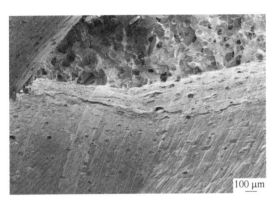

图7-72　QT650-3球铁曲轴主轴油道孔人造断口及
油孔磨削裂纹表面扫描电镜形貌

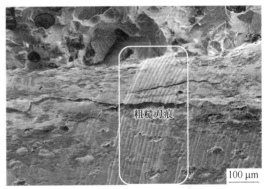

图7-73　QT650-3球铁曲轴主轴油道孔磨削
裂纹处粗糙刀痕扫描电镜形貌

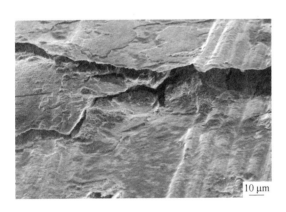

图7-74　QT650-3球铁曲轴主轴油道孔磨
削裂纹沿晶扩展扫描电镜形貌

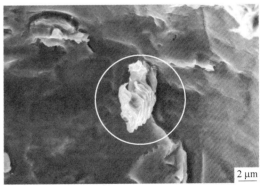

图7-75　QT650-3球铁曲轴主轴油道孔磨削裂纹
断口中夹杂物的扫描电镜形貌

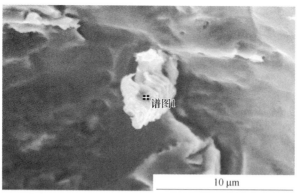

元素	重量百分比/%
C	27.03
Si	2.58
Mn	0.34
Fe	70.05
总量	100.00

图 7-76　QT650-3 球铁曲轴主轴油道孔磨削裂纹断口中夹杂物扫描电镜形貌及 X 射线定量分析结果

（含有 C、Si、Mn、Fe 的夹杂物）

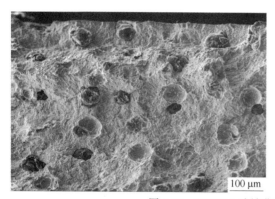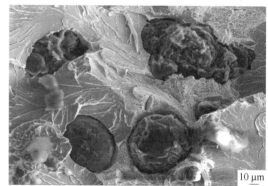

图 7-77　QT650-3 球铁曲轴断口组织扫描电镜形貌

　　分析判断：图 7-72 显示裂纹与砂轮走向呈垂直方向，在裂纹处的刀痕十分粗糙，通过宏观和微观观察与分析，确认属于油道孔表面磨削裂纹。磨削裂纹的产生会严重影响曲轴的使用性能，将导致曲轴断裂破坏，只能报废。

　　扫描电镜观察分析认为，磨削裂纹具有以下特征：

　　（1）磨削裂纹与一般淬火裂纹明显不同，磨削裂纹只发生在磨削面，深度较浅，且深度基本一致。

　　（2）图 7-73 证明磨削裂纹基本垂直于磨削方向。

　　（3）在扫描电镜下观察磨削裂纹呈锯齿状，沿晶扩展。

　　（4）图 7-74 表明磨削裂纹处的粗糙刀痕十分严重，因此该处的磨削热高于其他区域，二次淬火现象更加明显。

　　分析认为，以下几个因素导致了磨削裂纹的产生：

　　（1）由于磨削时零件表面的温度可能高达 820～840 ℃或更高，所以磨削裂纹的产生通常是由磨削热引起。淬火时产生的残留奥氏体在磨削时受磨削热影响发生分解，逐渐转变为马氏体，这种新生的马氏体集中于表面，引起零件局部体积膨胀，加大了零件表面应力，导致磨削应力集中，继续磨削则容易加速磨削裂纹的产生。

　　（2）如果在磨削时冷却不充分，磨削产生的热量足以使磨削表面薄层重新奥氏体化，随后再次淬火成为淬火马氏体，通常称为二次淬火。因而使表面层产生附加的组织应力，再加上磨削形成的热量使零件表面的温度升高极快，当这种组织应力和热应力的叠加超过材料的强度极限时，被磨削的表面就会出现磨削裂纹。

7.7　马氏体组织应力裂纹——SWRH82B 钢热轧盘圆堆钢水冷淬火裂纹分析

高性能 SWRH82B 钢盘条，是生产高强度低松弛预应力钢丝、钢绞线的重要原材料；预应力钢丝、钢绞线是国际上近年来发展速度较快的一种材料，主要用于大跨距桥梁、高速公路、城市立交桥、铁路、高层建筑等重要工程，是金属线材深加工精品。该钢在热轧到 12.5 mm 时发生堆钢，盘条窜出轨道后被冷却水喷淋，相当于淬火，这批发生堆钢的盘条由于水冷产生裂纹，本节对产生裂纹的盘条取样，并进行金相组织和断口的扫描电镜观察，观察与分析结果如下：

（1）金相组织观察。图 7-78 是 SWRH82B 钢热轧发生堆钢水冷形成的片状马氏体组织形貌。片状马氏体形成时一般不穿过奥氏体晶界，而后形成的马氏体又不能穿过先形成的马氏体，所以越是后形成的马氏体片，其尺寸越小。因此，在显微镜下，可以在同一视场中看到许多长短不一且互成一定角度分布的马氏体片。显然，粗大的奥氏体晶粒会获得粗大的片状马氏体，使力学性能降低。一般共析碳钢和过共析碳钢在正常加热温度下淬火时，马氏体片是非常细小的。在光学显微镜下看不清其形态的马氏体，称为隐针马氏体。在显微镜下观察到的淬火开裂，主要是沿晶开裂（黑线），少部分是穿晶开裂；有的呈放射状，也有的呈单独线条状或呈网状（图 7-79）。

图 7-78　SWRH82B 钢热轧堆钢水冷形成的　　　图 7-79　SWRH82B 钢热轧堆钢马氏体及沿晶淬火
　　　　　马氏体组织扫描电镜形貌　　　　　　　　　　　　裂纹（沿晶黑条）扫描电镜形貌

（2）断口显微观察电镜形貌见图 7-80~图 7-84。

分析判断：

（1）SWRH82B 钢热轧堆钢水冷形成片状隐晶马氏体组织，隐晶马氏体组织自回火现象很弱，试剂浸蚀时不易受蚀，因此，针状（片状）马氏体比 M 板来得明亮。隐晶马氏体组织为体心正方结构：在碳钢中是 C 溶于 α-Fe 中的过饱和固溶体；在合金钢中是 C 和 Me 溶于 α-Fe 中的过饱和固溶体。马氏体的形态和性能取决于 M 中的 C 含量。

（2）因堆钢受水喷淋，在马氏体转变区冷却过快而导致淬火裂纹发生。因堆钢时盘条温度较高引起的淬火裂纹大都是沿晶分布，裂纹尾端尖细，并呈现过热特征。

（3）SWRH82B 钢热轧堆钢属于偶然生产事故，但却是淬火裂纹的典型案例。

图 7-80　SWRH82B 钢热轧堆钢产生的沿晶
淬火裂纹断口扫描电镜形貌 1

（图中显示淬火裂纹主要是沿晶扩展，只有少数
晶粒穿晶，在晶粒间出现二次裂纹）

图 7-81　SWRH82B 钢热轧堆钢产生的沿晶淬
火裂纹断口扫描电镜形貌 2

（图中显示淬火裂纹主要是沿晶扩展，晶面光滑，
只有少数晶粒穿晶，在晶粒间出现二次裂纹）

图 7-82　SWRH82B 钢热轧堆钢产生的
沿晶淬火裂纹扫描电镜形貌

（图中显示淬火裂纹主要是沿晶扩展，晶面光滑，
只有少数晶粒穿晶，在晶粒间出现二次裂纹）

图 7-83　SWRH82B 钢热轧堆钢产生的
沿晶淬火裂纹形貌

（图中显示淬火裂纹主要是沿晶扩展，
晶面光滑，一颗晶粒摇摇欲坠）

图 7-84　SWRH82B 钢热轧堆钢产生的马氏体淬火裂纹沿晶石状断口扫描电镜形貌

8 成分偏析缺陷

成分偏析是由凝固或固态相变导致的合金中化学成分的不均匀分布。由凝固造成者称一次偏析，由固态相变产生者称二次偏析。按偏析分布的范围大小分为宏观偏析和微观偏析两大类；按其分布的特征分为晶内偏析、晶界偏析、枝晶偏析、胞晶偏析等；按偏析的稳定性来区分，分为平衡偏析和非平衡偏析等。

连铸坯的宏观偏析包括连铸坯的"V"形偏析、连铸坯中心点状偏析、连铸坯中心线偏析。

连铸坯的显微偏析包括连铸坯的树枝晶偏析、连铸坯的方形偏析（锭型偏析）、连铸坯的斑点状偏析、连铸坯的白亮带。

此外，还有连铸坯的重力偏析、晶界低熔点有害元素偏析、电渣钢的质点偏析等。

成分偏析可能导致钢板表面出现网纹状裂纹、连铸坯表面上出现严重的鱼鳞状或网纹状裂纹、钢板拉伸试验性能不合、钢带开卷时发生脆性断裂等质量问题。

本章重点介绍铜富集引起的板面裂纹、低熔点有害元素引起的裂纹、45Mn2 钢管管壁成分偏析带"亮线"缺陷、酸溶铝偏低导致的 ϕ11.5 mm 厚 Q235 钢热轧钢带钢冷卷变形横向开裂、35CrMoA 钢带状组织与板条成分偏析断口、3CrNiMo 电渣钢中的合金元素偏析及对钢机械性能的影响、磷偏析的检验、连铸坯及棒材低倍环状亮线偏析特征等成分偏析问题及其危害。

8.1 铜富集引起的板面微裂纹分析

采用无镀层铜结晶器生产的 16Mn 钢连铸板坯，轧制成中厚板后，板面经常出现一种微裂纹，裂纹具有沿轧向变形压扁的网络状特征，见图 8-1。在裂纹处取样，浅磨板面抛光后，裂纹呈网状分布的特征更加明显，见图 8-2。

图 8-1　板面裂纹宏观形貌

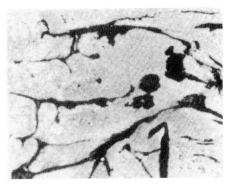

图 8-2　板面抛光下的裂纹形态

为了弄清这种表面裂纹是在哪个工序产生的，对同一炉 16Mn 钢的 68 块铸坯中的 10 块进行了表面修磨，另外 58 块不修磨，在同一种加热和轧制工艺下进行对比试验。试验结果表明，58 块未修磨试样只有 18 块表面无裂纹，其余 40 块均存在不同程度的表面裂纹；10 块进行表面修磨试样表面无裂纹。说明裂纹不是在加热过程中产生的，而是由连铸坯带来的。

用金相显微镜观察板面抛光面，裂纹呈网络状分布，其内镶嵌有氧化铁，周围有细密的高温氧化颗粒。试样经 4%硝酸酒精试剂浸蚀后，裂纹附近和延伸处可观察到一种浮凸的棕黄色富集相，这种富集相具有沿原奥氏体晶界分布特征，见图 8-3。

裂纹在纵向截面表层具有沿变形最大方向压扁的网络状特征，其附近和延伸处有明显的棕黄色富集相，见图 8-4。

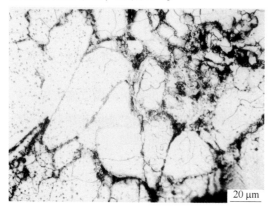

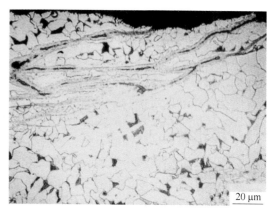

图 8-3　板面裂纹及富集相形貌　　　　　图 8-4　截面表层裂纹及富集相形貌

用电子探针对上述试样的棕黄色富集相进行成分分析，富集相含有铜元素，定量分析点中 $w(Cu)$ 为 2.00%~44.26%，而钢板正常部位分析点中却无铜元素的聚集，铜元素分布特征见图 8-5 和图 8-6。

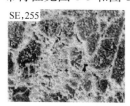
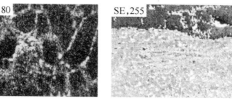

图 8-5　板面 X 射线 Cu 元素　　　　　图 8-6　截面表层 Cu 元素
　　　　　 X 射线面分布　　　　　　　　　　　 X 射线面分布

分析判断：从 16Mn 钢板裂纹的微观特征以及连铸坯表面修磨对比实验结果可以看出，板面微裂纹与 Cu 富集相密切相关。Cu 富集相是铜结晶器被连铸坯表面剥落所致。

8.2　晶界低熔点有害元素偏聚裂纹分析

某冶金企业几十吨的钢坯表面上出现严重的鱼鳞状或网纹状裂纹，外观上很容易误认为是过烧，见图 8-7，而同一炉的另一批钢坯却表面完好，显然这不是由过烧引起的，见

图 8-8。这批钢因裂纹严重以至于无法修磨继续轧制而中途报废，造成巨大经济损失。

图 8-7　由于锡、砷、锑、铅、铋等低熔点残余有色金属含量超量，
在钢坯出现的严重鱼鳞状或网纹状裂纹形貌

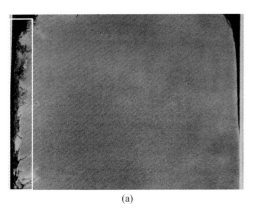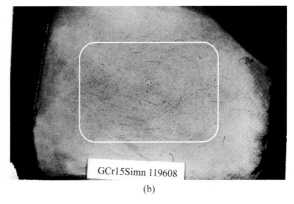

(a)　　　　　　　　　　　　　　　　(b)

图 8-8　在酸浸低倍试片上，锯齿状黑线是晶界上的锡、砷、锑、铅、铋等低熔点残余有色金属受酸
腐蚀所致(图(a)左侧)，图(b)是低熔点元素偏聚在晶界上产生的锯齿状沿晶断裂特征

　　某油田几千米的石油井钢管因发生射孔破裂，石油喷涌泄漏，造成重大损失。是什么原因使得在钢产生过程中和产品使用中发生如此严重的恶性事故，如何在生产中控制质量，做到好钢不报废，坏钢不出厂，这引起了冶金工作者的高度重视。化学分析和光谱分析证明，问题钢管中锡、砷、锑、铅、铋等低熔点残余有色金属的含量已经超过标准的100 倍。

　　裂纹微观特征形貌见图 8-9～图 8-12。

　　分析判断：从图 8-9～图 8-12 可以看出锡、砷、锑、铋的破坏作用机理。由于这些有害元素的熔点都低于 1000 ℃，在 500～600 ℃之间，而轧制的温度在 1200 ℃左右，所以在轧制的温度下它们处于熔融状态。大量的锡、砷、锑、铋等低熔点元素偏聚在晶界上，大大降低了晶界的强度，在轧制压力的作用下，造成"热脆"或回火脆现象，沿着晶界产生裂纹，裂纹的扩大就形成鱼鳞状或网纹状宏观裂纹。

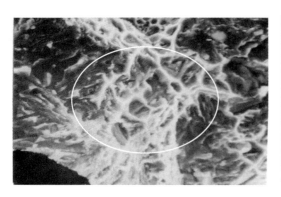

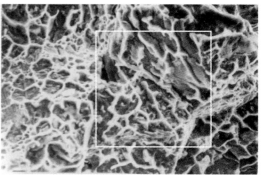

图 8-9　扫描电子显微镜下锡、砷、锑、
铅、铋在钢中存在的踪迹
(图中的白色网纹就是低熔点的这些有害元素
以熔融蜂窝状的形式偏聚在晶界上)

图 8-10　由钢中低熔点元素锡、砷、锑、铋
超标引起的脆性沿晶断裂扫描电镜形貌
(熔融状的低熔点元素锡、砷、锑、铋
以网状形式分布在晶界上)

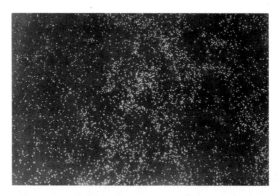

图 8-11　低熔点元素铅偏聚在晶界上产生蜂窝状熔融特征的 X 射线能量面分布

图 8-12　低熔点元素铅、锡、砷偏聚在晶界上产生蜂窝状熔融特征的 X 射线能谱图

　　有人称这些残余有色金属是钢产品癌症的元凶,因为它们在冶炼中不能脱除而被带入
成品钢材中。这类废钢的循环使用,形成一种恶性循环,就会发生半成品成批报废和结构
件失效的恶性事故。如何处理和管理这些残余有色金属元素超标的废钢已经成为世界性
难题。

8.3　锡铅锑焊料沿母材晶粒边界渗入导致的脆性沿晶断裂

锡铅锑焊料丝广泛应用于电子工业及电脑、移动通信、仪器仪表制造业、电器产品制造业、汽车工业和其他机器制造业等手工烙铁焊和自动机械焊中。在波峰中，实心焊锡丝可由自动进料器输入到熔焊料池中自动加料。锡铅锑焊料在焊接时无臭、无刺激气味、无飞溅，是一种焊接性能优越的环保型焊料。在一次锡铅锑焊接中发现，使用过程中焊件在热影响区发生脆断，断口呈结晶状，有闪光，见图 8-13~图 8-15。

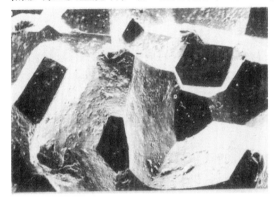

图 8-13　焊件热影响区脆性冰糖状沿晶断裂
扫描电镜特征
（焊件在热影响区发生脆性冰糖状沿晶断裂，
晶面光滑，晶粒十分粗大）

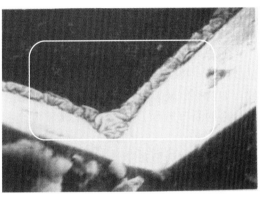

图 8-14　焊锡沿晶粒边界渗入并凝固在
晶界上的扫描电镜形貌

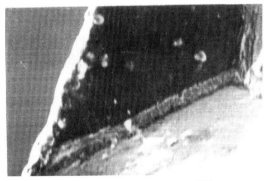

(a) 晶界表面极薄的呈银白色的膜形貌

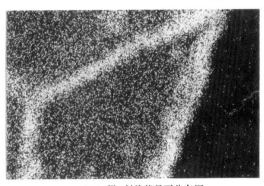

(b) Sn 锡 X 射线能量面分布图

(c) Pb 铅 X 射线能量面分布图

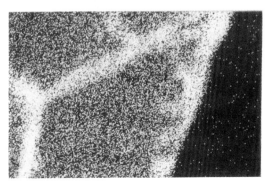

(d) Ti 锑 X 射线能量面分布图

图 8-15　锡、铅、锑渗入到母材晶界的形貌及 X 射线元素面分布

　　图 8-15 （b）~（d）是晶界上锡、铅、锑元素面分布图，白亮条带是由熔融的锡、铅、锑元素渗入晶界后并堆积形成，晶界面上的密集白点表明在晶界表面有一层极薄的呈银白色的锡、铅、锑膜。

　　分析判断：通过扫描电镜观察及对 X 射线元素面分布的分析，发现锡、铅、锑焊料在焊接时，在热影响区锡、铅、锑元素渗入到母材晶界，堆积成条并在整个晶界面形成一层极薄的呈银白色的膜。焊料锡、铅、锑沿晶粒边界渗入，极大弱化了晶界的强度，导致焊件发生脆性沿晶断裂。

8.4　锰硫偏析带——D36 船检拉伸不合分析

　　随着造船业的发展和造船技术水平的不断提高，对船用钢的质量等级要求越来越高。强度船板对拉伸试样的检测非常严格，要求试样断口不得有明显的分层，两侧不得有裂纹。如两侧出现裂纹，用户就会拒绝接收，这影响到生产厂的合格率。本节针对 D36 船检不合格的断口进行了扫描电镜、能谱和金相检测分析，以探求断口不合格的原因以及改进措施。

　　实验材料为 D36 船检不合格的拉伸断口，拉伸试样为板材原始厚度的横向试样，即试样拉伸方向垂直于轧制方向，断口表面平行于轧制方向。化学成分见表 8-1。

表 8-1　化学成分　　　　　　　　　　　　　（%）

C	Si	Mn	P	S	Nb	Ni	Ti
0.127	0.3952	1.3397	0.0122	0.0021	0.036	0.0109	0.0167

　　拉伸断口不合格的宏观照片见图 8-16。图中可以看到明显的分层，并且在两侧开裂，分层和开裂都位于试样的中心，即板厚的中心。利用扫描电镜对断口进行分析，发现分层部位的两侧主要为韧窝断裂（图 8-17）。而断口分层的地方主要为层状断裂，断裂的微观机理为准解理，见图 8-18。利用能谱对分层内夹杂物进行成分分析，发现其主要成分为MnS，见图 8-19。将断口进行酸洗，钢板中心存在明显的偏析带。

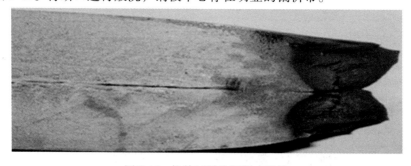

图 8-16　拉伸试样分层断口形貌

　　在拉伸试样上截取一个金相样品，对平行于断口的一面进行金相检查。组织为铁素体与珠光体，在心部处存在几条带状的贝氏体，见图 8-20。在带状的贝氏体中分布着条状的硫化物，见图 8-19。借助扫描电镜，将样品继续放大，发现样品还保留着一些微裂纹，而这些微裂纹都产生于贝氏体带夹杂物中，在微裂纹的旁边还有尺寸为 10~20 μm 的白色夹杂物，用能谱对其进行成分分析，发现夹杂物主要成分为 Nb(C,N) 和 Ti(C,N)（图 8-21）。

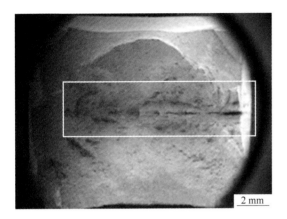

图 8-17　D36 船检不合格的断口
扫描电镜形貌

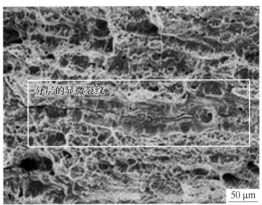

图 8-18　D36 船检不合格的断口
中心分层扫描电镜形貌

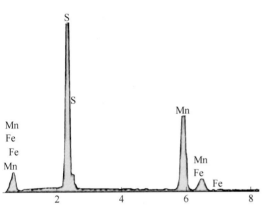

图 8-19　D36 船检不合格的断口中心分层内 MnS
硫化锰夹杂物 X 射线能谱图

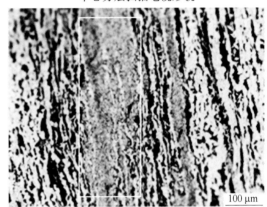

图 8-20　在心部处存在几条带状的
贝氏体组织扫描电镜形貌

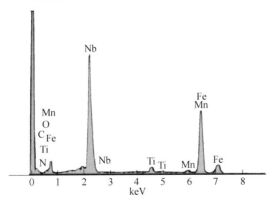

图 8-21　10~20 μm 白色第二相 Nb(C,N) 和 Ti(C,N)X 射线能谱图

对金相样品出现的贝氏体与正常珠光体与铁素体进行 X 射线能谱分析,分析结果见图
8-22 和图 8-23。由图可知,出现贝氏体的位置存在 Mn 的偏析。大块的 Ti 与 Nb 的夹杂物
主要集中在贝氏体带中（图 8-20）。

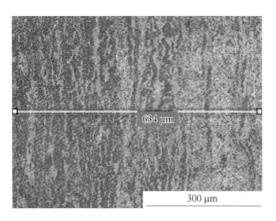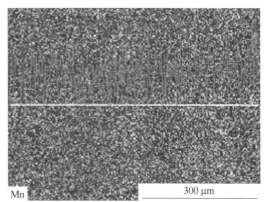

图 8-22　贝氏体带内 X 能谱 Mn 的 X 射线线扫描

图 8-23　贝氏体带内 X 能谱 Nb 和 Ti 的 X 射线元素面分布图

　　钢板断口的综合分析表明，钢板的心部存在严重的偏析带。连铸坯的偏析是钢水在凝固过程中流动传热与再分配的结果。目前解释中心偏析的形成机理主要有三种。阿尔拜尼的"小钢锭"凝固理论认为，中心偏析是由于铸坯凝固末期，未凝固富集偏析元素的钢液流动造成的。连铸坯的枝晶比较发达，凝固过程常有"搭桥"发生。方坯的末端液相穴窄尖，"搭桥"后钢液补缩受阻，形成"小钢锭"结构，因而周期性地出现偏析。偏析带中锰、硫等溶质元素含量高，铸态中的锰偏析在加热炉里很难消除，在轧制过程心部偏析被轧成带状，形成富锰带与贫锰带。在冷却过程中，先共析铁素体一般在贫锰带内形核、长大，形成铁素体带；将碳及锰等合金排至富锰带，而珠光体就在这富碳富锰带内形成，产生珠光体带，如果这富碳富锰带中锰等合金比较高，使过冷奥氏体稳定下来发生低温转变，则形成贝氏体带。

　　偏析带中硫、锰含量比较高，所以很容易形成硫化物夹杂，带中 C、Nb、Ti 等溶质元素含量也比较高，根据固溶度积公式可以知，在这些偏析的地方较容易在高温析出大粒的 $M(C,N)$。图 8-23 中尺寸较大的白色第二相就是液态析出的 $Ti(C,N)$ 和轧前均热未溶的 $Nb(C,N)$，这种尺寸大的碳氮化物丧失了与铁素体基体的半共格性，与基体间的结合减弱，成为聚集型的第二相。在拉伸的过程中，材料发生塑性变形产生缩颈现象，使得心部处于三向应力状态，随着缩颈的进展三向应力不断增大，夹杂和大块的第二相等与基体结合比较弱先与基体分离，产生解理裂纹。而贝氏体属于比较脆的组织，解理裂纹会沿着贝氏体脆性带迅速进行扩展，形成分层，严重的将造成断口开裂。

综上所述，断口不合格是由心部偏析造成的。控制铸坯心部偏析可以从冶金和机械上考虑。从冶金方面考虑就是增加等轴晶、减少枝晶，从机械的方面考虑就是防止膨胀变形，这两方面都可减少"搭桥"的发生。中厚板的生产过程中常采用的措施主要有严格控制 S、P 等易偏析元素含量，低的过热度浇铸技术，电磁搅拌技术，二冷区夹辊严格对弧和避免夹辊变形，凝固末端采用轻压下技术，凝固末端设置强制冷却区，降低拉速等以此来增加等轴晶区，防止膨胀变形，从而减轻偏析。

断口不合格是由钢板中心存在贝氏体带，贝氏体带上存在 MnS、Nb(C,N) 和 Ti(C,N) 夹杂物，及大尺寸的夹杂物综合作用的结果。夹杂物起着裂纹源的作用，贝氏体带起着脆化相的作用，贝氏体带与夹杂物都是由心部 C、S、Mn、Ti、Nb 元素偏析产生的。严格地控制这些元素含量与连铸工艺参数，减轻心部偏析，是防止断口不合格最有效的措施。

8.5 碳锰偏析——45Mn2 钢管管壁成分偏析带"亮线"缺陷分析

对车削加工后的钢管进行检验时，经常会发现管壁中存在着各类高、低倍缺陷，大多数是常见的，少数是少见的，甚至无名的。在 45Mn2 汽车半轴套管中，就有极少数钢管在从管壁外表面向内车削加工时，发现管壁车削面上存在类似线状的微凸明亮条纹缺陷（图8-24）。该缺陷呈现的异常形态在以往的文献资料中未曾述及。

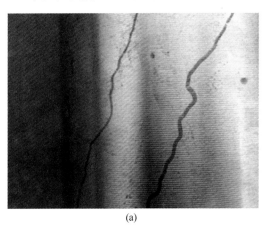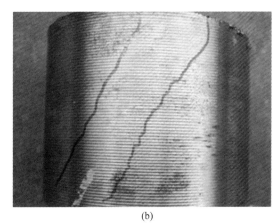

(a)   (b)

图 8-24　连铸坯上产生白亮带形貌

电磁搅拌后常在连铸坯上产生白亮带，该白亮带位于连铸钢坯的横断面上，经酸浸后呈现出一个颜色较浅的亮框。在白亮带区域，平衡分配系数小于 1 的溶质（碳、硫、磷等）含量较低，即发生了这些溶质的负偏析。由于碳含量低，使白亮区域比较耐腐蚀，因此酸浸后它的颜色较浅，从而呈现为白色亮带，白亮带中碳、硫、磷元素含量比周围金属中的要少，因此又称为负偏析白亮带。有学者认为在连铸坯上高倍观察到黑色线状偏析带，是碳元素含量较高的珠光体富集区，是正偏析条带。而钢管管体内这种类似线状的明亮条纹，分一条或几条存在于管壁内偏外表部位里，沿管径稍偏斜方向延伸，其形貌异于电磁搅拌后的连铸坯上产白亮带及文献中的黑色线状偏析带。根据这种条纹缺陷在管壁纵截面上所表现的宏观特征，将其命名为"亮线"。

45Mn2 钢汽车半轴套管的生产工艺流程：连铸坯→环形炉加热→锥形辊穿孔→三辊轧管→步进炉再加热→微张力减径→矫直→人工检验→车丝→成品。

车削加工后的 45Mn2 钢管管壁中的"亮线"形貌见图 8-24，呈直线状的"亮线"沿钢管径向斜向延伸，时断时续，一部分呈微凸起状，明亮清晰，一部分只比周围亮一点，隐约可见，肉眼及放大镜下观察发现"亮线"与基体紧密相联，不存在断开现象。"亮线"的形貌同钢管内部发纹极其相似。

从"亮线"部位横向取样，试样经磨、抛加工和 4% 的硝酸酒精浸蚀后作金相观察，其金相组织见图 8-25。"亮线"呈折叠条带状，与周围相连，腐蚀后的颜色较浅，未见因分离形成的裂纹，周围组织为铁素体+珠光体，而"亮线"组织为针状下贝氏体。"亮线"试样的扫描电镜观察结果见图 8-26，使用 X 射线能谱仪分析图中 a、b、c、d 四点的化学成分，结果见表 8-2，"亮线"部位 a 点 Mn 含量比较高。

图 8-25　连铸坯上产生白亮带金相形貌

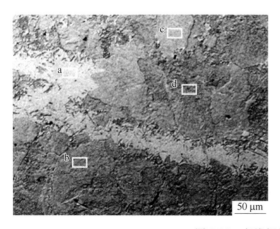

图 8-26　亮线部位扫描电镜形貌

表 8-2 EDS 光谱分析的测试结果 （%）

编 号	Fe	Mn	Si
a	96.48	3.35	0.17
b	97.73	2.06	0.21
c	97.46	2.30	0.24
d	98.24	1.59	0.17

性能测试：

（1）拉伸试验和硬度试验。分别在 45Mn2 样管上取带"亮线"的纵向试样和不带"亮线"的纵向试样进行拉伸试验和显微硬度试验，结果见表 8-3。

表 8-3 机械性能测试结果

试 样	屈服强度 $R_{p0.2}$/MPa	抗拉强度 R_m/MPa	伸长率 A/%	$HV_{0.1}$
正常试样	614	731	14.7	257
"亮线"试样	619	742	14.2	269

带"亮线"试样拉断后的断裂面不在"亮线"上，从表 8-3 可以看出，两个纵向试样拉伸测试结果相差不多，而硬度试验结果表明"亮线"部位比基体部位要高。

（2）压扁试验。在钢管上取带"亮线"的环状试样，将"亮线"部位放置在试验机平板上的 3 点钟位置，当试样压至两平板间距为钢管直径的 2/3 后，发现管体沿"亮线"产生斜向异常开裂，见图 8-27。

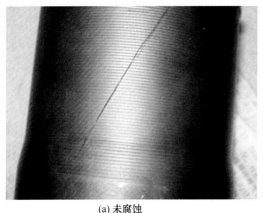
(a) 未腐蚀

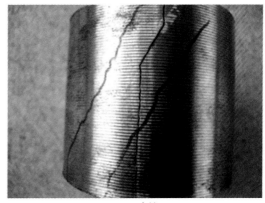
(b) 腐蚀

图 8-27 压扁试验开裂特征

（3）腐蚀试验。将带"亮线"的管体用 70 ℃的 50%热盐酸进行低倍腐蚀试验，发现"亮线"部位被腐蚀成坑，形成裂缝，见图 8-28（a）。腐蚀试样经扫描电镜观察，图 8-28（b），发现裂缝中存在孔洞和碎块，用能谱仪对碎块进行微区成分分析，结果见表 8-4，Fe 含量较低，其他合金元素，特别是 C、P 和 S 元素含量异常高。

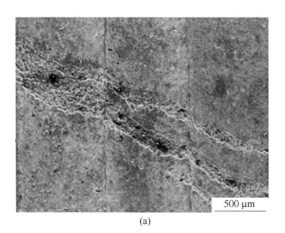
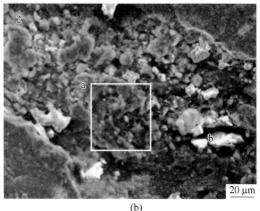

500 μm

(a)

20 μm

(b)

图 8-28　亮线腐蚀后扫描电镜形貌

表 8-4　腐蚀试样 EDS 分析结果　　　　　　　　　　　（%）

元素	Fe	Mn	Si	Cu	Ni	Cr	Cl	S	P	Al	C	As	Sb	O	Ti	Ca
a	76. 11	2. 03	2. 16	3. 10	2. 9	0. 34	0. 56	1. 30	1. 20	0. 34	2. 76	4. 76	2. 28	0. 16	—	—
b	76. 25	1. 31	3. 87	—	—	—	0. 66	2. 83	0. 48	1. 74	11. 44	—	0. 20	0. 17	0. 39	0. 76

从以上检测分析结果可以看出：

（1）45Mn2 钢管基体组织为铁素体+珠光体，而"亮线"组织为下贝氏体，这是由于 C、Mn 等众多合金元素的高度偏析，使得"亮线"部位局部淬透性增加，在同样的冷却速度下，"亮线"部位得到了贝氏体组织。

（2）"亮线"的存在不影响材料的拉伸性能；同一材料中，一般贝氏体组织比铁素体和珠光体组织硬度要高，因而管壁在车削加工中车刀遇上"亮线"会起跳，从而造成"亮线"呈凸起状；亮线与钢管基体连接紧密，不是裂纹。由于"亮线"是杂质偏聚处，与基体组织有差异，所以在压扁变形过程中，因表面金属流动局部不均匀性而形成开裂。

（3）在热酸腐蚀试验中，因"亮线"内部杂质偏聚，含有的石墨、渗碳体（Fe_3C）以及硫化物和硅酸盐等夹杂物，它们大多数没有铁原子活泼，因此形成的腐蚀电池的阳极为铁，阴极为夹杂物，产生析氢腐蚀。当选择性腐蚀持续进行时，导致"亮线"部位被酸蚀成坑，通过高倍观察可发现铁原子被酸蚀掉形成孔洞和夹杂物被保留呈碎块状，因此 EDS 微区分析得到众多高含量的杂质元素。根据连铸的工艺特点，钢水在浇入结晶器时边传热、边凝固、边运行，形成了液相穴相当长的连铸坯。在冷凝成型过程中，首先外壳激冷，然后带液芯的铸坯在二次冷却区稳定生长，最后临近凝固末期的液相加速生长。冷固中的连铸坯一方面不断冷却，随温度的降低发生相变，组织也发生变化，于是硫化物、硅酸盐和其他低熔点组元等在柱状枝晶间晶界沉淀，形成宏观偏析；另一方面还受到拉力和重力的作用，极易在柱状晶间产生裂纹。

分析认为柱状晶间裂纹产生后，连铸坯内部偏析度较高的钢液一边填充裂纹，一边凝固，因此有较高的碳含量和杂质含量；而连铸坯内部裂纹则是因线状偏析受外力作用产生开裂后得不到钢液补充而遗传下来的，所以钢管车削后的检验发现的裂纹和偏析带很相似。因此可以说，45Mn2 钢管的"亮线"来源于连铸坯，连铸坯原有的缺陷经过加热轧制后，有的消失，有的变形，有的则遗留下来，"亮线"属于后一种，保存着原始缺陷的遗传和变形。从压扁开裂和热酸腐蚀成坑等试验结果来看，"亮线"应是一种不允许存在的缺陷。

连铸坯凝固结构从边缘到中心分别由细小等轴晶带、柱状晶带和中心等轴晶带组成，其中等轴晶结构较致密，没有明显的薄弱面，而且成分和结构比较均匀，性能没有明显的方向性，因此其强度、塑性及韧性较高，钢材加工性能较好，而柱状晶的生长方向一致，偏析杂质浓度高，容易造成钢材的带状结构，引起各向异性。如果柱状晶充分发展，形成穿晶结构，就会加重中心偏析和中心疏松，而"亮线"这种连铸坯内部宏观偏析是在二次冷却区铸坯凝固过程形成的，因而消除"亮线"的措施有：

（1）扩大铸坯中心等轴晶区，抑制柱状晶生长。柱状晶和等轴晶区的大小取决于浇注温度、晶核数目等，所以采用钢水低过热度浇注、电磁搅拌和添加稀土元素处理等技术都是抑制柱状晶的发展、扩大等轴晶区有效办法。

（2）控制钢水磷、硫、碳含量及锰硫比。磷是裂纹敏感性元素，磷含量增加将显著增加磷在枝晶间的富集，枝晶间的偏析增加，容易产生裂纹；硫易形成低熔点 FeS，分布在晶界，引起晶间脆性，成为裂纹扩展的路径；碳对钢种裂纹敏感性的影响也非常明显，碳含量高还会加剧磷的偏析；锰硫比高，有足够的锰与硫结合，生成 MnS，以棒状形式分散在奥氏体基体中，不易形成裂纹。因此必须合理控制钢水中硫、磷含量，并提高锰硫比。

（3）控制和稳定拉速。拉速频繁变化，也会引起凝固末端位置的频繁变化，凝固末端附近凝固前沿"搭桥"的概率相应增加，最终加剧偏析和诱发裂纹。

（4）对铸机辊缝进行收缩，形成一定的压下量，让枝晶间富集溶质的剩余液相仍保留在其原来的位置，不流到最后凝固的中心部位，可减轻甚至消除中心偏析。

（5）优化冷却系统，提高冷却效果。铸坯质量对二次冷却区冷却状况十分敏感，保证铸坯表面温度分布均匀，温度回升应小于 100 ℃/m，否则坯壳抵抗变形的能力将会下降，还会因热胀作用使铸坯中心产生抽吸现象，促使钢液流动，加剧中心偏析。另外，设备冷却不良，如夹辊冷却不良导致弯曲变形，也会造成铸坯鼓肚、搭桥现象，导致中心偏析和中心裂纹的产生。

（6）合理进行二次冷却，延长冷却区长度，保障液相穴内夹杂物充分上浮、坯壳均匀生长，铸坯进入矫直点前表面温度应控制在 950 ℃以上，避开第三脆性温度区，从而保证铸坯组织均匀、致密，中心等轴晶比率提高、成分偏析减小。因此，除某些特殊钢种（如电磁合金、汽轮机叶片等）为改善导磁性能或耐腐蚀性能而要求定向的柱状晶结构外，对于绝大多数钢种都应尽量控制柱状晶的发展，扩大等轴晶的宽度。

结论：

（1）45Mn2 钢管管壁中的"亮线"是异于钢管基体的成分偏析带，不是裂纹，来源于连铸坯。

（2）"亮线"对钢管拉伸性能无影响，但压扁时钢管的"亮线"部位易产生开裂，易被热酸腐蚀成坑，是一种不允许存在的冶金缺陷。

（3）采取控制柱状晶发展、扩大等轴晶宽度的办法，可消除中心偏析，进而杜绝钢管的"亮线"缺陷的出现。

8.6　Q345C钢板拉伸中心偏析板条状断口分析

　　某公司生产的Q345C钢板在进行拉伸试验中，表现性能不合、拉伸不合，断口中心出现带状分层或板条状异常特征，中心带状分层或板条状断裂区颜色发亮，宽度约几毫米，见图8-29。板条状断口的扫描电镜形貌见图8-30~图8-38。

图8-29　Q345C钢板拉伸断口中心带状分层或板条状断口特征

图8-30　Q345C钢板拉伸断口中心出现的带状　　　　　图8-31　板条状断口特征的扫描电镜放大像1
分层或板条状断口扫描电镜形貌特征　　　　　　　（断口较平，呈现脆性断裂特征，并有平直的二次裂纹）

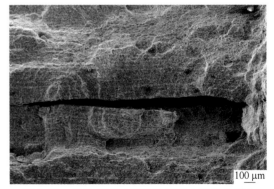

图8-32　板条状断口特征的扫描电镜放大像2　　　　　图8-33　板条状断口特征的扫描电镜放大像3
（断口较平，呈现脆性断裂特征，　　　　　　　　　（断口较平，呈现脆性断裂特征，
在断口平面上呈现隐约平行条纹特征，　　　　　　　在断口平面上平行条纹特征十分明显，
并有二次裂纹，裂纹中条状硫化物）　　　　　　　　并有较宽水平方向的二次裂纹）

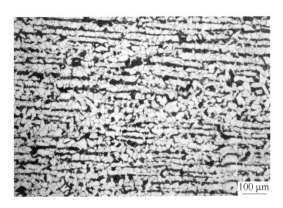

图 8-34　与板条状断口特征对应的铁素体与
珠光体平行排列的带状组织形貌

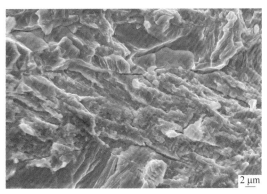

图 8-35　板条状脆性断口扫描电镜放大 2430 倍像
（呈现准解理断裂特征，在上下准解理带中间是一条
无规则的断裂带，其边界有明显的二次裂纹，
呈现两种带状组织的边界特征）

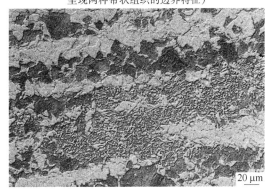

图 8-36　在铁素体与珠光体平行排列的带状组织中的粒状贝氏体条带扫描电镜形貌

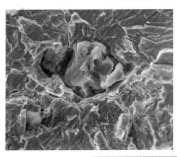

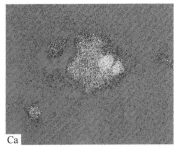

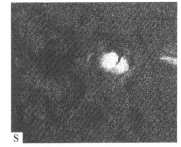

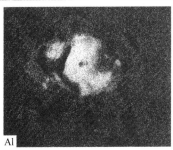

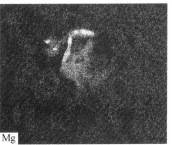

图 8-37　在板条状脆性断口上发现的脆性夹杂物 X 射线元素面分布图
（为 $MgO \cdot CaO \cdot Al_2O_3 \cdot CaS$ 的复合夹杂物）

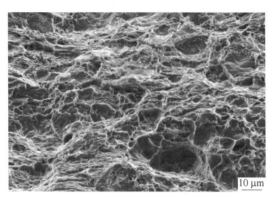

10 μm

图 8-38　在拉伸断口正常区的韧性断裂韧窝扫描电镜形貌

分析判断：这是一个不寻常的断口分析问题，非常少见和特殊，具有学术价值。

（1）成分偏析产生的带状组织。连铸坯中心偏析带中锰、硫元素含量较高，在轧制过程中中心偏析区被轧成带状，形成富锰带和贫锰带。在冷却过程中，先共析铁素体一般在贫锰带内形成铁素体带，将碳、锰等合金元素排至富锰带，也就使得硫、锰等合金元素富集在碳偏析形成的珠光体带中，形成如图 8-34 所示的两条珠光体带夹着一条铁素体带的条带组织。相邻铁素体与珠光体带状组织因其力学性能上的差异，致使拉伸过程中形变不能协调，塑性差的组织条带因其形变滞后，早期发生断裂，出现微裂纹，裂纹沿着两组织界面扩展，逐渐发展成为层状形态。所以连铸坯中心偏析带形成的带状组织是导致拉伸断口异常的主要原因。

（2）夹杂物对力学性能的影响。检验发现在珠光体带中存在条状硫化物夹杂物，是拉伸中心层状断裂的裂纹源。由于夹杂物与钢基体的膨胀系数存在较大的差异，板材轧制后的冷却过程中会在夹杂物与钢基体的界面产生缝隙。另外，板坯在轧制过程中，晶粒在钢板的厚度方向上被压扁，在钢板的长度和宽度方向被拉长，当拉伸力超过应变极限范围时，裂纹就会在夹杂物与钢基体的间隙处产生，并随着应变增加而迅速沿着珠光体带与铁素体带的交界处扩展，形成如图 8-32 所示的裂纹，导致拉伸断口出现分层或呈板条状。观察发现，在心部处带状组织中出现了粒状贝氏体带，由于其与铁素体或珠光体带状组织结合较弱，在拉伸中会在其边界上出现较宽的二次裂纹。因在板中心首先脆性准解理开裂而看不到收缩变形，严重地影响了钢板的塑性性能。试验发现，当出现分层或呈板条状断口时，延伸率只有 15%~17%，比平均值低 10%，导致延伸率不合，而强度稍有下降，但幅度不明显。

（3）连铸中没有连铸电磁搅拌或电磁搅拌不起作用将直接导致连铸坯中心 C、Mn、Cr 的正偏析加重，形成带状组织，导致拉伸延伸率不合，并在断口中心形成其带状分层或板条状异常断口特征。

8.7　酸溶铝偏低导致的 11.5 mm 厚 Q235 热轧钢带冷卷变形横向开裂原因分析

使用 11.5 mm 厚 Q235 热轧钢带冷加工直缝焊管，用户在加工过程中出现质量问题，该批钢带生产的直缝焊管直径为 180 mm、厚度为 11.5 mm，主要问题是：

（1）钢带开卷剪边后，剪下的 17 mm 宽切边落地时发生脆性断裂；

（2）钢带板在冷卷成圆筒后没有焊接，在钢带端部产生严重的横向开裂，裂纹沿卷管横向扩展，开裂长度超过 30 cm。见图 8-39。

（3）钢带在冷卷成圆管焊接后，在焊缝处产生横向开裂，开裂钢板外观见图 8-39 和图 8-40，裂纹沿卷管横向扩展，开裂长度超过 25 cm。

该批钢带产生的横向开裂问题在几家用户企业都不同程度的发生，为查明钢板开裂的原因，对问题试样进行了成分、气体含量、冲击、金相、扫描电镜断口观察等综合分析，11.5 mm 厚 Q235 热轧钢带由 220 mm×500 mm 连铸板坯轧制而成，分析结果如下。

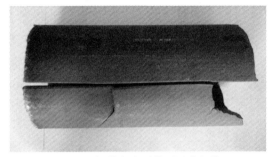

图 8-39 钢带卷成圆筒后没有焊接，
在钢板端部产生横向开裂外观

图 8-40 钢板卷成圆筒焊接后，在焊缝处
（下部）产生横向裂开外观

检查结果与分析：

（1）开裂钢板化学成分分析结果如下（%）：

C	Si	Mn	P	S	Cr	Ni	Cu	Al_{sol}	Al_{insol}
0.20	0.19	0.58	0.029	0.021	0.020	0.020	0.021	0.0037	0.00411

分析结果表明，该开裂试样化学成分除酸溶铝 Al_{sol} 和固溶铝 Al_{insol} 超过碳素钢国家标准外，其他成分均在标准之内。碳素钢国家标准规定：当采用铝脱氧时，钢中酸溶铝 Al_{sol} 含量不小于 0.015%，即 $150×10^{-6}$，或总铝含量应不小于 0.020%，而试样用钢酸溶铝 Al_{sol} 为 0.0037%，即 37 ppm，远低于标准要求的钢酸溶铝 Al_{sol} 含量，钢中钢酸溶铝 Al_{sol} 含量过低是产生脆性断裂的原因之一。

（2）金相高倍检查结果表明，开裂试样钢板显微组织为热轧钢板的典型组织，铁素体+少量珠光体，按 GB/T 6394—2002 标准评级，钢板实际晶粒度为 7.5 级，显微组织见图 8-41。

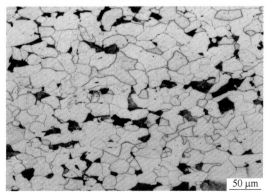

50 μm

图 8-41 开裂试样钢板金相显微组织特征（铁素体+少量珠光体）

（3）开裂钢板试样气体分析结果见表8-5。

表8-5 10月份送检Q235热轧钢带气体分析结果及开裂试样气体分析结果

日 期	名 称	化学成分/×10⁻⁶	
		O	N
10月4日	9A-3072	117.59	187.07
10月4日	9B-3796	122.31	238.34
10月4日	9C-5760	117.56	173.81
10月11日	9A-3947	105.56	157.67
10月13日	9B-5714	79.82	103.78
10月14日	9A-4103	129.29	158.60
10月16日	9A-4152	93.89	111.77
10月17日	9A-2914	71.12	92.51
10月18日	9A-4147	114.06	176.20
10月19日	9A-4194	97.10	174.22
10月23日	9B-5977	127.00	194.89
10月23日	9B-5982	151.15	291.14
10月23日	9A-2913	89.33	208.87
10月30日	9B-6150	113.35	31.62
10月30日	9C-6284	98.77	43.44
10月31日	9B-6154	93.78	28.37
12月9日	9C-6728	80.11	128.11
12月19日	9B-7206	99.79	196.98
12月19日	9B-7207	93.39	209.35
12月18日	试样1	82.34	151.00
	试样2	56.11	157.48

气体分析结果表明，10月送检的19个Q235热轧钢带中，仅有3个N含量低于标准80×10⁻⁶，其余16个高于标准，占送检样的84%。有12个送检样N含量超过150×10⁻⁶，占送检样的63%，有4个送检样超过200×10⁻⁶。开裂试样N含量为151.00×10⁻⁶，几乎高出标准1倍。碳素钢国家标准规定N含量应不大于0.008%，即80×10⁻⁶，说明10月生产的Q235热轧钢带气体远高于标准要求。

对开裂钢板断口进行观察，结果如下：

（1）切边时落地发生脆性断裂断口。宏观检查结果表明，切边时落地发生脆性断裂断口具有典型的脆性开裂特征：断口平齐，断口附近金属未见明显塑性变形，断口所在平面基本与钢板表面垂直，见图8-42。

微观观察结果表明，切边落地发生脆性断裂断口具有典型的沿晶石状断口特征，显示出晶界二次裂纹、晶界氧化、晶粒粗大、珠光体团断裂组织等显微特征，见图8-43～图8-48。

照片显示切边落地时发生的脆性断裂的沿晶氧化特征具有钢过热产生的石状断口特征，断口上的横向气孔较多，说明该试样钢带的边部含有较多气体。在纵向断口上也观察到气体管道形貌，见图 8-49。

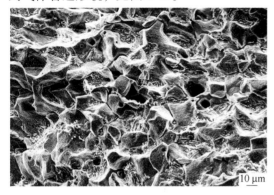

图 8-42 钢板切边落地发生脆性开裂横向
断口扫描电镜形貌
（过热沿晶脆性断裂）

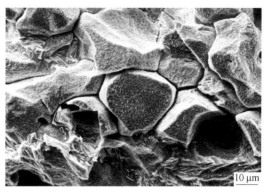

图 8-43 沿晶脆性断裂断口的扫描电镜放大像 1
（显示出晶界二次裂纹、晶界氧化、晶粒粗大、
珠光体团断裂组织等显微特征）

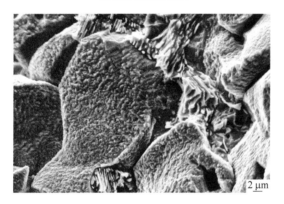

图 8-44 沿晶脆性断裂断口的扫描电镜放大像 2
（显示出晶界面的氧化、二次裂纹、
珠光体团断裂组织等显微特征）

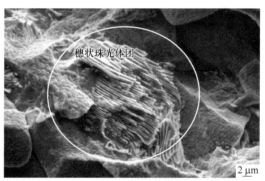

图 8-45 沿晶脆性断裂断口的扫描电镜放大像 3
（显示出穗状珠光体团断裂显微特征）

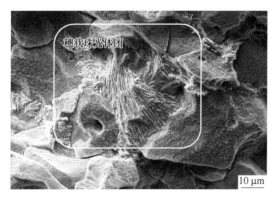

图 8-46 沿晶脆性断裂断口的扫描电镜放大像 4
（显示出穗状珠光体团断裂显微特征）

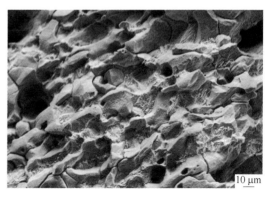

图 8-47 脆性沿晶石状断口扫描电镜形貌

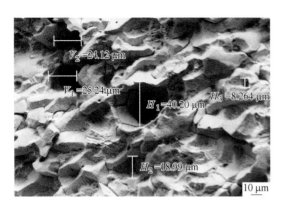

图 8-48　脆性沿晶石状断口
（显示出较多显微气孔特征）

图 8-49　纵向断口显示出较多纵向显微
气孔管道特征（中间）

（2）焊缝处横向开裂断口特征。焊缝处横向开裂断口已经严重氧化，表面有一层氧化铁锈蚀层，用四氯化碳在超声波清洗机中进行清洗，扫描电镜下观察到氧化铁锈蚀层并没有清洗掉，后改用 50%HCl 热煮 5 min，然后在超声波清洗机中用酒精进行清洗，宏观看到氧化铁锈蚀层已经完全脱落，断口呈现结晶状闪光特征，在扫描电镜下观察取得了较好的图像质量，焊缝处横向开裂断口特征见图 8-50~图 8-53。

与图 8-43 所示类似，焊缝处横向开裂断口特征也显示出脆性断裂特征，具有钢过热产生的石状断裂、二次裂纹、珠光体团断裂、晶界氧化、气孔等显微特征，断口上的横向气孔较多，说明该试样钢带开裂处仍然含有较多气体。

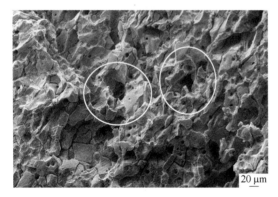

图 8-50　开裂断口的脆性沿晶石状
断口显微扫描电镜形貌
（有很多显微气孔）

图 8-51　开裂断口的脆性沿晶石状
断口扫描电镜形貌
（二次裂纹、珠光体团断裂、晶界氧化、
气孔等显微特征）

（3）在裂纹附近人为打断的断口特征。焊缝处人造断口显示脆性解理及沿晶混合断裂特征与钢带加工焊管前出现的裂纹断口断裂机制完全一致（图 8-54~图 8-56）。焊缝处横向开裂断口和切边摔断断口的微观形态有一个共同的特征。

在开裂处附近制取冲击试样，宏观观察结果表明，冲击试样断口具有典型的结晶状断口特征，断口平齐，有金属闪光，断口附近金属未见明显塑性变形，断口所在平面基本与钢板表面垂直，非标准试样横向冲值为 25 J，冲击值较低，主要为脆性的解理断裂，见图 8-57。

图 8-52 在开裂断口上观察到局部区域
为脆性解理断裂扫描电镜形貌

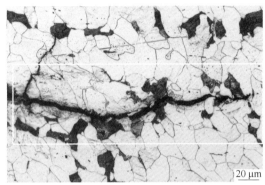

图 8-53 开裂裂纹尖端扩展与金相组织
关系的扫描电镜形貌

图 8-54 人造断口显示的沿晶及部分
解理断裂扫描电镜形貌

图 8-55 人造断口显示的冰糖状沿
晶断裂扫描电镜形貌

图 8-56 人造断口显示的脆性解理及
沿晶混合断裂扫描电镜形貌

图 8-57 开裂附近冲击断口脆性
解理断裂扫描电镜形貌

分析判断：过去的工作表明，钢中酸溶铝的含量直接影响钢的脆性转变温度。对钢中酸溶铝的关注起源于第二次世界大战时美国自由号轮的脆性破坏。分析结果表明，大量脆性钢板几乎都不含铝，或含非常微量的铝。实践证明，钢中含有一定数量的铝可显著降低其韧脆性转变温度，改善钢的韧性，特别是低温韧性。一个有名的铝对低合金高强度钢韧脆性转变温度的影响实验是由 F. B. Pickering《在钢的设计和物理冶金学》论文中发表的，该实验得到的温度关系曲线揭示了酸溶铝的含量与冲击转变温度的关系（图 8-58）。

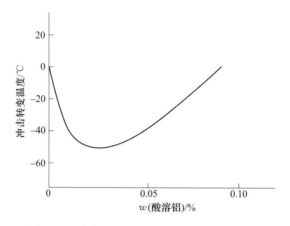

图 8-58 酸溶铝含量与冲击转变温度关系曲线

由图 8-58 可以看出，钢中含 0.015%~0.025%的 Al（碳素钢国家标准规定：当采用铝脱氧时，钢中酸溶铝 Al_{sol} 含量不小于 0.015%，即 150×10^{-6}，或总铝含量应不小于 0.020%）时，钢的韧脆性转变温度在 -40 ℃以下。从图中还可看出，钢中铝含量过低（试样用钢酸溶铝 Al_{sol} 为 0.0037%，即 37×10^{-6}）或含量超过 0.1% 时，其韧脆性转变温度在室温以上。分析表明，开裂 Q235 钢带酸溶铝 Al_{sol} 为 0.0037%，即 37×10^{-6}，远低于标准要求的 150×10^{-6}，是标准的 1/4，说明开裂 Q235 钢带几乎没有铝。这是钢带在卷板时发生脆性横向开裂的原因之一。

焊缝处横向开裂断口和切边摔断断口的微观形态有一个共同的特征，即它们都显示出脆性断裂特征，具有钢过热产生的石状断裂、二次裂纹、珠光体团断裂、晶界氧化、气孔等显微特征，断口上的横向气孔较多，一方面说明该试样钢带开裂处仍然含有较多气体。碳素钢国家标准规定：氮含量应不大于 0.008%，即 80×10^{-6}，而实际氮含量 151.00×10^{-6}，几乎高出标准 1 倍，氧含量也较高，断口上的显微气孔和气体分析结果完全一致。石状断口的二次裂纹、晶界氧化说明钢已经过热。冲击试验和人造断口也显示出解理和沿晶混合断裂特征，由于它们没有受到弯管变形时的压应力，所以与开裂断口的沿晶断裂稍有不同，但解理和沿晶混合断裂也属于脆性断裂，同样说明该钢板具有脆性断裂特征。

11.5 mm 厚 Q235 热轧钢带在冷加工卷成钢管时受到压应力的作用，在这过程中卷成的钢板实际上受到一个径向拉伸应力的作用，在拉伸应力作用下，以及上述酸溶铝偏低、氮气含量超标严重、过热等几个因素综合作用下，虽然冷变形不是很大，但在卷板时在板的端部会瞬间产生开裂，特别是切边时在端部留下的切痕更容易成为开裂的裂纹源。因卷曲冷变形弯管焊接已经是成型的加工工艺，钢板端部开裂并不经常发生，而这批钢板却在冷变形中不能承受原设计的载荷，并伴随开裂或断裂的发生，属于变形失效问题。

结论：

（1）11.5 mm厚Q235热轧钢带端部开裂属于在拉伸应力作用下的沿晶脆性断裂。切边刀痕等钢板端部表面缺陷致使该部位应力进一步集中，在卷板机械力作用下瞬间产生裂纹，并沿着钢板拉伸应力的方向，即横向瞬间扩展成较大的宏观开裂。

（2）11.5 mm厚Q235热轧钢带端部开裂钢板酸溶铝 Al_{sol} 含量为 37×10^{-6}，远低于标准要求的 150×10^{-6}，酸溶铝含量低是钢带在压力冷卷板时产生的拉伸应力导致该钢板在室温韧性过低横向开裂的原因之一。

（3）断口上密集分布着显微气孔，钢板中所含气体较高，特别是氮含量过高，是钢板发生脆性开裂另一个原因。

（4）开裂石状断口，并在裂纹扩展时产生的晶界二次裂纹、晶界明显氧化，说明该钢板已经过热，是钢板开裂的又一个因素。

在酸溶铝含量偏低、气体含量较高、局部过热等综合因素共同作用下，11.5 mm厚Q235热轧钢带在冷加工中端部产生开裂。

8.8 偏析线断口分析

偏析线指在纵向断口上呈现出白色和银白色的细条线，线条方向与主伸长变形方向一致。偏析线有两种类型：一种是短粗的，在断口上如同大米粒一样；另一种为细而长的，如同白发丝一样。偏析线的微观形态为韧性断裂，夹杂物附着在拉长的韧窝里，其宏观形貌见图8-59~图8-62，微观形貌见图8-63。

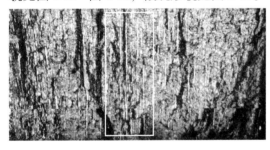

图8-59 细偏析线断口的宏观形貌1

图8-60 短粗偏析线断口的宏观形貌1

图8-61 短粗偏析线断口的宏观形貌2

图8-62 细偏析线断口的宏观形貌2

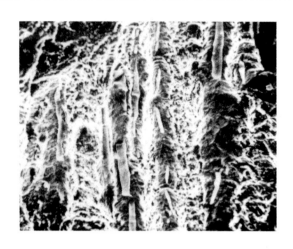

图 8-63　PCrNiMo 调质钢在"偏析"处为条状(Mn,Fe,Cr)S 夹杂物（SEM，1000×）

分析判断：采用扫描电子显微镜及 X 射线能谱仪定性测定这些硫化物和亮线的成分，结果认为这些硫化物属于（Mn,Fe,Cr）S 型硫化物；亮线上有 Cr、Mo 元素偏析，说明亮线是 Cr、Mo 元素偏析所致。"偏析线"是非金属夹杂物沿锻轧方向延伸所产生的断口形态。这些非金属夹杂物的组分因冶炼方法而具有差异。根据生产实践，硫含量为 0.015% 的电炉钢轧成薄壁钢管时仍然存在一些偏析线，这样的含硫量钢生产起来是不经济的。非金属夹杂物定量在金相试样检验上已有公认的标准，而在断口试样上的标准还在建立之中，因此，有关断口上的组织或缺陷的定量问题将是今后还会遇到的问题。

8.9　35CrMoA 钢带状组织与板条成分偏析断口

35CrMoA 钢棒材经热模锻成连杆结构件，连杆结构件在生产中发生脆断，在阳光下脆性断口呈黑色闪光，在断面的短轴有一横贯断面的板条形断裂形态，而断面的其他区域为大颗粒的沿晶断裂特征，见图 8-64。

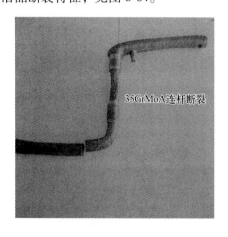
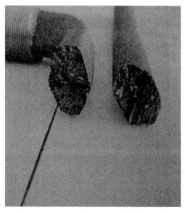

图 8-64　35CrMoA 钢棒材在热模锻成连杆结构件时脆断形貌

（1）板条状断裂的微观电镜形貌与组织特征见图 8-65~图 8-72。

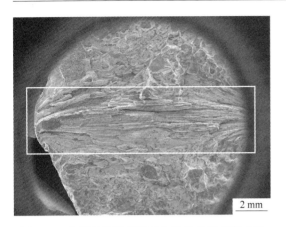

图 8-65 由粗晶粒沿晶断裂和板条状断裂组成的
混合断裂扫描电镜形貌

（在断口的中心位置形成一个宽 3 mm 的
贯穿钢棒直径的板条状断裂带）

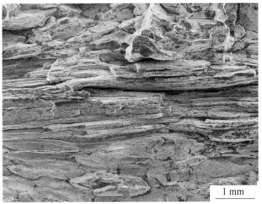

图 8-66 在板条状断裂带有明显的
条状裂纹扫描电镜形貌

（板条平面起伏较大，上部为粗晶沿晶断裂）

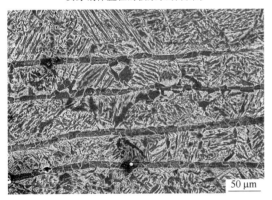

图 8-67 板条状断裂带的组织扫描电镜形貌

（由较宽的贝氏体和非常窄的铁素体组成，
贝氏体宽度约 60 μm，铁素体宽度约 10 μm，
相间均匀交替分布，与板条宽度一一对应）

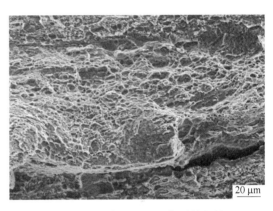

图 8-68 板条显示韧性断裂特征的
扫描电镜放大像（有小韧窝）

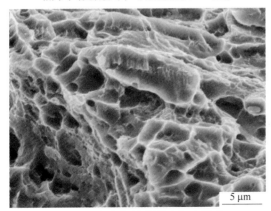

图 8-69 板条韧性断裂小韧窝放大
4000 倍扫描电镜形貌

（无夹杂物的等轴韧窝，韧窝较浅，表明塑性变形较小）

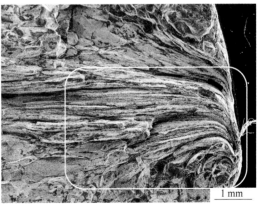

图 8-70 钢棒的边缘扫描电镜形貌

（板条发生弯曲，与热模锻时的塑性变形金属流线有关）

图 8-71   板条弯曲处的金相组织扫描电镜形貌
（与断口上的弯曲板条——对应，
较宽的贝氏体和非常窄的铁素体带在
边缘处也发生弯曲）

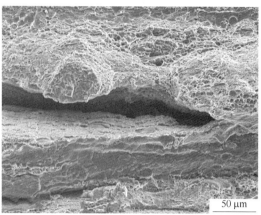

图 8-72   在板条状断裂带上条状
裂纹扫描电镜形貌

图 8-72 中裂纹两边的断裂形态明显不同，下边光滑的条带是铁素体在断裂时形成的，上边的韧性断裂带是贝氏体带在断裂中形成的，裂纹发生在贝氏体和铁素体的相界面。裂纹平面有一层高温氧化层。

（2）粗晶沿晶断口的微观电镜形貌与组织特征见图 8-73～图 8-77。

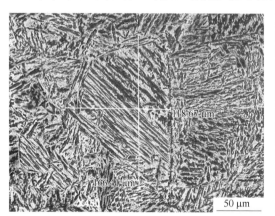

图 8-73   粗晶粒断裂带的金相组织
扫描电镜形貌（粗大的上贝氏体）

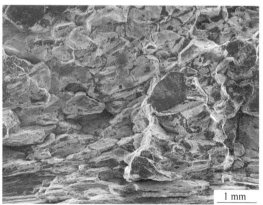

图 8-74   粗晶粒断裂带的沿晶断口
扫描电镜形貌 1

分析判断：35CrMoA 钢棒材在热模锻成连杆结构件时发生脆断，产生粗晶粒沿晶断裂和板条状断裂组成的混合断裂形态，在阳光下脆性断口呈黑色闪光。从粗大的沿晶断口特征看，该结构件的晶粒已经十分粗大，最大超过 1 mm，晶界表面已经严重氧化，甚至发生溶化，在晶界表面有一层氧化层，已足以证明该钢热模锻加热温度过高，已经达到了过烧的程度。

图 8-75　粗晶粒断裂带的沿晶断口扫描电镜形貌 2

（晶界已经发生氧化现象，在晶界表面有一层氧化层）

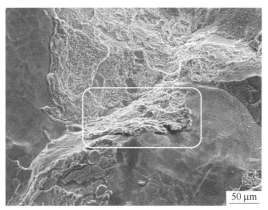

图 8-76　晶界表面氧化层的扫描电镜放大像

（有些表面的氧化层已经脱落，晶界有融化现象，

表明结构件在热模锻时发生了严重过烧）

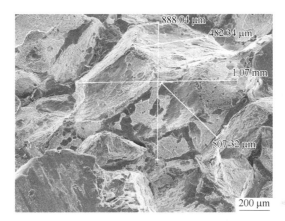

图 8-77　过烧的晶粒十分粗大扫描电镜形貌

（最大超过 1 mm，表面严重氧化，甚至发生溶化）

　　产生断裂的另一个因素是在断口的中心位置形成了一个宽 3 mm 的贯穿钢棒直径的板条状断裂带。在板条状断裂带上有条状裂纹，裂纹两边的断裂形态明显不同，下边光滑的条带是铁素体在断裂时形成的，上边的韧性断裂带是贝氏体带在断裂中形成的，裂纹发生在贝氏体和铁素体组织差异较大的相界面。

　　X 射线能谱分析表明，在带状组织区的贝氏体条带，其化学成分中 Cr、Mo、S、P 等元素的含量明显高于基体和铁素体细条带的含量，是这些元素的正偏析，是一种质点偏析冶金缺陷，从而形成碳和合金元素富化带和贫化带，即在宽贝氏体条和铁素体细条彼此交替堆叠，在缓冷条件下，先在碳和合金元素贫化带（过冷奥氏体稳定性较低）析出先共析铁素体，再将多余的碳和合金元素排入两侧的富化带，最终形成以宽贝氏体为主、铁素体细条为辅彼此交替的带状组织。成分偏析越严重，形成的带状组织也越严重。由于带状组织相邻的宽贝氏体条和铁素体细条显微组织不同，它们的断裂韧性也不同，在外力作用下，在强弱带之间会产生应力集中，将造成总体力学性能的降低，并有明显的各向异性。在宽贝氏体条和铁素体细条的边界，由于两种组织差异很大而产生条状裂纹。带状组织造成了钢的各向异性，降低了力学性能，助长了由于过烧产生的脆性断裂。

质点偏析是一种局部区域成分偏析现象，是在结晶过程形成的。在钢凝固过程中，由于选分结晶的结果，固相成分和液相成分是不一样的，由于纯净金属有更高的熔点，因此先结晶的金属杂质较少，结晶长大发生在结晶前沿的钢液，钢液金属会富集更多的 C、P、S 及合金元素，钢中气体的溶解会随着钢液温度的降低而减小，固态钢的气体会大大低于液态钢，气体主要是从钢的固液两相共存区域内析出的。气体和杂质的析出是同步的，析出气体的一部分将以单相气泡形式出现，另一部分向温度较高的钢液中扩散。在这种条件下，钢液中的气体主要是氢，在继续结晶过程中，在固液两相共存的糊状区，容易析出并达到饱和，而形成与连铸坯轴线平行的"气流"。由于气体和杂质、合金元素主要在固液两相共存的情况下析出，而这时的树枝晶的晶干由于先结晶已经凝固，因而气流被迫沿晶间尚未凝固区上升。气流在上升过程中，吸附了大量杂质，当数量足够多时，就会滞留在树枝晶的晶干之间，因此 C、P、S 及合金元素便会偏聚在枝晶间上升"气流"的轨迹上，这样就形成了低倍组织的质点偏析。

35CrMoA 钢棒材在热模锻成连杆结构件时发生脆断，是过烧和质点偏析产生的带状组织共同作用的结果。

8.10　CrNiMo 钢的"白斑"断口及本质研究

调质 CrNiMo 钢锻件在断口检验时发现调质断口基体呈纤维状，在其中分布着数个直径 1~4 mm "白斑"形貌的断裂特征。这种"白斑"不同于常见的白点，其表面呈结晶状，由无数个闪闪发光的"小刻面"组成。"白斑"表面与基体面呈 30°~45°。这是一种少见的异常断口，称为"白斑"断口，见图 8-78~图 8-81。

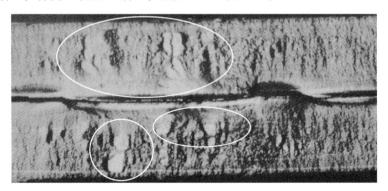

图 8-78　"白斑"断口的低倍形貌

分析判断：扫描电镜观察发现，闪闪发光的"小刻面"是解理断口上的解理扇，"白斑"主要由这些解理扇构成。在解理扇的中间还包围着由韧窝组成的小岛，韧窝区的面积占整个"白斑"面积的 1/5。由于韧窝对光的漫散射，所以由解理扇和韧窝岛组成的"白斑"没有单纯解理断口那样明亮。

直接腐蚀断口，以及在"白斑"表面局部抛光腐蚀金相组织发现，"白块"的组织与基体组织明显不同。基体组织是马氏体的高温回火组织，即回火索氏体，细颗粒状碳化物弥散地分布在铁素体基体上，碳化物没有方向性。但在"白斑"观察到的碳化物呈棒状，定向分布在铁素体基体上，是上贝氏体的高温回火组织。直接腐蚀断口在解理扇上也观察到棒状碳化物成定向分布的高温回火组织，证明解理断口是由上贝氏体的高温回火组织形成的，而"白斑"内的韧窝岛恰好与马氏体的高温回火组织相对应。

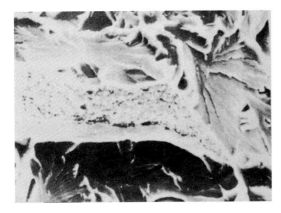

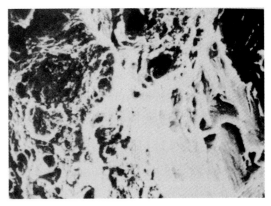

图 8-79　由解理扇和韧窝岛组成的"白斑"形貌　　　图 8-80　"白斑"的解理扇与基体韧窝交界处的形貌

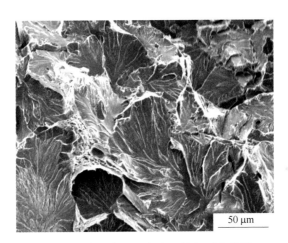

图 8-81　白块断口"白斑"的解理扇花样

　　经 X 射线能谱仪定量分析，发现距表层 5 μm 深度内合金元素 Cr、Ni、Mo 的含量表现为正偏析，Mo 的含量最大，其偏析系数为 1.629，定量分析发现 Cr、Ni、Mo 含量正偏析只分布在 5 μm 深度内。

　　分析认为，在电渣重熔时，在钢锭的中心部位某些 1~4 mm 显微区域内集中了较多的 Cr、Ni、Mo，形成合金元素的正偏析。碳化物形成元素 Cr 溶入奥氏体时，不仅提高了奥氏体的稳定性，使"C"曲线右移，同时使珠光体和贝氏体转变区部分或全部分离。Mo 与 Cr 相反，它们对珠光体转变的推迟作用比贝氏体作用大，最后使"C"曲线上只出现贝氏体转变区和马氏体转变区。Mo 的偏析系数为 1.629，因此淬火时在基体得到马氏体，而在 Mo 的正偏析显微区得到上贝氏体。在上贝氏体中，碳化物以条状或颗粒状析出在铁素体片间，并且平行于铁素体片定向分布，即使在高温回火后，碳化物仍呈条状并保持原来上贝氏体的取向，而马氏体分解形成弥散度较大的碳化物和铁素体混合物。因此，在 Cr、

Ni、Mo 合金元素正偏析区调质后得到上贝氏体的高温回火组织。上贝氏体与珠光体相似，在 500 ℃ 回火时有脆化现象，在断裂时产生脆性的解理断口。上贝氏体回火脆化归因于碳化物质点在铁素体晶界与晶内聚集的速度不均匀。而试验中的试样恰好经历了 500 ℃ 回火，所以回火的上贝氏体产生解理断口。

综合以上分析判断，"白块"属成分偏析的组织缺陷，"白块"断口是由解理扇和韧窝岛组成的混合断口，无数个解理扇"小刻面"对光有较强的反射能力，而韧窝对光漫散射，因此宏观上看到形似"白块"的断口特征。在"白块"显微区，合金元素 Cr、Ni、Mo 的含量超过基体区，Mo 的偏析最大，是基体区的 1.6 倍。在合金元素偏析区调质后得到上贝氏体的高温回火组织，而基体区得到回火索氏体形成灰色的韧窝断口。

8.11　亮线断口（质点偏析断口）——CrNiMo 电渣钢中的合金元素偏析及对钢机械性能的影响

偏析是钢中化学成分及杂质的不均匀分布现象，是钢在冶炼及其结晶过程中，由于某些因素的影响而形成的一种常见缺陷。偏析常对钢的组织和性能造成影响，所以对于偏析缺陷应采取控制使用的办法，即在钢材上切取试片经酸浸蚀后予以评定，并按相应标准和技术要求进行控制。

在酸浸低倍试片上，各种偏析能清晰地显示其形态，按其形态常将偏析分为方框偏析、点状偏析、波纹偏析、枝晶偏析等，钢材经变形后偏析缺陷的形态会发生一定的变化。

点状态偏析在钢材横向低倍酸浸试片上表现为不规则的暗色斑点，试片边缘的称为边缘点状偏析，分散于整个截面的称为一般点状偏析，见图 8-82。点状偏析是由于杂质偏析或合金元素偏析所致。方框偏析也称为锭型偏析，其特征是在横向酸浸试片上出现内外两个色泽不同的区域，并大致呈方形，在方框区的内部组织较外部疏松。方框偏析是由于铸锭结晶时，在柱状晶的末端与锭型等轴晶区之间聚集了较多的杂质和孔隙形成的。现在采用的电渣重熔或真空重熔的冶炼工艺有效地避免了方框偏析及质点偏析。

CrNiMo 电渣钢的点状偏析是一种典型的因酸浸而出现的低倍冶金缺陷，在酸浸低倍试片上表现为暗黑色的偏析区，其形状有圆形的，也有呈长条形的。多集中在钢锭截面某一局部区域，放大 5~10 倍，在质点处还可以看到一些细小的针孔。实验结果见图 8-82 和图 8-83。

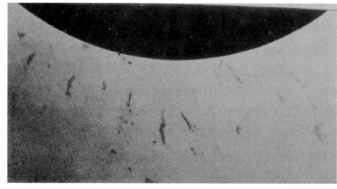

图 8-82　CrNiMo 电渣钢质点偏析的低倍形貌

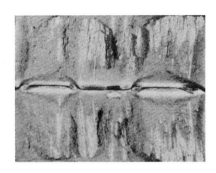

图 8-83　低倍观察结果

由图 8-83 可以看出，在调质状态下，通过质点将试样折断，质点处的断口表现为基本平行于变形方向，反光能力很强的结晶条带，有的很宽形成亮片。

与基体比较，质点偏析区的塑性变形能力明显恶化，大量断口观察表明，断口上的结晶条带的宽窄与角度，与质点的形状与开口方向的交角有关。圆形、椭圆形质点对应的为条带，而长条形的质点则表现为片状。拉力断口与冲击断口质点的表现与一般断口的形貌相同。

通过对质点区纵向进行高倍观察，发现腐蚀坑下面分布着断续的纺锤状的硫化物。用 4%硝酸酒精腐蚀后观察其组织，发现质点区呈现比基体较暗的条带状，在条带中分布有硫化物，基体与质点区的组织都为回火索氏体。

用 SEM505 扫描电子显微镜对质点拉伸、冲击等断口进行微观形貌观察，表明基体区属于韧性断裂，在韧窝中存在球形夹杂物，经 X 射线能谱仪分析确定为 MnS 夹杂物（图 8-84）。

结晶的亮线区绝大多数属于沿晶脆性断裂，只有少量穿晶的韧性断裂。沿晶断口部分呈典型的冰糖状断口特征并有二次裂纹，在沿晶区往往存在着沿延伸方向的沟槽，沟槽内有长条状的 MnS 夹杂物（图 8-85）。

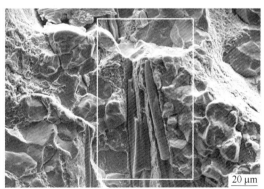

图 8-84　断口观察结果（韧性断裂）　　　　图 8-85　断口观察结果（脆性断裂）

质点偏析区呈典型的冰糖状断口特征并有二次裂纹，在沿晶区往往存在着按延伸方向的沟槽，沟槽内有长条状的 MnS 夹杂物。

利用扫描电子显微镜载物台倾斜试样，同时观察同一处的横向和纵向，可以看到质点腐蚀坑与沿晶断裂条带有直接对应关系。

　　用 EDAX9100/60 X 射线能谱仪对质点区和基体各元素进行定量分析，得到元素分析定量分析结果，将两者相除得到质点区的元素偏析系数：

Fe	Mn	Cr	Ni	Si	Al	S	P
1.96	3.185	1.186	1.1	1.241	1.765	3.26	1.233

　　除 Fe 外，质点区 S、P 与合金元素均呈现正偏析。分析认为，质点偏析在钢锭内的分布是有一定规律的，从大量的生产检验发现，一般质点偏析多分布在电渣钢锭的底部，由底部向上逐渐减轻。因此，凡有质点偏析的锻件初验级别较高，复验次之，第二次复验最轻，大多数质点偏析已经消失。所以，质点偏析只是钢锭中的局部缺陷，多产生在钢锭尾部的 650~950 mm 处，只要有足够的切尾量就可以减轻或消失。

　　冷弯与落锤冲击试验冷弯实验表明，裂纹首先发生在质点处，每一个长条形质点形成一个孤立的小裂口。随着载荷的增加，裂纹先按质点扩展，然后再按施力方向延伸。由于质点的存在，形成锯齿形裂纹扩展路径，最后整个试样压断，在断口上发现每个质点对应着一条亮线，质点越大，亮线越宽（图 8-86）。

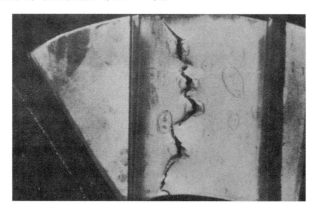

图 8-86　冷弯试样每个质点对应的亮线

　　气体含量过多是形成质点的决定性因素，而熔池固、液两相等温面的间距增大，将促进质点偏析的形成。质点偏析只产生在电渣钢锭的底部。提高初期熔铸质量、适当控制切尾率，是降低或消除质点偏析的有力措施。

　　在落锤冲击试验中，适当调整落锤的高度使其冲击功只能产生部分分开而不断裂。实验结果表明在冲击载荷作用下，断裂易发生在质点偏析处。这说明质点区的韧性较低（图8-87）。

　　质点对机械性能的影响加工八个质点严重但形状不同的试样进行横向拉伸实验。试验结果表明，质点严重的断面收缩率已经降到 18% 以下，与正常的 50% 相差悬殊，是不合格的。拉伸试样的断裂通过质点和亮线，在断口上出现一条或几条很宽的贯穿的亮线，质点明显降低钢的塑性（图 8-88）。正常生产检验的 PCrNiMo 钢的 σ_p = 637.43 MPa 左右，或 PCrNi3Mo 钢的 σ_p = 637.43 MPa 左右，虽然大部分有质点偏析存在，但其性能仍然很好，只是偶然出现不合格现象，一般认为质点对性能的影响与基体的强度级别有关，为了验证这个观点，把 PCrNi3Mo 钢的强度提高到 1372.94 MPa，比例极限为 1078.74 ~

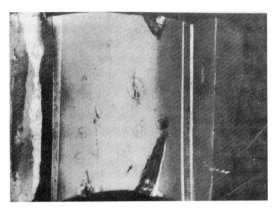

图 8-87　质点对冲击载荷的影响

（断裂易发生在质点偏析处）

1176.80 MPa，此时，质点对横向性能的 δ 和 ψ 值的影响十分明显。基体强度低时，一般断裂路径不通过质点，而是在基体中断裂；当基体强度较高时，断裂则易发生在质点区，由于质点区塑性变形能力较差，因此使塑性指标降低。

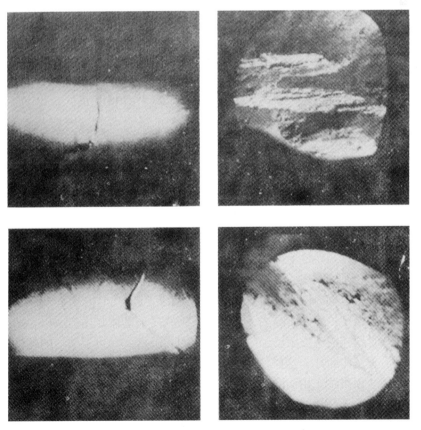

图 8-88　横向拉伸实验裂纹及断口形貌

（在断口上出现一条或几条很宽的贯穿的亮线，质点明显降低钢的塑性）

分析判断：

（1）质点偏析的本质。上述实验结果表明，CrNiMo 电渣钢的质点偏析是一个不耐酸蚀的偏析区，它是 Mn、Cr、Ni、Si、Al、S、P 等元素正偏析的结果，在质点处往往伴有条状的 MnS 夹杂物，严重时这些夹杂物在空间成束状分布，因此，沿晶断口形成台阶状。由于 S、P 在晶界上偏聚导致沿晶脆性断裂。

（2）质点对性能的影响比较。有质点和没有质点的电渣钢，质点偏析是降低塑性和韧性的，其影响程度，首先看其质点的大小和形状；其次看质点的多少和密集程度。小质点对性能基本无影响，点越大影响越大。长条形的质点影响最大。数量越多越密集，影响也越大，个别严重者可使 ψ、J 值降到不合格的程度。

实验证明，无论是冷弯试验还是拉伸试验，断裂总是在质点处首先形核，沿质点扩展，再沿受力方向延伸，最后相互连接而断裂。对 CrNiMo 电渣钢只要质点足够严重，就会使 ψ 明显降低，只要断裂通过质点，就会对塑性产生影响。对性能的影响程度从本质上取决于夹杂物的预裂纹作用、晶界弱化以及基体的强度级别。

（3）MnS 夹杂物的预裂纹作用。钢中的非金属夹杂物破坏了金属基体的连续性，起着缺口及应力集中作用，一般认为，钢中的夹杂物可视为裂纹，对于脆性夹杂物，其临界裂纹尺寸就等于夹杂物尺寸，但对于像 MnS 这种与基体性质相近的夹杂物，临界夹杂物尺寸可以大于临界裂纹尺寸。另外，由于 MnS 的收缩系数比基体大，因而在冷却时容易在其周围产生裂纹和空隙，MnS 形成的空隙可占其本身体积的 11%。因此，质点处的条状 MnS 在横向机械性能试验中相当于微裂纹，在施加载荷时，使这些预裂纹进一步扩展长大。当试样尚未发生明显变形时，应力值已超过预裂纹区的强度，从而产生孤立的裂纹。各孤立的裂纹相互连接而发生断裂，由于质点区发生塑性变形较小，因此使材料的 ψ 和 δ 值降低。由于材料首先沿 MnS 断裂，因此在断口上出现穿晶的沟槽。

（4）晶界的弱化扫描电镜观察发现，凡是沿晶断裂区都存在着许多二次裂纹，这说明晶界已经弱化。这是由于 S、P 等杂质在晶界上偏聚的结果。在高纯度 Cr-Ni 钢中，如果 S 以游离态偏聚于晶界，只要有 0.004% 的含量就足以引起脆性断裂。S、P 等杂质与合金元素在晶界上偏聚，大大削弱了晶界原子间的结合力，增加了晶界脆性，降低了晶界强度，从而给金属断裂提供了一条低能量的途径，致使质点区发生沿晶断裂，形成质点区的结晶条带，即形成宏观断口上的亮线。由于晶界脆化与 MnS 夹杂物的预裂纹作用降低了质点区的冲击功，因此使韧性和塑性下降。

（5）基体强度级别的影响。一般说来，晶界 S、P 与合金元素正偏析区总是高能量区，质点偏析区虽然有 MnS 夹杂物预裂纹作用与晶界脆化，但由于基体强度较低或 MnS 条数较少时，晶界强度仍然高于晶内，即偏析区仍然高于基体强度，所以，还等不到沿夹杂物与晶界开裂时试样的应力就已经超过了基体的屈服点，发生了明显的塑性变形，产生了塑颈，进而沿着基体断开。这就使得质点的影响不易表现出来。但当基体强度较高时，当其超过由于夹杂预裂纹作用而降低的质点区的强度时，裂纹首先产生于夹杂区，又由于晶界的弱化作用降低了晶界的强度，裂纹又沿晶扩展，致使裂纹通过条状 MnS 区走沿晶断裂的路径，所以提高基体强度会加剧质点偏析的不良影响。

（6）质点偏析的形成。质点的本质是一种局部区域成分偏析现象，是在结晶过程中形成的。在钢液凝固时，由于选分结晶的结果，固相成分与液相成分是不一样的，由于纯净金属具有更高的熔点，因此，先结晶金属的杂质含量较少，结晶长大时，在结晶的前沿附近，液态金属会富集更多的 C、S、P 及合金元素。钢中气体的溶解度随着钢液温度的降低而减少，固态钢中的气体大大低于液态钢，气体主要是从钢的液固两相共存区域内析出的，气体与杂质的析出是同步的，析出气体的一部分将以单相气泡形式析出，一部分将向温度较高的钢液中扩散。在这种条件下，钢液中的气体主要是氢，在结晶过程中在液固两相共存区容易析出并达到饱和，而形成与锭型轴线相平行的"气流"。由于气体和杂质、合金元素主要在液固两相共存的情况下析出，而这时树枝晶的晶干由于首先结晶已经凝固，因而气流被迫沿晶间尚未凝固区上升，当数量足够多时，便会滞留在树枝晶的晶干之间，因此 C、S、P 及合金元素会偏聚在枝晶间上升"气流"的轨迹上，这样就形成了低倍组织上的质点偏析。

（7）降低或消除质点偏析的对策。在正常工艺下，质点偏析只产生于电渣锭的底部。气体含量过多可能是形成质点偏析的主要因素，而熔池固、液两相等温面的间距增大，将促进质点偏析的形成。因此，提高初期熔铸的质量、降低原材料和重熔设备的水分、保证熔池平浅、适当控制切尾率，是降低或消质点偏析的有力措施。

8.12 磷偏析的检验

磷偏析是一种钢材组织缺陷，这种组织缺陷主要由聚集分布的硫化锰夹杂物及富磷的铁素体带组成。磷偏析的存在，会对钢材的使用造成不利的影响。低碳易切削钢（C 0.07%，Si 0.06%，Mn 1.20%，P 0.08%，S 0.35%），由于硫、磷含量较高，磷偏析时有发生。磷偏析带金相形貌见图 8-89~图 8-92。

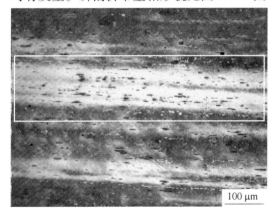

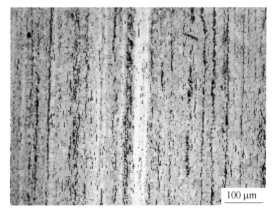

图 8-89　奥勃氏试剂浸蚀磷偏析带
（中间亮黄条）金相形貌（200×）

图 8-90　硝酸酒精浸蚀磷偏析带
（中间白条）金相形貌（100×）

分析判断：在进行检验时，多次遇到试样心部出现明显带状组织的情况，这些带状组织是普通的铁素体带状组织，还是分布有集中夹杂物的富磷铁素体带？采用金相组织、扫描电镜能谱成分分析，线扫描、能谱面扫描等多种检验手段对这些带状组织进行分析，最终确定这些带状组织是富磷的铁素体带。采用常规的硝酸酒精做侵蚀剂时，即可见试样中有条带状组织存在，见图 8-90，但无法分辨该条带是普通的铁素体带状组织，还是富磷铁素体带。为此，又采用了一种奥勃氏试剂，其成分为：$FeCl_3$ 3 g、盐酸 5 mL、$SnCl_2$

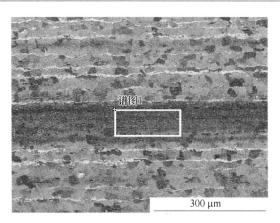

元素	重量百分比/%
C	1.87
P	0.36
S	2.35
Mn	2.63
Fe	92.31
Cu	0.49
总量	100.00

图 8-91　磷偏析带金相形貌及 X 射线元素定量分析结果

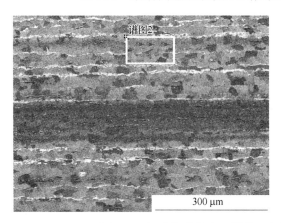

元素	重量百分比/%
C	2.92
S	0.81
Mn	1.55
Fe	94.13
Cu	0.59
总量	100.00

图 8-92　钢基体形貌及 X 射线元素定量分析结果

0.05 g、$CuCl_2$ 0.1 g、蒸馏水 50 mL、乙醇 50 mL。将试样磨制抛光，然后用该侵蚀剂侵蚀，自来水冲洗，热风吹干。根据试验原理，贫磷处 Fe^{2+} 比较活泼，可以与试剂中的 Cu^{2+} 发生置换反应，析出 Cu，因而铜沉积少的区域，即图 8-89 中亮黄色条带处，应是富磷区。然后对富磷区进行微区成分分析，结果见图 8-91，富磷区磷含量为 0.71%，图 8-92 所示非富磷区磷则没有检出磷。对富磷区磷进行线扫描、能谱面扫描，从强度分布图可见，在带状组织处磷含量明显偏高，且磷的分布情况与带状组织完全一致，充分说明该带状组织是由富磷铁素体形成的。

8.13　连铸坯及棒材低倍环状亮线偏析特征

随着国内连铸生产线纷纷上马，连铸比不断提高，在连铸生产过程中，为改善连铸坯质量，往往使用电磁搅拌器来扩大连铸坯等轴晶区、破碎粗大的柱状晶组织、改善中心偏析、使成分均匀化等。但电磁搅拌器功率选择、搅拌方式选择、电磁搅拌器安装位置以及其他因素匹配问题，可能会使连铸坯产生白亮带，它是一种负偏析框带，连铸坯成材后仍有可能保留。需要评定时记录白亮带框边距试片表面的最近距离及带的宽度。连铸坯及棒材在酸浸试片上呈现抗腐蚀能力较强、组织致密的亮白色或浅白色框带，见图 8-93~图 8-97。

图 8-93　连铸坯横截面的方形亮线偏析形貌

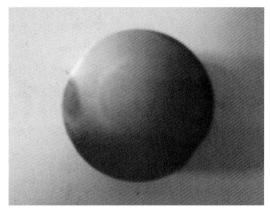

图 8-94　棒材横截面的圆形亮线偏析特征

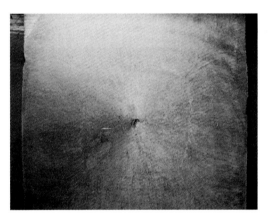

图 8-95　连铸坯方形白亮带和中心缩
孔低倍形貌特征 1

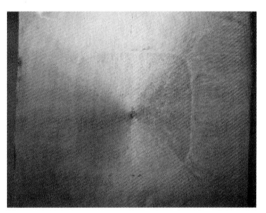

图 8-96　连铸坯方形白亮带和中心缩
孔低倍形貌特征 2

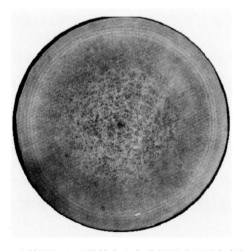

图 8-97　连铸圆坯电磁搅拌产生负偏析所致环形白亮带形貌

白亮带缺陷的中碳含锰结构钢 ϕ90 mm 连铸轧材有以下几个特点：

（1）白亮带区域组织致密，显微组织为铁素体+珠光体（铁素体含量较正常基体高些）。

（2）白亮带区域内基本无非金属夹杂物，纯洁度要比基体高得多。

（3）白亮带区域元素含量与正常基体相比较，C 含量偏低约 10%；Mn、S、P 含量略有降低；Si 基本相似，略有降低倾向；Cr、Ni、Mo、V 含量一致。

（4）白亮带区域的硬度测定值比正常区域偏低 10% 左右。

（5）在进行钢材横向拉力试验时，试样均未断在白亮带区域，而断在其他区域。

综上所述，认为连铸材的白亮带区域是一个纯洁度较高的负偏析区。

8.14　0Cr18Ni9 钢棒表面黑带观察与分析

某企业在生产 0Cr18Ni9 钢盘圆时，有时在其外表面会出现一种异常黑带缺陷，黑带宽在 1~3 mm，纵向长度较长，甚至整盘都有，黑带可能是一条，或宽窄不等的几条。受青山钢铁委托，蔡司-欧波同对青山提供的一块试样用扫描电镜及牛津 X 射线能谱仪对黑带进行形貌观察及成分分析，分析结果见图 8-98~图 8-103。

图 8-98　0Cr18Ni9 钢盘圆表面
黑带宏观特征

图 8-99　0Cr18Ni9 钢棒表面黑带与正常
基体交界处扫描电镜形貌

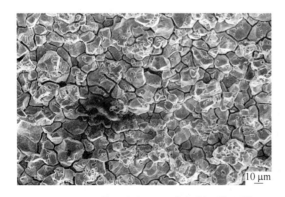

图 8-100　黑带区放大 1000 倍扫描电镜形貌
（晶粒粗大）

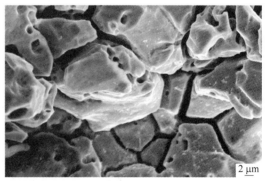

图 8-101　黑带区放大 1000 倍、
5000 倍扫描电镜形貌

（晶粒粗大，晶界酸蚀严重）

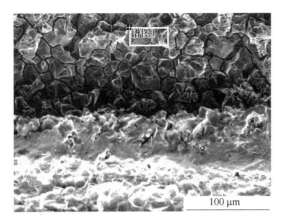

元素	重量百分比/%
Si	0.27
S	0.37
Cr	21.21
Mn	2.27
Fe	69.59
Ni	6.29
总量	100.00

图 8-102　黑带区电镜形貌 X 射线元素定量分析结果

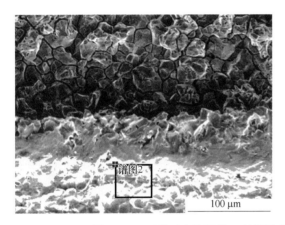

元素	重量百分比/%
O	2.12
Si	0.49
Cr	17.18
Mn	1.23
Fe	66.57
Ni	9.62
Cu	0.67
Mo	2.12
总量	100.00

图 8-103　正常区电镜形貌 X 射线元素定量分析结果

分析判断：

（1）黑带区晶粒酸蚀严重，基体区酸蚀正常，黑带区晶粒大于基体区晶粒。

（2）黑带区 Cr 为 21%，Ni 为 6%；正常区 Cr 为 17%，Ni 为 9.6%，Cr 减少 4%，Ni 增加 3.6%。

（3）黑带区形成 Ni 的正偏析、Cr 的负偏析，导致黑带区晶粒粗大、晶粒酸蚀严重、晶界深沟对光的漫散射，在其表面呈现黑带特征。

（4）连铸管坯表面存在 Ni、Cr 的微区成分偏析是轧制后产生黑带的直接原因。

9 气体缺陷

地球被大气层包裹着，地球大气的主要成分为氮、氧、氩、二氧化碳和不到 0.04% 的微量气体，称为空气。空气无孔不入，除真空冶炼、氩气保护浇注外，一些冶炼在空气中进行，炼钢的矿石中也会有少量气体，钢中存在气体是一种正常现象。钢中气体会显著降低钢的性能，造成钢的种种缺陷，带来许多质量问题。溶解在钢中的气体，在凝固过程中会出现偏析观象，更严重者会形成中心孔隙或显微孔隙。这些孔隙在轧制过程中有的被焊合，有的因气体过多而不易焊合。在轧延方向拉长的小气泡呈细细的纹状，称为发纹。这种缺陷会降低钢的力学性能，特别是它在钢材的横剖面显示为一种点状缺陷，破坏了钢的连续性和致密的组织。溶解在钢中的气体也会降低钢的其他物理性能及力学性能，如钢的塑性、韧性及电磁性能。

钢中的氢能使钢变脆，降低钢的强度、塑性、冲击韧性，称为氢脆。钢中的氢也是"白点"产生的根本原因，会使钢在加工时出现方向不一致的发纹，降低钢的断面收缩率、屈服点及抗拉强度，还严重地降低钢的冲击韧性。在钢的结晶过程，由于氢的偏析、集聚而形成气泡，在气泡周围又富集了碳、硫、磷等活性元素及夹杂物，此部位杂质偏高，是造成轧材横向试样出现石状断口的原因之一。

氮能增加钢的时效硬化性。含氮高的钢在室温下放置很长时间之后，一方面，过饱和的氮从 α-Fe 中析出，形成弥散分布的超纤维氮化物组织，使钢的强度、硬度提高；但另一方面又大大地降低了塑性和冲击韧性。氮也是导致蓝脆观象的重要原因。含氮钢在 150~300 ℃ 时在晶间析出氮化物，造成钢的强度提高而塑性下降。因此对要求韧性、塑性高的钢应尽量降低钢中的氮含量。

9.1 低碳高硫高铅易切削钢连铸方坯横断面气泡扫描电镜形貌

低碳高硫高铅易切削钢连铸方坯在进行低倍检查时，发现横断面四个边内部都有肉眼可见的气泡，在距表面约 6 mm 的深度内都观察到大小不等的气泡。本次试验在气泡比较严重的地方取样抛光，用超声波清洗将气泡内的脏物清洗掉后在扫描电镜下观察，另外还制取了冲击断口试样直接显露出气泡，然后在扫描电镜下观察，观察结果见图 9-1~图 9-12。

根据炼钢理论及经验，连铸过程产生气泡（包括针孔）的主要原因有三种：脱氧不良、外来气体（空气、保护性气体）、水蒸气（潮湿的添加料和耐火材料，铁合金干燥不良）。一方面，当脱氧不良时，产生的气泡为 CO 气泡，空气中的 CO_2 会部分与钢中 C、Si、Mn、Al 等发生反应，生成金属氧化物和 CO 气体，钢液吸入空气导致二次氧化产生 CO 气泡的行为与钢水脱氧不良产生 CO 气体的行为相同；另一方面，未溶解的空气（混合气体），以气泡的形式进入钢液，其行为与氢气等保护性气体相似。

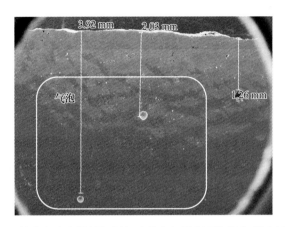

图 9-1 低碳高硫高铅易切削钢连铸方坯横断面气泡扫描电镜形貌

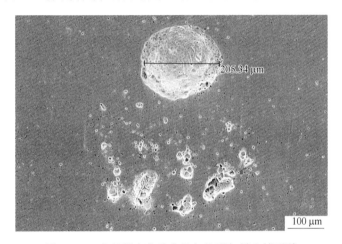

图 9-2 一个局部密集分布的气泡群扫描电镜形貌

(气泡呈现向钢坯表面升腾的趋势，酷似水的沸腾)

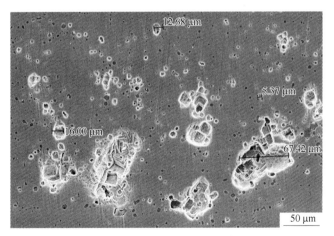

图 9-3 图 9-2 的放大像

(气泡呈现向钢坯表面升腾的趋势扫描电镜形貌，形似开水气泡翻滚升腾的激烈景象)

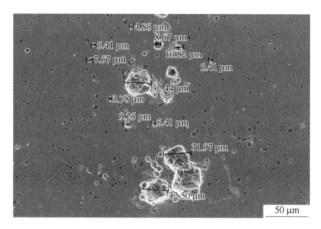

图 9-4　在一个局部密集分布的气泡群扫描电镜形貌
（最大 205 μm，最小几个微米，气泡呈现向钢坯表面上升的趋势）

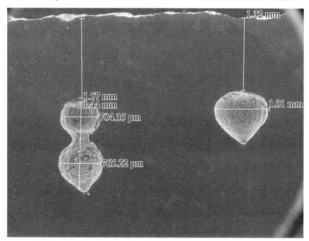

图 9-5　两个连在一起的气泡扫描电镜形貌
（像氢气球一样向钢坯表面漂浮）

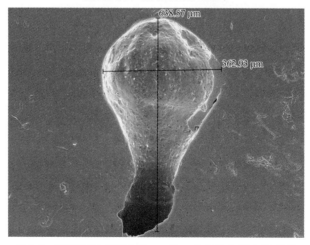

图 9-6　距离钢坯表面 2.5 mm 的一个气泡扫描电镜形貌
（形似灯泡，内壁光滑，有一种向上漂浮的趋势）

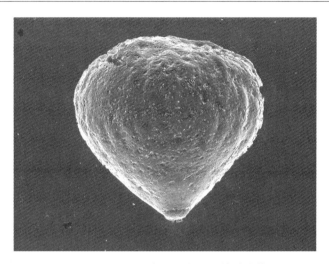

图 9-7 另一个的气泡的扫描电镜放大像
（像氢气球一样上大下小向钢坯表面漂浮）

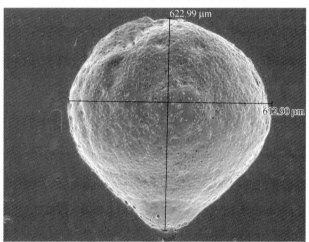

图 9-8 一个较大的向上漂浮的气泡扫描电镜形貌

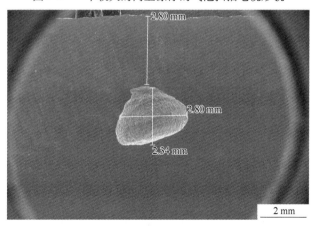

图 9-9 肉眼可见的那个气泡扫描电镜放大像
（距钢坯表面 2.8 mm，是本次观察遇到的最大气泡）

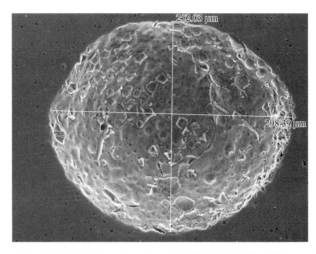

图 9-10　金相抛光试样气泡内壁分布的大小不等形状各异的硫化物扫描电镜形貌

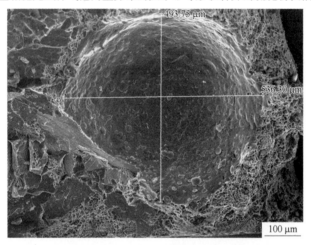

图 9-11　断口上的气泡扫描电镜形貌

（气泡壁光滑，壁上有密集分布的球形硫化物，气泡周围基体为解理断裂和韧窝韧性断裂特征）

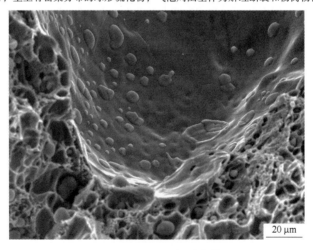

图 9-12　图 9-11 的放大像

（断口上的气泡扫描电镜形貌，气泡壁光滑，壁上有密集分布的球形硫化物，气泡周围基体为韧窝韧性断裂）

溶解在钢液中的少部分氮、氧、氢等原子，当与钢中已经存在的气泡边界接触时，也会以原子形式扩散至气液界面，形成氮、氧、氢分子，进入气泡。

水蒸气的主要来源有以下几个方面：

（1）精炼过程中添加的合金、造渣料、大包覆盖剂、结晶器保护渣，如果含有水分，其中的绝大部分水会分解成［H］、［O］进入钢液中。为此，必须保证合金料的干燥或采取烘干措施，保证炼钢用的覆盖剂、结晶器保护渣的水分控制在 0.5% 以下，防止受潮。

（2）连铸过程的铸机水冷系统产生水蒸气，由于抽风机能力不足，水蒸气会沿铸机零段上升，在结晶器上盖板下表面凝成水滴，从结晶器铜板上口边缘流入结晶器。钢液进入结晶器后，部分水蒸气从结晶器角缝进入并上升，导致保护渣湿润，并在弯月面结渣，造成连铸不顺。这部分水蒸气，只有很少部分进入烧结层，分解成［H］、［O］原子，而［H］、［O］原子进入钢水之前，必须透过溶渣层，因此，只有极小部分能最后进入钢液，产生气泡的可能性极小。

（3）耐火材料中的水，主要指中间包等耐火材料烘烤不干，在浇注的前一阶段（主要是连浇炉的头几坯或第一炉），水蒸气全部进入钢中形成［H］、［O］原子，最后，若形成气泡，其化学成分应该是以 CO 为主。如果炼钢中的脱氧合金，如铝含量较高时，主要形成氧化物夹杂，不会形成 CO 和 H_2 为主，而其气泡的特点是：只有浇次的头一炉的头几支坯出现气泡，越到后面，气泡越少。

当全程保护浇注且采用氩气保护时，从钢包下水口与浸入式长套之间的缝隙进入钢水中的氩气随后从中间包的钢液表面上浮逸出，正常情况下气泡基本不会进入结晶器。从中间包的塞棒、中间包上水口透气砖、中间包上下水口缝隙等位置进入钢水中的氢气，随钢流进入结晶器。（1）氢气防止了水口结瘤，抑制了组合式水口吸入空气导致的二次氧化；（2）气泡从结晶器钢液的逸出活跃了结晶器保护渣；（3）氢气泡边随钢流运动，边向上浮，加速了钢液中夹杂物的上浮。但是，进入结晶器的氩气泡，将随钢液运动至结晶器的一定深度的不同部位，在固液界面，凝固的枝晶会捕捉气泡，导致铸坯气泡的形成。

观察结果表明，皮下气泡主要分布在表面下 60 mm 以内，气泡分布与气泡大小无关；在宽度方向，气泡分布不均匀，气泡主要分布窄面及靠近窄面的宽面皮下。外来气泡的分布特点主要是由连铸钢水的流场分布决定的。

钢板坯气泡分布，主要在靠近板坯窄面的钢板表面 60 mm 宽度范围，对于不切边的 40 mm 以上钢板，纵边侧面也明显存在气泡。当靠近钢板的位置的气泡密度大、气泡尺寸大时，钢板表面的中间部位也存在少量气泡。当板材压缩比较大（钢板较薄）时，气泡成为重皮或被氧化掉。对铸坯进行火焰清理和车削加工时也发现，气泡主要分布在铸坯窄边及窄边的宽面位置，在皮下数个毫米，直径不超过 3 mm，肉眼可见的以 0.5 mm 居多。

这一类气泡废品主要是由钢水中的气体产生的，当钢中 P_{CO}、P_{H_2}、P_{N_2} 之和超过钢水静压力时，即产生气泡。这一类气泡废品产生主要与烟罩漏水、大钢水终点过氧化、中间包干燥不良、中间包钢水高氧等因素有关。

在冶炼和出钢过程中，转炉漏水常常渗入钢中，引起钢中的氢含量增高。终点过氧化和中间包富氧则是引起钢水中氧含量增加的主要原因。

另外必须指出，遇到阴雨天气，合金烘烤不良仍然是影响板坯质量的一个重要隐患。

由图 9-1~图 9-12 可以看出，连铸坯表面下 6 mm 内的气泡是在炼钢中产生的，在浇注时来不及上浮离开钢液，而滞留在钢坯 6 mm 内的各个区域。所观察的试样呈现气泡密度大、大小不等特征，最大直径有 3 mm，最小几微米；气泡呈球形、梨形、气球形；气泡壁光滑，壁上有球形硫化物；有的气泡尾部有一个气体管道，呈现一种上升趋势。

改进措施及效果：

通过对连铸坯气泡的成因及表现形态的分析，确认板坯有气泡主要是由保护气体（氩气）造成的。为此，采取了相应的改进措施：安装氩气流量计；在保证水口不致堵塞的前提下，调整合适的氩气流量；加强对中间包水口的快换机构零件的质量检查，保证减少气隙，从而减少由于钢水负压造成大量保护性气体进入。试验结果表明，较厚的不切边钢板纵边，仍然存在一定量的皮下气泡，但气泡数量和密度明显减少，分布在边部 60 mm 以内，达到了交货条件。

（1）当钢液中〔Al〕含量大于 0.010% 时，钢中的〔O〕由〔Al〕控制，不会产生由于脱氧不良而生成的 CO 气泡。

（2）当采取全程氩气保护时，氩气在抑制钢液的二次氧化、活跃结晶器钢液的同时，也是铸坯产生氩气泡的一个重要原因。为进一步改善氩气泡问题，有必要开展优化连铸结晶器流场、优化氩气流量的工作。

9.2　S235JO 钢板冲击断口上的"钢气球"特征

在进行 S235JO 钢板冲击试验并对其断口进行扫描电镜进行观察时，在其断口上意外地发现了一种令人惊奇的微观景象。在断口上有一条钢显微管道，在其周围有 4 个球形物与其相连，其中一个较大，约 40 μm，另 3 个较小，不确定是什么，见图 9-13 ~ 图 9-15。

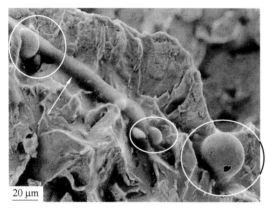
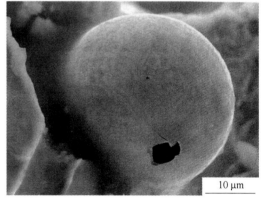

图 9-13　冲击断口上的一条钢显微气体管道　　　　图 9-14　图 9-13 钢凝固液滴——"钢气球"的
　　　　及被它吹起的几个钢凝固液滴——"钢气球"　　　　　　　　扫描电镜放大像

（球形物与钢显微管道相连，表面有枝晶花样，
右下角有一个破碎的孔洞，与人造塑料球极为相似）

分析判断：在 S235JO 钢板冲击断口上出现的凝固液滴——"钢气球"是一种极为罕见的钢中气体现象，从图 9-13 ~ 图 9-15 中的黑洞和裂纹可以认为这几个"钢气球"是空

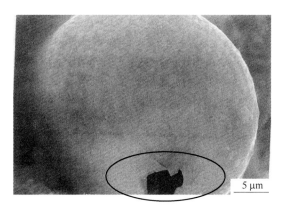

图 9-15 图 9-14 的扫描电镜放大像

（破碎孔洞证明里面是空的，钢气球特征十分清晰）

心的，表面枝晶花样表明它们是钢在由液态向固态结晶过程中形成的。为什么形成空心的钢球？分析认为，首先在钢中存在较多的气体，在凝固中较多的气体形成一个半凝固状态的钢显微气体管道，同时在凝固中管道周围的气体也不断进入管道，不断有气体向管道输送，从而使管道内的气体压力不断增加，当气体压力达到一定值时，在管道较薄的部位便像吹糖人那样，将这部分半凝固的钢吹成一个气球，随后又经历一个结晶过程，在其表面上形成美丽的结晶花样，而破损和裂纹是在打冲击时形成的，为分析"钢气球"的产生提供了科学依据。

9.3 连铸坯形形色色气孔形貌

如果钢水在浇注前存在较多的气体，就会在连铸坯表面、浅表面，甚至更深的地方留下显微气泡，有气泡的连铸坯轧制后会将气泡遗传给轧材，成为轧材一种潜在的冶金缺陷，后患无穷。本节收集了存在于连铸坯内各种形态与尺寸的气泡，供读者在检验气泡时参考见图 9-16~图 9-30。

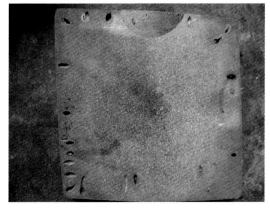

图 9-16 45 钢连铸坯低倍浅表面
皮下气泡宏观形貌

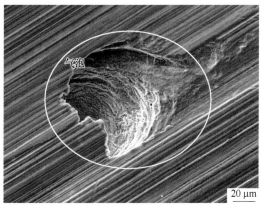

图 9-17 在切割连铸坯试样时发现
的皮下气泡立体扫描电镜形貌

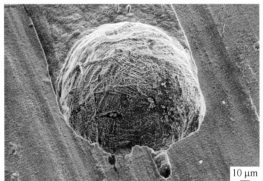

图 9-18　连铸坯皮下气泡立体扫描电镜形貌

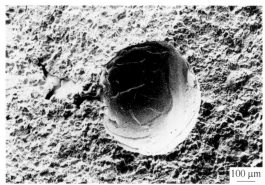

图 9-19　连铸坯断口上的气泡坑扫描电镜形貌

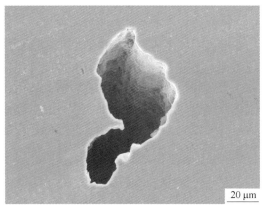

图 9-20　GCr15 钢连铸坯皮下气泡
立体扫描电镜形貌

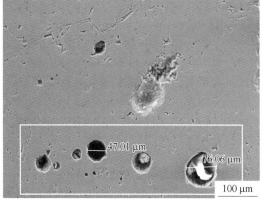

图 9-21　连铸坯浅表面与夹杂物共存
的气泡扫描电镜形貌

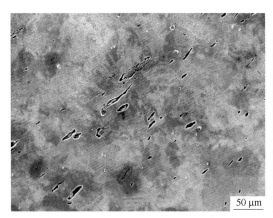

图 9-22　连铸坯浅表面密集分布的
气泡扫描电镜形貌

图 9-23　35 钢连铸坯切割后露出的
气泡扫描电镜形貌

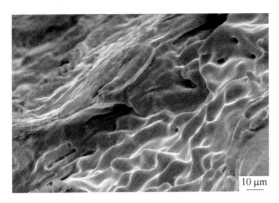

图 9-24 图 9-23 中 35 钢连铸坯中的气
泡壁流水波纹状扫描电镜形貌

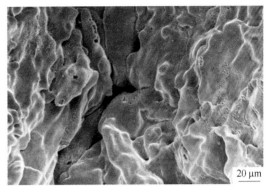

图 9-25 35 钢连铸坯中的气泡壁
流水波纹状扫描电镜形貌

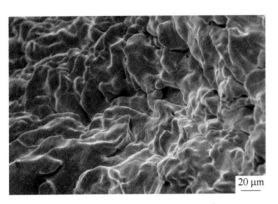

图 9-26 35 钢连铸坯中的气泡壁
流水波纹状扫描电镜形貌

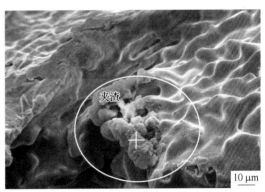

图 9-27 35 钢连铸坯中的气泡壁上
的夹渣扫描电镜形貌

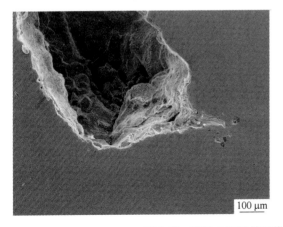

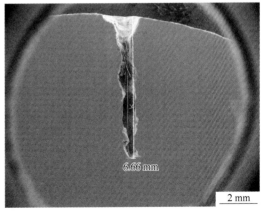

图 9-28 25Mn2 钢连铸坯横向表面气泡扫描电镜形貌

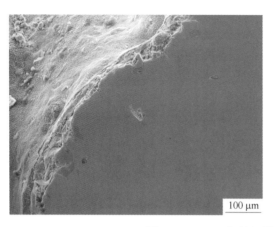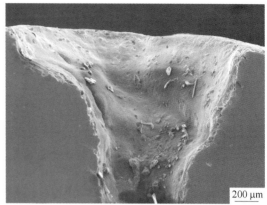

图 9-29　25Mn2 钢铸坯横向表面气泡扫描电镜形貌

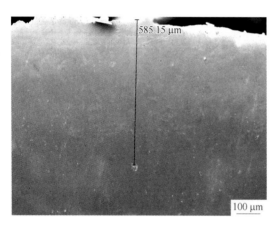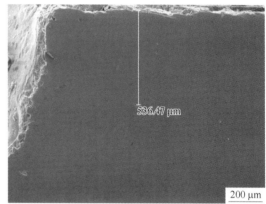

图 9-30　25Mn2 钢铸坯横向浅表面气泡扫描电镜形貌

分析判断：

（1）图 9-16～图 9-30 所示为由于钢中气体含量远超过标准要求而产生的铸坯浅表面气泡特征。

（2）气泡尺寸较大，密集分布，气泡内有较多的夹杂物和夹渣。

（3）气泡壁十分光滑，形似流水波纹状。

（4）露出表面的开放型气泡呈喇叭状，喇叭口露出表面。

9.4　ER50-6 钢连铸坯浅表面气泡分析

在低倍检验中，发现了浅表面针孔缺陷，为了研究针孔缺陷的性质，在其针孔缺陷部位取样，并制造一个人造断口，在断口上发现了露出铸坯表面的开放型气泡，通过扫描电镜进行观察，观察结果见图 9-31～图 9-34。

分析判断：沿柱状晶方向伸长的，位于铸坯表面附近的空间叫气泡，空间细小而密集的叫针孔。按空洞的位置来分，露出表面的叫表面气孔，潜于皮下的叫皮下气泡。气泡会造成成品上的表面裂纹缺陷，深度较大时危害较大。

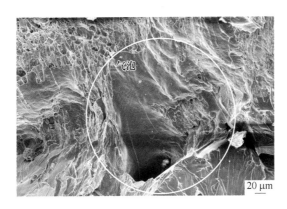

图 9-31　ER50-6 钢连铸坯表面人造断口浅表面气孔扫描电镜形貌
（气泡壁十分光滑，呈喇叭状伸向铸坯表面，内有夹渣冶金缺陷）

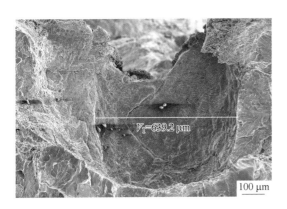
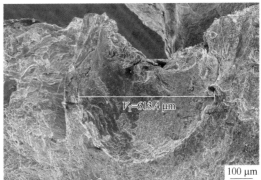

图 9-32　ER50-6 钢连铸坯人造断口观察到的连铸坯露出表面的开放型气泡匹配断口扫描电镜形貌
（气泡直径约 639 μm，气泡壁有氧化特征，壁上有成堆分布的夹杂物）

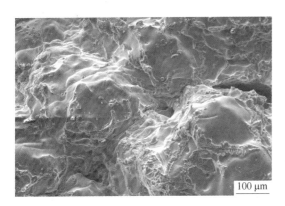
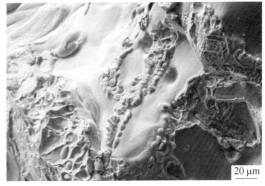

图 9-33　ER50-6 钢连铸坯气泡壁及其壁上的
颗粒状硫化物扫描电镜形貌 1

图 9-34　ER50-6 钢连铸坯气泡壁及其壁上的
颗粒状硫化物扫描电镜形貌 2

皮下气泡一般仅在最先浇注的约 1.5 m 长的范围内产生。当钢中有较高的气体（如 H_2、O_2）含量，在凝固过程中，钢中的 CO 和 H_2 等气体的分压大于钢水静压力与大气压力之和时，就会生成气泡。在浇注过程中注入结晶器的钢流被氧化；过早地向结晶器加保护渣，使其与钢水混合；用生锈的切屑或废钢块填入结晶器引锭头上；中间包未烘烤干等错误操作，都可能是产生气泡的原因。当这些气泡不能从钢中逸出时就会造成气泡缺陷。因此，降低钢水中主要气体，如 H_2、O_2 的含量，就可以减少气泡产生。

要想降低 O_2 含量，首先要采用强化脱氧措施。使用 Al 在钢包中脱氧时，当铸坯中溶解 Al 含量大于 0.0015%，就可以控制气泡的发生。

实践证明，在浇注过程中对钢流进行保护浇注，防止二次氧化，对减少气泡有明显的效果。

钢水中的 H_2 是造成气泡的一个主要原因，H_2 进入钢水与大气中的水蒸气分压有密切关系。为减少钢水中的 H_2，在冶炼过程中应对入炉的原材料进行烘烤干燥，对钢水进行脱气处理。在浇注过程中防止 H_2 进入钢水，对钢流密封保护，采用保护渣浇注是行之有效的。因此，降低钢中气体含量，采用合适的结晶器保护渣，并让结晶器钢水上升到浸入式水口出口以上后才加入保护渣，用清洁切屑和废钢块放在结晶器内的引锭头上，中间包衬和浸入式水口材质一定不能用含有气体的黏结剂等，都是防止皮下气泡产生的有效措施。

9.5　夹渣与气泡导致的 400 系不锈钢板边裂分析

很多冶金企业在生产 400 系 430 和 410S 不锈钢钢卷时，在热轧生产线轧制过程中经常发生热轧边部裂纹，边部裂纹简称"边裂""烂边"或者"破边"。据查，某企业边裂比例最高达到了 7%，更有甚者，另一企业该缺陷的出现几率曾经占到钢板缺陷比例的 30%。边裂的发生迫使该企业在生产过程中必须进行切边处理，不仅增大了钢板的切边量（即金属的耗损），严重时还会因切边造成产品尺寸不足而影响订单交付，给后续冷轧工序加工造成困难，而且严重影响产品的使用性能，是困扰钢板生产的主要质量问题。因此，认真分析研究不锈钢板边部裂纹缺陷的形成规律及原因，并采取相应的控制措施减少或控制边部缺陷的出现，对指导不锈钢板生产、提高不锈钢板产品质量及成材率均具有重要意义。

不同企业由于工装、工艺或操作的差异，出现边裂的外观形式和严重程度不尽相同，通常表现形式如下：

（1）边裂宏观形貌严重。热轧板卷多次出现边裂缺陷，这种缺陷呈大批量连续分布，在边部全长范围内均出现，有的是连续几圈、半卷出现，有的甚至整卷都有，见图 9-35。

（2）由夹杂物引起的边裂。在边部存在连续的"V"状边裂裂纹，较大裂纹在 3 mm 左右，且边裂存在缺口，有掉肉现象，较小的裂纹呈月牙形，垂直于轧制方向。

（3）边裂宏观形貌较轻。在 SPHC 卷板某一单圈出现，距边裂部位 10~15 mm 内伴随有细小纵裂、树枝状裂纹或舌状裂纹，图 9-36 是板坯边部细小裂纹在热轧过程中受张力扩展形成的裂纹，从边部向内延伸并有多个分支呈树枝状的小裂纹，较粗的裂纹在轧制温度下已经发生高温氧化现象。

（4）中间坯在粗轧第二、第三道次时，两边部通条出现裂纹，从试样的边裂形态来看，边部开裂沿轧制方向拉裂呈三角状，拉开长度达 55 mm，边裂由边部向里延伸。

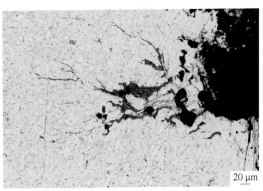

图 9-35　410 不锈钢板严重边裂扫描电镜　　　　图 9-36　钢板烂边向内扩展的树枝状裂纹
　　　　　　宏观形貌　　　　　　　　　　　　　　　　　扫描电镜形貌

　　边裂是生产热轧不锈钢板的共性问题，由于它直接影响企业的经济效益，各冶金企业都非常重视，对边裂本质做了大量的研究并提出了改进措施。归纳相关企业的公关结果，产生边裂通常有如下几种原因：

　　(1) 连铸坯过热。连铸坯的加热不当造成连铸坯过热、过烧，使边部晶粒异常长大，导致铁素体含量较高与轧制变形配合不佳，410S 钢在高温状态下存在不同的组织，且高温物相的比例也不尽相同，以及材料中大量的显微气泡，局部晶界产生缩孔等都可导致边裂。

　　(2) 连铸坯近表层夹渣的富集。连铸坯近表层的夹杂物富集，促进了轧制过程中裂纹的扩展，造成严重边裂，热轧时边部温降大，若此时边部夹杂物集中或已有微裂纹出现，热轧裂边出现的几率就高，因此，边部出现的大型夹杂物富集是诱发边裂的主要根源之一。钢流在结晶器内部的流动、传热的不均匀程度和液面波动情况比传统板坯连铸复杂，在浇铸过程中往往会造成卷渣，一部分卷渣残留在铸坯表面形成表面夹渣，其中较大的夹渣颗粒在铸坯边部沉积，造成板坯边部大型夹渣的富集而导致边裂。

　　(3) 热轧板边部部分区域未发生完全再结晶。由于热轧板边部部分区域未发生完全再结晶，导致在热轧时未再结晶区和再结晶区域的变形抗力不一，造成热轧板的边裂。

　　(4) 连铸板坯角部横向裂纹引起热轧卷板边裂。板坯角部横裂与钢水成分、结晶器保护渣、结晶器冷却、二冷水等工艺因素有关。大多数横裂发生在振动波纹的波谷深处，一般认为，这种裂纹是铸坯矫直时产生抗张力造成的，当铸坯表面存在星状裂纹时，在矫直力作用下，以星状裂纹为缺口，扩展成横裂纹，如果裂纹在角部，就形成角部横裂。另外，与宽面上的单维散热不同，在棱边上热量的散发是从宽面和窄面两个方向进行的。因此，棱边的温度明显地低，即使没有更强的冷却，棱边处的温度也很容易降到临界温度900 ℃以下。900~700 ℃是钢的脆性温度范围，在这个温度范围内，若受到张力的作用，就易产生裂纹。这就是横向角部裂纹的产生往往比面上横裂纹多的缘故。角部横裂还可能是铸机对中情况不好，使铸坯受到过分弯曲变形出现的。对于容易造成显微偏析的高碳钢和高 S、P，如果结晶器摩擦力稍有增加，也会造成坯壳横向撕裂，见图 9-37。

　　(5) 在热轧微观组织中产生细晶粒，在铁素体轧制的微观组织中产生粗晶粒。不同晶粒大小对微裂纹的形成机制以及裂纹源、裂纹扩展的方向有重要影响。晶粒大小和晶界在边裂源产生时也对裂纹扩展的减缓有明显作用。当粗晶粒中的裂纹生长时，绝大多数的边裂纹尖端会变钝，从而减少应力集中，提高裂纹韧性。总地来看，细晶粒微观组织表现出良好的抗裂纹产生性能，而粗晶粒微观组织则在抗裂纹扩展方面更佳。

（6）铸坯存在原始表面裂纹、表面针孔等缺陷，这些铸坯缺陷使钢的致密性降低，使氧易于渗透并发生氧化，这是热轧带出现边裂的主因；强宽展及不均变形等轧制条件会促使粗轧坯内部缺陷的扩展、氧化，这是边裂产生的外因。

（7）边裂的发生主要是由于其锰含量偏低，导致 Mn/S 过低而在晶界上生成低熔点FeS。夹杂物过多，加热时间过长以及中心硫偏析等加剧了边裂现象的发生，从而导致"烂边"的发生。

（8）铸坯温度和 [N]、[Al$_s$]、[B] 含量对成品卷边部裂纹有较大影响，通过改善冷却水工艺，合理控制 [N]、[Al$_s$]、[B] 含量，可有效减少含硼钢铸坯边部裂纹的产生。

（9）皮下气孔严重。如果连铸过程不稳定，就会在连铸坯边部产生皮下气孔，这些皮下气孔在轧制中非常容易形成边裂。通常沿柱状晶方向伸长的，位于铸坯表面附近的空间叫气泡，空间细小而密集的叫针孔。按空洞的位置来分，露出表面的叫表面气孔，潜于皮下的叫皮下气泡。气泡会造成成品上的表面缺陷，深度较大时，危害较大。图 9-38 是表面气孔和皮下气泡产生边裂的形貌，在板烂边处发现很多显微气孔，是连铸坯窄面皮下显微气孔在轧制后的气孔残留，仍保留气孔的特征。

图 9-37　加热炉的红钢坯的角部裂纹
显示出白亮的白斑形貌

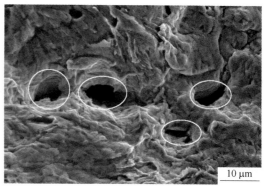
10 μm
图 9-38　边裂上的气泡扫描电镜形貌

皮下气泡一般仅在最先浇注的约 1.5 m 长的范围内产生。钢中有较高的气体（如H$_2$、O$_2$）含量，在凝固过程中，钢中的 CO 和 H$_2$ 等气体的分压大于钢水静压力与大气压力之和时，就会生成气泡。在浇注过程中注入结晶器的钢流被氧化；过早地向结晶器加保护渣，使其与钢水混合；用生锈的切屑或废钢块填入结晶器引锭头上；中间包未烘烤干等错误操作都是产生气泡的原因。当这些气泡不能从钢中逸出时就会造成气泡缺陷。因此，降低钢水中主要气体，如 H$_2$、O$_2$ 的含量，就可以减少气泡产生。

要想降低 O$_2$ 含量，首先要采用强化脱氧措施。使用 Al 在钢包中脱氧时，当铸坯中溶解 Al 含量大于 0.0015%，就可以控制气泡的发生。

实践证明，在浇注过程中对钢流进行保护浇注，防止二次氧化，对减少气泡有明显的效果。

钢水中的 H_2 是造成气泡的一个主要原因，H_2 进入钢水与大气中水蒸气分压有密切关系。为减少钢水中的 H_2，在冶炼过程中应对入炉的原材料进行烘烤干燥；对钢水进行脱气处理。在浇注过程中防止 H_2 进入钢水，对钢流密封保护，采用保护渣浇注是行之有效的。因此，降低钢中气体含量，采用合适的结晶器保护渣，并让结晶器钢水上升到浸入式水口出口以上后才加入保护渣，用清洁切屑和废钢块放在结晶器内的引锭头上，中间包衬和浸入式水口材质一定不能用含有放气的黏结剂等，都是防止皮下气泡产生的有效措施。

（10）振痕。在浇注过程中，结晶器需振动以避免坯壳与结晶器之间黏结。结晶器的上下运动会造成铸坯 4 个表面上周期性的横纹痕迹. 这些痕迹称为振痕。振痕是坯壳被周期性的拉破又重新焊合的过程造成的。振痕的深度与钢中含碳量有很大关系，一般低碳钢振痕较深，而高碳铜振痕较浅。当结晶器振动状况不佳，钢液面剧烈波动或保护渣选择不当时，会使振痕加深，并可能在振痕处潜伏横裂纹、夹渣和针孔等缺陷。

当振痕浅且很规则时，在进一步加工中不会引起缺陷。当振痕深并存在缺陷时，就会对随后加工和成品造成危害。

为了减少振痕深度，现在连铸机多采用小振幅、高振频的振动模式，同时减少结晶器液面波动和采用黏度较大的保护渣。

（11）马氏体组织导致边裂。对 06Cr13 出现的热轧严重边裂缺陷进行组织检测分析，经王水腐蚀后发现裂纹特点：一是裂纹处组织有明显的变形流线，这些变形流线与裂纹的扩展方向一致；二是裂纹开口处与裂纹尾端氧化程度不同，裂纹开口处氧化严重，尾端氧化轻微；三是有的裂纹处组织完全是马氏体，且马氏体晶粒粗大，粗大马氏体成为导致边裂的主要原因。

必须着重指出，虽然导致边裂可能有上述 11 种原因，但发生边裂很少是由一种原因产生的，而是两种或两种以上原因综合作用的结果，所以，分析边裂必须以实验结果为依据，具体问题具体分析。

9.6 夹渣与气泡导致 410S 系不锈钢板边裂分析

不锈钢板是一种铁素体类不锈钢板，这种不锈钢板具有成本低、线膨胀系数小、导热系高等优点。但在生产中这种不锈钢在热轧制过中很容易出现边裂现象，从而降低铁素体不锈钢板产品的质量，增加企业的生产成本，也会给后道工序的加工生产带来风险和损失。

本节对用户提供的 3 块 3 mm 厚 410S 不锈钢板边裂试样，用扫描电镜进行观察与分析，结果见图 9-39～图 9-60。

由图 9-42～图 9-44 可看出，1 号试样的泡泡样颗粒状物具有熔融爆裂特征，表面十分光滑，X 射线能谱与定量分析表明其含有 C、O、Na、Si、P、S、Cr、Fe 等成分，其中 C、Na、Si、S、Cr、Fe 等成分是连铸结晶器保护渣的重要成分，证明这种在裂纹面上密集分布的颗粒状物是液态保护渣滴在浇注时卷入连铸板坯的浅表面。

图 9-39　1 号试样边裂扫描电镜形貌低倍形貌
（在板边部侧面局部区域发生严重裂纹）

图 9-40　边裂扫描电镜局部放大像
（边裂十分严重，在裂纹表面可以看到密集分布的颗粒状物）

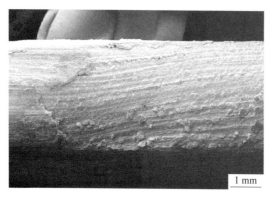

图 9-41　没有发生边裂的钢板侧面扫描电镜形貌
（可以看到轧制流线）

图 9-42　边裂面上密集分布的像泡泡样颗粒状
物体的扫描电镜放大像

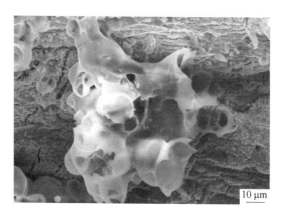

图 9-43　图 9-42 边裂面几个泡泡样颗粒状物扫描电镜放大像
（颗粒状物具有熔融爆裂特征，形状极不规则，表面十分光滑）

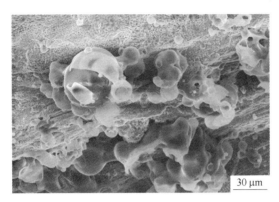

元素	重量百分比/%
C	22.30
O	47.22
Na	5.69
Si	19.00
P	1.51
S	0.87
Cr	0.26
Fe	3.15
总量	100.00

图 9-44　液态保护渣滴 X 射线元素定量分析结果

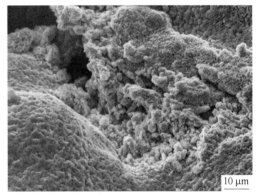

图 9-45　2 号试样边裂处的扫描电镜形貌

（在板边部侧面局部区域发生严重裂纹，边裂处有松散的结晶器保护渣颗粒）

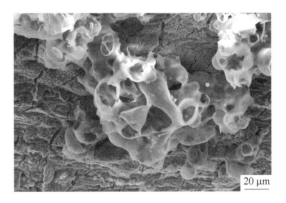

图 9-46　2 号试样边裂处的夹渣滴扫描电镜形貌

（具有熔融特征，形式极不规则，表面十分光滑，呈现夹渣气泡爆裂的形态）

由图 4-45~图 4-47 可看出，2 号试样边裂表面也观察到密集分布的熔融状态的结晶器保护渣，表面十分光滑，X 射线元素面分布图证明其含有 C、O、Na、Si、Fe 等成分，其

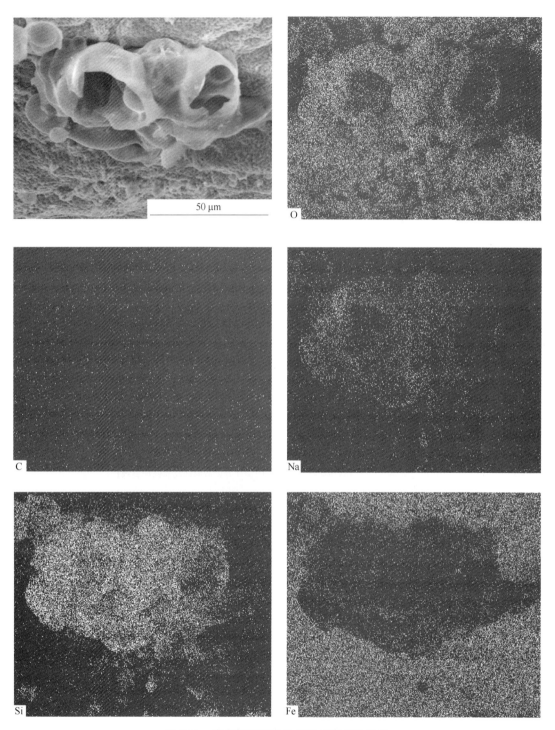

图 9-47　液态保护渣滴 X 射线元素面分布图

中 C、Na、Si、Fe 等成分是连铸结晶器保护渣的重要成分，证明 2 号裂纹面上密集分布的颗粒状物也是由液态保护渣滴在浇注时卷入连铸板坯的浅表面的。

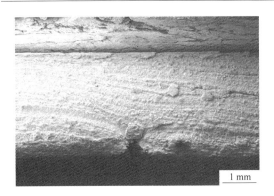

图 9-48 3 号试样边裂扫描电镜低倍形貌

（在板边部侧面局部区域发生严重裂纹）

图 9-49 扫描电镜 3 号试样边裂处的夹渣滴形貌

（表面十分光滑，呈现夹渣气泡爆裂的形态）

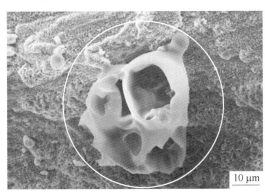

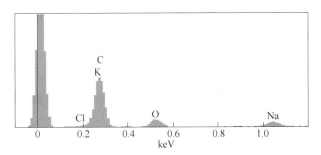

图 9-50 3 号试样裂纹面上的颗粒状结晶器保护渣夹渣扫描电镜形貌及 X 射线能谱图

　　由图 4-48~图 4-50 可看出，3 号试样具有熔融特征，表面十分光滑，呈现夹渣气泡爆裂的形态。X 射线能谱图表明该保护渣颗粒含有 C、K、O、Na、Cl 等成分，它们是连铸结晶器保护渣的重要成分，证明这种在裂纹面上密集分布的颗粒状物是液态保护渣滴在浇注时卷入连铸板坯的浅表面。

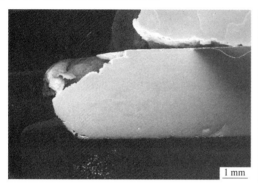

图 9-51　1 号样与裂纹面临近垂直的扫描
电镜低倍形貌

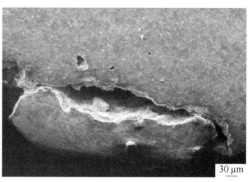

图 9-52　图 9-51 裂纹面临近（下角）的气孔
及气孔裂纹扫描电镜形貌

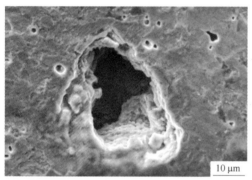

图 9-53　图 9-52 气孔扫描电镜放大像
（气孔壁已经发生高温氧化，
周围有很多小气孔）

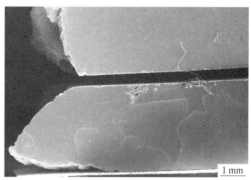

图 9-54　2 号样与裂纹面临近垂直的扫描
电镜低倍形貌
（在板边附近的钢板表面上存在较大的气孔和气孔裂纹）

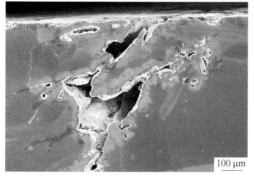

图 9-55　图 9-54 气孔的扫描电镜放大像
（气孔距离板侧面约 3 mm，孔洞较大，
孔洞壁已经发生高温氧化现象）

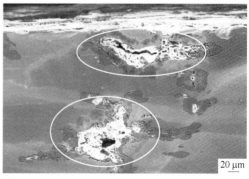

图 9-56　图 9-55 钢板表面下气孔的扫描电镜放大像
（气孔距离板侧面约 3 mm，孔洞较大，
孔洞壁已经发生高温氧化现象）

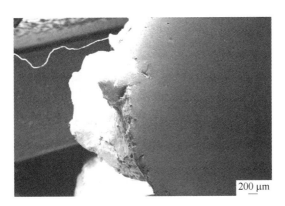

图 9-57　3 号试样裂纹面附近的扫描电镜形貌
(裂纹面下有很多显微气孔)

410C 钢与 310 钢板中夹杂物的电镜形貌，见图 9-58~图 9-61。

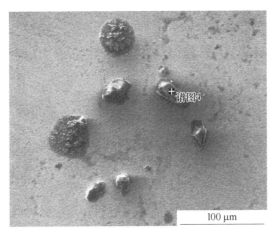

元素	重量百分比/%
C	71.34
O	14.88
Na	2.55
Cl	6.16
K	5.08
总量	100.00

图 9-58　410C 钢板中夹杂物金相形貌及 X 射线定量分析结果
(X 射线元素定量分析结果表明该夹杂物是液态保护渣颗粒，含有 C、K、O、Na 等成分，
与裂纹处看到的液态保护渣夹渣相同)

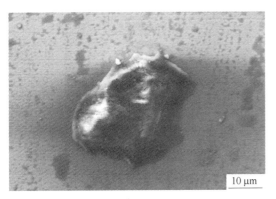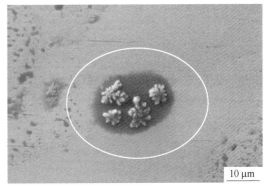

图 9-59　410C 钢板中夹渣扫描电镜形貌 1
(夹渣尺寸超过 30 μm，表面有浮凸，在抛光中比钢基体耐磨，表现十分坚硬，
夹渣中镶嵌着晶体型没有融化的保护渣固体颗粒钠盐)

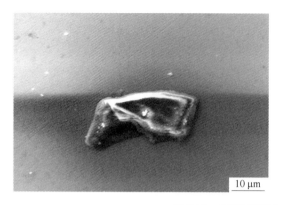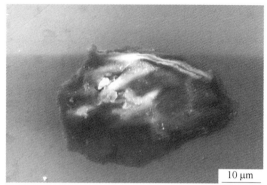

图 9-60 410C 钢板中夹渣扫描电镜形貌 2

（在其左右留下沟槽，表明十分坚硬耐磨）

元素	重量百分比/%
C	48.58
O	20.35
Na	9.14
Cl	13.91
K	8.01
总量	100.00

图 9-61 410C 钢板中夹渣扫描电镜形貌 3 及 X 射线定量分析结果

（夹渣中镶嵌着晶体型没有熔化的保护渣固体颗粒钠盐）

将 410S 钢 1 号试样距边裂侧面 3 mm 处开槽打造一个断口，将断口放在扫描电镜观察，虽然断面很小，但是在断口上观察到密集分布的烧结状或液滴状结晶器保护渣夹渣，与边裂处和金相观察到的夹渣完全一样，结果见图 9-62～图 9-64。

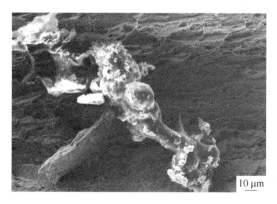

图 9-62 410S 钢 1 号试样断口上的烧结状或液滴状结晶器保护渣夹渣的扫描电镜形貌

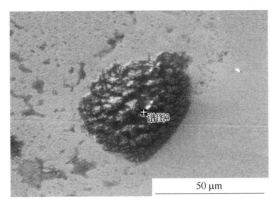

元素	重量百分比/%
C	65.15
O	21.73
Na	2.29
Al	1.53
Si	3.16
K	1.01
Fe	3.00
Cu	2.12
总量	100.00

图 9-63　烧结状或液滴状结晶器保护渣夹渣扫描电镜形貌及 X 射线定量分析结果

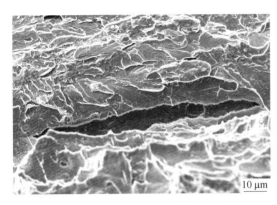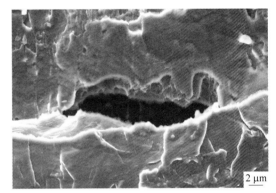

图 9-64　扫描电镜断口气泡扫描电镜形貌

采用扫描电镜从裂纹面、人造断口和金相三个方向对断口进行观察，可以得出如下结论：

（1）3 mm 厚 410S 不锈钢板边裂试样边裂十分严重，裂纹深度超过 3 mm，裂纹间距约 5 mm，分布并不均匀。

（2）在 3 个试样边裂面上均观察到熔融状态的结晶器保护渣颗粒，并密集分布在裂纹面上，保护渣颗粒表面十分光滑，具有熔融状态特征，形状各异。

（3）在金相面上的裂纹附近 3 个试样都观察到气孔，这些气孔壁已经发生高温氧化，按气孔的位置来分，露出表面的叫表面气孔，潜于皮下的叫皮下气泡。气孔会造成成品上的表面缺陷，深度较大时，危害较大。

（4）金相试样中也观察到结晶器保护渣液滴夹杂物，夹渣中镶嵌着晶体型没有熔化的保护渣固体颗粒钠盐。在抛光研磨中由于它们比钢基体坚硬，表面呈现浮凸，两边留下沟槽。

（5）在人造断口上观察到密集分布的烧结状或液滴状结晶器保护渣夹渣和残留显微气孔，与边裂处和金相观察到的夹渣和气孔完全一样。

分析认为，连铸板坯在浇铸时有液态结晶器保护渣卷入连铸坯的浅表面；同时，由于保护渣潮湿而产生的气体也进入连铸坯的表面或浅表面形成气泡，在轧制中由于连铸坯浅表面的结晶器保护渣液滴和皮下气泡破裂导致钢板产生边裂或烂边，烂边总是发生在有结晶器保护渣液滴和皮下气泡的区域。

断口观察还发现，这种夹渣和气孔同时出现，有夹渣的地方必有气孔，夹渣和气孔是一个潜在的裂纹源，这种缺陷在轧制变形中对裂纹的敏感性较强，缺陷会被放大，成为钢板发生破裂的裂纹源，导致轧制后的钢板出现严重的边裂质量问题。

观察分析认为，卷渣形成的夹渣尺寸滴在 $10 \sim 300\ \mu m$，含有大量的 CaO、MgO、Al_2O_3、SiO_2、K_2O、Na_2O、炭粉等成分，在钢水温度下液渣层保护渣通常为液态。在敞开浇铸时结晶器内的钢水上表面出现漩涡使得液渣层保护渣液滴浸入连铸坯的浅表面或更深的区域，并滞留在连铸坯内，这种保护渣液滴质地十分坚硬，比钢基体还要耐磨，十分像火山岩浆凝固后形成的坚固岩石，有些夹渣滴内还镶嵌着没有熔化的保护渣固体颗粒。通过低倍及扫描电镜观察发现，颗粒较大夹渣缺陷在低倍试片呈现肉眼可见的白色斑点特征，在其发现白色斑点的试片边部切取条状试样并制造冲击断口，在扫描电镜下观察也观察到完全一样的夹渣滴冶金缺陷，说明这种卷渣形成的缺陷分布是随机的，在连铸坯的浅表面任何部位都有可能存在。

连铸铜结晶器与钢液面之间的结晶器保护渣分三层：与铜结晶器接触的保护渣为粉状层，与钢液面接触的保护渣为液态层，中间是烧结层。因此，卷入连铸坯中的夹渣也有液滴状、烧结状和粉状三种形状。其中的液滴状呈现一种镶嵌复相夹杂物特征。

如果液态保护渣中含有未熔保护渣颗粒，就会形成镶嵌晶体颗粒的复相夹杂物。

加入能够软化和吸收浮渣的材料，改善浮渣的流动性，加强保护渣的干燥处理，可以减少连铸坯的皮下夹渣和皮下气泡，减轻钢板的边裂问题。

通过对生产中大量边裂试样的系统分析，结合中间坯及钢卷的边裂缺陷分析，找出了影响奥氏体不锈钢热轧板边裂的主要因素：结晶器内部的流动、传热的不均匀程度和液面波动情况比传统板坯连铸时复杂，在浇铸过程中往往会造成卷渣，一部分卷渣残留在铸坯表面形成表面夹杂，其中较大的夹杂颗粒在铸坯边部沉积，造成边部大型氧化物夹杂的富集。

连铸浇注时发生卷渣，导致连铸坯表面和浅表面存在结晶器保护渣液滴，以及连铸坯表面存在大量的显微气泡，针对以上问题，结合工艺优化措施可制订改进措施。

裂纹的金相和扫描电镜断口分析结果都显示出裂纹尖端附近存在大量的结晶器保护渣液滴以显微气泡，裂纹缺陷仅仅出现在边部，说明裂纹是在较高的温度下形成的，也就是说微细裂纹在连铸坯已经形成。

表面夹渣是指在铸坯表皮下 $2 \sim 10\ mm$ 镶嵌有大块的渣子，因而也称皮下夹渣。浇注成铸坯后，夹渣分布在铸坯表面，在无氧化铁皮覆盖，或经火焰清理后可以见到表面夹渣缺陷。从外观看，夹渣缺陷大而浅的属硅锰酸盐系；小而分散，深度在 $2 \sim 10\ mm$ 的属 Al_2O_3 系夹杂。若不清除，会造成成品表面缺陷，增加制品的废品率。表面夹渣对浇注操作和最终轧制成品都是有害的缺陷，在浇注时由于表面夹渣的导热性差，在有表面夹渣的部位，凝固速度减慢，坯壳变薄。容易造成漏锈事故，一般渣子的熔点高易形成表面夹渣。

敞开浇注时，由于二次氧化，结晶器液面有浮渣。浮渣的熔点、流动性与铜液的浸润性都与浮渣的组成有直接关系。对硅铝镇静钢来说，浮渣的组成与钢中的 Mn/Si 有关；当 Mn/Si 低时，形成浮渣的熔点高，容易在弯月面处冷凝结壳，产生夹渣的几率较高；因此钢中的 Mn/Si 大于 3 为宜。对用铝脱氧的钢，铝线喂入数量也会影响夹渣的性质，对钢液加铝量若大于 200 g/t 时，浮渣中 Al_2O_3 增多，熔点升高，致使铸坯表面夹渣猛增。此外，可以加入能够软化和吸收浮渣的材料，改善浮渣的流动性，以减少铸坯的表面夹渣。

在用保护渣浇注时，表面夹渣缺陷主要是由于保护渣质量不好，容易形成坚硬渣壳，在结晶器液面波动情况下卷入铸坯表面。因此，水口出孔的形状、尺寸的变化、插入深度、吹 Ar 量的多少、塞棒失控以及拉速突然变化等，均会引起结晶器液面的波动，严重时导致夹渣；就其夹渣的内容来看，有未熔的粉状保护渣，也有上浮未来得及被液渣吸收的 Al_2O_3 夹杂物，还有吸收溶解了的过量高熔点 Al_2O_3 等。结晶器液面波动对卷渣的影响是：

液面波动区间±20 mm 时，皮下夹渣深度小于 2 mm；±40 mm 时，小于 4 mm；大于 40 mm 时，小于 7 mm。

皮下夹渣深度小于 2 mm，铸坯在加热过程中可以消除；皮下夹杂深度在 2~5 mm 时，热加工前铸坯必须进行表面精整。为消除铸坯表面夹渣，应该采取的措施为：

（1）要尽量减小结晶器液面波动，最好控制在小于 5 mm，保持液面稳定。

（2）浸入式水口插入深度应控制在（125±25）mm 的最佳位置。

（3）浸入式水口出口的倾角要选择得当，以出口流股不致搅动弯月面渣层为原则。

（4）中间罐塞棒的吹 Ar 量要控制合适，防止气泡上浮时对钢渣界面强烈搅动和翻动。

（5）选用性能良好的保护渣，并且 Al_2O_3 原始含量应小于 10%，同时控制一定厚度的液渣层。

此外，采用钢包吹氩搅拌、中间包净化、钢流保护等措施来减少浮渣数量，也是很关键的手段。

9.7　金相、透射电镜、扫描电镜棒材气泡形貌的对比

连铸坯内的气泡在经热加工轧制时要产生变形，变形后的气泡在金相、透射电镜、扫描电镜的微观形貌是不一样的，见图 9-65~图 9-70。

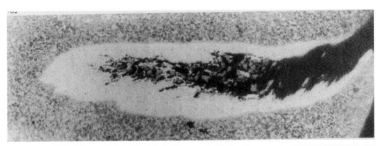

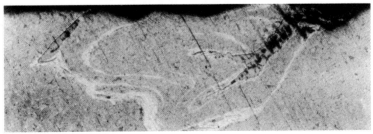

图 9-65　金相气泡形态 1

（20CrMnTi 圆钢与表面相通的两个皮下气泡形态，弧形白色区为高温氧化铁素体）

(a) 20CrMnTi圆钢与表面相通的
皮下气泡形态

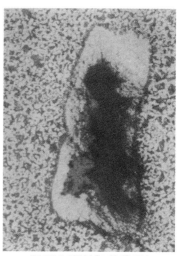

(b) 35Mn2钢坯皮下气泡形态

图 9-66　金相气泡形态 2

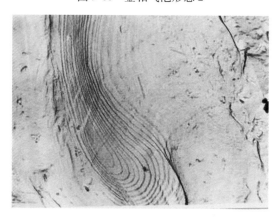

图 9-67　20CrMnTi 圆钢透射电镜下的台阶状或梯田状气泡形貌

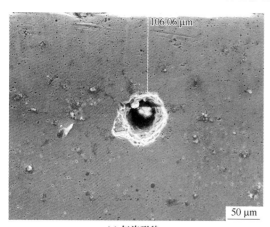

(a) 气泡形貌

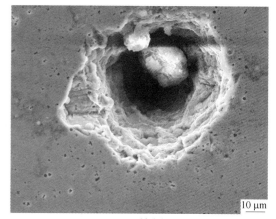

(b) 放大像

图 9-68　扫描电镜气泡形貌

（37Mn5 钢 φ75 mm 棒材，在棒材距表面 100 μm 的地方发现一个浅表面气泡）

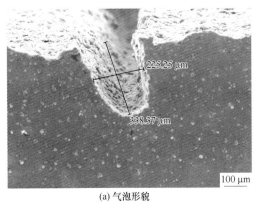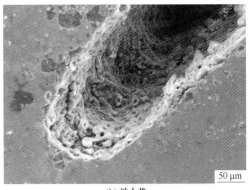

| (a) 气泡形貌 | (b) 放大像 |

图 9-69 37Mn5 钢 φ75 mm 棒材表面气泡横向扫描电镜形貌

图 9-70 37Mn5 钢 φ75 mm 棒材露出表面喇叭形气泡横向扫描电镜形貌

9.8 45 钢轧材皮下气泡的宏观形貌

气体分析表明，45 钢轧材气体含量超过标准要求，取样沿纵向打开断口，在扫描电镜下对断口进行观察，见图 9-71 和图 9-72。

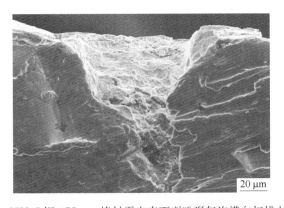

图 9-71 45 钢轧材断口皮下气泡纵向的扫描电镜宏观形貌
(左边条状为铸态气泡沿轧制方向变为条状，并有纤维状特征)

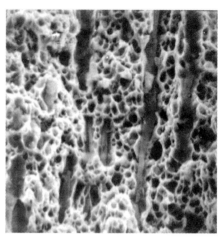

图 9-72　图 9-71 的 45 钢轧材断口皮下气泡纵向扫描电镜放大像
（在其纵向沟槽内分布较多的条状硫化物，气泡并没有完全轧合）

分析判断：在连铸坯中表面或浅表面存在气泡，在轧制后沿轧制方向变为条状，其断裂形貌与钢基体并不相同，表明气泡经热加工后并没有完全焊合。

9.9　45 钢棒材横截面气泡与纵向裂纹分析

在金相检验中，发现 45 钢棒材金相试样的边部存在连铸坯皮下气泡残余冶金缺陷，从两个侧面同时观察，发现连铸坯皮下气泡在轧制后在棒材的表面形成纵向裂纹，观察结果见图 9-73~图 9-75。

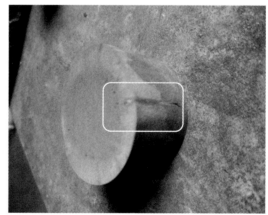

图 9-73　45 钢棒材横截面气泡与纵向裂纹对应关系

由图 9-73~图 9-75 可以看出，连铸坯表面开放型气泡在轧制后会形成棒材表面的纵向裂纹，裂纹的长度与铸坯气泡尺寸相关，较大的表面气泡形成较长的纵向裂纹。

图 9-74 45 钢棒材横截面数个气泡裂纹形貌

图 9-75 45 钢棒材表面气泡裂纹形貌

9.10 20G 钢棒材表面气泡纵向裂纹分析

对 20G 钢棒材表面外观进行检查时，发现如图 9-76～图 9-78 所示的表面裂纹，根据 9.9 节的分析，可以直观判断该裂纹为气泡裂纹。

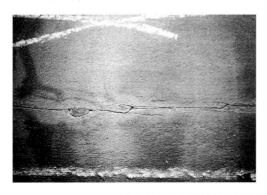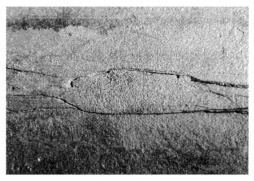

图 9-76 20G 钢棒材表面气泡纵向裂纹形貌及局部放大像

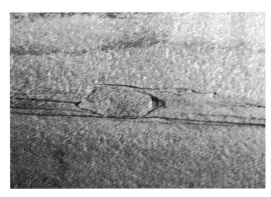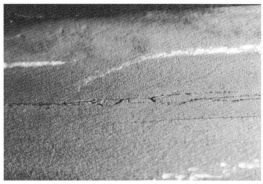

图 9-77　20G 钢棒材表面气泡纵向裂纹形貌　　　　图 9-78　20G 钢棒材表面气泡纵向裂纹形貌

通过对棒材表面气泡纵向裂纹特征进行观察，认为棒材表面气泡具有如下特征：

（1）裂纹不是很直，稍有弯曲。

（2）在裂纹中间有封闭结疤特征，在结疤处为浅表面气泡变形后形成的薄片，如将薄片去掉会露出气泡壁。

9.11　C 板拉伸断口气泡分析

在对 C 板拉伸进行拉伸测试时发现强度及面缩指标均低于标准值，于是用扫描电镜对不合拉伸断口进行观察，观察结果见图 9-79～图 9-83。

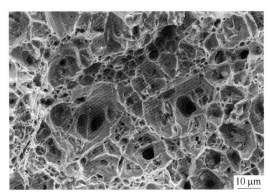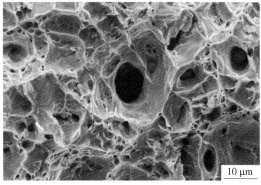

图 9-79　拉伸断口上的显微气泡扫描电镜形貌　　　图 9-80　拉伸断口上的显微气泡扫描电镜形貌 1
（放大 1000 倍）　　　　　　　　　　　　　　　　（放大 2000 倍）

分析判断：C 板在拉伸测试时拉伸强度和延伸率低于标准。图 9-79～图 9-83 显示在拉伸韧性韧窝断口中存在较多显微气泡，显微气泡韧窝内没有夹杂物，气泡壁在拉伸中变形形成褶皱形貌特征。分析认为，在我国南方高温潮湿季节，很多冶金企业的钢材中所含的气体较多，钢中存在较多显微气泡，在拉伸断口中以显微气泡的形式存在，这些显微气泡在冲击或拉伸中由于塑性变形形成较大的韧窝，在拉伸塑性变形中，与钢基体塑性变形比较，显微气泡塑性变形所需要的能量显然要小，因此降低了钢的拉伸强度和延伸率。

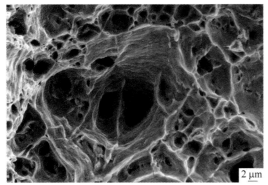

图 9-81　拉伸断口上的显微气泡扫描电镜形貌 2
（放大 2000 倍）

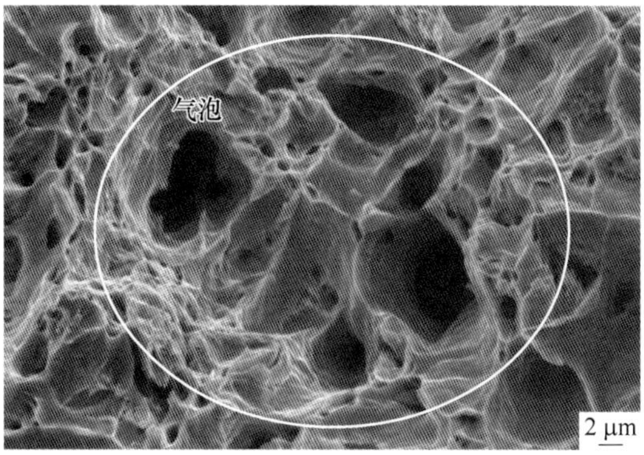

图 9-82　拉伸断口上的显微气泡扫描电镜形貌 3
（放大 2000 倍）

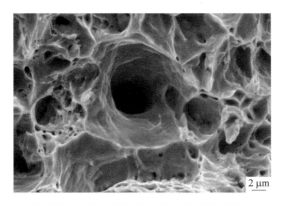

图 9-83　拉伸断口上的显微气泡扫描电镜形貌（放大 3000 倍）

9.12　钢丝绳拉拔脆性断裂分析

钢丝绳在拉拔测试时发生脆性断裂，本节用扫描电镜研究了发生脆性断裂的原因。

观察中裂纹源的电镜形貌见图 9-84～图 9-88；裂纹源处的未焊合气泡的电镜形貌见图 9-89 和图 9-90；解理与沿晶的电镜形貌见图 9-91 和图 9-92；浅表面夹渣的电镜形貌见图 9-93 和图 9-94。

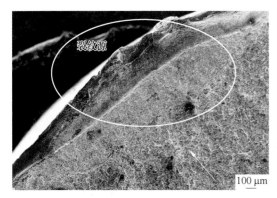

图 9-84　钢丝绳在拉拔时发生脆性断裂扫描电镜形貌

图 9-85　裂纹源宽度扫描电镜形貌

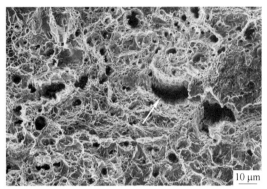

图 9-86　裂纹源中的微裂纹扫描电镜形貌

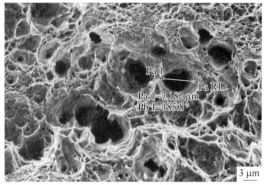

图 9-87　裂纹源中的显微气孔扫描电镜形貌

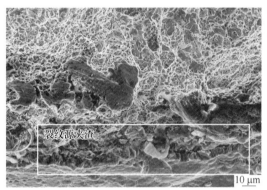

图 9-88　裂纹源内的夹渣扫描电镜形貌

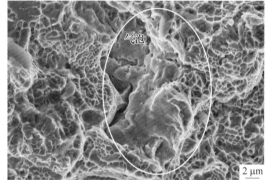

图 9-89　裂纹源处的未焊合气泡扫
描电镜形貌（气泡壁表面光滑）

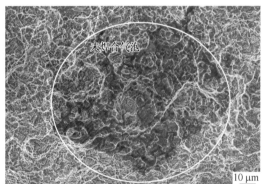

图 9-90　裂纹源处的未焊合气泡扫描电镜形貌

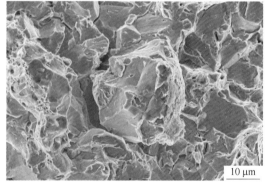

图 9-91　断裂的解理与沿晶扫描电镜形貌

图 9-92　沿晶断裂扫描电镜形貌

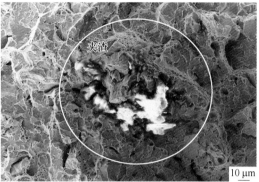

图 9-93　浅表面夹渣扫描电镜形貌

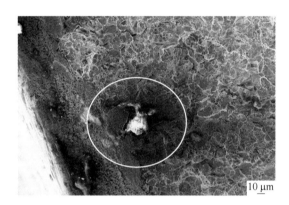

图 9-94　浅表面夹渣形貌

分析判断：

（1）断裂为脆性断裂，断口较平，没有塑性变形。

（2）在裂纹源处外表面观察到一条结晶器保护渣卷渣形成的夹渣。

（3）在裂纹源处浅表面观察到很多结晶器保护渣卷渣形成的夹渣。

（4）结晶器保护渣卷渣形成的夹渣和未焊合气泡是导致脆性断裂的直接原因。

9.13　20SiMn 螺纹钢脆性断裂分析

20SiMn 螺纹钢在使用中发生脆性断裂，本节用扫描电镜研究了发生脆性断裂的原因，其断口中裂纹的电镜形貌见图 9-95~图 9-98；显微气泡的电镜形貌见图 9-99~图 9-102；夹渣块的电镜形貌见图 9-103~图 9-105；气体氧化物 FeO 的电镜形貌见图 9-106 和图 9-107。

分析判断：

（1）20SiMn 螺纹钢断口宏观为瓷状脆性断口，断面较平。

（2）在 20SiMn 螺纹钢脆性断口中心密集分布着大量裂纹，其中心有一条长 1 mm 的大裂纹，是中心马氏体形成的淬火应力裂纹。

（3）在断口上分布着非常多的显微气泡。

（4）在断口上发现较大的夹渣。

20SiMn 螺纹钢脆性断裂是心部马氏体组织、显微气泡和夹渣综合作用的结果。

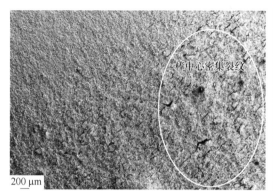

图 9-95　20SiMn 螺纹钢脆性断口中心密集
分布的裂纹扫描电镜形貌

图 9-96　20SiMn 螺纹钢脆性断口中心密集
分布的裂纹扫描电镜放大 50 倍形貌

图 9-97　20SiMn 螺纹钢脆性断口中心大裂
纹扫描电镜放大 100 倍形貌

图 9-98　20SiMn 螺纹钢脆性断口中心马氏体
淬火应力裂纹扫描电镜放大 400 倍形貌

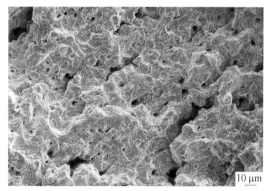

图 9-99　20SiMn 螺纹钢脆性断口中心密集分布
的裂纹与显微气泡扫描电镜形貌

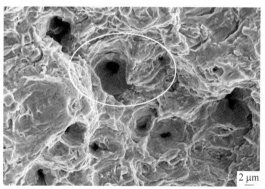

图 9-100　20SiMn 螺纹钢脆性断口中心密集分布
的显微气泡扫描电镜放大 2000 倍形貌

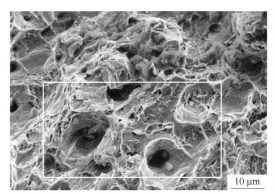

图 9-101　20SiMn 螺纹钢脆性断口中心密集分布
的显微气泡扫描电镜放大 1500 倍形貌

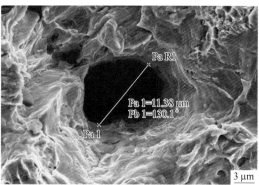

图 9-102　20SiMn 螺纹钢脆性断口中心显微气泡
的扫描电镜放大 3000 倍形貌

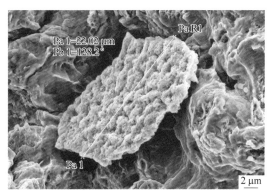

图 9-103　20SiMn 螺纹钢脆性断口中的
夹渣块扫描电镜形貌 1

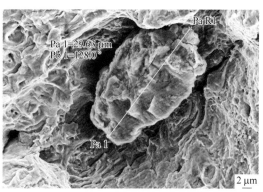

图 9-104　20SiMn 螺纹钢脆性断口中的
夹渣块扫描电镜形貌 2

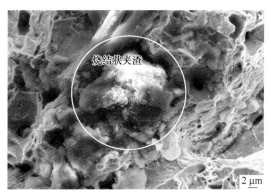

图 9-105　20SiMn 螺纹钢脆性断口中的
烧结状夹渣块扫描电镜形貌

图 9-106　20SiMn 螺纹钢脆性断口中的
气泡氧化物 FeO 扫描电镜形貌

图 9-107　20SiMn 螺纹钢脆性断口中的气泡氧化物 FeO 扫描电镜放大 13000 倍形貌

9.14　304 钢棒材气泡裂纹分析

304 钢棒材轧后进行外观检查时发现表面有密集分布的细裂纹，本节用扫描电镜研究了密集分布的细裂纹特征及产生原因。气泡的电镜形貌见图 9-108~图 9-111。

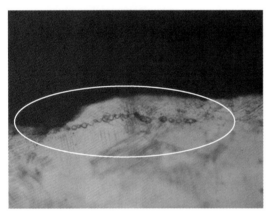

图 9-108　304 钢棒材边沿显微串状气泡扫描
　　　　　电镜形貌（1000×）

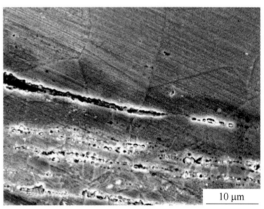

图 9-109　304 钢棒材纵向串状气泡分布
　　　　　扫描电镜形貌

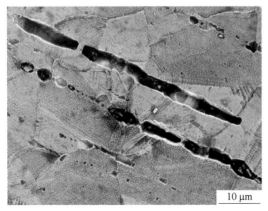

图 9-110　条状显微气泡与串状气泡扫描电镜形貌

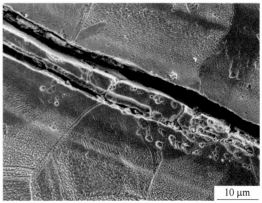

图 9-111　条状显微气泡产生的裂纹扫描电镜形貌

如图 9-108~图 9-111 所示，基体上分布着大量显微气泡，显微气泡主要分布形态是沿轧制方向成串状断续分布，严重部位已贯穿起来形成气泡裂纹；如图 9-112 和图 9-113 所示，试样组织内显微气泡主要有三种表现形式：气泡内无夹杂物；气泡内有少量非金属夹杂物，主要以 Mn 为主；气泡内分布着大量非金属夹杂物，主要是以 O、C、Si、Ca、Mn 为主的夹渣（表 9-1）。

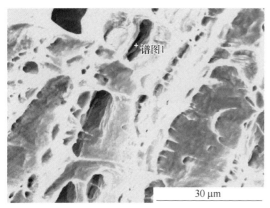

图 9-112　纵向串状气泡扫描电镜形貌
（气泡内有少量非金属夹杂物）

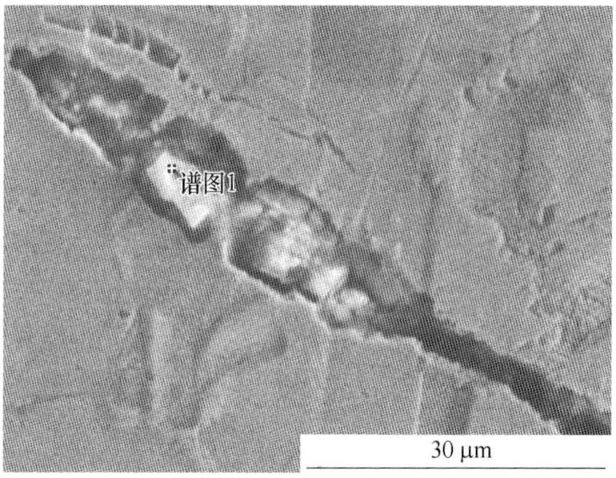

图 9-113　气泡内有大量非金属夹杂物

表 9-1　夹杂物及基体微区成分　　　　　　　　　　（%）

元素	O	C	Al	Si	Ca	Cr	Mn	Fe	Ni	Mg	Mo	总量
谱图1	29.92	25.53	0.95	10.50	4.08	3.60	14.27	9.96	0.52	0.65	—	100.00
基体	—	10.01	—	0.54	—	15.86	—	62.97	8.44	—	2.18	100.00

如图 9-114 和图 9-115 所示，断口处拉伸韧窝局部位显微气泡数量较多、较长且有少量夹杂物存在；拉伸韧窝较多部位显微气泡呈圆形，数量较少，未发现夹杂物。

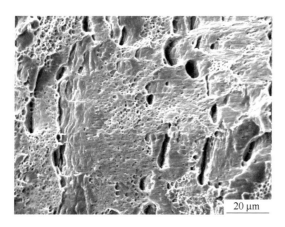

图 9-114　断口上的条状气泡扫描电镜形貌

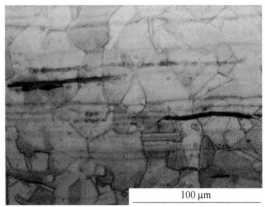

图 9-115　与表面裂纹平行延长线上显微气泡扫描电镜形貌、裂纹与显微气泡组织关系

分析判断：

（1）在 304 钢棒材轧后进行外观检查时发现表面有密集分布的细裂纹，是棒材表面气泡裂纹。

（2）皮下气泡的特征：

1）从横向低倍试片上看，皮下气泡仅在试片边沿存在，呈现垂直于表面的或放射状的细裂纹，有些暴露在表面形成深度不大的裂纹，有些潜伏在皮下，在试片的表皮呈现成簇的、垂直于表皮的细长裂缝。

2）纵向断口上呈现显微气泡沿轧制方向成串状断续分布，严重部位已贯穿形成气泡裂纹。

3）显微气泡主要有三种表现形式：气泡内无夹杂物；气泡内有少量非金属夹杂物，主要以 Mn 为主；气泡内分布着大量非金属夹杂物，主要以 O 、C、Si 、Ca 、Mn 为主的夹渣。

4）在显微镜下看，皮下气泡处脱碳现象严重。

皮下气泡暴露在钢材表面上即成气泡裂纹，不超过允许清理深度的气泡裂纹可以进行表面清理，气泡裂纹超过允许清理深度时即使数量很少，若留在钢中，也会在使用中造成事故，所以这种钢材应当报废。

（3）产生原因：

1）低温快速浇注。

2）浇注系统干燥不良，浇注时发生湍流卷渣以及钢液中含有过量气体。

3）结晶器保护渣潮湿，在连铸坯表面产生浸入性气泡。

9.15　SPHC 板纵向裂纹的横向气泡形貌

本节对 CSP 生产过程中 SS400 钢板产生表面纵向裂纹进行分析，结果见图 9-116～图 9-122。

未完全除净的一次氧化铁皮在随后的轧制过程中被压入板带中造成板带表面折叠缺陷。二次除鳞水未开等原因是造成二次氧化铁皮压入缺陷产生的关键。

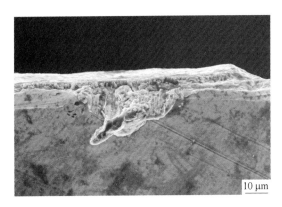

图 9-116　SPHC 板导致产生表面纵向裂纹的连铸坯表面气泡轧制变形后横向扫描电镜形貌 1（C：0.03%～0.05%；Mn：0.2%；Si<0.05%）

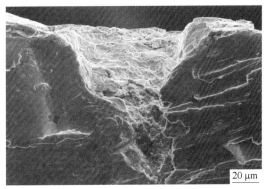

图 9-117　SPHC 板导致产生表面纵向裂纹的连铸坯表面气泡轧制变形后横向扫描电镜形貌 2

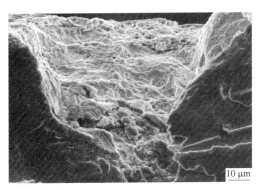

图 9-118　图 9-117 SPHC 板表面气泡扫描电镜放大像

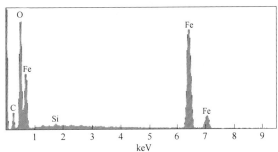

图 9-119　气泡壁氧化物 X 射线能谱

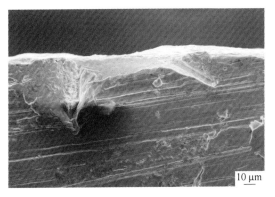

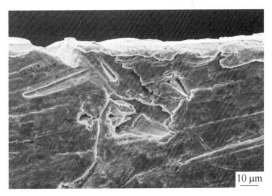

图 9-120　SPHC 板导致产生表面纵向裂纹的连铸坯表面气泡轧制变形后横向扫描电镜形貌 3

对 CSP 生产过程中 SS400 钢板产生的表面纵向裂纹进行研究与分析，结果表明，钢板表面纵向裂纹大部分分布在钢板宽度方向的两个 1/4 区域内，裂纹的长度一般为 0.5～2.0 m，深度为 0.1～0.2 mm，宽度均小于 1 mm。其裂纹沟内均含有 Na、Mg、Al、Si、Cl、K、Ca 等结晶器保护渣成分，而在裂纹的内部有氧化铁夹杂物，是连铸坯皮下气泡和卷渣共同作用的结果。进一步分析认为，该种表面缺陷产生于连铸结晶器内，在随后二冷区的强冷和加热炉的加热过程中，裂纹得到了进一步的扩展。通过控制结晶器传热和调整二冷水，板坯的纵裂得到了控制。

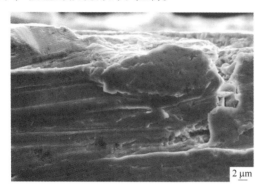

图 9-121　SPHC 板导致产生表面纵向　　　　　　图 9-122　氧化铁皮压入缺陷横断面
裂纹的连铸坯表面气泡轧制　　　　　　　　　　　　　　扫描电镜形貌
变形后横向扫描电镜形貌 4

9.16　U71Mn 板气泡边裂扫描电镜分析

U71Mn 板坯在轧制中厚板表面出现边裂，见图 9-123，本节对发生边裂的气泡试样进行如下观察与分析：

（1）U71Mn 板边裂抛光两块试样表面开放型气泡横向观察，结果见图 9-124～图 9-127。

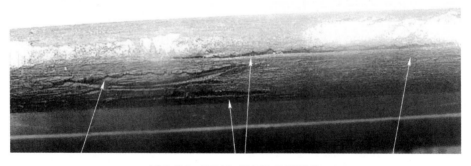

图 9-123　U71Mn 板气泡边裂形貌

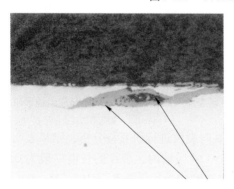

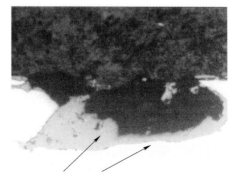

图 9-124　U71Mn 气泡板边裂纹横向扫描电镜形貌 1

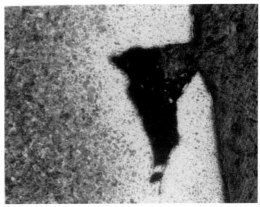

图 9-125　U71Mn 气泡板边裂横向扫描电镜形貌 2

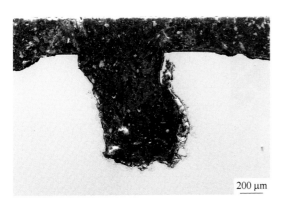

图 9-126　1 号试样表面气泡横向扫描电镜放大 50 倍形貌

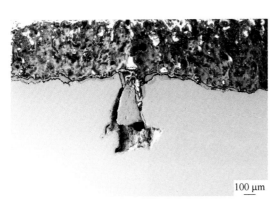

图 9-127　2 号试样表面气泡横向扫描电镜放大 50 倍形貌

（2）将其中一块试样的镶嵌料敲碎取出原试样，观察气泡表面纵向形貌，结果见图 9-128～图 9-130。

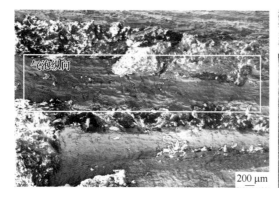

图 9-128　钢板侧边表面气泡纵向
扫描电镜形貌 1

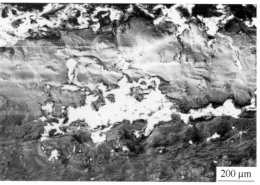

图 9-129　钢板侧边表面气泡纵向扫描电镜形貌 2
（白色为结晶器保护渣卷渣形成的夹渣）

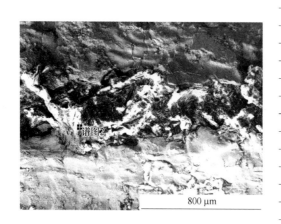

元素	重量百分比/%
C	15.32
O	45.73
Na	0.93
Mg	10.11
Al	0.75
Si	2.23
S	0.68
Cl	1.52
K	1.08
Ca	9.91
Cr	1.23
Mn	1.10
Fe	9.42
总量	100.00

图 9-130　结晶器保护渣卷渣形成的夹渣 X 射线元素定量分析结果

（3）将上面试样切割，人工打成一个纵向新鲜断口，并进行观察与分析，结果见图 9-131～图 9-134。

图 9-131　在断口接近钢表面处发现的被拉长的夹渣条带扫描电镜形貌

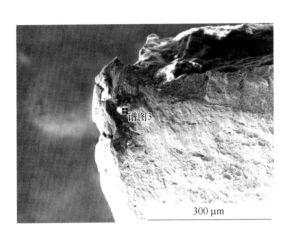

元素	重量百分比/%
C	10.97
N	21.81
O	44.55
Na	5.95
Al	0.70
Si	0.58
S	0.54
Cl	2.27
K	1.15
Ca	0.63
Ti	4.35
Fe	6.49
总量	100.00

图 9-132 断口接近钢表面处发现的夹渣及 X 射线元素定量分析结果

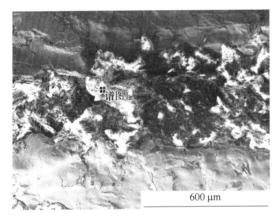

元素	重量百分比/%
C	10.50
O	63.92
Mg	1.46
Al	1.98
Si	3.79
S	0.22
Ca	17.55
Fe	0.58
总量	100.00

图 9-133 断口接近钢表面处发现的被拉长夹渣及 X 射线元素定量分析结果

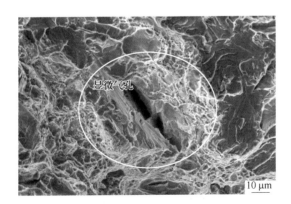

图 9-134 人造断口上的显微气孔扫描电镜形貌

分析判断：

（1）1号、2号试样表面横向凹坑为开放型表面气泡在轧制后的变形形貌。

（2）在其板坯侧面纵向沟槽的沿上发现很多结晶器保护渣。

（3）在人造断口的接近坯表面处观察到尺寸较大的夹渣，是结晶器保护渣卷渣形成的夹渣缺陷。

（4）从开放型气泡的横向形貌分析，这些表面气泡是因保护渣潮湿产生气体而侵入到坯的表面，连铸坯表面气泡是导致板侧面边裂的直接原因。边裂较浅，对成材率影响不是很大。

9.17　6 mm 厚 X42 热轧板气泡裂纹分析

据调查，某企业生产的 9.6 mm 厚 X42 热轧板粗轧第 5 道次酸洗后出现严重表面裂纹质量问题，裂纹大多出现在中板的边部附近，其气泡扫描电镜形貌见图 9-135～图 9-138。

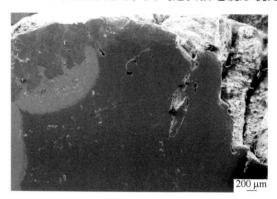

图 9-135　在抛光金相试样板材角部附近观察到的密集分布的表面
气泡与浅表面气泡扫描电镜形貌

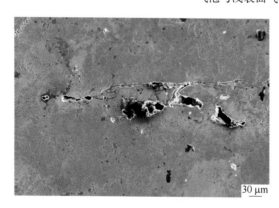
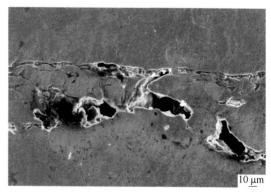

图 9-136　图 9-135 局部气泡裂纹露出的两个气泡扫描电镜形貌
（气泡壁已经氧化，失去了气泡壁光滑的特征，气泡深不见底，
气泡尾部旋转方向指向连铸坯表面，进一步证明是侵入型气泡裂纹）

通过用 EVO18 扫描电镜对表面缺陷试样进行大量深入细致的观察及分析，认为：

（1）该试样在金相观察到的裂纹缺陷，与 Q345 钢中板表面气泡裂纹性质完全一致，是连铸坯存在表面气泡和浅表面气泡，在轧制到第 5 道次酸洗后显露出来的气泡裂纹。

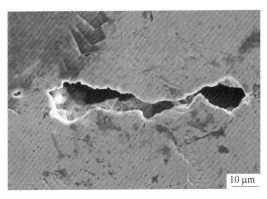 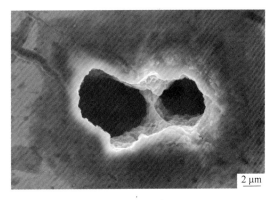

图 9-137　在板侧表面附近发现的第 2 处侵入型气泡扫描电镜形貌

（气泡深不见底，气泡尾部旋转方向指向表面，进一步证明是侵入型气泡裂纹，气泡下有明显的显微缝隙）

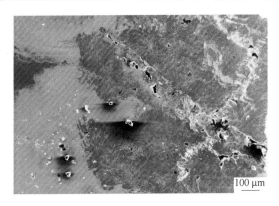

图 9-138　在板侧表面附近发现的第 4 处侵入型气泡扫描电镜形貌

（气泡下有明显的显微缝隙）

（2）在试样的一个 20 mm 长的表面发现了 3 处密集分布的气泡裂纹群，试样又是随机取样，表明气泡裂纹十分严重。

（3）气泡裂纹几乎全部发生氧化，表明这些气泡与表面相通。

（4）从气泡尾部的旋转方向分析，及在气泡中很有结晶器保护渣成分，认为气泡是侵入型气泡，不是钢冶炼脱氧反应生成的逸出型气泡，因此推断是由于结晶器保护渣潮湿，在高温下产生气体进入连铸坯的表面和浅表面，轧制时产生的气泡裂纹。

建议：对进厂结晶器保护渣进行水分检测，看看是否达到标准要求。对今后使用的结晶器保护渣进行烘干处理，确保结晶器保护渣干燥。

9.18　Q345 钢中板表面气泡裂纹扫描电镜观察分析

据调查，某企业最近生产的 Q345 钢 50 mm 厚中板连续 3 炉出现严重表面裂纹质量问题，技术质量部检验人员检测认为，裂纹大多出现在中板的边部附近，并对裂纹进行了形貌观察与照相。为进一步确定裂纹的性质、形貌和分布等特征，用扫描电镜对缺陷金相试样进行深入细致的观察与分析，获取了适用性的技术信息，确定了缺陷的性质，并提出了相关对策建议（图 9-139～图 9-157）。

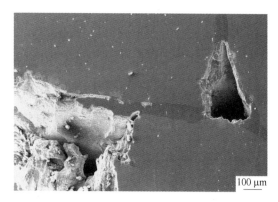

图 9-139　在抛光金相试样板材边部附近观察到的表面气泡与浅表面气泡扫描电镜形貌

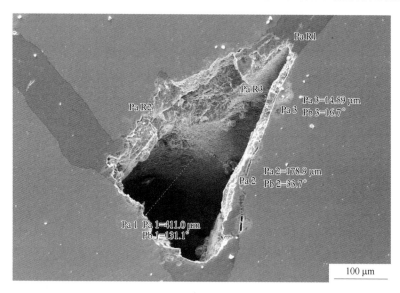

图 9-140　图 9-139 右侧一个较大气泡的扫描电镜放大像

（由于扫描电镜具有较大的景深功能，可以看到较深的气泡壁形貌，气泡壁有明显的氧化特征，有一层氧化铁皮，
标尺测量显示氧化铁皮厚约 15 μm，气泡长约 411 μm，宽约 179 μm，深不见底，虽然在浅表面，
实际上在里面已经与外部连通，气泡尾部的旋转方向指向表面，表明气泡是侵入型气泡）

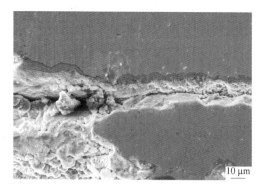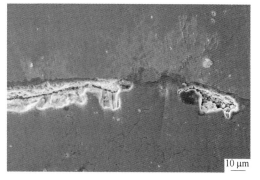

图 9-141　图 9-139 左边与板边沟通的细裂纹扫描电镜连续拍照放大像

（是连铸板坯边部表面气泡在轧制变形后形成的气泡裂纹，气泡壁并没有焊合，
并发生了高温氧化，图中可见有一段裂纹隐藏在内部）

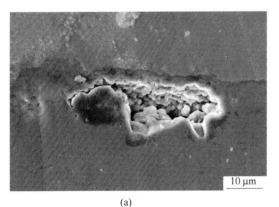 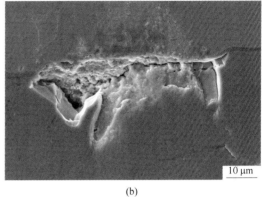

(a) (b)

图 9-142　图 9-141 裂纹前端露出的两个气泡扫描电镜形貌
（气泡壁已经氧化，失去了气泡壁光滑的特征，进一步证明是气泡裂纹）

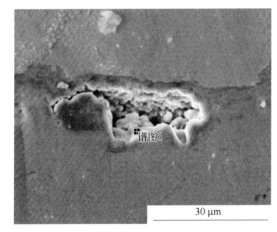

元素	重量百分比/%
C	3.57
O	20.37
Na	1.51
Cl	0.46
Mn	0.90
Fe	73.18
总量	100.00

图 9-143　图 9-142(a)裂纹前端的一个露出的气泡 X 射线元素定量分析结果
（表明气泡壁上有 C、Na、Mn、Cl、O、Fe 等结晶器保护渣的成分及氧化物，说明在形成气泡的
同时也有结晶器保护渣随其一起卷入连铸坯中）

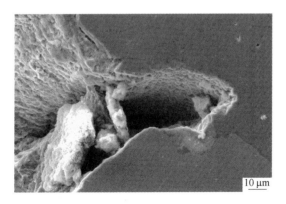

图 9-144　一个露出表面的侵入型气泡扫描电镜形貌
（气泡壁表面已经氧化）

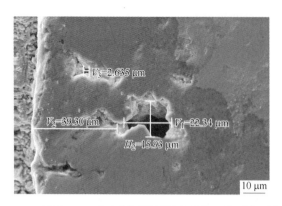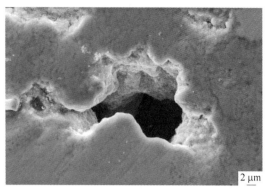

图 9-145　在金相试样板材边部另一处观察到的表面气泡与浅表面气泡扫描电镜形貌及放大像

（图中明显看出气泡深不见底）

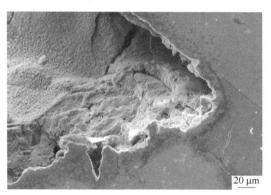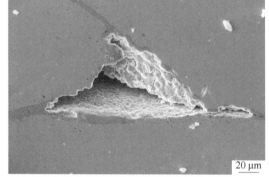

图 9-146　在板侧表面发现的第 3 处侵入型气泡扫描电镜形貌

（可以明显看到分层特征）

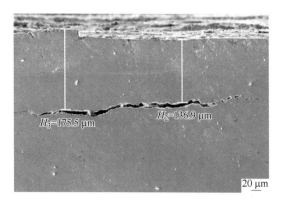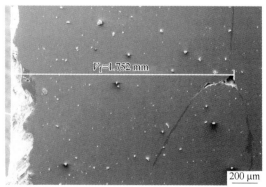

图 9-147　在板浅表面发现的第 4 处侵入型气泡
　　　　　裂纹扫描电镜形貌

（裂纹距表面约 136～175 μm 之间，是连铸坯
浅表面气泡在轧制后形成的气泡裂纹）

图 9-148　在板表面 2 mm 浅表面发现的第 5 处
　　　　　侵入型气泡裂纹扫描电镜形貌及其放大像

（连铸坯浅表面气泡在轧制后
形成的气泡裂纹）

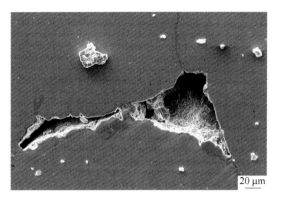

图 9-149 图 9-148 气泡的扫描电镜局部放大像

（虽然经轧制变形，没能焊合，气泡内仍有
较大的缝隙，气泡壁有氧化特征）

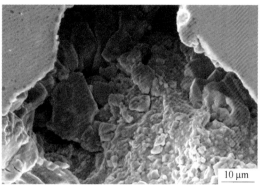

图 9-150 图 9-149 气泡附近观察到的深色区
扫描电镜局部放大像

（在深色区的下面仍有显微缝隙，由于高温气体的
侵入使得局部化学成分发生变化，形成一种成分衬度，
左图裂纹表示下面的显微缝隙已经露出表面）

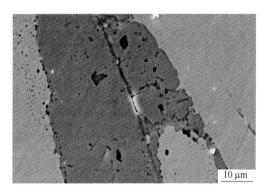

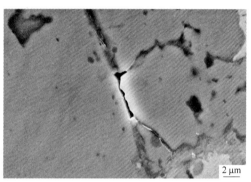

图 9-151 气泡附近观察到的深色区扫描电镜局部放大像

（在深色区的下面仍有显微缝隙，由于高温气体的侵入使得局部化学成分发生变化，形成一种成分衬度，
在深色区上及其附近密集分布着很多粒状颗粒物）

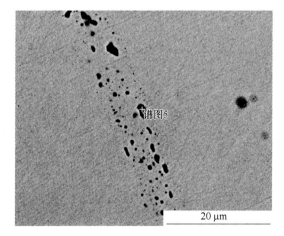

元素	重量百分比/%
C	14.65
O	29.85
Na	0.25
Si	7.04
Mn	27.77
Fe	20.45
总量	100.00

图 9-152 图 9-151 深色区粒状颗粒物 X 射线元素定量分析结果

（图中表明这些颗粒物主要成分为 C、Na、Mn、Cl、O、Fe 等，是结晶器保护渣的成分，
说明在形成气泡的同时也有结晶器保护渣随其一起卷入连铸坯中）

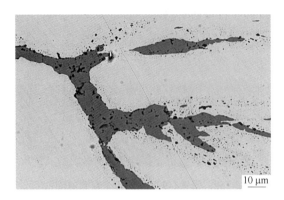

图 9-153　深色区下面为变形后的气泡
扫描电镜形貌

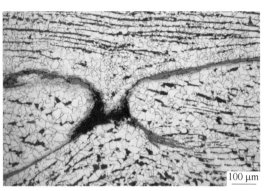

图 9-154　气泡裂纹附近的带状组织
扫描电镜形貌

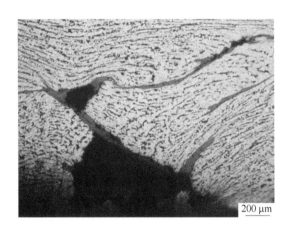

图 9-155　气泡裂纹附近的带状组织扫描电镜形貌

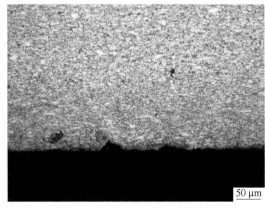

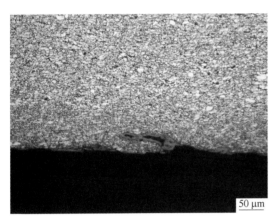

图 9-156　浸入型皮下气泡扫描电镜形貌

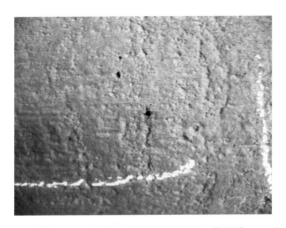

图 9-157　连铸坯表面气孔扫描电镜形貌

通过用 EVO18 扫描电镜对表面缺陷试样进行大量深入细致的观察及分析，认为：

（1）该试样金相观察到的裂纹缺陷，实质上是连铸坯存在表面气泡和浅表面气泡，它们在轧制中发生变形形成浅表面裂纹。

（2）在试样的一个 20 mm 长的表面发现了 5 处密集分布的气泡裂纹群，试样又是随机取样，表明气泡裂纹十分严重。

（3）气泡裂纹几乎全部发生氧化，表明这些气泡与表面相通。

（4）从气泡尾部的旋转方向分析，及在气泡中很有结晶器保护渣成分，认为气泡是侵入型气泡，不是钢冶炼脱氧反应生成的逸出型气泡，因此推断是由于结晶器保护渣潮湿，在高温下产生气体侵入到连铸坯的表面和浅表面，轧制时所导致的气泡裂纹。

建议：对进厂结晶器保护渣进行水分检测，看看是否达到标准要求。对今后使用的结晶器保护渣进行烘干处理，确保结晶器保护渣干燥。

9.19　鱼眼白点——热轧带钢制开裂、掉块原因分析

某企业棒材生产线在轧制 HRB335、HRB400 过程中出现了开裂、掉块、折叠现象。取有质量问题的钢棒、螺纹钢筋进行金相、扫描电镜、化学成分和气体分析，以确定缺陷

产生的原因。结合炼钢生产工艺对此类缺陷进行了分析，查找产生的原因，提出了工艺改进措施，杜绝了此类质量问题的出现。

图9-158中呈块状或舌状的掉块缺陷大小不一、深浅不等，在钢筋上的分布无规律性，严重影响了螺纹钢筋产品质量。

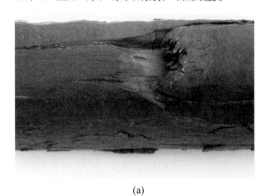　　　

(a)　　　　　　　　　　　　　　　　(b)

图 9-158　轧制过程中的钢棒缺陷形貌(a)及轧制成成品后的螺纹钢筋缺陷形貌(b)

取试样进行化学成分和气体分析，结果见表9-2和表9-3。从表中可见，试样中C、Si、Mn、S、P、Nb、N含量正常，不会影响螺纹钢的表面质量。H含量有所偏高，可能导致氢脆。而相当高的氧含量，足以说明以复合氧化物形式存在于钢中的夹杂物数量是相当高的，很可能是造成缺陷的原因之一。

表 9-2　试样化验分析结果　　　　　　　　　　　　　　　（％）

试样号	C	Si	Mn	S	P	Nb
1	0.16	0.46	1.17	0.042	0.024	0.015
2	0.21	0.54	1.45	0.033	0.018	0.012
3	0.16	0.44	1.15	0.041	0.023	0.010
4	0.16	0.45	1.14	0.041	0.026	0.011

表 9-3　试样气体分析结果　　　　　　　　　　　　　　　（％）

试样号	N	H	O
正常样	≤0.0120	≤0.00040	≤0.0150
1	0.00298	0.00065	0.0644
2	0.00377	0.00020	0.0340
3	0.00281	0.00049	0.0419
4	0.00265	0.00062	0.0574

对存在缺陷的螺纹钢筋进行拉伸试验后，从拉伸断口上可以看到有许多银灰色的圆斑，宏观断口为典型的白点氢脆断口，见图9-159。利用扫描电子显微镜对断口进行微观观察可以看到，断口中间部位显微断口区域的微观形态是韧窝，中间部位以外更细的显微断口区域的微观形态是抛物线状韧窝，银灰色白点的微观形态是准解理，见图9-160和图9-161。白点的中心有一颗脆性夹杂物，尺寸在 $50 \sim 80~\mu m$ 左右，经能谱分析为 $2MnO \cdot SiO_2$ 硅酸亚锰（蔷薇辉石）夹杂物，又称锰橄榄石，正交晶系，熔点1816 ℃，内含少量

MnS，见图9-162。白点的微观观察证实，白点中心部位均存在脆性夹杂物颗粒，形似"鱼眼"，故称为"鱼眼白点"。

图9-159 螺纹钢的拉伸断口形貌

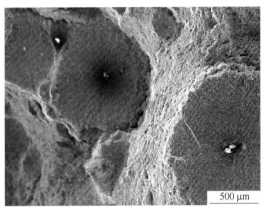

图9-160 拉伸断口上的"鱼眼"白点
扫描电镜形貌（50×）

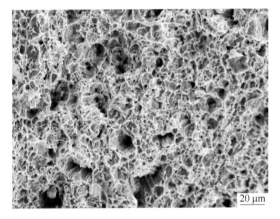

图9-161 断口的韧窝扫描电镜形貌（600×）

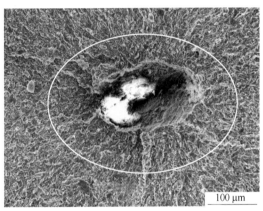

图9-162 白点中心的夹杂物扫描电镜形貌（250×）

对钢棒上开裂产生掉块的试样进行分析，观察到掉块部位有许多夹杂物，主要为$2MnO \cdot SiO_2$类型，见图9-163，夹杂物呈聚集状，分布不均。另外还有一些小颗粒硅酸盐

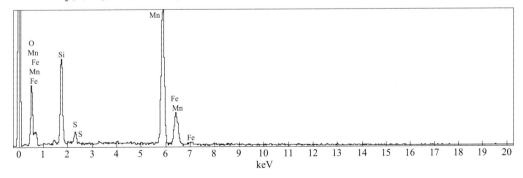

图9-163 白点中心夹杂物颗粒X射线能谱图

夹杂成均匀散布，见图9-164。夹杂物能谱分析见图9-165和图9-166。

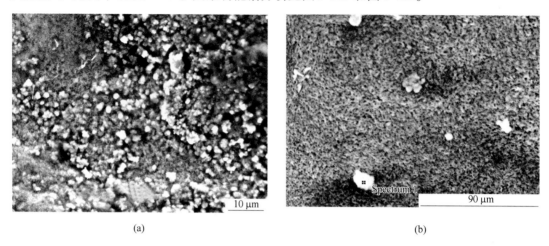

(a)　　　　　　　　　　　　　　　　　　　　(b)

图9-164　掉块部位的夹杂物扫描电镜形貌(a)及散布的小颗粒夹杂(b)

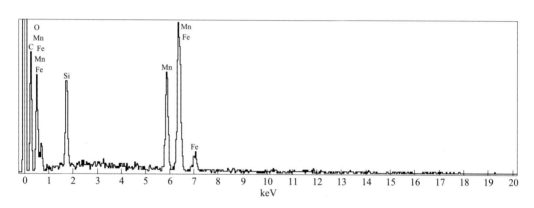

图9-165　$MnO \cdot SiO_2$复合夹杂物X射线能谱图

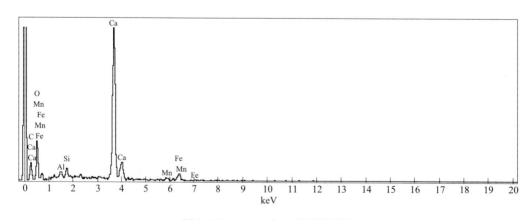

图9-166　CaO夹杂X射线能谱图

取磨制的金相试样进行观察，在金相试样的横向面上有较为明显的裂纹。金相试样上无论是横向面还是纵向面均观察到夹杂物条带，并且相连，经X射线能谱分析，夹杂物为

2MnO·SiO₂复合夹杂物，在横向面上的夹杂物条带中主要为小颗粒的2MnO·SiO₂夹杂，也有一些大块的硅酸盐夹杂，见图9-167~图9-170。

 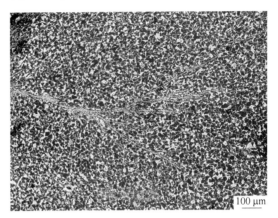

图9-167　金相试样的夹杂物条带　　　　　图9-168　金相试样上的条带（100×）

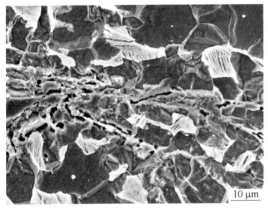 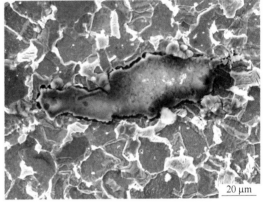

图9-169　金相试样的扫描电镜条带放大图（1500×）　　　图9-170　横向面上的硅酸盐夹杂（900×）

从金相试样的观察来看，试样内部存在条带，有些条带中发现有氧化物夹杂，有些则为细小的裂缝，在其纵向面上还发现有 MnS 夹杂，由于 MnS 夹杂属于塑性夹杂物，在轧制过程中被拉长，形成长条状夹杂带。纵向面上也有一些大块的硅酸盐夹杂物，尺寸约为50~100 μm，见图9-171 和图9-172。

分析判断：从断口和气体分析来看，试样中存在的氢、氧含量偏高。断口呈现白点氢脆断口形貌，而相当高的氧含量说明以复合氧化物形式存在于钢中的夹杂物数量相当高，扫描电镜的结果也证实了这点。

从试样上观察到的大量 2MnO·SiO₂复合夹杂物和大块硅酸盐夹杂物，以及少量 MnS 夹杂物来看，蔷薇辉石（2MnO·SiO₂）在压力加工过程中不易变形，属于固态不变形夹杂物，但由于氢、氧含量偏高，导致断裂时形成"鱼眼白点"，因此，夹杂物及氢含量偏高对试样的质量有重大的影响。

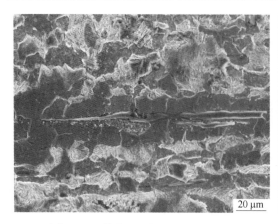

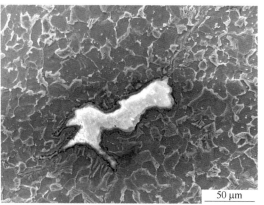

图 9-171　纵向面上的 MnS 夹杂扫描
电镜形貌（750×）

图 9-172　纵向面上的硅酸盐夹杂扫描
电镜形貌（500×）

从金相试样的条带来看，钢坯内应存在气泡，轧制后形成裂缝，而夹杂物的大量存在，破坏了钢的连续性，在轧制过程中不能焊合，严重的部分产生掉块。

根据以上分析，认为造成此类缺陷的主要原因是钢中氢含量偏高以及存在大量的氧化物夹杂。氢含量偏高导致氢脆，氢脆是溶于钢中的原子氢聚合为氢分子，而夹杂物和显微裂缝成为原子氢聚合为分子氢的陷阱，造成应力集中，超过钢的强度极限，在钢内部形成细小的裂纹，形成白点缺陷。

导致轧制螺纹钢过程产生开裂、折叠、掉块的主要原因是钢中氢含量偏高，形成氢脆，产生内部裂纹；其次是氧化物夹杂较多，夹杂物和显微裂缝为原子氢聚合为分子氢提供了集聚的陷阱，同时也破坏了钢基体组织的连续性，导致了螺纹钢筋在轧制过程和成品中出现开裂、折叠和掉块质量问题。

而导致钢中氢含量偏高和氧化物夹杂过多的原因是冶炼操作控制不稳定、原材料水分高、钢水吹氩时间不足、转炉高温过氧化出钢等问题。

改进措施：

（1）稳定转炉冶炼操作，尽量避免冶炼终点钢水高温过氧化。对出现的高温过氧化钢水，适当增加复合脱氧剂加入量并保证足够的吹氩时间。

（2）加强工艺监督，避免转炉内水分偏高、钢水吹氩时间不足以及连铸低液面操作的情况发生。

9.20　鱼眼白点——345C 钢拉伸鱼眼白点断口分析

345C 钢在进行拉伸试验时强度不合，断口上分布着近 20 个大小不同的白点，断口凸凹不平，起伏较大，见图 9-173。在扫描电镜下观察断口，观察结果见图 9-174~图 9-182。

分析结果表明，由于 345C 钢的残余氢含量较高，$2MnO \cdot SiO_2 \cdot TiO_2$ 等复合夹杂物较多，它们与钢基体因膨胀和收缩不同，引起的间隙容易纳氢，成为氢的陷阱，聚集到"陷阱"中的原子氢将化合成分子氢，而分子氢的体积是原子氢的十几倍，随着氢的不断聚集和化合，夹杂物周围的氢压不断增大，当氢压增大到高于钢材的强度极限时，就会产生穿晶解理脆性断裂，形成鱼眼状白点。

图 9-173 断口上分布着近 20 个大小不同的白点，
断口凸凹不平，起伏较大

图 9-174 白点扫描电镜低倍形貌
（中间有一颗条状 DS 夹杂物，白点与基体形成
较大的二次裂纹）

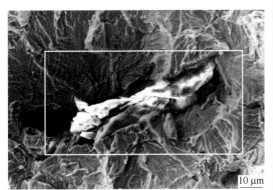

图 9-175 白点中心条状夹杂物放大 1000 倍
扫描电镜形貌
（夹杂物与基体之间有较大的显微空隙）

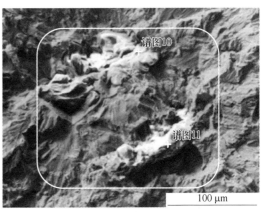

图 9-176 白点中心两个夹杂物扫描电镜放大像
（与基体之间有较大的空隙，是吸纳氢的陷阱）

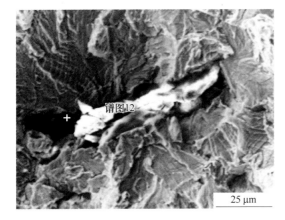

元素	重量百分比/%
O	46.66
Al	0.66
Si	17.68
S	0.17
Ti	3.11
Mn	28.37
Fe	3.34
总量	100.00

图 9-177 夹杂物白点中心条状 X 射线元素定量分析结果
（为 $2MnO \cdot SiO_2 \cdot TiO_2$ 复合夹杂物）

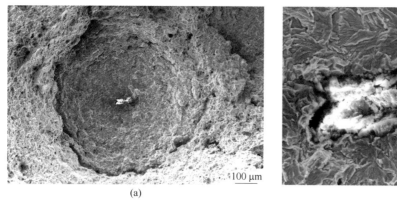

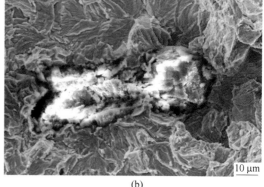

（a）　　　　　　　　　　　　　　　　　　　（b）

图 9-178　又一个白点扫描电镜形貌（a）及中心夹杂物放大像（b）

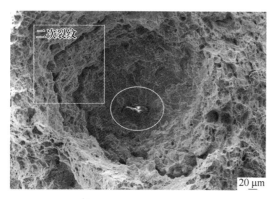

图 9-179　又一个白点扫描电镜形貌
（中心有一颗夹杂物，与基体形成两圈二次裂纹）

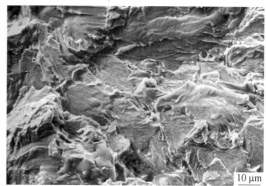

图 9-180　白点区为脆性解理断裂扫描电镜形貌

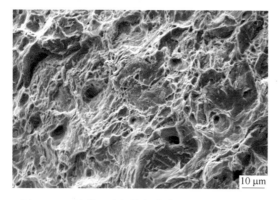

图 9-181　基体区为韧性韧窝断裂扫描电镜形貌

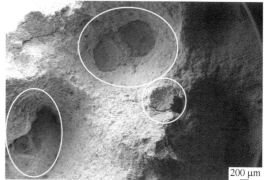

图 9-182　断口上白点密集分布扫描电镜特征

9.21　鱼眼白点——345C 钢焊接板焊口处拉伸白点断口观察

　　345C 钢在进行焊接试验中，拉伸试样在焊口处断裂，并在断口处观察到近 20 多个白点，将断口上的一个肉眼可见白点切割下，在扫描电镜下观察，结果见图 9-183 ~ 图 9-191。

(a)   (b)

图 9-183 显示断口上分布着近 20 多个大小不同的白点，中间黑色为没有焊透的缝隙(a)
以及切割下的扫描电镜观察试样(b)

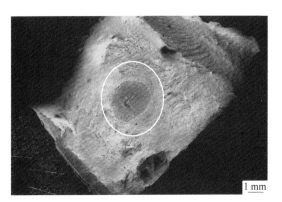
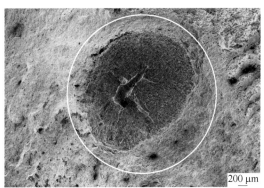

1 mm   200 μm

图 9-184 图 9-183(b)白点扫描电镜低倍形貌   图 9-185 白点放大 20 倍扫描电镜形貌
                                         （白点中心有一显微空隙，白点与钢基体有明显边界）

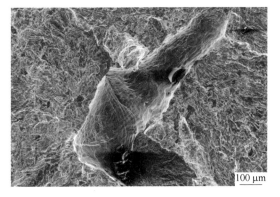
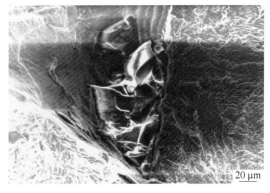

100 μm   20 μm

图 9-186 白点中心显微空隙扫描电镜放大像   图 9-187 图 9-186 下边一个夹杂物
（呈现光滑的自由表面特征，是吸纳氢的陷阱，   扫描电镜放大像
缝隙的下面有两个较大的夹杂物）

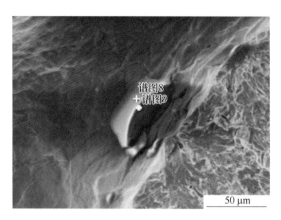

元素	重量百分比/%
O	30.33
Al	1.09
Si	14.17
S	0.20
Ca	2.23
Ti	10.75
Mn	35.21
Fe	6.01
总量	100.00

图 9-188　图 9-187 中上边一颗夹杂物 X 射线元素定量分析结果

（结果为 2MnO · SiO$_2$ · TiO$_2$ 复合夹杂物）

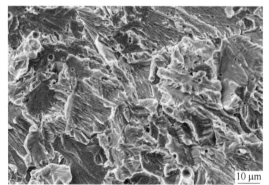

图 9-189　白点区脆性解理断裂扫描电镜形貌

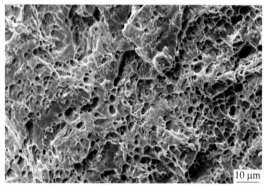

图 9-190　基体区韧性韧窝断裂扫描电镜形貌

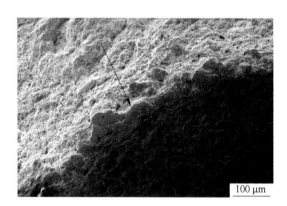

图 9-191　白点区与基体交界处扫描电镜形貌，呈现不同的断裂形态

　　分析判断：345C 钢焊接板焊口处拉伸白点具有典型焊接白点特征。在拉伸试件焊接过程中，其电弧区的含氢物质受到高温电离作用，就会分解出可熔解液态金属的氢离子。当这些氢离子熔解于液态熔池中后，在焊缝金属结晶的瞬间，被熔解氢气的溶解度突然减小，又来不及从熔池中逸出，就会在焊缝中形成氢气孔。经分析，造成焊缝中含氢量高的

原因主要是电弧区的水分过多。在施焊过程中，这些水分分解出氢离子，进而在焊缝中形成氢气孔。电弧区的水分主要来自两个方面：一是焊接保护气体或施焊环境潮湿，造成焊缝中的水分过多；二是试块坡口的切削加工过程中采用水冷方式进行冷却，使母材坡口表层吸附的水分过多。

9.22 显微缝隙白点——钢棒材拉伸显微缝隙白点断口分析

对某企业生产的 ϕ32 mm 的 45 钢棒材，在生产后的第三天进行拉力试验。试验方法是将 ϕ32 mm 45 钢棒材经车床加工到 ϕ25 mm，然后进行正火处理（850 ℃保温 30 min 后进行空冷）。正火后再经车床加工到 ϕ20 mm，然后进行拉拔试验。在拉力试验中该炉的 4 个拉伸试验的断面收缩率均低于标准，且拉伸断口在阳光下呈现数个闪光点的异常断裂特征。对上述拉伸断口用扫描电镜进行观察与分析，其化学与成分和金相组织见表 9-4 和图 9-192。同时观察可发现，在拉伸试样杯锥状匹配断口的中心部位有十几个非常微小的闪光点，在阳光下闪闪发光，在相互匹配的断口上，若闪光点在断口的一侧为凸出的闪光点，那么在与其匹配断口上的闪光点就在凹坑中，呈银亮色有光泽的粗晶平坦状，是典型的脆性断口，见图 9-193。闪光点周围的断口区域呈深灰色起伏状，断裂面起伏较大，还有明显的破碎裂纹，是典型的韧性断口。

表 9-4 45 钢化学成分 （%）

C	Mn	Si	P	S	Cr
0.45	0.17	0.63	0.019	0.021	0.10

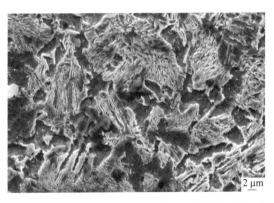

图 9-192 45 钢正火处理组织为珠光体及铁素体扫描电镜形貌

在扫描电镜下观察，杯锥状匹配断口中心部位的非常微小的闪光点实际上是呈圆形或椭圆形的平坦区域，与周围基体交界处呈现一个明显的环形，在环形带上有很多较深的二次裂纹，见图 9-194，从图 9-195 和图 9-197 中可见，裂纹带内的断口是平坦的脆性断口，呈现条状氢脆准解理断裂特征，在白点的中心通常观察到一种光滑的自由表面特征，见图 9-196 和图 9-198，是铸态显微气孔自由表面在热加工变形后残留的痕迹，成为白点核。由此可见，宏观断口上的闪光点其本质是典型的氢脆白点缺陷。在氢脆白点断口上有较多的二次裂纹，白点周围为韧窝韧性断裂特征，局部形貌见图 9-199。

图 9-193　拉伸匹配断口低倍扫描电镜形貌

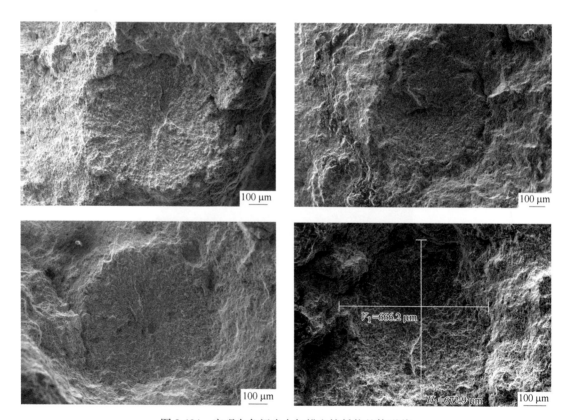

图 9-194　宏观白色闪光点扫描电镜低倍整体形貌

　　观察发现在断口中有一些氧化物夹杂，见图 9-200，在断口中还观察到较多的夹渣缺陷，见图 9-201，夹渣缺陷与钢基体存在较大的空隙。

　　分析判断：钢材产生白点缺陷的两个主要条件是足够的氢内压和一定的组织应力。过去通常认为合金钢对白点缺陷较为敏感，但近几年的研究发现低碳低合金钢也会产生白点缺陷。白点缺陷在酸浸后的横截面上呈现较多的锯齿状裂纹，往往位于试样心部或接近心部，离表面较远，白点使钢的延伸率和面缩显著降低。本次试验发现一炉 45 钢四个拉伸试样的延伸率和断面收缩率均低于标准，且在不合格试样断口上都观察到白点缺陷和夹渣缺陷。

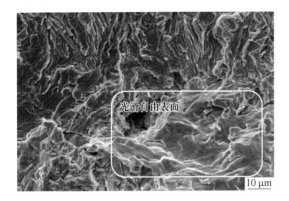

图 9-195　白点核心区扫描电镜形貌

（在中心有显微空隙，是吸纳氢的陷阱。
显微空隙右侧呈现光滑自由表面特征，图中
上半部呈现白点区的条状解理断裂特征）

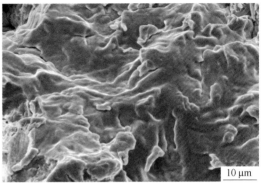

图 9-196　图 9-195 光滑自由表面扫描电镜放大像

（是铸态气泡壁在热轧后变形残留的形态，
成为白点核心和气体集聚的陷阱）

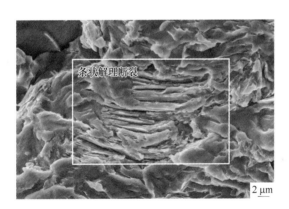

图 9-197　白点区的条状解理断裂扫描电镜放大像

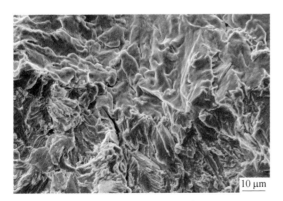

图 9-198　另外两个白点核心光滑自由表面扫描电镜形貌

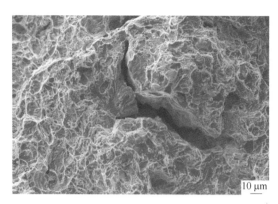

图 9-199　非白点区钢基体韧窝韧性断裂区及二次裂纹扫描电镜形貌

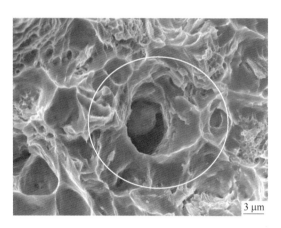 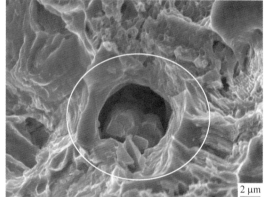

图 9-200　断口微坑内的氧化物夹杂扫描电镜形貌

图 9-201　断口微坑内的夹渣冶金缺陷扫描电镜形貌

　　气体分析结果表明，棒材的残余氢含量较高，氧化物夹杂和夹渣缺陷与钢基体由于膨胀和收缩不同而引起的间隙易容纳氢，成为氢的陷阱，聚集到"陷阱"中的原子氢将化合成分子氢，而分子氢的体积是原子氢的十几倍，随着氢的不断聚集和化合，夹杂物周围的氢压不断增大，当氢压增大到高于钢材的强度极限时，就会产生穿晶脆裂，导致在拉伸试样断口中间部位（对试样心部部位）呈现出白点缺陷特征。由于棒材心部存在白点缺陷，心部氧化物夹杂和夹渣缺陷偏聚也将分割钢的基体，在夹杂物和夹渣与基体间形成缝隙并产生较大的应力集中，致使力学性能试验过程中延伸率和面缩明显降低。

结论：

钢中气体含量超过标准，中心部位存在氧化物夹杂和夹渣缺陷及显微空隙是导致氢聚集而产生氢致裂纹，造成棒材拉伸试验塑性指标明显偏低和产生白点的主要原因。

9.23 氢脆白点——40Cr 钢拉伸氢脆白点断口分析

40Cr 钢棒材拉伸测试强度和延伸指标均低于标准，且在拉伸断口上观察到白色斑点特征，用扫描电镜对断口进行了观察，结果见图 9-202～图 9-206。

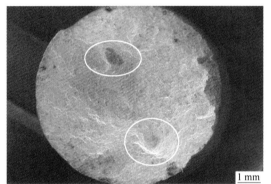

图 9-202 拉伸断口扫描电镜全貌
（断口表面分布着较多的亮点）

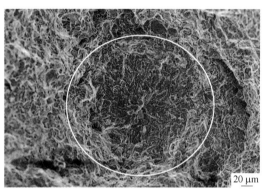

图 9-203 断口表面亮点扫描电镜微观形貌 1
（呈放射状圆斑，与周围有明显边界）

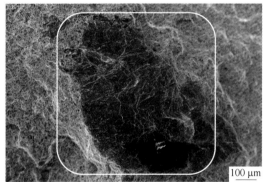

图 9-204 断口表面亮点扫描电镜微观形貌 2
（中间圆形区或称白点为脆性准解理断裂，
其周围为韧窝韧性断裂，具有氢脆典型特征）

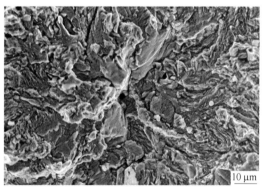

图 9-205 白点脆性准解理断裂扫描电镜
微观形貌 1

分析判断：从断口的宏观微观形貌可以看出，在断口上存在的灰白色斑点是引起拉伸脆性断裂的主要原因。在拉伸过程中，由于试样受到外力，拉伸力一方面能叠加到氢压力引起的应力上，另一方面还可以促进氢原子的扩散。另外，内应力也可以协助氢压力使裂纹产生和扩展，因此内外应力的存在能促使氢原子向材料内部缺陷或空隙界面扩散、集聚，形成氢分子。由于氢分子在钢中无法扩散，逐步在聚集处形成巨大氢压，当这种压力

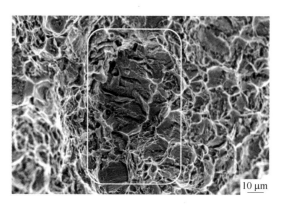

10 μm

图 9-206　白点脆性解理断裂扫描电镜微观形貌 2

导致的应力超过钢的断裂应力时，首先形核，进而形成裂纹。氢致裂纹依赖氢压和来自于材料的各种内应力的叠加，后者属于外加应力诱发所致。当氢含量达到一定的量时，虽然在钢材轧后冷却过程中不能形成白点，但在拉伸外力的作用下，能够在局部聚集产生点状的氢脆裂纹源，导致拉伸面缩不合。

9.24　氢脆白点——45 钢拉伸氢脆白点断裂分析

对经转炉冶炼—LF 炉精炼—连铸—热装热送轧制成材后的 45 钢，取样进行力学性能试验。经过普通正火处理后的拉伸试样在力学拉伸试验后拉伸试样断面几乎没有收缩，长度方向上的延伸率也小。这种现象呈批量性，并且是断续出现的，但该钢材在低倍检验过程中，并没有发现异常的缺陷。对 45 钢力学拉伸试验后的试样断口进行高倍观察和能谱分析，认为钢材内部含有较高含量的氢是引起这种现象的主要原因。

试验与分析：

（1）成分和氧含量分析。取 5 炉次力学塑性指标偏低的钢材试样进行了成分和氧含量分析。结果表明，5 炉次钢材试样的成分均符合国标要求，氧含量均在 0.0025% 左右。

（2）金相组织观察。对试验后的试样进行金相组织观察，发现试样组织正常，晶粒大小适中，带状组织正常。

（3）夹杂物检验。对试验进行非金属夹杂物检验，结果表明，钢材中的非金属夹杂物分布较均匀且弥散，不超过 2 级。但有少量的大颗粒、不变形夹杂物。这种夹杂物与基体之间的界线清晰，呈不规则的轮廓，尺寸在 300~700 μm 之间，属于外来夹杂物，见图 9-207。对这些外来夹杂物进行能谱分析，表明这些不变形的夹杂物为以 Al_2O_3 为主的外来夹杂物。

（4）断口分析。在拉伸试样的断口截面上，无规则地分布着许多大小不一的灰白色斑点，见图 9-208。对这些斑点进行电镜观察，发现该斑点的灰白部分均呈现出与氢引起的脆性断口相类似的组织形貌，而断口上的其他部位组织呈解理组织结构，细密地分布着大小不一的韧窝，如图 9-209 所示。

从图 9-209（b）可以看出，斑点边缘到中心部位，组织由韧性的韧窝状态组织逐渐过渡到脆性的解理组织。图 9-210（a）表明了最中心部位是完全的解理组织。在断口的除斑点中心部位的其他组织均为正常的韧窝组织，见图 9-210（b）。

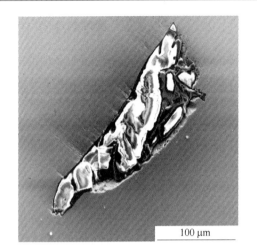

图 9-207 不变形夹杂物的外观形貌

图 9-208 数个白点断口的宏观形貌

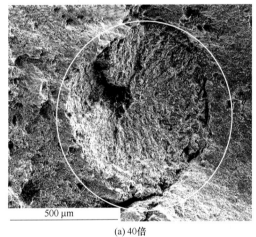

(a) 40倍

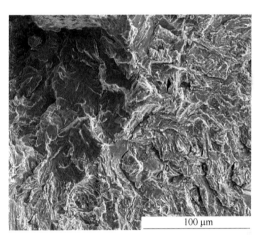

(b) 200倍

图 9-209 白点微扫描电镜形貌(a)及白点与钢基体过渡区扫描电镜形貌(b)

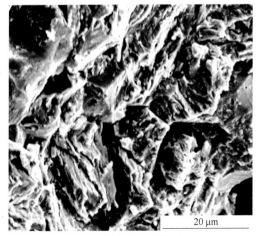

(a) 中心部位形貌 (1000×)

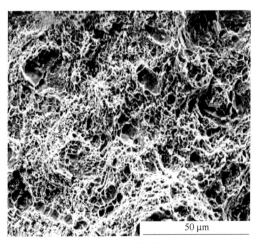

(b) 无斑点部位的正常韧窝组织 (100×)

图 9-210 白点及断口上的典型扫描电镜微观形貌

（5）能谱分析。对多个斑点进行了细致的成分分析，在整个斑点区域内部未发现有其他与钢材基体成分相异常的元素存在。

分析判断：

（1）由断口的宏观形貌和大量的试验结果可以看出，在断口上存在的灰白色斑点是引起钢材脆性断裂的主要原因。

（2）在拉伸断口上形成灰白色斑点通常有两种原因：一种是以夹杂物为核心触发的"鱼眼"；另一种是由于氢的聚合触发的氢脆。由能谱分析多个斑点成分可知，斑点中心部位不存在夹杂物，在夹杂物检验过程中，出现的大颗粒夹杂物并不在斑点的中心。中心部位单纯的脆性解理断裂与氢引起的脆性断裂形貌极为相似。

（3）在拉伸过程中，由于试样受到外力，拉伸力一方面能叠加到氢压引起的应力上，同时还可以促进氢原子的扩散。另外，内应力也可协助氢压力使裂纹产生和扩展，因此内外应力的存在能促使氢原子向材料内部缺陷或空隙界面扩散、集聚，形成氢分子。由于氢分子在钢中无法扩散，逐步在聚集处形成巨大氢压，当这种压力导致的应力超过钢的断裂应力时，首先形核，进而形成裂纹。低倍试样白点裂纹与拉伸白点断口，它们的形成机理有所不同。前者的氢致裂纹仅仅依赖氢压和来自于材料的各种内应力的叠加，后者属于外加应力诱发所致。当氢含量达到一定的量时，虽然在钢材轧后冷却过程中不能形成白点，但在拉伸外力的作用下，能够在氢局部聚集区产生点状的氢脆裂纹源。

对存在白色斑点导致钢材脆断缺陷钢材进行了以下试验验证：一方面在同一支钢材上取多个试样，每隔一段时间后逐一进行拉伸试验。结果表明，试样在常温条件下放置一个月后，氢逐步溢出钢材，试样在拉伸过程中不再发生脆性断裂。另一方面，对试样进行退火处理，相当于去氢处理，发现经过退火处理后的试样在拉伸过程中同样不再发生脆性断裂。这两个试验充分地证实了钢中氢存在是导致钢材韧性降低的主要的原因。

结论：钢材中存在较高含量的氢，虽然其含量不足以在轧制冷却过程中形成白点，但由于白点形成有个滞后过程，随着时间的延长，氢原子会向显微缝隙集聚，变成分子氢。随着分子氢的增多，气体压力也逐渐增大，在拉伸外力作用下，就会在氢局部聚集区产生点状的氢脆裂纹源，导致钢材脆性断裂。

9.25　氢致滞后裂纹——大锻件氢致滞后裂纹分析

白点断口是在钢材生产后产生的，与白点不同，氢脆延迟裂纹不是钢材生产后产生的，它的形成需要经历很长时间，因此称其为氢致延迟裂纹，或氢致滞后裂纹。某冶金企业的冷轧辊是用来轧制汽车钢板的大型锻件，每支售价几十万元。几十支冷轧辊在出厂前逐个进行了超声波无损检验，缺陷的当量尺寸完全达到技术条件要求，全部以合格品发往用户。两个月后，用户在采用超声波无损探伤复验时发现有十几支冷轧辊缺陷当量尺寸超过标准，就好像原来的缺陷不但自己扩展了，并且又冒出了新的超当量缺陷。十几支冷轧辊被退回企业，使企业遭受巨大的经济损失。

将 10 t 直径 1 m 的大冷轧辊进行解剖谈何容易，这是一项难度大、复杂精细的"手术"。"手术"的关键是准确找到缺陷，并对它进行鉴定和分析。在超声波定位—切割—再定位—再切割几个回合后，终于得到了含有缺陷的 100 mm×50 mm×30 mm 的块状试样，部分试样用于其他检验。将有缺陷的试样在缺陷处打断，以显露出缺陷的全

貌，然后在扫描电子显微镜和 X 射线能谱仪下进行观察和分析。裂纹的微观形貌见图
9-211~图 9-219。

图 9-211 氢脆滞后裂纹的低倍扫描电镜形貌
（白色区为冷轧辊在交货两个月后产生的氢
脆滞后裂纹断口形貌，钢基体是准解理断裂）

图 9-212 氢脆滞后裂纹断口上的沿晶波纹状
扫描电镜特征（SEM，5000×）

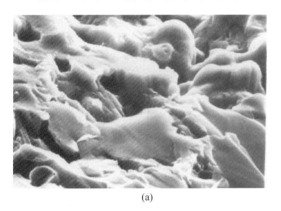

(a)

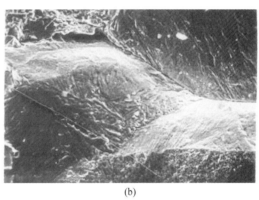

(b)

图 9-213 氢脆滞后裂纹断口上的晶界浮云状扫描电镜特征
（晶界表面光滑）

图 9-214 氢脆滞后裂纹断口上的准解理
羽毛扫描电镜特征（SEM，5000×）

图 9-215 氢脆滞后裂纹断口上的
层片状扫描电镜特征

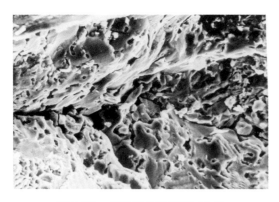

图 9-216　氢脆滞后裂纹断口上的
显微疏松扫描电镜特征

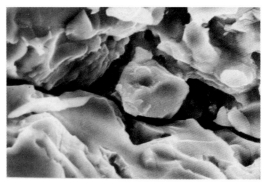

图 9-217　氢脆滞后裂纹断口上的自由
表面及枝晶露头扫描电镜特征
（SEM，5000×）

图 9-218　未锻合的喇叭状显微气孔
扫描电镜形貌

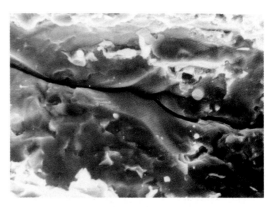

图 9-219　脆性沿晶断裂及二次裂纹扫描
电镜形貌（SEM，5000×）

　　分析结果认为，超声波无损探伤超标缺陷属于氢脆滞后裂纹缺陷，是一种特殊形式的白点，由钢中的氢含量偏高引起的内裂所造成。被超声波无损探伤仪检测出来内裂的断口呈白色斑点，白点缺陷由此得名。白点的形成有一个滞后过程，这是因为钢中的原子态的氢集聚成分子态的氢需要一定的时间，它们在探伤检测时确实还没有发展成白点缺陷。

　　大锻件氢致滞后白点裂纹断口具有显微气孔、浮云状、波纹状、层状、自由表面及枝晶露头、梯田状几何花样等典型的白点微观特征。

9.26　X70 板材拉伸断口上的"鸭嘴形"白点群特征

　　在 X70 板材拉伸断口上，发现了十分严重的"鸭嘴形"白点群，"鸭嘴形"白点十分少见，其电镜形貌见图 9-220～图 9-230。

　　分析判断：

（1）在断口上，X70 板材拉伸断口肉眼可见的"鸭嘴形"白点群在整个断口上有 30 多个，长轴最长为 2.6 mm，短轴为 1.38 mm，最小不到 1 mm。在每个白点的中间都有一条裂纹，整体形似鸭嘴，因此称其为"鸭嘴裂纹"白点。白点成群出现破坏了钢材的连续性，在整个断口上占据了较大的面积，使钢材易于脆断，所有白点区均为解理脆性断裂，降低了钢的抗拉强度。

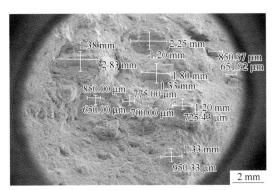

图 9-220 "鸭嘴形"白点群在断口上的分布
及尺寸扫描电镜形貌

（在整个断口上有 30 多个白点，最长白点为 3 mm 左右，
最短为几个微米，分布密集集中，
几乎破坏了钢的连续性）

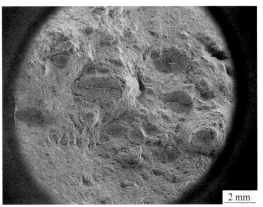

图 9-221 一个局部"鸭嘴形"白点群
扫描电镜形貌

（每个白点中间有一条裂纹）

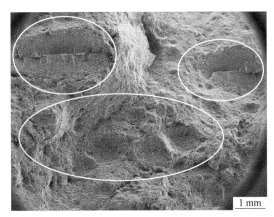

图 9-222 图 9-221 局部扫描电镜放大像

（每个白点中间有一条裂纹，白点
形似鸭嘴，与基体界限分明）

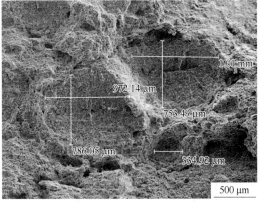

图 9-223 几个不同尺寸"鸭嘴形"白点的
扫描电镜形貌

（基本呈椭圆形，白点断裂面平滑，
与基体有明显的界面）

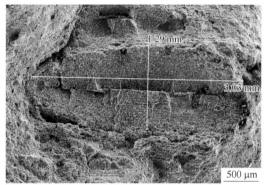

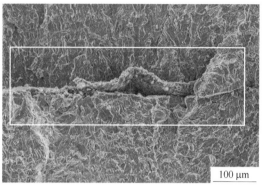

图 9-224　一个"鸭嘴形"白点的扫描电镜放大像
（中间有一条裂纹，与基体有明显的界面，
界面有密集的二次裂纹，白点区有平行
的细条纹，为解理断裂，基体为韧性断裂）

图 9-225　图 9-224"鸭嘴形"白点的中间裂纹
发生隆起扫描电镜形貌

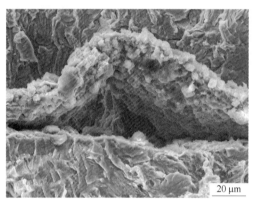

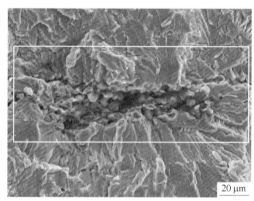

图 9-226　图 9-225 中间裂纹发生隆起的
扫描电镜放大像
（呈碎块状特征）

图 9-227　中间裂纹的扫描电镜放大像
（呈碎块状，白点区为准解理断裂）

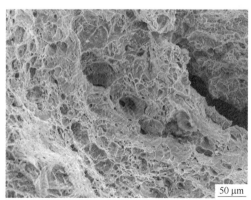

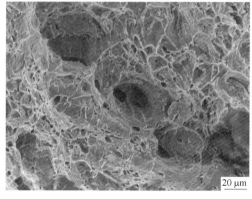

图 9-228　白点与周围边界的裂纹扫描电镜形貌 1
（有较多的显微气孔，基体为韧性断裂）

图 9-229　白点与周围边界的裂纹扫描电镜形貌 2
（有较多的显微气孔）

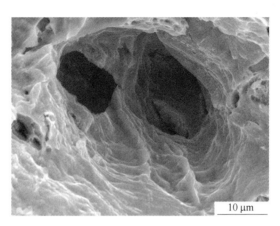

图 9-230　图 9-229 的扫描电镜放大像

（光滑的收缩褶皱更加明显，孔壁呈现波纹状特征）

（2）白点中间有一条裂纹，裂纹呈现碎石状显微特征，在试样进行拉伸前就已经存在，是钢快速冷却至较低温度（一般在 250~100 ℃）下形成的。甚至有时是钢冷却至室温，拉伸前在存放过程中形成的。

（3）白点区为解理断裂，周围基体为韧性韧窝断裂，在白点与基体的边界有许多二次裂纹和显微气孔，向白点区提供气体。

（4）该断口上的白点尺寸变化较大，多分布在成分偏析区内。在白点区也可看到显微气孔，呈现流水的波纹状特征，有很深的孔洞，具有沿晶波纹状、层片状特征，并且存在椭圆形、长条形显微气孔。由此可见，白点裂纹核主要是钢中存在的原始空隙，在轧后的冷却过程中，通过氢原子的扩散富集形成氢分子，集聚在原始空隙处，使得从这里向基体中扩展而产生白点冶金缺陷。"鸭嘴形"白点群特征在文献中很少报道，鲜为人知，实属罕见。

10 缩孔与疏松缺陷

疏松是钢的一种低倍组织缺陷，不同钢种对疏松有不同的评定标准。在疏松处用扫描电子显微镜可以观察到钢结晶时形成的树枝晶。扫描电子显微镜与人体检测的 X 光、彩超、CT、核磁等仪器检测图像相比，最大的优点是图像特别清晰，虽然看到的是放大几千倍，甚至十几万倍的微观图像，但是所看到的图像不但微观细节分辨率高，而且景深大，立体感强，仿佛在看大自然一幅美丽的风景画，令人赏心悦目。

在工艺品展览中，常常会看到在自然界中发现的巨大的水晶工艺品，方解石工艺品，在一块硕大的天然晶体剖面里，玲珑剔透的水晶单晶体或方解石单晶体横七竖八地沿内壁生长，大自然的鬼斧神工令人叹服。

钢是晶体，神奇的是在钢中也会看到在自然界中才能看到的景象。液态钢在温度降低时会发生凝固或结晶过程，经历像树枝生长的结晶过程。首先出现树干，也称一次晶轴，在一次晶轴发展中，在与树干垂直方向产生树枝，也称二次晶轴，然后在二次晶轴的垂直方向又产生三次晶轴，依次规律，最后发展成像大树一样的树枝晶，直到所有钢液转变成固体。整体上看树枝晶的尖端是一个回转抛物体，越是靠近尖端，越是脱离回转抛物体的形状。由于钢液转变成固体伴随着体积的收缩，所以在最后凝固的地方总是留下显微空隙，也称疏松。观察疏松可以研究钢液的结晶规律，同时会惊奇地发现钢的树枝晶形态与自然界中的科斯特地貌有着惊人的相似之处，也会在钢的微观世界里看到钟乳石、石笋、石馒、石柱等奇观，使人在显微镜下大饱眼福。

10.1 ϕ400 mm 低碳钢棒材缩孔残余金相形貌

缩孔残余是指在横向低倍试样的轴心区域呈不规则的折皱缝隙或空洞，周围往往集聚严重的疏松、偏析及非金属夹杂物。缩孔残余在纵向断口上呈非结晶构造的条带及疏松，有时伴有夹杂物存在。缩孔边缘常有脱碳。在化学成分上，碳、硫、磷比基体高。连铸的缩孔一般呈断续分布，与连铸的液芯长度有关。棒材的残余金相形貌见图 10-1 和图 10-2。

分析判断：该 ϕ400 mm 低碳钢棒材缩孔残余为连铸坯中心缩孔经轧制后的变形了的缩孔残余，低倍检验按照 GB/T 1979—2001 标准评定，中心疏松为 2.0 级。

10.2 304 不锈钢棒材中心裂纹

304 不锈钢材是一种通用性的不锈钢材料，防锈性能比 200 系列的不锈钢材料要强，具有优良的不锈耐腐蚀性能和较好的抗晶间腐蚀性能，是最广泛应用的不锈钢、耐热钢，可用于食品生产设备、普通化工设备、核能等。耐高温方面也比较好，能高达 1000～1200 ℃。304 不锈钢 ϕ40 mm 棒材中心裂纹的电镜形貌见图 10-3～图 10-12。

分析判断：在 200 mm×200 mm 铸坯低倍检验中发现心部出现中心裂纹（图 10-3），裂纹呈多条锯齿状，裂纹横向长超过 7 mm。连铸坯在轧制成 ϕ40 mm 后，在超声探伤和棒材横切面上都发现内部裂纹。

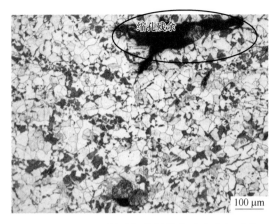

图 10-1　φ400 mm 低碳钢棒材缩孔残余金相形貌 1

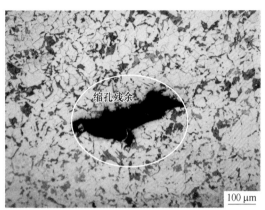

图 10-2　φ400 mm 低碳钢棒材缩孔残余金相形貌 2

图 10-3　304 不锈钢连铸坯中心裂纹低倍形貌

图 10-4　304 不锈钢 φ40 mm 棒材横切面中心裂纹形貌

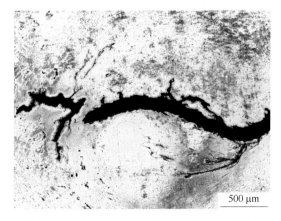

图 10-5　304 钢 φ40 mm 棒材中心裂纹金相形貌
（裂纹周边已经有一层高温氧化物）

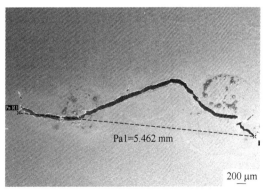

图 10-6　304 钢 φ40 mm 棒材中心裂纹扫描电镜形貌

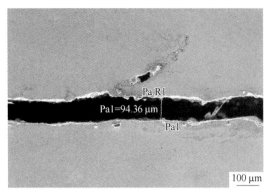

图 10-7   304 钢 ϕ40 mm 棒材中心裂纹局部
扫描电镜放大像

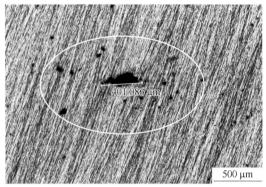

图 10-8   304 钢 ϕ40 mm 棒材中心疏松残余金相形貌

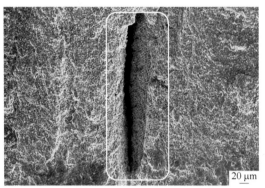

图 10-9   304 钢 ϕ40 mm 棒材中心疏松残余
断口扫描电镜形貌 1

图 10-10   304 钢 ϕ40 mm 棒材中心疏松残余
断口扫描电镜形貌 2

图 10-11   304 钢 ϕ40 mm 棒材中心疏松残余
断口扫描电镜形貌 3
（疏松表面有一层高温氧化物）

图 10-12   304 钢连铸坯棒材中心疏松低倍形貌

10.3 锻造轴件轴身中心缩孔残余缺陷分析

28Mn6 钢锭（4.5 t）在粗加工后探伤发现轴身中心出现一处孔洞形缺陷，缺陷位置在轴身长度方向中间稍偏一端处，在空洞处切取厚度 50 mm 试片（图 10-13），经机加工在厚度方向分割两片，一片进行低倍检验，另一片解剖进行高倍观察。试片中心缩孔形貌见图 10-14~图 10-19。

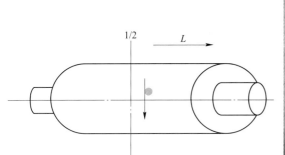

图 10-13　轴身缺陷处位置示意图

图 10-14　1 号试片中心孔洞宏观形貌

（试片存在两处皮下夹渣，

其周围未发现夹杂或夹渣）

图 10-15　310-2 号样低倍试片检验情况

（低倍试片的中心孔洞明显小于解剖高

倍试片上的孔洞，高倍观察了夹杂物，

未有明显的夹杂物）

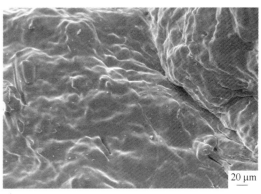

图 10-16　气泡壁光滑的自由表面扫描电镜形貌

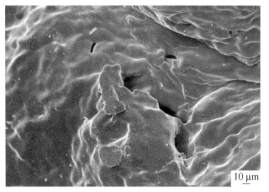

图 10-17　气泡壁光滑的自由表面
扫描电镜形貌

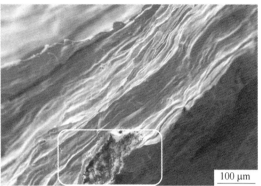

图 10-18　气泡壁光滑的自由表面上的夹渣
扫描电镜形貌 1

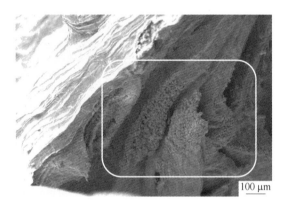

图 10-19　气泡壁光滑的自由表面上的夹渣扫描电镜形貌 2

　　分析判断：该 28Mn6 钢轴件中心孔洞形缺陷为钢锭中心缩孔经锻造后的缩孔残余，低倍检验按照 GB/T 1979—2001 标准评定，中心疏松 2.0 级，一般疏松 1.0 级，偏析 0 级；孔洞壁十分光滑，形似流水波纹状；在孔洞壁上存在夹渣缺陷。

　　防止铸件中产生缩孔和缩松的基本原则是针对该合金的收缩和凝固特点制订正确的铸造工艺，使铸件在凝固过程中建立良好的补缩条件，尽可能地使缩松转化为缩孔，并使缩孔出现在铸件最后凝固的地方。这样，在铸件最后凝固的地方安置一定尺寸的冒口，使缩孔集中于冒口中，或者把浇口开在最后凝固的地方直接补缩，即可获得合格的铸件。

10.4　T12 轧材中心缩孔断口分析

　　在金相检验中，发现 T12 棒材金相试样的中心存在缩孔残余冶金缺陷，将其沿中心缩孔处打断，并在扫描电镜下观察，见图 10-20~图 10-22。

　　分析判断：连铸坯中心缩孔在轧制后并没有完全焊合，沿轧制方向变为条状，在变形的缩孔内分布较多的 $VO \cdot TiO_2 \cdot Cr_2O_3$ 复合夹杂物，其断裂形貌与钢基体并不相同，表明经热加工后并没有完全焊合。

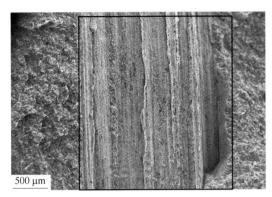

图 10-20   T12 轧材纵向缩孔断口扫描电镜形貌
（断口为铸态中心缩孔轧制后的变形形貌，
中间具有条状纤维特征，与基体
断口有显著区别，表明气泡经热
加工后并没有完全焊合）

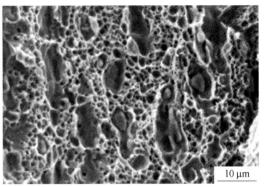

图 10-21   图 10-20 缩孔壁扫描电镜放大像
（条状纤维呈细小韧窝特征，沿纵向
分布粒状和条状夹杂物）

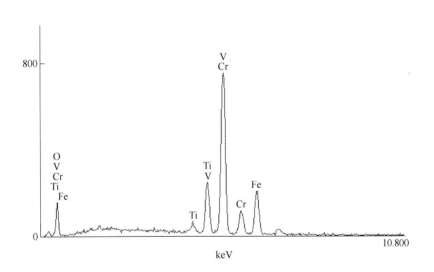

图 10-22   缩孔中 VO ·TiO$_2$·Cr$_2$O$_3$ 复合夹杂物 X 射线能谱图

10.5   10Cr9MoVNbN 钢轧材断口缩孔及其放大像形貌

在金相检验中，发现 10Cr9MoVNbN 钢棒材金相试样的中心存在缩孔残余冶金缺陷，将其沿中心缩孔处打断，并在扫描电镜下观察，见图 10-23～图 10-26。

分析判断：10Cr9MoVNbN 钢连铸坯中心缩孔，在轧制后并没有完全焊合，沿轧制方向变为条状，缩孔壁分布较多的高温氧化生成物颗粒，其断裂形貌与钢基体并不相同，表明经热加工后并没有完全焊合。

200 μm

图 10-23　10Cr9MoVNbN 钢轧材断口缩孔
扫描电镜形貌

（具有条状纤维特征，为铸态中心
缩孔轧制后变形的断口形貌）

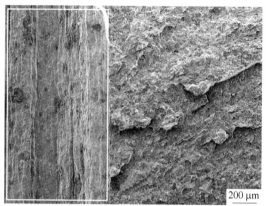

200 μm

图 10-24　10Cr9MoVNbN 钢轧材缩孔断口与基体
交界处扫描电镜形貌

（与基体断口有显著区别，表明缩孔经
热加工后并没有完全焊合）

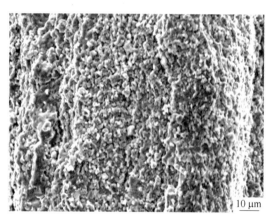

10 μm

图 10-25　10Cr9MoVNbN 钢轧材缩孔断口
扫描电镜放大像

（基体为解理断裂，缩孔断口
与基体断口有显著区别，缩孔壁分布
较多的高温氧化生成物颗粒，表明缩孔
经热加工后并没有完全焊合）

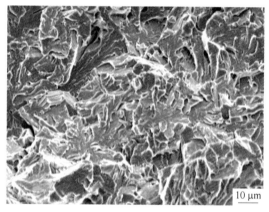

10 μm

图 10-26　10Cr9MoVNbN 钢轧材基体解理
断裂扫描电镜特征

10.6　铸铁件内部缺陷分析

铸铁件试样在加工后发现表面存在超过标准的冶金缺陷，缺陷试样 3K23 三个面都存在肉眼可见的严重内部缺陷，试样 NG6 四个面存在肉眼可见的严重的内部缺陷。两个试样均经超声波清洗，对缺陷试样在扫描电镜与 X 射线能谱仪上进行观察与分析，结果如下：

（1）3K23 三个面内部缺陷扫描电镜观察与分析结果见图 10-27～图 10-35。

图 10-27　3K23 第一个面内部气泡缺陷
低倍扫描电镜形貌

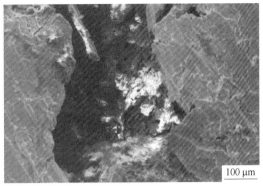

图 10-28　3K23 第一个面内部气泡缺陷局部
扫描电镜放大形貌
（白色为金属氧化物）

元　素	重量百分比/%
O	49.74
Mn	1.38
Fe	48.69
Co	0.20
总量	100.00

图 10-29　3K23 第一个面内部气泡壁金属氧化物扫描电镜形貌
及 X 射线元素定量分析结果
（金属氧化物主要成分是 Fe 与 O）

图 10-30　3K23 第二个面内部疏松缺陷低倍
扫描电镜形貌

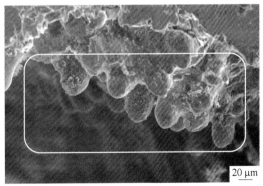

图 10-31　3K23 第二个面内部疏松乳头状初晶
扫描电镜形貌

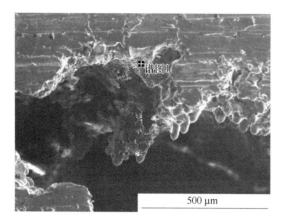

元素	重量百分比/%
O	26.63
Si	2.46
Mn	2.51
Fe	68.40
总量	100.00

图 10-32   3K23 第二个面内部疏松壁金属氧化物形貌及 X 射线元素定量分析结果
（金属氧化物主要成分是 Fe 与 O，其中 Fe 与 O 的原子百分数比较接近，可判断为氧化亚铁 FeO）

图 10-33   3K23 第三个面内部气泡缺陷   图 10-34   3K23 第三个面内部疏松缺陷局部
低倍扫描电镜形貌   高倍扫描电镜形貌

元素	重量百分比/%
O	40.53
Fe	59.47
总量	100.00

图 10-35   3K23 第三个面内部疏松壁金属氧化物扫描电镜形貌及 X 射线元素定量分析结果
（金属氧化物主要成分是 Fe 与 O）

（2）NG6 四个面内部缺陷扫描电镜观察与分析结果见图 10-36~图 10-43。

图 10-36　NG6 第一个面内部气泡缺陷
低倍扫描电镜形貌

图 10-37　NG6 第一个面内部气泡缺陷
高倍扫描电镜形貌

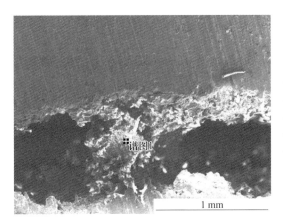

元　素	重量百分比/%
O	49.84
Fe	50.16
总量	100.0

图 10-38　NG6 第一个面内部气泡壁金属氧化物形貌及 X 射线元素定量分析结果
（金属氧化物主要成分是 Fe 与 O）

图 10-39　NG6 第二个面内部疏松缺陷
高倍扫描电镜形貌

图 10-40　NG6 第三个面内部热裂纹缺陷
低倍扫描电镜形貌

（裂纹长约 15 mm，呈锯齿状特征）

图 10-41　NG6 第三个面内部热裂纹缺陷　　　　　　图 10-42　NG6 第四个面内部疏松
高倍扫描电镜形貌　　　　　　　　　　　　　低倍扫描电镜形貌

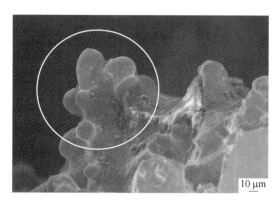

图 10-43　NG6 第四个面内部疏松乳头状初晶形貌

分析判断：

（1）两个铸件试样内部缺陷十分严重，三个面或四个面都有缺陷，表明缺陷空间分布占比较高。

（2）缺陷特点：尺寸大，接近宏观特征，包括内部气泡、疏松和热裂纹三种形态。

（3）气泡、疏松和热裂纹的壁上都已经发生高温氧化，氧化物主要是铁的氧化物和氧化亚铁 FeO，因此推断浇注温度较高。

10.7　铸铁疏松中树枝晶特征

铸铁疏松中树枝晶扫描电镜形貌见图 10-44～图 10-52。

在枝晶露头上隐隐约约可以看到晶体生长台阶花样。金属和合金在铸造和焊接凝固过程中，有时会产生一些疏松或缩孔（图 10-44）。结晶台阶就是在这些疏松或缩孔的自由表面上形成的，是自由表面逐次长大的结果。在锻件中所发现的这种结晶台阶因锻件未完全锻合而保留下来，特别是当有氧化膜存在时，出现这种情况的可能性更大。

在扫描电镜上，由轧辊外表向心部方向连续观察其断口形态变化，发现在白口铸铁（表层）和球墨铸铁的过渡区有一些疏松存在。在疏松中有许多枝晶露头，它们是凝固结晶的自由表面。经放大观察，在枝晶露头上可见有精细的结晶台阶存在，而且一般发育得相当完美，有明显的对称性。

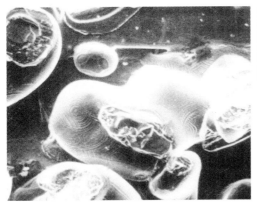

图 10-44　铸铁疏松断口扫描电镜微观形态　　　图 10-45　铸铁疏松枝晶露头上的沿〈110〉方向
　　　　　　　　　　　　　　　　　　　　　　　　　　的晶体生长台阶花样扫描电镜形貌

图 10-46　铸铁疏松枝晶露头上的晶体生长　　　图 10-47　铸铁疏松枝晶露头上的晶体生长
　　　台阶花样扫描电镜形貌 1　　　　　　　　　台阶花样扫描电镜形貌 2（SEM，2000×）

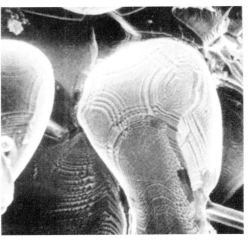

图 10-48　枝晶为单晶体扫描电镜形貌　　　图 10-49　图 10-48 晶体学取向标定结果
　　　（SEM，2000×）

 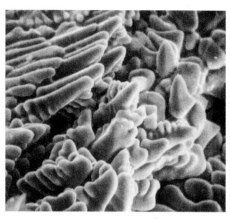

图 10-50 铸铁离心浇注疏松中结晶台阶扫描　　图 10-51　Cr15Ni7Fe 钢堆焊焊缝排列不规则的
电镜形貌（SEM，1000×）　　　　　　　　枝晶露头扫描电镜形貌（SEM，2000×）

图 10-52　Cr15Ni7Fe 钢堆焊焊缝平行等轴的枝晶群扫描电镜形貌（SEM，2000×）

由图 10-48 可见，其生长具有鲜明的晶体学特征，即主干和分支均按一定的晶体学方向发展，对于立方晶体，枝晶的择优生长方向为<100>方向。铸铁结晶台阶均属于 {100} 和 {110} 晶面族，而且 {110} 晶面的结晶台阶有时较 {100} 和 {110} 面更为突出，说明晶体除沿 〈100〉 方向生长外，沿 〈110〉 方向也在生长。晶体在各个方向发育不平衡的原因，可能与其所处结晶空间的具体情况相关，其规律性有待进一步研究。

图 10-48 的标定结果表明，晶体优先沿 〈100〉 方向长大。该晶体最突出部分分别为沿 〈010〉 和 〈001〉 方向发育的 {010} 和 {001} 晶面族。但沿 〈110〉 方向也有 {110} 晶面族的结晶台阶生成。

由图 10-50 可见在铸铁疏松枝晶露头上可观察到生长完美的结晶台阶花样。分析确定，铸铁枝晶除沿 〈100〉 方向长大外，也沿 〈110〉 方向长大。所有结晶台阶均属于 {100} 和 {110} 晶面族。

图 10-49 为结晶台阶形貌像及其晶体学取向的标定结果。在图中的枝晶露头上，结晶台阶花样具有明显的几何特征，根据立方晶体各晶面间的取向关系及其对称性，不难定出各结

晶台阶族所属晶面的晶体学指数。很明显，在图的右上部有一个三次对称轴，为立方晶体的〈111〉轴。绕该轴呈对称分布的三个极为三个 {110} 晶面族，而在其偏下面积较大的结晶台阶族，有着明显的四次对称性，应为晶体的 {001} 晶面族。绕其周围的四个 {110} 晶面族发育不平衡，(011) 面只长出一小部分。右下角的那个三角形应属于 (111) 面。

图中为发育得非常完美的小枝晶露头。在 (001) 面的四周均匀分布着四个二次对称的 {110} 面，即 (011)、(101)、(011) 和 (101) 面，而在三个 {110} 面之间的三角地带各有一个三次对称轴。

应该指出，在上述各结晶台阶花样中，台阶均沿〈100〉和〈110〉方向形成，而在它们之间的三角地带，按其对称性，可以肯定为〈111〉方向，但并未见到有 {111} 晶面的结晶台阶生成。

10.8　易切削钢显微疏松中的结晶台阶特征

在低碳高硫高铅易切削钢连铸坯含有气泡的断口上发现了结晶台阶花样，见图10-53～图10-56。

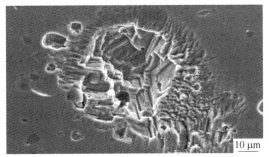

图 10-53　低碳高硫高铅易切削钢中，显微疏松中的铁素体生长台阶花样扫描电镜形貌 1

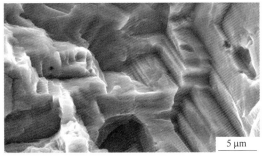

图 10-54　低碳高硫高铅易切削钢中，显微疏松中的铁素体生长台阶花样扫描电镜形貌 2

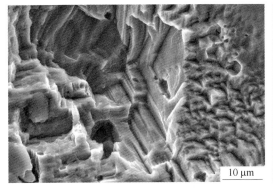

图 10-55　低碳高硫高铅易切削钢中，显微疏松中的铁素体生长台阶花样扫描电镜形貌 3

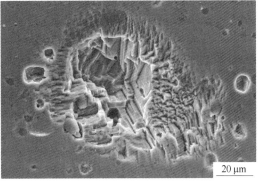

图 10-56　低碳高硫高铅易切削钢中，显微疏松中的铁素体生长台阶花样扫描电镜形貌 4

（周围是显微气泡）

10.9　铸钢疏松中树枝晶特征

　　钢液在凝固过程中枝晶的生长由于缩孔内缺乏钢液的补充而使凝固终止，形成疏松。枝晶的生长由两个过程组成，一个是主轴的稳定生长过程，另一个是二次轴的非稳定生长过程，并且这两个过程是相互独立的。枝晶尖端生长不但有热量的传出，同时还有溶质原子的重心分配。凝固过程中固液界面的崩溃，标志着晶体的生长进入到枝晶生长阶段。这种树枝横七竖八的生长状态与自然界中的水晶体极为相似，与冰糖、食盐、碱的结晶也十分相似。由此看来，不管是微观、宏观，其物理规律是一样的，这是大自然统一规律的最好证明。

　　树枝状结晶组织是一种合金元素的成分偏析，在各晶轴之间则是非金属夹杂物富集和疏松孔隙较多的地方。在压力加工时，如果变形量不大，变形没有深入到钢锭内部，使树枝状组织得以破碎，且未能使树枝状结晶组织的晶轴与金属的主伸长方向相一致，则钢材和锻件上将出现"残余枝晶"。"残余枝晶"的存在，表征钢的组织致密性和均匀性不高，有疏松及偏析存在，这些缺陷破坏和削弱了晶体间的联系，将引起应力集中，成为疲劳源。

　　改善枝晶偏析的方法主要是改善钢材的结晶条件，抑制粗大枝晶的出现，并在热加工过程中保证足够的锻造比，使枝晶能充分地破碎而得到改善。高温退火对枝晶偏析的改善也有一定的作用。枝晶的扫描电镜形貌见图 10-57 ~ 图 10-61。

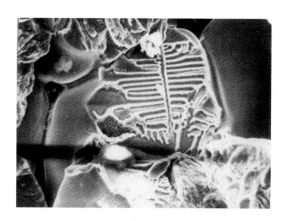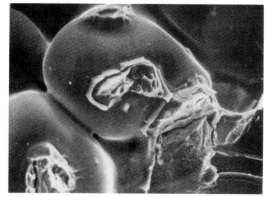

图 10-57　形态各异的显微疏松空洞扫描电镜形貌
（表面光滑的自由表面，葡萄样的枝晶，表面上的夹杂物，景深大立体感强，
像钟乳石样的枝晶族，二次晶轴刚刚突起，
胞状树枝晶的生长方向垂直于固液晶面）

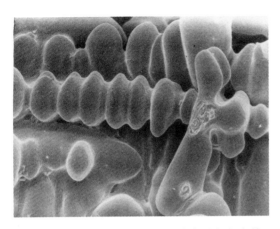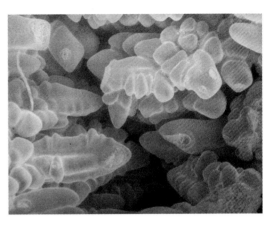

图 10-58　疏松放大后显示出一个与疏松相交并
显露枝晶的断口区域扫描电镜形貌
（凝固过程中，枝晶的生长因缩孔内缺
乏钢液的补充而终止，形成疏松）

图 10-59　二次枝晶轴与初生晶轴垂直
生长扫描电镜形貌
（胞状树枝晶的长大方向是密排晶面
形成的锥体的主轴）

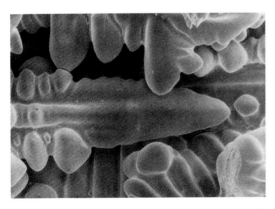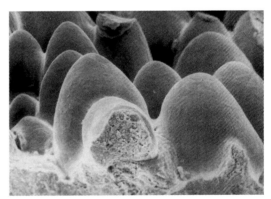

图 10-60　初次枝晶轴的前端已经断裂扫描电镜形貌
（与其垂直有四个相互成直角的二次晶轴，在二次晶轴的根部对称生长出两个三次枝晶）

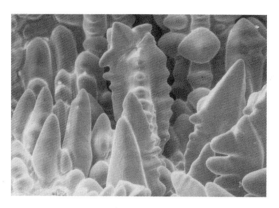

图 10-61　像火箭样的初次枝晶扫描电镜形貌

（随着凝固速度的增加，晶胞生长方向转向优先的结晶生长方向，立方晶体的金属是〈100〉方向，晶胞的横截面
受晶体学因素的影响而出现凸缘结构，当凝固速度进一步增加时，在凸缘上出现锯齿状结构，即二次枝晶）

10. 10　38Si7 钢电磁搅拌后的连铸坯疏松断口特征

38Si7 钢电磁搅拌后的连铸坯疏松断口特征扫描电镜形貌见图 10-62～图 10-64。

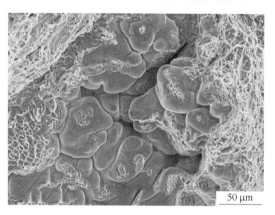

50 μm

图 10-62　38Si7 钢连铸坯疏松断口，解理断裂扫描电镜形貌

（疏松主要为似馒头样的一次晶）

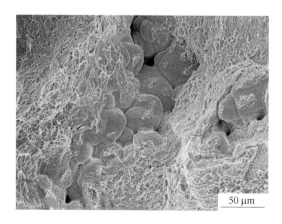

50 μm

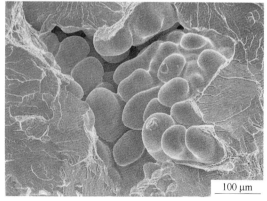

100 μm

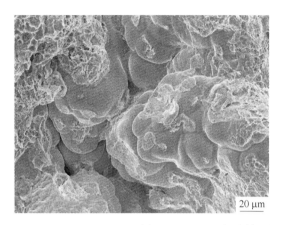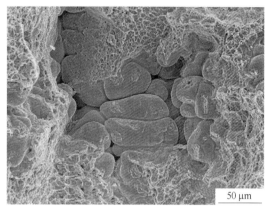

图 10-63　38Si7 钢连铸坯的一个疏松断口扫描电镜形貌

（解理断裂，疏松主要为似馒头样的一次晶）

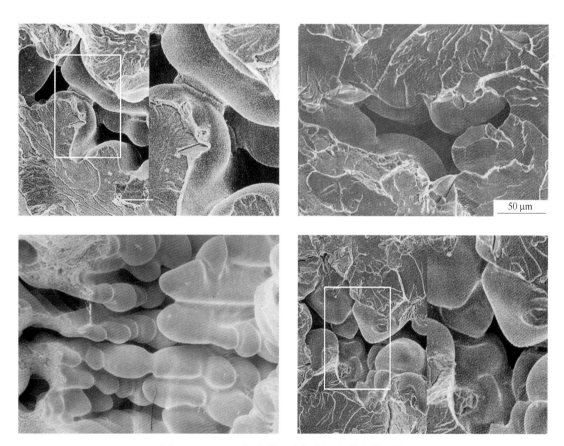

图 10-64　38Si7 钢连铸坯疏松断口扫描电镜形貌

（解理断裂，似葡萄样的枝晶）

结论：38Si7 钢连铸坯疏松断口为韧性断裂，疏松分布密集。降低连铸拉速和浇注温度能够有效改善 38Si7 钢连铸坯疏松和缩孔等冶金缺陷。改善钢水流动性有利于钢水的补缩，能显著降低连铸坯的缩孔和疏松。

38Si7 钢在钢凝固时产生的凝固收缩远远大于中碳钢。由于 38Si7 钢水在凝固过程中体积收缩大，而固液两相区宽，造成钢水在凝固过程中不易补缩，因而易形成中心缩孔和分散缩孔（疏松），造成铸坯质量缺陷。降低缩孔需要降低钢水的过热度，减少柱状晶搭桥和进一步改善钢水的流动性，使钢水能够很好地补缩。

钢水在凝固过程中，由于钢液相对流动，凝固前沿不稳定，局部区域的柱状晶生长较快，造成柱状晶之间彼此搭桥，并且已形成的大颗粒等轴晶在下落沉积过程中，极易被柱状晶捕集形成搭桥，从而阻碍了钢液进入收缩孔穴，造成缩孔。

另外，钢水中的 ［C］含量对柱状晶的增长也有较大影响，由于 ［C］含量在 0.4% ~ 0.8%，有利于柱状晶的成长，例如，对 ［C］= 0.56% ~ 0.64% 的 60Si2Mn 钢来说，柱状晶的成长更快，在相同的工艺条件下更易产生组织疏松甚至缩孔。因此，如何降低钢水过热度及保证铸坯的凝固速度，将是解决 60Si2Mn 钢连铸坯疏松和缩孔的关键所在。

11 热处理缺陷

材料要保证高强度、高塑性，达到此目的有多种方法，热处理是最重要的强化手段之一。通过加热、保温和冷却的方法使金属和合金内部组织结构发生变化，从而使工件获得使用性能所要求的组织结构，这种技术称为热处理工艺。正确选择材料，合理选择热处理工艺，不仅可减少废品，而且可以显著提高零件的性能、延长使用寿命。合理的热处理工艺是使产品获得理想综合技术性能、较高经济效益的重要途径。在热处理工艺中处理不当常常会产生一些热处理缺陷。

缺陷一：过热现象。

热处理过程中加热过热最易导致奥氏体晶粒的粗大，使零件的机械性能下降。

（1）一般过热。加热温度过高或在高温下保温时间过长，引起奥氏体晶粒粗化，称为过热。粗大的奥氏体晶粒会导致钢的强韧性降低，脆性转变温度升高，增加淬火时的变形开裂倾向。而导致过热的原因是炉温仪表失控或混料。过热组织可经退火、正火或多次高温回火进行调整，在正常情况下重新奥氏化可使晶粒细化。

（2）断口遗传。有过热组织的钢材，重新加热淬火后，虽能使奥氏体晶粒细化，但有时仍出现粗大颗粒状断口，称为断口遗传。产生断口遗传的理论争议较多，一般认为由于加热温度过高而使 MnS 之类的夹杂物溶入奥氏体并富集于晶界面，而冷却时这些夹杂物又会沿晶界面析出，受冲击时易沿粗大奥氏体晶界发生断裂。

（3）粗大组织的遗传。有粗大马氏体、贝氏体、魏氏体组织的钢件重新奥氏化时，以慢速加热到常规的淬火温度，甚至再低一些，其奥氏体晶粒仍然是粗大的，这种现象称为组织遗传性。要消除粗大组织的遗传性，可采用中间退火或多次高温回火处理。

缺陷二：过烧现象。

加热温度过高，不仅引起奥氏体晶粒粗大，而且晶界局部会出现氧化或熔化现象，导致晶界弱化，称为过烧。钢过烧后性能严重恶化，淬火时形成龟裂。过烧组织无法恢复，只能报废。因此在生产中要避免过烧的发生。

缺陷三：脱碳和氧化。

（1）脱碳。钢在加热时，表层的碳与介质（或气氛）中的氧、氢、二氧化碳及水蒸气等发生反应，降低了表层碳浓度，称为脱碳。脱碳钢淬火后表面硬度、疲劳强度及耐磨性降低，而且表面形成的残余拉应力易形成表面网状裂纹。

（2）氧化。加热时，钢表层的铁及合金元素与介质（或气氛）中的氧、二氧化碳、水蒸气等发生反应，生成氧化物膜的现象称为氧化。高温（一般 570 ℃以上）工件氧化后尺寸精度和表面光亮度恶化，具有氧化膜的淬透性差的钢件易出现淬火软点。

防止氧化和减少脱碳的措施有工件表面涂料，以及用不锈钢箔包装密封加热、采用盐浴炉加热、采用保护气氛加热（如净化后的惰性气体、控制炉内碳势）、火焰燃烧炉（使炉气呈还原性）加热。

缺陷四：氢脆现象。

高强度钢在富氢气氛中加热时出现塑性和韧性降低的现象称为氢脆。出现氢脆的工件通过除氢处理（如回火、时效等）也能消除氢脆，采用真空、低氢气氛或惰性气氛加热可避免氢脆发生。

11.1 淬火裂纹

淬火裂纹是指钢在淬火过程中或在淬火后的室温放置过程中产生的裂纹，后者又叫时效裂纹。造成淬火开裂的原因很多，在分析淬火裂纹时，应根据裂纹特征加以区分。

（1）淬火裂纹的特征。在淬火过程中，当淬火产生的巨大应力大于材料本身的强度并超过塑性变形极限时，便会导致裂纹产生。淬火裂纹往往是在马氏体转变开始进行后不久产生的，裂纹的分布没有一定的规律，但一般容易在工件的尖部、截面突变处形成。

在显微镜下观察到的淬火开裂，可能是沿晶开裂，也可能是穿晶开裂。有的呈放射状，也有的呈单独线条状或呈网状。因在马氏体转变区的冷却过快而引起的淬火裂纹，往往是穿晶分布，而且裂纹较直，周围没有分枝的小裂纹。因淬火加热温度过高而引起的淬火裂纹，都是沿晶分布，裂纹尾端尖细，并呈现过热特征。在结构钢中可观察到粗针状马氏体；在工具钢中可观察到共晶或角状碳化物。表面脱碳的高碳钢工件，淬火后容易形成网状裂纹，这是因为表面脱碳层在淬火冷却时的体积膨胀程度比未脱碳的心部小，表面材料受心部膨胀的作用而被拉裂呈网状。

（2）非淬火裂纹的特征。淬火后发生的裂纹，不一定都是淬火所造成的，可根据下面特征来区分：

1）淬火后发现的裂纹，如果裂纹两侧有氧化脱碳现象，则可以肯定裂纹在淬火之前就已经存在。淬火冷却过程中，只有当马氏体转变量达到一定数量时，裂纹才有可能形成。与此相对应的温度，大约在 250 ℃以下。在这样的低温下，即使产生了裂纹，裂纹两侧也不会发生脱碳和出现明显氧化。所以，有氧化脱碳现象的裂纹是非淬火裂纹。

2）如果裂纹在淬火前已经存在，又不与表面相通，这样的内部裂纹虽不会产生氧化脱碳，但裂纹的线条显得柔软，尾端圆秃，也容易与淬火裂纹的线条刚健有力、尾端尖细的特征区别开来。

淬火裂纹与非淬火裂纹的案例如下：

（1）轴，40Cr 钢，经锻造、淬火后发现裂纹。裂纹两侧有氧化迹象。金相检验发现裂纹两侧存在脱碳层，而且裂纹两侧的铁素体呈较大的柱状晶粒，其晶界与裂纹大致垂直。结论：裂纹是在锻造时形成的非淬火裂纹。

当工件在锻造过程中形成裂纹时，淬火加热即引起裂纹两侧氧化脱碳。随着脱碳过程的进行，裂纹两侧的碳含量降低，铁素体晶粒开始生核。当沿裂纹两侧生核的铁素体晶粒长大到彼此接触后，便向离裂纹两侧较远的基体方向生长。由于裂纹两侧在脱碳过程中碳浓度下降，由裂纹的开口部位向内部发展，为铁素体晶粒的不断长大提供了条件，因此最终长大为晶界与裂纹相垂直的柱状晶体。

（2）半轴套座，40Cr 钢，淬火后出现开裂。金相检验发现，裂纹两侧有全脱碳层，其中的铁素体呈粗大柱状晶粒，并与裂纹垂直。全脱碳层内侧的组织为板条马氏体加少量托氏体，这种组织是正常淬火组织。结论：在加工过程中未经锻造就存在的裂纹，属原材料带来的非淬火裂纹。

（3）齿轮铣刀，高速钢，淬火后在内孔壁上出现裂纹。金相检验发现，裂纹附近的碳化物呈不均匀的带状分布。结论：这是由于组织不均匀造成的淬火裂纹。

当钢的显微组织中存在碳化物聚集时，这些地方碳和合金元素的含量比较高，造成临界温度降低。因此，即使是在正常的温度下进行淬火加热，对于碳化物聚集处来讲，加热温度已显得过高了。其结果是这些地方出现过热组织，降低了钢的强度，淬火冷却时，在应力作用下产生开裂。

高速钢的碳化物不均匀性是这种钢的重要质量指标之一。为减少或预防这类缺陷发生，冶金厂和使用厂都在不断采取措施，如使用厂用改锻工艺来均匀组织。当碳化物不均匀性的改善程度受到限制时，可在保证硬度的前提下采用较低淬火加热温度来避免过热组织产生。

（4）W18Cr4V 钢制模具，高温盐浴中加热后油冷，发现开裂。从裂纹特征上看是冷却过快所致。因工件截面较大，冷却时内外温差也大，当表面转变为马氏体时，内部仍处于奥氏体状态，在之后的冷却过程中逐步转变为马氏体，致使表层受内部体积胀大的作用承受很大的拉应力而开裂。因此，可以判断为淬火裂纹。

11.2　22CrMoH 钢淬火开裂分析

ϕ75 mm 22CrMoH 钢淬火后造成部分纵向开裂，对开裂较严重的后桥主动齿轮进行解剖分析，分析结果如下：

（1）宏观形貌。图 11-1 和图 11-2 为主动齿轮试样（图 11-1 为 1 号试样，图 11-2 为 2 号试样）及线切割后试样保留裂纹部分的原貌。由图中可见，纵裂是典型的组织应力纵裂纹。

图 11-1　主动齿轮齿部开裂情况原貌

（2）微观组织。对 1 号试样进行金相观察，其微观组织为非平衡组织——贝氏体，见图 11-3。

（3）断口的 SEM 形貌。将 2 号试样沿裂纹打断，观察其断口。发现裂纹断裂源位于渗碳的表面层，见图 11-4。裂纹源为脆性断口，沿晶断裂。而内部断裂为韧性（韧窝）断口，并有二次裂纹，见图 11-5。

图 11-2　花键部分开裂处原貌

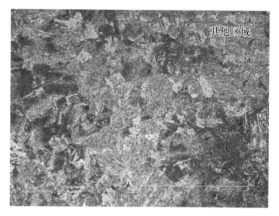

图 11-3　1 号试样微观组织金相形貌

图 11-4　2 号试样裂纹断口形貌

（4）讨论。

1）预先热处理。齿轮的锻造毛坯须预先热处理，目前普遍采用正火处理。齿轮制造厂家通常采用这种热处理工艺，在奥氏体化后，迅速冷却到 A_{r1} 以下的珠光体相变温度等

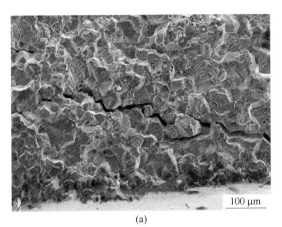
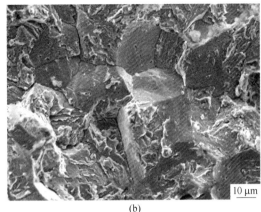

100 μm   10 μm

(a)   (b)

图 11-5 扫描电镜断口低倍沿晶断口扫描电镜形貌(a)及高倍沿晶断口扫描电镜形貌(b)

温，以避免带状组织超差、非平衡组织（α-Fe 魏氏体、贝氏体、马氏体组织）出现。然而，采用普通正火，在冷却过程中由于钢件成堆在空气中冷却或吹冷冷却，堆的表面和中心的冷却速度不同，季节变化、空气流通情况也不同，其冷却速度也不一样。加上钢件发生的连续冷却转变是在一个相当大的冷却温度范围内完成的，因而获得显微组织和性能也不相同。

2）模拟热处理。为了检查 1 号试样的预先等温退火是否正常，对 1 号试样进行了模拟等温退火处理试验。热处理制度为：（950±5）℃×1 h(空冷)→650 ℃×2 h（炉冷）。热处理后的组织见图 11-6。

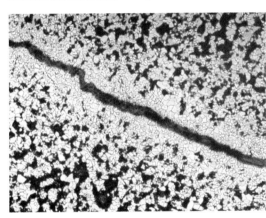
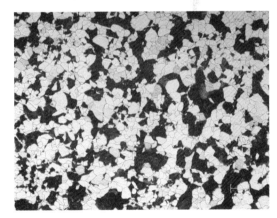

图 11-6 1 号试样的等温正火组织形貌

由图 11-6 可见，理想的等温正火组织为共析铁素体+珠光体，这种组织不但组织应力较小，而且在随后的渗碳淬火前后的变形较小，变形规律也比较固定。如果考虑 1 号组织具有遗传性，那么 1 号试样的成品齿轮组织是比较正常的，未见有明显的带状组织。测定 1 号试样的晶粒度，裂纹区域有轻度的混晶现象及晶粒粗大，裂纹是沿着晶界扩展的，表明锻造温度偏高，见图 11-7。

3）齿轮淬火与回火对裂纹的影响。试验表明随着淬火温度的降低，淬火产生的应力

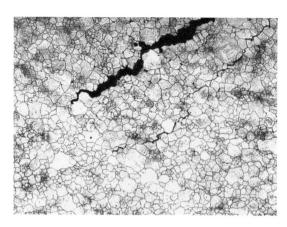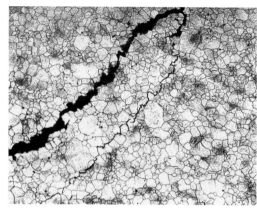

图 11-7　裂纹区域晶粒与锯齿状沿晶裂纹形貌

降低，轮齿裂纹形成的倾向也随之降低。回火保温消除内应力，最终得到回火马氏体、少量残余奥氏体和粒状碳化物。随着回火保温时间的延长，对磨齿裂纹的预防会更加有利。产生淬火裂纹的原因为淬火温度较高所致。

4）淬火裂纹与组织的关系。淬火裂纹源于表层，这与表层的含碳量（渗碳）有关。表层组织为高碳马氏体，强度较高，淬火产生的热应力与组织应力大，而内部组织含碳量较低，淬火形成低碳马氏体。如果裂纹是由于带状组织差异所导致的，那么裂纹将会沿着铁素体与珠光体的交界处延伸，而不是表面沿着晶界，内部却是韧窝状断口。

5）渗碳与淬火的关系。渗碳层的深度与深层内组织形态对淬火效果有影响，但由于未有相关的标准作为参考，所以无法对此做出评价。

分析判断：齿轮开裂为淬火应力裂纹，是淬火温度过高产生的组织应力和热应力共同作用所致。

11.3　1Cr17Mn6Ni5N 不锈钢载重汽车排气筒横向断裂分析

汽车排气系统是指收集并且排放废气的系统，一般由排气支管、排气管、催化转换器、排气温度传感器、汽车消声器和排气尾管等组成。某载重汽车排气筒由 1Cr17Mn6Ni5N 无缝不锈钢筒制造，整个管路经过三次拐弯，在拐弯处由弯管套进直管中，并实施焊接工艺。

使用这种排气系统的载重汽车仅行驶 3 个月，其排气尾管焊接热影响区就发生横向整体断裂，而且这种断裂在多个载重汽车中发生，断裂基本都是发生在焊接热影响区。为分析断裂原因，将断裂排气管切取试样直接在扫描电镜下沿管横向断口进行连续观察，同时在远离热影响区取样制造人造断口，在扫描电镜下进行比对试验，观察结果见图 11-8 ~图 11-13。

结果表明，标准 Mn 含量为 5.5% ~ 7.5%，实测 Mn 含量为 17.32%，高出标准 10%；标准 Cr 含量为 16% ~ 18%，实测 Cr 含量为 11.29%，低于标准 6%；标准 Ni 含量为 3.5% ~ 5.5%，实测 Ni 含量为 0.66%，说明断裂不锈钢管已经不是 1Cr17Mn6Ni5N 不锈钢。Cr 和 Ni 含量的降低，说明生产不锈钢的冶金企业在冶炼时少加了贵重金属 Cr 和 Ni，虽然降低了成本，但降低了材料的使用性能，是一种在钢铁生产中的弄虚作假行为。

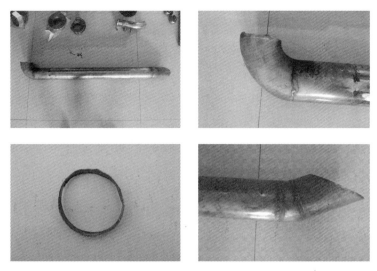

图 11-8 汽车排气系统形貌及断口试样

图 11-9 排气管横截面断口沿晶断裂扫描电镜形貌

(沿断裂面观察一周,发现一圈断口均为沿晶断裂,除主裂纹外,
也产生大量二次裂纹及沿纵向的沿晶裂纹,晶粒度评级图显示晶粒十分粗大)

图 11-10 排气管横向断口沿晶断裂放大
1000 倍扫描电镜形貌

(图中显示每个晶粒都有二次裂纹,晶界十分脆弱)

图 11-11 排气管横向断口沿晶断裂
放大 300 倍扫描电镜形貌

(图中显示沿纵向的二次裂纹,上图一团晶粒
几乎脱离钢基体,充分显示晶界十分脆弱)

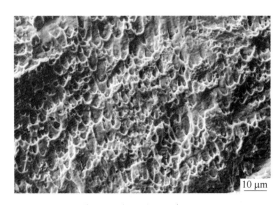

图 11-12　人造冲击断口抛物线韧窝扫描电镜形貌

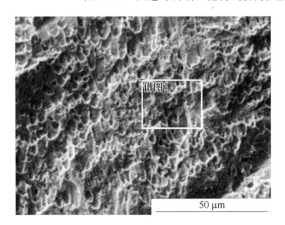

元素	重量百分比/%
C	0.14
Si	0.58
Cr	11.29
Mn	17.32
Fe	70.01
Ni	0.66
总量	100.00

图 11-13　钢基体微区 X 射线元素定量分析结果

分析判断：

（1）断裂基本都是发生在焊接热影响区，属沿晶脆性断裂，晶粒十分粗大，沿纵向二次裂纹和断口上大量的二次裂纹说明晶界十分脆弱。

（2）沿晶脆性断裂为淬火裂纹或马氏体相变裂纹。据调查，断裂试样的排气尾管在制造时，由于一次焊接不好而进行第二次补焊，在两次焊接热循环作用下，热影响区金属被加热到高温，引起奥氏体晶粒长大，晶界强度明显弱化。奥氏体冷却转变为马氏体时，由于组织应力在热影响区附近表面产生的应力超过钢的断裂强度，因此产生淬火裂纹或马氏体相变裂纹。安装时已经存在的淬火裂纹在使用中经受尾气流的喷射和汽车行驶时产生震动的双重作用，在某一时刻瞬间扩展成整个环的断裂。非焊接热影响区的韧性断口是对淬火裂纹结论的补充说明。

（3）成分分析表明，断裂不锈钢管并不是按合同提供给用户的 1Cr17Mn6Ni5N 不锈钢管，而是少加了贵重金属 Cr 和 Ni 的非标准不锈钢，因此降低了钢的使用强度。

11.4　60Si2Mn 钢汽车板簧疲劳试验淬火裂纹断口分析

汽车板簧是汽车悬架系统中最传统的弹性元件，由于其可靠性好、结构简单、制造工艺流程短、成本低，而且结构能大大简化等优点，得到广泛的应用。汽车板簧一般是由若干片不等长的合金弹簧钢组合而成，近似于等强度的弹簧梁。在悬架系统中除了起缓冲作用而外，当它在汽车纵向安置，并且一端与车架作固定铰链连接时，还可担负传递所有各向的力和力矩、决定车轮运动的轨迹，起到导向的作用，因此就没有必要设置其他的导向机构。另外，汽车板簧是多片叠加而成，当在载荷作用下变形时，各片因相对的滑动而产生摩擦，产生一定的阻力，促使车身的振动衰减，因此采用此种结构可以不装减振器。

本次试验对 60Si2Mn 钢汽车板簧疲劳试验淬火裂纹的两块断口试样，用扫描电镜及 X 射线能谱仪进行观察与分析，该断口试样在疲劳进行到 2 万次时出现裂纹停机，裂纹长度约 6 cm，断口表面发生严重氧化变黑，表面有一层较厚的氧化膜，将其打断后使用超声波清洗剂清洗，并在扫描电镜下观察，结果如下：

（1）1 号（高）试样断口观察结果见图 11-14~图 11-16。

（2）2 号（低）试样断口观察结果见图 11-17~图 11-23。

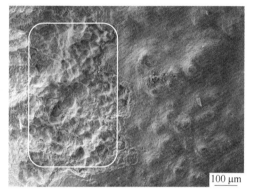

图 11-14 淬火裂纹沿晶断裂扫描电镜形貌

（裂纹断口已经严重氧化并有一层氧化膜，
不能被清洗掉，但在其边部发现一小块
氧化膜剥落，发现沿晶断裂特征）

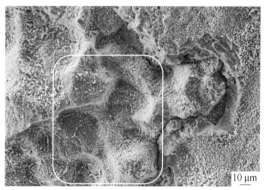

图 11-15 表面已经氧化的沿晶断裂扫描电镜形貌

（图 11-14 的局部 500 倍放大像，
显示粒粗大，5~6 级）

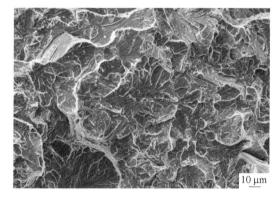

图 11-16 人造断口解理断裂扫描电镜形貌

（晶粒粗大，5~6 级）

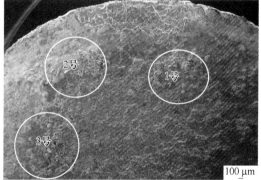

图 11-17 板簧边部断口有三处卷渣
扫描电镜形貌

分析判断：

（1）两个板簧断口已经严重氧化，但是在氧化膜上观察到沿晶断裂特征，且晶粒粗大，5~6 级。因淬火加热温度过高而引起的淬火裂纹都是沿晶分布，裂纹尾端尖细，并呈现过热特征，裂纹产生后在随后的回火中裂纹表面发生氧化，在镀锌处理中镀锌液浸入裂纹，导致进一步污染。沿晶断裂与晶粒粗大是淬火裂纹典型特征。

（2）2 号断口发现较多的粉状夹渣，夹渣成分中出现 Zn，表明在镀锌膜处理前，淬火裂纹已经存在，对疲劳裂纹也有较大贡献。

（3）人造断口为扇形解理断口，也可看出粗晶特征。

图 11-18　图 11-17 1 号夹渣扫描电镜放大像

图 11-19　图 11-17 2 号夹渣扫描电镜放大像

图 11-20　图 11-17 3 号夹渣扫描电镜放大像

图 11-21　图 11-20 夹渣局部扫描电镜放大像

元素	重量百分比/%
C	10.57
O	32.67
Si	0.36
Ca	0.30
Mn	0.51
Fe	55.14
Zn	0.45
总量	100.00

图 11-22　夹渣 X 射线元素定量分析结果

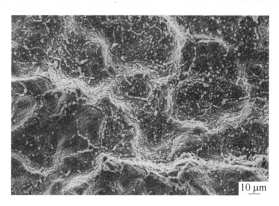

图 11-23 表面已经氧化的沿晶断裂扫描电镜形貌

（显示粒粗大，5~6 级）

11.5 20CrMnTiH2 钢行星轮齿淬火裂纹失效分析

装载机驱动桥减速器太阳轮和行星轮在使用中发生断齿失效，其中 4 号 20CrMnTiH2 钢失效断口试样取自同一个行星轮齿轮，见图 11-24。太阳轮和行星轮钢种为 20CrMnTiH2 钢，经 920 ℃渗碳，860 ℃淬火处理。使用扫描电镜和 X 射线能谱仪对断口进行观察与分析，结果见图 11-25~图 11-30。

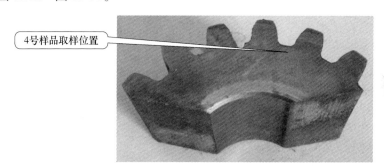

4号样品取样位置

图 11-24 20CrMnTiH2 钢行星轮失效取样位置

（该齿的裂纹源在齿的上表面，有两个裂纹源，垂直向下或斜向下脆性扩展，裂纹在扩展中形成台阶）

图 11-25 4 号 20CrMnTiH2 钢行星轮
失效断口形貌

图 11-26 4 号 20CrMnTiH2 钢
行星轮失效断口两个裂纹源
的扫描电镜形貌

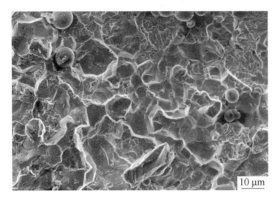

图 11-27　裂纹源 1 淬火裂纹沿晶断裂
500 倍扫描电镜形貌

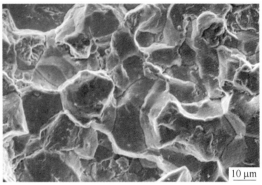

图 11-28　裂纹源 1 淬火裂纹沿晶断裂 1000 倍
扫描电镜放大像

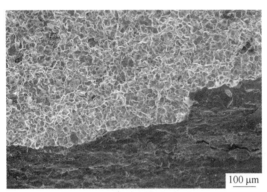

图 11-29　裂纹源 2 淬火裂纹沿晶断裂
100 倍扫描电镜放大像

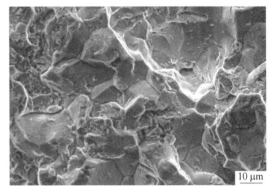

图 11-30　裂纹源 2 淬火裂纹沿晶断裂
1000 倍扫描电镜放大像

分析判断：从宏观断口看，断口边缘无剪切唇，无明显塑性变形，断口呈粗糙的颗粒状，为脆性断裂。从 500 倍沿晶断口分析，其晶粒异常粗大，晶粒度大于 1 级。

断口微观分析试验说明该断裂发生在齿顶的淬火裂纹处，两个裂纹源均为粗晶沿晶断裂，裂纹在垂直向下扩展中，以穿晶解理断裂为主，局部存在沿晶断裂，使齿轮抵抗外力的能力进一步下降，最终导致齿轮齿断裂。

齿表面粗晶组织和表面淬火裂纹是导致 4 号 20CrMnTiH2 钢行星轮齿失效断裂的根本原因。

11.6　40Cr 钢齿轮轴回火脆断裂原因分析

40Cr 钢经热处理后因其良好的综合性能，常用于轴类加工。40Cr 钢加工齿轮轴，经淬火（850 ℃保温 120 min 油冷）、回火（350~370 ℃保温 120 min 水冷）处理后，在安装螺母时出现批量断裂，本节对齿轮轴断裂原因进行分析。

检验分析：

（1）宏观检验。齿轮轴断裂位置均在轴和齿交界处，断口裂纹源均位于表面，扩展区较少，大部分为放射状瞬断区，见图 11-31，断口平齐，无明显塑性变形。

图 11-31　40Cr 钢加工齿轮轴断口形貌

（2）理化检验。对所送断裂件进行化学成分、断口形貌、金相组织、晶粒度分析。

1）化学成分。断裂件化学成分光谱分析结果（质量分数,%）见表 11-1，成分符合 GB/T 3077—2015 技术要求。

表 11-1　化学成分　　　　　　　　　　（%）

成分	C	Si	Mn	P	S	Cr	Ni	Cu
断裂件	0.41	0.24	0.74	0.016	0.007	0.96	0.03	0.07
技术要求	0.37~0.44	0.17~0.37	0.50~0.80	≤0.030	≤0.030	0.80~1.10	≤0.03	≤0.03

2）断口检验。在扫描电镜下观察断口，裂纹起源于表面，未发现夹杂等冶金缺陷（图 11-32），整个断面以沿晶断裂为主，小部分区域为沿晶和韧窝混合断口（图 11-33）。

图 11-32　裂纹源扫描电镜形貌

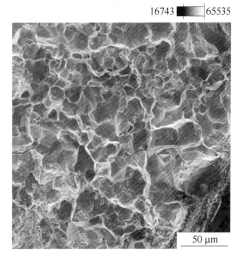

图 11-33　扫描电镜沿晶断口微观形貌

3）金相检验。切取裂纹源的纵向截面磨制金相试样，使用金相显微镜观察，非金属夹杂物评级为 A 1.5、B 0.5、C 0、D 1.0；用饱和苦味酸腐蚀后，晶粒度为 7.5~8 级；用 3% 硝酸酒精腐蚀后，金相组织为回火屈氏体（图 11-34）。

图 11-34　　回火屈氏体组织形貌（500×）

（3）回火脆性试验。

1）冲击试验。因试样组织和晶粒度正常，断口以沿晶断裂为主，因此初步推断为回火脆性所致，为确定 40Cr 钢在 350~370 ℃是否出现回火脆性，取两组试样使用冲击试验机进行试验，热处理工艺如下：

淬火：850 ℃保温 1 h，机油冷却，不同回火温度下保温 1 h，水冷，"U"形缺口，冲击试验结果见表 11-2。

表 11-2　　不同回火温度下的冲击值

回火温度/℃	200	240	280	320	350	380	420	460	500
第一支/J	27	28	12	10	10	16	34	50	70
第二支/J	24	29	10	14	8	13	34	50	71
平均值/J	25.5	28.5	11.0	12.0	9.0	14.5	34.0	50.0	70.5

2）断口形貌。不同回火温度下冲击试样断口形貌见图 11-35。

分析判断：40Cr 钢作为中碳调质钢，一般采用淬火+高温回火，资料记载，Mn、Cr 钢在较低温度回火时容易出现回火脆性，由模拟试验冲击值与断口形貌可以看出，240 ℃以下，回火断口以准解理为主，冲击值较低，随回火温度提高冲击值上升；280~380 ℃，断口出现明显的沿晶断口，350 ℃时沿晶断口所占比例最多，冲击值明显降低；460 ℃以上，断口以韧窝为主，冲击值大幅提高，钢材化学成分、晶粒度、非金属夹杂物、金相组织均符合技术标准要求，模拟试验结果表明工件采用的热处理工艺使材料出现了回火脆性。

结论：

（1）工件使用的钢材符合技术标准要求；

（2）由于在易出现回火脆性的温度范围内回火，导致工件出现回火脆性，在安装过程中受力发生断裂，建议将回火温度提高到 500 ℃以上，以获得良好的综合机械性能。

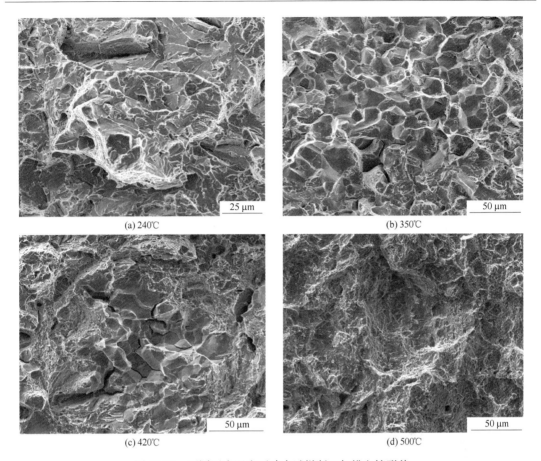

(a) 240℃　　　　　　　　　　(b) 350℃

(c) 420℃　　　　　　　　　　(d) 500℃

图 11-35　不同回火温度下冲击试样断口扫描电镜形貌

11.7　R55Cr3 钢轧材回火脆性断裂分析

回火脆性的温度范围刚好是大多数合金结构钢的回火温度范围。为了使重要的结构零件有良好的强韧性，所以传统的热处理工艺是调质处理。由于某些合金钢在高温回火后缓慢冷却时会出现回火脆性，因此必须引起重视。例如，1966 年美国就发生了一起 175 mm 炮管（内径 7 in、外径 14.7 in）发射爆炸事故。分析碎片表明主要是沿晶断裂，推测这次事故是由炮钢的回火脆性引起。

本节研究 R55Cr3 钢轧材在搬运中发生的脆性断裂，典型断裂特征见图 11-36～图 11-39。

分析判断：R55Cr3 钢轧材淬火后在 200～350 ℃温度范围内回火，此时出现的是第一类回火脆性，又称低温回火脆性。此时若再在 200～350 ℃温度范围内回火，将使冲击韧性重新升高。由此可见，第一类回火脆性是不可逆的，因此又可称为不可逆回火脆性。

几乎所有的钢均存在第一类回火脆性。如含碳量不同的 Cr-Mn 钢回火后的冲击韧性均在 350 ℃出现一低谷。使钢料由韧性状态转变为脆性状态的温度称为冷脆转变温度。第一类回火脆性不仅会降低室温冲击韧性，而且还会使冷脆转变温度出现显著下降，Cr-Mn 钢经 350 ℃回火后由于出现了第一类回火脆性，使 K_{IC} 降至 73.5 MN/m。钢件出现第一类回火脆性时大多为沿晶断裂，但也有少数为穿晶解理断裂。

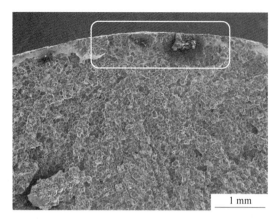

图 11-36　断裂源扫描电镜形貌（在图的上部）

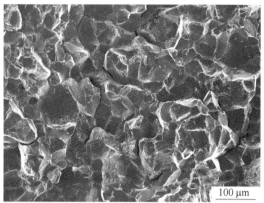

图 11-37　断裂源处的沿晶断口扫描电镜形貌

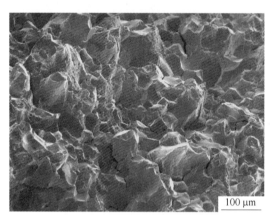

图 11-38　裂纹扩展区沿晶断口扫描电镜形貌

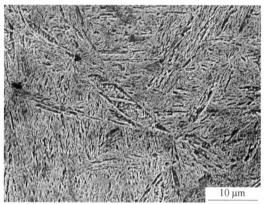

图 11-39　200~350 ℃回火金相组织形貌

11.8　过热与过烧的微观特征

钢过热会产生石状断口，石状断口是因加热温度过高、奥氏体晶粒粗大、冷却时沿原奥氏体晶界析出了第二相质点或薄膜而产生的。对于不同钢材，析出的物质也不同。大多数合金结构钢形成石状断口时主要的析出相是 MnS 或（Mn，Fe）S。例如，18Cr2Ni4WA 钢石状断口的"过热小平面"是由大量韧窝组成的，韧窝底部有 MnS 沉淀。

对于硼钢，如 25MnTiB 钢的石状断口，沿原奥氏体晶界析出的主要是碳化钛、硼相（$M_{23}(CB)_6$）和碳氮化钛，这种断口属于沿晶脆性断口。

过热后的冷却速度对形成稳定过热石状断口有重要影响。例如，40MnB 钢过热后油冷时，在原奥氏体晶界没有明显的网状硼化物析出，经调质处理获得纤维状断口。而过热后空冷时，硼化物在原奥氏体晶界呈连续的网状析出，经调质处理后获得稳定过热石状断口。Cr-Ni-Mo-V 钢大型锻件在 1180~1200 ℃加热，锻后缓冷时，沿原奥氏体晶界析出大量薄片状的 AlN；而在 1380 ℃以上加热，锻后冷却时，则沿原奥氏体晶界析出大量精细的 α-MnS（图 11-40）。

图 11-40　中碳镍铬钼钢过热石状断口的宏观特征（LM，3×）

石状断口，特别是严重的石状断口，用一般的热处理方法不易改善和消除，是一种不允许的缺陷，要求评级后使用。

晶界无析出相称为伪石状断口，是属于粗晶的沿晶界断裂的断口，其宏观形貌类似石状断口（图 11-41）。它与石状断口的主要区别是，在原奥氏体晶界上没有或仅有极少量的第二相质点析出。伪石状断口与石状断口一样，能降低钢的塑性和冲击韧性。对于晶界无析出相的伪石状断口，用一般热处理可以改善或消除，因此它是一种不稳定过热特征。

图 11-41　60Si2Mn 钢的"伪石状断口"（SEM，200×）

钢在热处理中，由于操作不当、仪表失灵等偶然因素，使钢产生过热现象。过热不仅使钢的晶粒长大，而且使那些分布于晶粒内部的硫化锰夹杂物分解，形成锰和硫。而在随后的冷却过程中，锰和硫又重新化合成新的非常细小的硫化锰夹杂物。这种在固态下的硫化物的分解和析出与由液态向固态的结晶不同，它们沿着晶粒边界析出，大大弱化了晶界的强度，只需很小的力就可使其沿着晶粒边界断裂，形成石状断口。图 11-42 是沿晶断口的逐级放大像，在低倍下的看似光滑什么也没有的晶界面，在较高的放大倍数下，每一个小韧窝中有一颗非常细小的硫化锰夹杂物，X 射线能谱图证明它们是硫化锰夹杂物。这些弥散分布的硫化锰夹杂物已经严重破坏了钢的连续性，降低了钢的强度。

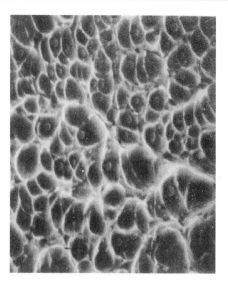

图 11-42   中碳镍铬钼钢过热石状断口(韧性开裂)的晶面扫描电镜逐级放大像

（由上而下放大倍数，20 倍，100 倍，500 倍，2000 倍；右侧照片显示沿晶韧性开裂，
在晶面的韧窝中有细小的 MnS 质点。放大倍数 5000）

11.9   过烧断口的微观特征

    热处理是钢材生产和产品制造过程中必不可少的生产工艺，从古人开始制造宝剑就摸索出使宝剑具有刚性和杀伤力的加热方法。现代热处理已经发展成一门成熟的科学技术，有技术标准可循。但是在产品生产中，由于加热炉质量问题、测温仪表失灵、操作工人的不精心，过烧损失时有发生，如表面过烧和整体过烧。

    钢坯的表面过烧通常是局部的，在钢坯的一个面呈现龟裂形态，裂纹开裂几毫米、十几毫米深，十分严重。从钢坯横截面的酸浸低倍形态可以看出，过烧发生在火焰过重的那一面钢坯表面，过烧面呈现脱碳和碎裂特征，见图 11-43~图 11-52。

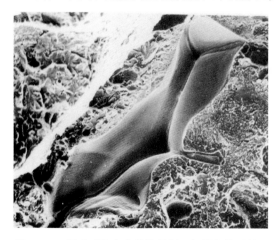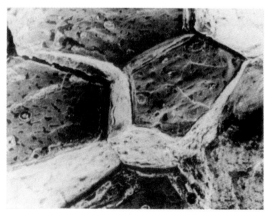

图 11-43   严重过烧产生的沿晶断口扫描电镜形貌 1

（晶界表面有熔化特征，且产生二次裂纹，

SEM，200×）

图 11-44   严重过烧产生的沿晶断口扫描电镜形貌 2

（晶界已经氧化，晶界表面有一层氧化膜，

SEM，200×）

图 11-45　严重过烧产生的沿晶断口扫描电镜形貌 3

（晶粒表面有熔球或熔球脱落后的圆坑，而且晶粒
表面光滑，呈现融化特征，SEM，200×）

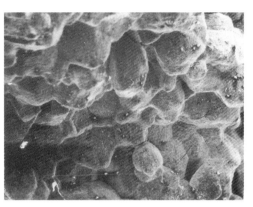

图 11-46　严重过烧产生的沿晶断口
扫描电镜形貌 4

（晶界已经严重氧化，SEM，200×）

图 11-47　严重过烧产生的沿晶断口扫描电镜形貌 5

（冰糖状，晶界表面有熔化特征，且产生
二次裂纹，SEM，200×）

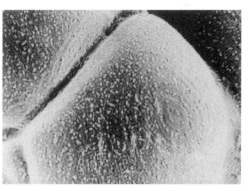

图 11-48　严重过烧产生的沿晶断口
扫描电镜形貌 6

（晶界已经熔化，SEM，300×）

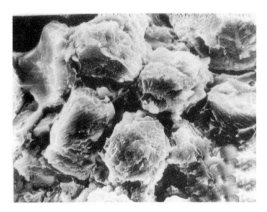

图 11-49　严重过烧产生的沿晶断口
扫描电镜形貌 7

（晶界已经氧化，成各自分离的晶粒，
SEM，200×）

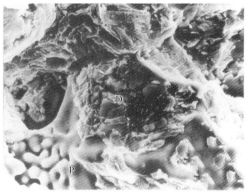

图 11-50　严重过烧产生的沿晶断口
扫描电镜形貌 8

（晶界已经熔化，晶面上可见低溶共晶开裂，
SEM，200×）

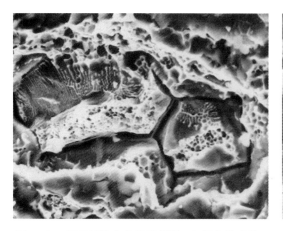

图 11-51　严重过烧产生的沿晶断口扫描电镜形貌 9
（晶界已经熔化，晶面上可见低溶共晶开裂，
SEM，200×）

图 11-52　27SiMn 钢坯因过烧产生的
沿晶断口扫描电镜形貌
（晶界已经熔化，并有二次裂纹。晶面上析出
树枝状（Mn，Fe）S 夹杂物，主要是在氧化性
气氛的加热炉中加热温度较高、时间过长
造成的，属于跑温事故，SEM，200×）

11.10　GCr15 钢 220 mm×480 mm 连铸坯过烧断口的微观特征

　　GCr15 钢 220 mm×480 mm 连铸坯在轧钢时发生断裂，在断裂处产生几个几十厘米的深洞，洞的表面已经氧化成黑色，洞的表面呈黑色颗粒状，说明连铸坯在加热时局部过烧非常严重，在轧制时产生断裂，见图 11-53~图 11-62。

图 11-53　过烧非常严重的断口扫描电镜低倍形貌
（表面呈颗粒状，是一种严重过烧的表现）

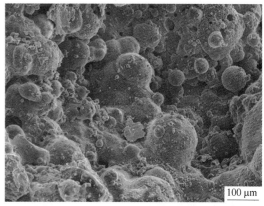

图 11-54　图 11-53 局部扫描电镜放大像
（颗粒呈球形，有的球形颗粒已经脱离基体）

　　分析判断：GCr15 钢 220 mm×480 mm 连铸坯在轧钢时发生断裂，说明连铸坯在加热时局部发生了非常严重的过烧，在轧制时产生断裂。

　　严重过烧使钢被烧塌，晶界表面发生熔化，变成球形，有的球形颗粒已经脱离基体，甚至形成孔洞；孔洞表面形成一层很厚的黑色氧化铁膜，膜表面是颗粒状氧化铁。

　　严重过烧是不应发生的低级废品。

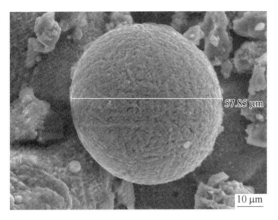

图 11-55　一个球形颗粒的扫描电镜放大像

（球表面有熔化后凝固产生的几何花样）

图 11-56　一个显微气孔被熔化和
高温氧化的扫描电镜形貌

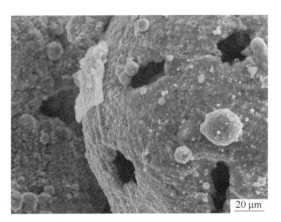

图 11-57　一个显微气孔被熔化和
高温氧化扫描电镜形貌

（表面有几个小气孔和凝固液滴）

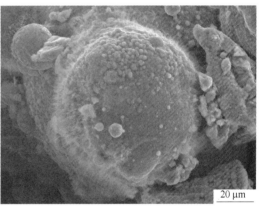

图 11-58　一个球形颗粒的扫描电镜放大像

（球表面有熔化后凝固产生的绒毛状花样，
球表面有很多凝固液滴）

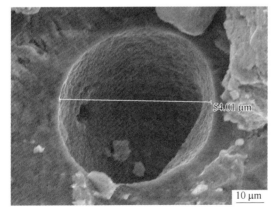

图 11-59　显微气孔被熔化和
高温氧化的扫描电镜形貌 1

（气孔很深）

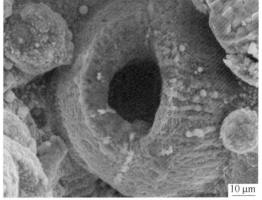

图 11-60　显微气孔被熔化和
高温氧化的扫描电镜形貌 2

（表面为黑色氧化铁膜）

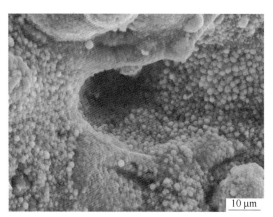

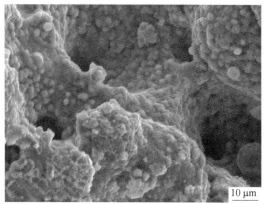

图 11-61　严重过烧使钢被烧塌扫描电镜形貌 1
（孔洞表面形成一层很厚的黑色氧化铁膜，
膜表面是颗粒状氧化铁）

图 11-62　严重过烧使钢被烧塌扫描电镜形貌 2
（孔洞表面形成一层很厚的黑色氧化铁膜，
膜表面是颗粒状氧化铁）

12　线材、盘圆、棒材表面缺陷

线材、盘圆、棒材横截面都为圆形，但是粗细不同。其表面产生缺陷的主要原因是：（1）连铸坯中存在皮下气泡或针孔，在轧制过程中易产生表面（微）裂纹；（2）连铸时拉速过快或润滑不良均有可能造成铸坯表面出现微裂纹或边角裂纹，裂纹在轧制过程中高温氧化，使得轧制后盘条表面产生微裂纹；（3）由于轧制工艺操作不当，导板、卫板或夹板质量不好，轧件局部过充满产生耳子形成折叠，或在轧件的表面划出很深的伤痕，这种划痕有时是局部的，有时遍及轧件全长，轧制后划伤部分被压入轧件内部，造成折叠；（4）吊装及转运过程中由于操作不当，在盘条表面造成划伤。

根据 YB/T 146—1998 规定，盘条允许存有划痕、麻面等表面缺陷，但其深度不应大于 0.10 mm。一些盘条表面存在的划伤或麻面深度超标，甚至达到 0.20 mm 左右，擦伤处由于应力过于集中，易使盘条在拉拔时发生断裂，在断口截面处及断裂源处能清晰地找到擦伤处。

12.1　棒材耳子引起的断裂

ϕ12 mm 82MnA 钢盘条开卷后在矫直过程中发生断裂，经检查发现，盘条表面两侧带有耳子，断口附近的耳子处有小裂口。其断口形貌见图 12-1 和图 12-2。

图 12-1　体视显微镜下的断口形貌

（断口显示裂纹发生在耳子处，在裂纹源的边缘有一个呈现放射状的小扇形区域，耳子凸出高度为 20.51 μm）

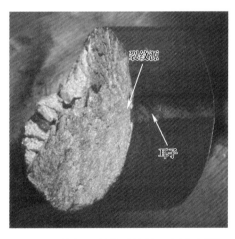

图 12-2　体视显微镜下的断口及侧面形貌

（裂纹源在条状耳子处）

在断口附近取横截面金相试样进行观察，发现耳子凸出于盘条圆周正常部位并与其相连，其中一侧过渡区近似直角状，在其尖角处有细裂纹，裂纹内镶嵌氧化物，耳子部位的组织与正常部位相同，为轧制过程中的非正常挤出部分，见图 12-3。

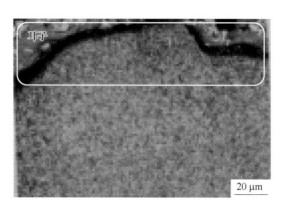

图 12-3　横截面耳子及附近组织特征

观察结果表明，图 12-1 和图 12-2 断口显示断裂发生在耳子处，盘条在开卷矫直过程中，受矫直力作用在耳子尖角处萌生细裂纹后瞬间扩展，导致盘条断裂。

耳子产生主要与热轧过程中轧制中心调整不当、孔型设计不合理或局部磨损程度过大等因素相关。

由于 82MnA 钢盘条表面容易出现的耳子、划伤、结疤、折叠、裂纹等缺陷，因此在生产中要加以严格控制。采用全过程无扭轧制和全滚动导板能有效保证产品表面质量，且要求导卫、流槽及导管光滑不能有尖角和毛刺；同时采用合理的孔型设计和加热制度，以避免裂纹、结疤、折叠、夹杂、分层及耳子等缺陷的产生。

拉速过快有可能造成铸坯表面产生显微裂纹或边角裂纹，裂纹在轧制过程中由于高温氧化，残存于盘条表面，盘条拉拔时裂纹扩展引起断裂。

由于轧制工艺操作不当，盘条表面存在耳子、折叠或不圆度超标，在拉拔时由于变形不均匀或局部摩擦力增大，也会产生横向裂纹引起断裂。

吊装及转运过程中由于操作不当，在盘条表面造成划伤。盘条表面存在折叠、结疤、微裂纹、划痕时，随着拉拔道次的增加，应力集中在钢丝的一侧或两侧，形成横裂纹，当横裂纹较大时会造成拉拔断丝。横裂纹产生的断口一般呈撕裂状，边缘不整齐。横裂纹不仅会对拉拔造成影响，还会在钢绞线的捻制及预张力拉拔过程中发生断裂。

12.2　ϕ114 mm 30Mn2 钢热轧材纵向裂纹分析

ϕ114 mm 30Mn2 钢热轧材在轧制后出现纵向裂纹，见图 12-4。本节对裂纹全貌（图 12-5～图 12-11）及裂纹内夹杂物成分（图 12-12～图 12-16）、鬼线内夹杂物成分（图 12-17～图 12-22）、钢基体典型夹杂物成分（图 12-23 和图 12-24）、裂纹成因进行分析。

分析判断：ϕ114 mm 30Mn2 钢热轧材纵向裂纹产生的原因主要是结晶器保护渣发生卷渣现象，烧结状或液态状保护渣夹渣分布在连铸坯的浅表面的不同深度内，在连铸坯热轧过程中由于应力的作用，在夹渣集中处产生裂纹，并在轧制中向纵向和横向扩展，纵向裂纹分布在表面，横向裂纹垂直于表面，裂纹末端或附近沿铁素体偏析带延伸，称为"鬼线"。"鬼线"内分布着 $MnO \cdot SiO_2$ 及 MnO 夹杂物；"鬼线"基体为铁素体，两侧为珠光体，原组织中的碳被排斥到"鬼线"两侧，使得"鬼线"两侧为珠光体组织。在裂纹中间的较大的连铸坯残留气泡助长了裂纹向内扩展。裂纹两侧及尾部均有结晶器保护渣卷渣形成的液态渣滴存在。连铸坯浅表面夹渣、成分偏析带及偏析带内的夹杂物、显微残留气泡的共同作用导致钢材产生纵向裂纹及扩展。

图 12-4　30Mn2 钢热轧材纵向
裂纹与横向裂纹宏观形貌

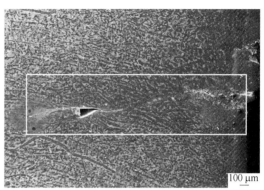

图 12-5　30Mn2 钢热轧材纵向
裂纹横向截面扫描电镜全貌

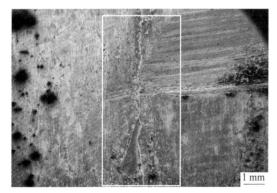

图 12-6　30Mn2 钢热轧材表面纵向
裂纹扫描电镜形貌

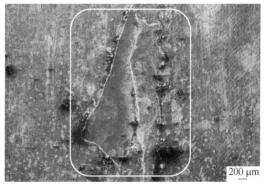

图 12-7　30Mn2 钢热轧材表面纵向裂纹
结疤扫描电镜形貌

图 12-8　30Mn2 钢热轧材表面纵向裂纹横向扩展拼图 1

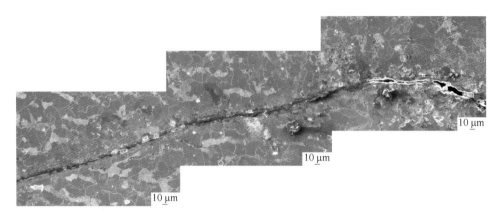

图 12-9　30Mn2 钢热轧材表面纵向裂纹横向扩展拼图 2

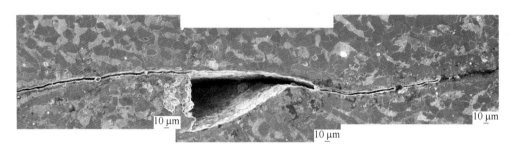

图 12-10　30Mn2 钢热轧材表面纵向裂纹横向扩展拼图 3

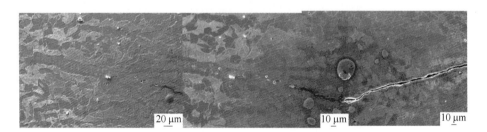

图 12-11　30Mn2 钢热轧材表面纵向裂纹横向扩展拼图 4

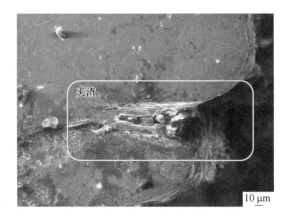

图 12-12　30Mn2 钢热轧材纵向裂纹横向开口处夹渣扫描电镜形貌

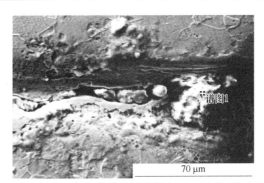

元素	重量百分比/%
O	32.80
Na	0.46
Si	1.62
Cl	0.66
K	0.18
Ca	0.24
Mn	4.27
Fe	59.78
总量	100.00

图 12-13　30Mn2 钢热轧材纵向裂纹横向开口处夹渣扫描电镜形貌及 X 射线定量分析结果
（含有结晶器保护渣 Na$_2$O、K$_2$O、CaO、MnO、SiO$_2$ 等的成分）

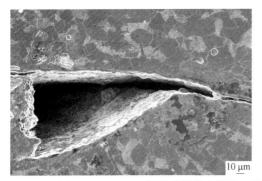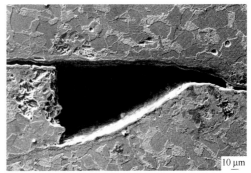

图 12-14　30Mn2 钢热轧材纵向裂纹、横向裂纹中的显微气孔残留扫描电镜形貌

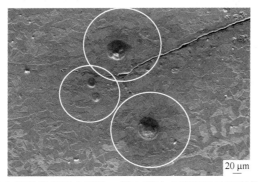

图 12-15　30Mn2 钢热轧材纵向裂纹、横向裂纹末端附近的液态保护渣渣滴形貌

元素	重量百分比/%
O	45.17
Na	1.21
Mg	0.69
Cl	0.21
Ca	2.40
Mn	2.78
Fe	47.54
总量	100.00

图 12-16　30Mn2 钢热轧材纵向裂纹、横向裂纹末端附近的液态保护渣渣滴形貌及 X 射线定量分析结果
（含有结晶器保护渣 Na$_2$O、MgO、CaO、MnO、FeO 等的成分，尺寸超过 50 μm，与钢基体紧密接触）

 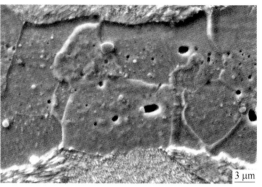

图 12-17　30Mn2 钢热轧材纵向裂纹、横向
裂纹前端的"鬼线"扫描电镜形貌 1
（"鬼线"（铁素体带）内分布着 MnO·SiO$_2$ 及 MnO 夹杂物）

图 12-18　30Mn2 钢热轧材纵向裂纹、横向
裂纹前端的"鬼线"扫描电镜形貌 2
（"鬼线"内分布着 MnO·SiO$_2$ 及 MnO 夹杂物）

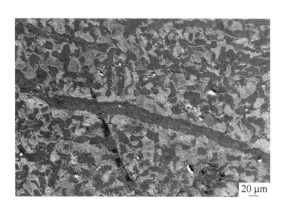 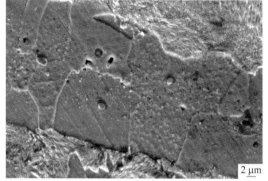

图 12-19　30Mn2 钢热轧材纵向裂纹、横向裂纹附近另一条"鬼线"形貌
（"鬼线"内分布着 MnO·SiO$_2$ 及 MnO 夹杂物）

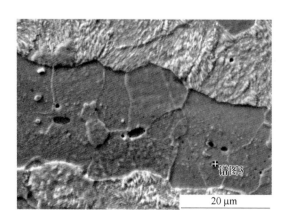

元素	重量百分比/%
O	37.84
Si	13.57
Mn	48.59
总量	100.00

图 12-20　30Mn2 钢热轧材纵向裂纹、横向裂纹前端的"鬼线"放大像形貌及 X 射线元素定量分析结果 1
（"鬼线"内分布着 MnO·SiO$_2$ 夹杂物）

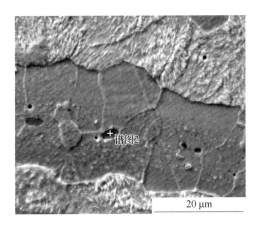

元素	重量百分比/%
O	21.95
F	11.79
Si	0.23
Mn	66.03
总量	100.00

图 12-21 30Mn2 钢热轧材纵向裂纹、横向裂纹前端的"鬼线"放大像形貌及 X 射线元素定量分析结果 2
("鬼线"内分布着 MnO 夹杂物)

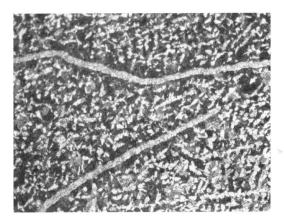

图 12-22 30Mn2 钢热轧材纵向裂纹、横向裂纹附近的"鬼线"金相形貌
(鬼线两侧为珠光体,表明"鬼线"内的碳被排斥到它的两侧)

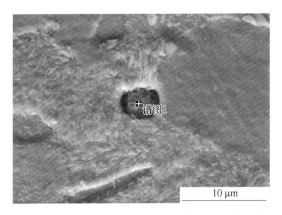

元素	重量百分比/%
O	53.01
Mg	7.22
Al	35.79
K	0.21
Ca	2.86
Mn	0.90
总量	100.00

图 12-23 30Mn2 钢热轧材纵向裂纹横向夹杂物形貌及 X 射线元素定量分析结果 1
(该夹杂物为 $MgO \cdot Al_2O_3 \cdot CaO \cdot MnO$ 复合夹杂物)

元素	重量百分比/%
O	38.24
Mg	1.06
Al	27.53
Si	0.41
Ca	7.24
Ti	0.19
Mn	1.14
Fe	24.19
总量	100.00

图 12-24　30Mn2 钢热轧材纵向裂纹横向夹杂物形貌及 X 射线元素定量分析结果 2

（该夹杂物为 $MgO \cdot Al_2O_3 \cdot CaO \cdot MnO \cdot FeO$）

12.3　夹渣引起的 ϕ13 mm SWRH82B 钢盘条拉拔断裂分析

采用 ϕ13 mm SWRH82B 钢盘条制造预应力钢绞线，在酸洗和磷化处理后的矫直工序中，个别区段发生脆性断裂的情况（图 12-25）。为查明脆性断裂原因，对试样进行观察分析，结果如下。

图 12-25　ϕ13 mm SWRH82B 钢盘条拉拔脆性宏观断口形貌

（1）断裂钢化学成分分析结果见表 12-1。

表 12-1　化学成分　　　　　　　　　　　　　　　　（%）

C	Si	Mn	P	S	Cr	Ni	Cu	Al	O	N	H
0.80	0.25	0.76	0.014	0.010	0.31	0.013	0.008	0.003	0.001425	0.003267	0.000060

分析结果表明，该钢化学成分符合 GB 222—2006 标准规定，气体含量小于规定值。

（2）金相高倍检查结果表明，断裂显微组织为热轧钢的典型组织，索氏体+少量珠光体，见图 12-26。

图 12-26　断裂试样显微组织

（索氏体（灰色）+少量珠光体（白色））

（3）通过对扫描电镜断口进行观察，在裂纹源处发现成堆分布的松散状物质，松散状物质所在区域与宏观看到的红褐色裂纹源相吻合，见图 12-27 和图 12-28。图 12-29 为松散状物质的 X 射线能谱图，可以看出含有 Al、Si、Ca、O 等成分，各成分的元素面分布图及其形貌见图 12-30。

图 12-27　在裂纹源处发现成堆分布的松散状
　　　　　物质（白色）的扫描电镜形貌

图 12-28　图 12-27 裂纹源处成堆分布的松散状
　　　　　物质（白色）的扫描电镜放大像

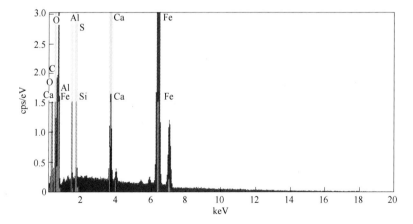

图 12-29　裂纹源处成堆分布的松散状物质（白色）的 X 射线能谱图

（主要元素为 Ca、Si、Fe、Al、O 等）

分析判断：φ13 mm SWRH82B 钢盘条试样化学成分符合 GB 222—2006 规定标准，气

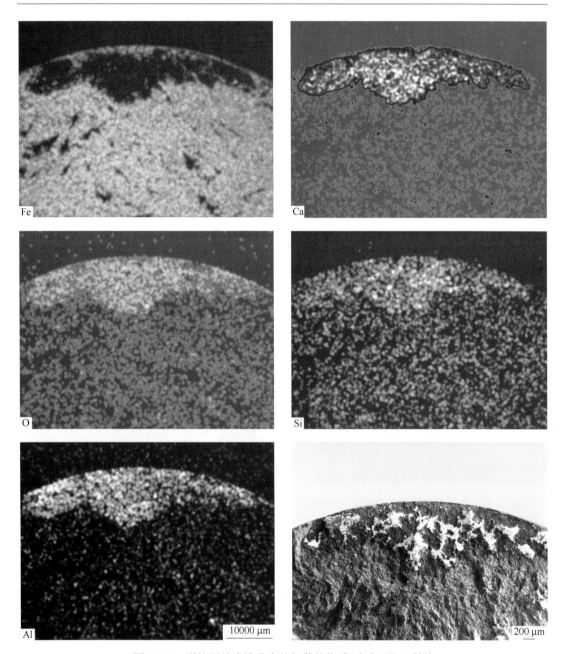

图 12-30　裂纹源处成堆分布的松散状物质（白色）的 X 射线
Fe、Ca、O、Si、Al 元素面分布图及其形貌

体含量小于规定值。观察与分析认为，在拉拔前 ϕ13 mm SWRH82B 钢盘条的表面一处就已经存在一条深度为 1 mm、沿棒表面长约 5 mm 的裂纹，该裂纹已经严重氧化，在裂纹处分布着 CaO·Al$_2$O$_3$·SiO$_2$ 松散形夹渣。实际上 CaO·Al$_2$O$_3$·SiO$_2$ 松散形物质是在磷化处理前就存在的夹渣冶金缺陷，这个浅表面裂纹便成为在酸洗和磷化处理后的矫直工序中个别区段发生脆性断裂的直接原因。浅表面裂纹是盘条缺陷的一种极个别现象，并不能代表整批盘条的质量。

12.4　SWRH82B 钢盘条表面刮伤引起的断裂

　　ϕ12.5 mm SWRH82B 钢热轧盘条在开卷后的矫直过程中发生断裂，断裂盘条表面一侧有明显的刮伤，根据断口上的放射状花样判断，断裂起源于盘条表面的刮伤处，现场观察发现，刮伤断裂并不少见，见图 12-31 和图 12-32。

图 12-31　棒材表面刮伤缺陷及断口刮伤裂纹源形貌　　　　图 12-32　盘条表面刮伤缺陷及裂纹源形貌

　　用扫描电镜观察断口形貌，断裂起源于图 12-33 的下边小扇形区域的底部，该区域存在沿晶断裂特征，裂纹源以外区域均呈解理断裂特征。金相观察纵向显示，刮伤区的表面有一层很薄的白亮区（图 12-34），白亮区硬度高达 $HV_{0.1}$ 985，可见该区为硬化层，在其下面为冷变形组织，显微硬度约 $HV_{0.1}$ 538，正常组织为索氏体及少量珠光体，索氏体组织硬度为 $HV_{0.1}$ 370。

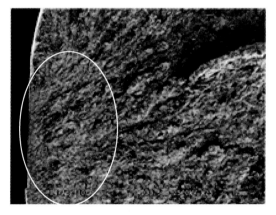

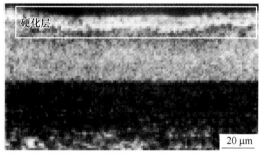

图 12-33　断口边缘小扇形高应力区形貌　　　　　　图 12-34　盘条表面硬化层及次表层组织特征

　　观察结果表明，盘条表面存在机械刮伤以及由此引起的高应力硬化层，这种高应力硬化层塑性极差，在矫直应力作用下会形成有规律的细裂纹，当裂纹扩展至一定深度时便导致断裂。表面刮伤与包装及运输盘条时没有采取必要防范措施有关。

12.5　SWRH82B 钢盘条表面撞伤缺陷引起的断裂

　　与 12.4 节类似，ϕ12.5 mm SWRH82B 钢热轧盘条在开卷后的矫直过程中断裂，断裂盘条表面一侧有明显的撞伤痕迹，根据断口上的放射状花样判断，断裂起源于盘条表面的撞伤处，见图 12-35 和图 12-36。

图 12-35　盘条表面撞击缺陷形貌

图 12-36　盘条表面撞伤缺陷及裂纹源形貌

用扫描电镜观察断口形貌，发现断裂起源于图 12-36 的表面撞伤处，该处呈凹槽状且塑性变形明显，金相截面试样观察显示，撞伤处的表层组织变形严重，见图 12-37。

观察结果表明，盘条表面经撞伤后其有效截面减小，且产生塑性极差的冷变形组织，因此，在矫直应力作用下导致断裂。撞伤与操作人的因素相关，在包装及运输盘条时应防止这种缺陷的产生。

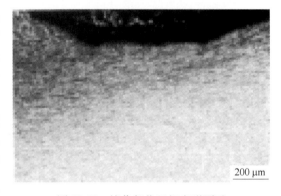

200 μm

图 12-37　撞伤部位组织变形严重

12.6　折叠缺陷

规格为 $\phi 11$ mm 的 60Si2MnA 钢在热轧过程中形成一种表面直线状缺陷，棒材的扫描电镜形貌见图 12-38～图 12-40。

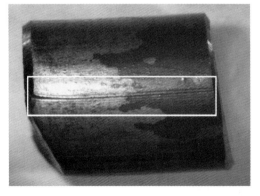

图 12-38　棒材表面折叠缺陷纵向
扫描电镜形貌

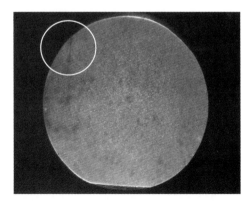

图 12-39　棒材表面折叠缺陷横向扫描电镜形貌 1
（裂纹在横断面上与钢材表面有一定角度）

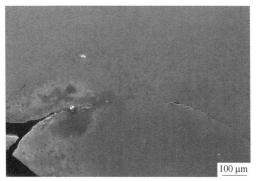

图 12-40 棒材表面折叠缺陷横向扫描电镜形貌 2
（裂纹在横断面上与钢材表面有一定角度，裂纹附近无高温氧化特征）

分析判断：折叠是表面互相折合的双金属层沿加工方向形成的裂纹，一般呈直线形，也有锯齿形；在横断面上与钢材表面有一定角度。钢材在轧制过程中产生的耳子、飞边、毛刺、皱褶和尖锐棱角等，在继续轧制时压入金属内部，则形成折叠缺陷。

12.7 φ30 mm 42CrMo 圆钢纵向裂纹断裂分析

φ30 mm 42CrMo 圆钢在冷拔时发生断裂，见图 12-41，裂纹源在棒材表面的纵向裂纹处，断口面呈倾斜状。本节用金相与扫描电镜进行观察与分析，结果见图 12-42~图 12-48。

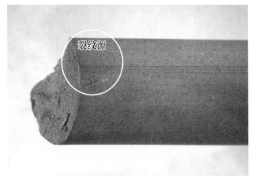

图 12-41 φ30 mm 42CrMo 圆钢冷拔
断裂断口形貌

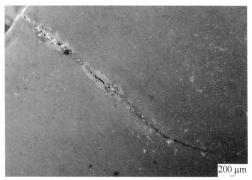

图 12-42 φ30 mm 42CrMo 圆钢
纵向裂纹横向扫描电镜全貌
（裂纹垂直于表面）

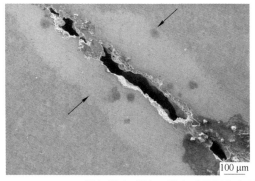

图 12-43 φ30 mm 42CrMo 圆钢纵向裂纹、横向裂纹局部扫描电镜形貌

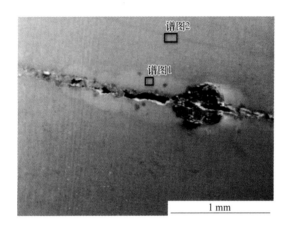

元素	重量百分比/%
C	9.82
Si	0.22
Cr	1.17
Fe	88.79
总量	100.00

图 12-44 裂纹附近基体及 X 射线元素定量分析结果(谱图 2)

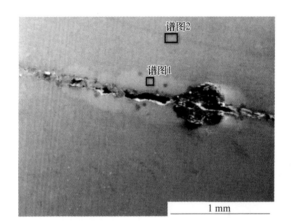

元素	重量百分比/%
C	9.07
Si	0.27
Cr	1.23
Fe	89.43
总量	100.00

图 12-45 裂纹脱碳层 X 射线元素定量分析结果(谱图 1)

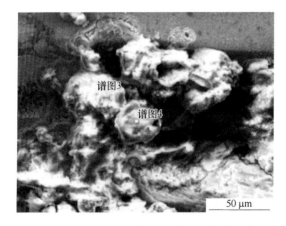

元素	重量百分比/%
C	13.16
O	38.41
Cl	0.17
Fe	48.26
总量	100.00

图 12-46 裂纹面高温氧化物 X 射线元素定量分析结果(谱图 4)

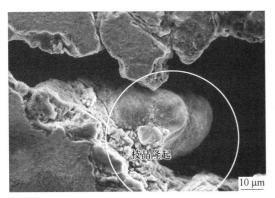 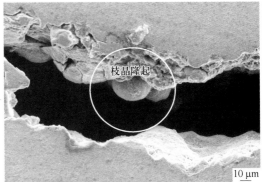

图 12-47 φ30 mm 42CrMo 圆钢纵向裂纹的横向裂纹　图 12-48 φ30 mm 42CrMo 圆钢纵向裂纹的横向裂纹
局部枝晶隆起扫描电镜形貌 1 局部枝晶隆起扫描电镜形貌 2

分析判断：

（1）该纵向裂纹长度较长，从几厘米到几米，甚至贯穿钢材全长；裂纹横向垂直于圆钢表面；裂纹较深，深度约 10 mm，穿晶扩展。

（2）裂纹面已经氧化严重，氧化产物为高温氧化生成物。

（3）在 φ30 mm 42CrMo 圆钢纵向裂纹的横向裂纹面上观察到多处枝晶隆起形貌特征，图 12-47 与图 12-48 显示该缺陷为连铸坯浅表面疏松在轧制后扩展与变形特征。

（4）连铸坯在加热和轧制中经过一次奥氏体化加热，裂纹的两侧有一层 200 μm 厚度的脱碳层。

（5）高温氧化生成物和裂纹面脱碳表明该纵向裂纹并不是在轧制中产生的，而是连铸坯的表面裂纹缺陷经轧制后扩展的结果；多处枝晶隆起形貌特征表明这种连铸坯缺陷为连铸坯皮下孔洞。

（6）φ30 mm 42CrMo 圆钢冷拔断裂主要原因是棒材表面存在裂纹。

12.8　SAE1215 低碳易切削钢线材轧裂分析

在生产低碳易切削钢 SAE1215 时，出现了连续 2 炉轧钢线材轧裂现象，由于轧材开裂，导致轧钢不能正常进行，严重影响了正常生产。为了找出轧裂原因，恢复生产，利用扫描电镜和 X 射线能谱仪进行分析，结果见图 12-49 和图 12-50。

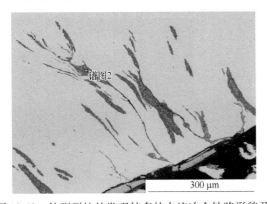

元素	重量百分比/%
O	37.98
F	2.13
Mg	4.32
Al	1.66
Si	10.67
Ca	19.25
Mn	10.80
Fe	13.19
总量	100.00

图 12-49　轧裂裂纹处发现较多的夹渣冶金缺陷形貌及 X 射线元素定量分析结果 1

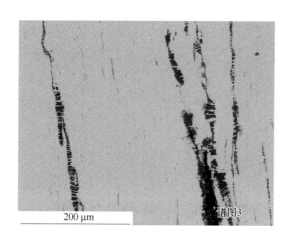

元素	重量百分比/%
C	3.00
O	38.18
Na	2.62
Mg	0.72
Al	6.32
Si	13.70
S	1.21
Ca	17.07
Mn	13.88
Zr	1.92
总量	100.00

图 12-50　轧裂裂纹处发现较多的夹渣冶金缺陷形貌及 X 射线元素定量分析结果 2

分析判断：轧材劈裂处含有较多的夹渣冶金缺陷，扫描电镜和能谱仪成分分析认为，该夹渣中含有耐火材料剥蚀成分 Mg、Al、Si、Ca、Mn、Zr 等元素，也包含结晶器保护渣 C、Na、Ca、F 的成分。能谱分析证明，该夹渣属于外来夹杂，是结晶器卷渣、中间包下渣、水口侵蚀和耐火材料熔损的夹渣熔融体。较多的夹渣使得在轧制时发生了轧材劈裂问题。

为了减少夹渣冶金缺陷，中间包操作应当使用大容量的深中间包、稳定的内衬和碱性覆盖剂，在过渡期间应当对控制流场进行优化，避免下渣卷渣以及水口堵塞。为防止结晶器卷渣，应使用合适熔点、熔速的保护渣，控制结晶器液面高度及钢水流动的稳定性；优化保护渣性能，增强保护渣吸附夹杂物能力。提高非稳态操作水平，是提高连铸坯洁净度的关键。改善内衬耐火材料质量，可减少耐火材料熔损。

12.9　胎圈钢丝表面片状毛刺分析

在研究胎圈钢丝断丝现象的过程中，收集材料时发现了一些不可思议的断丝样品，在钢丝表面有一些类似小刀片状的毛刺，用手摸其表面，在有毛刺的地方有轻微刺痛感，见图 12-51。利用扫描电镜和 X 射线能谱仪进行观察和分析，结果见图 12-52~图 12-63。

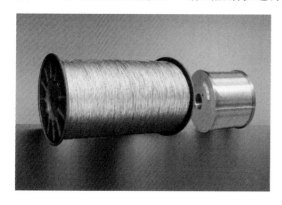
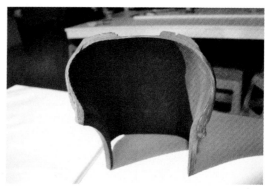

图 12-51　胎圈钢丝成品及胎圈截面形貌

图 12-52　钢丝表面有一些类似小刀片状的
毛刺金相形貌

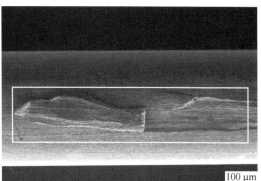

图 12-53　折叠 180° 的胎圈钢丝表面金属片
扫描电镜形貌（简称毛刺）

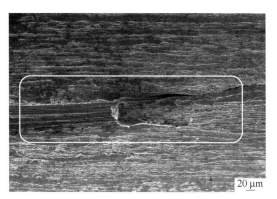

图 12-54　断掉的胎圈钢丝表面金属片
扫描电镜形貌

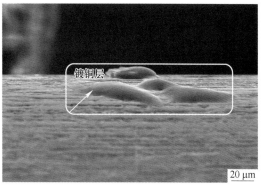

图 12-55　埋在铜镀层下面的胎圈钢丝表面
金属片扫描电镜形貌

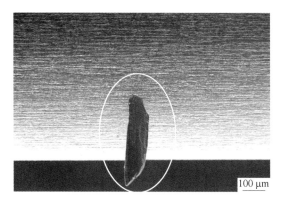

图 12-56　挂在胎圈钢丝表面的一个
金属片扫描电镜形貌

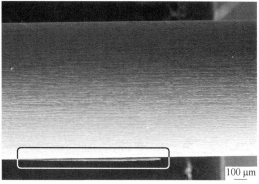

图 12-57　紧贴着胎圈钢丝表面的金属片 60 倍
扫描电镜形貌（下面）

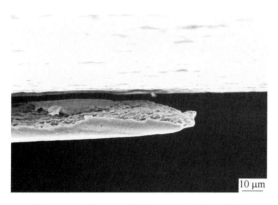

图 12-58　图 12-57 胎圈钢丝表面的金属片
放大 900 倍扫描电镜形貌（下面）

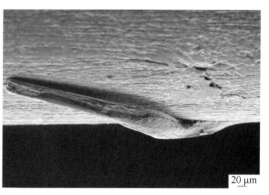

图 12-59　一个折叠的胎圈钢丝表面的金属片
200 倍扫描电镜形貌（下面）

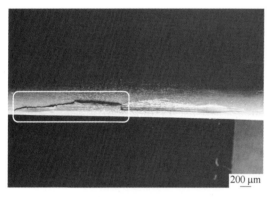

图 12-60　一个胎圈钢丝表面金属片折叠 180°
放大 25 倍扫描电镜形貌（下面）

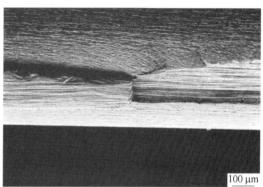

图 12-61　图 12-60 长方框胎圈钢丝表面金属片
局部放大 100 倍扫描电镜形貌（下面）

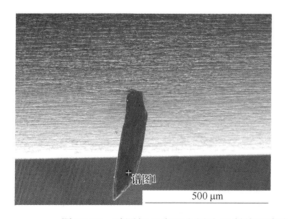

元素	重量百分比/%
Si	0.59
Mn	1.04
Fe	98.10
Cu	0.28
总量	100.00

图 12-62　胎圈钢丝表面金属片 X 射线元素定量分析结果 1

　　分析判断：扫描电镜、X 射线能谱图及 X 射线定量分析结果表明，毛刺是在镀铜之前
胎圈钢丝冷拔过程中形成的，与冷拔模具内表面粗糙程度有关。

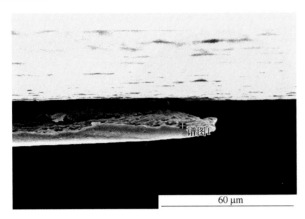

元素	重量百分比/%
Fe	93.44
Cu	6.56
总量	100.00

图 12-63 胎圈钢丝表面金属片 X 射线元素定量分析结果 2

12.10 12Mn2VB 钢轧材裂纹分析

在进行外观检查时发现 ϕ110 mm 12Mn2VB 钢轧材表面裂纹严重，几乎每根钢轧材上都能发现，裂纹较深，扒皮不易去除，见图 12-64。利用扫描电镜和 X 射线能谱仪进行观察分析，结果见图 12-65~图 12-70。

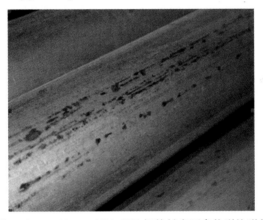

图 12-64 ϕ110 mm 12Mn2VB 钢轧材表面束状裂纹形貌

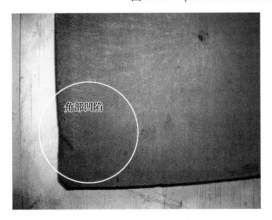

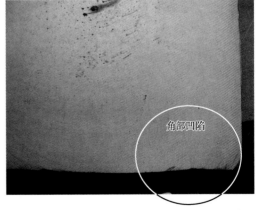

图 12-65 ϕ110 mm 12Mn2VB 钢轧材试样方坯出现坯壳的不对称性及角部凹陷

图 12-66　轧材中心等轴晶区不对称特征

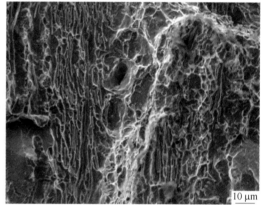

图 12-67　轧材表面裂纹断口扫描电镜形貌

（轧材裂纹纵向断口为朽木状，在显微沟槽内都有条状 MnS 硫化物，破坏了金属的连续性）

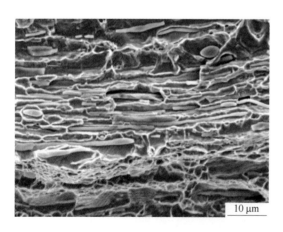

图 12-68　轧材表面裂纹断口沟槽及条状 MnS 硫化物扫描电镜形貌

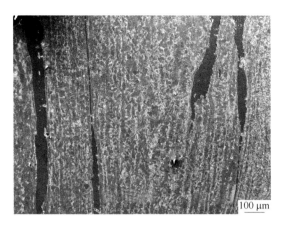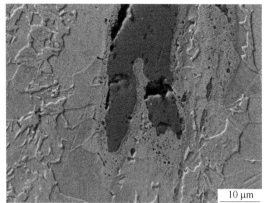

图 12-69　轧材表面裂纹高温氧化特征

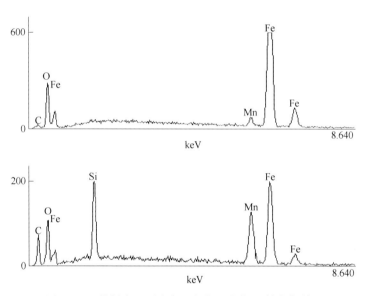

图 12-70　轧材表面裂纹高温氧化生成物 X 射线能谱图

分析判断：

（1）$\phi110$ mm 12Mn2VB 钢轧材表面裂纹严重，裂纹沿纵向呈树枝状束状扩展；裂纹氧化严重，具有高温氧化裂纹特征，裂纹沿着表面裸露的柱状晶向内扩展。

（2）裂纹断口表面具有高温氧化裂纹，说明裂纹在连铸坯中就已经存在。

（3）轧材裂纹纵向断口为朽木状，在显微沟槽内都有条状 MnS 硫化物，破坏了金属的连续性，有助于裂纹的形成与扩展。

（4）连铸方坯角部出现纵向凹坑，部分凹坑处发现裂纹，这是由包晶凝固比例较大与结晶器冷却不均引起的坯壳厚薄不均匀所导致的缺陷。因此可以认为连铸方坯纵向凹坑及裂纹是导致轧材表面产生严重裂纹的主要原因。

13 板材及无缝管表面缺陷

本章彩图

本章主要介绍中厚板、热轧薄板、冷轧薄板的表面缺陷问题。虽然厚度不同，但它们有着相似的表面缺陷：

（1）结疤。钢板表面呈现舌状、块状、片状的金属薄片。

（2）裂缝。钢板表面有形状不同、深浅不等、长短不一的裂口。

（3）凸泡。在钢板表面局部呈现的无规律圆形凸起。

（4）发纹。在钢板表面有深度不大的发状细纹。

（5）表面夹杂。钢板表面上有肉眼可见的斑状或带状非金属物质。

（6）过烧。钢板表面的横向裂缝。

（7）折叠。钢板表面局部折合的双层金属。

（8）尺寸超差。钢板厚度超出标准规定的偏差值。

（9）压入氧化铁皮。钢板表面压入氧化铁皮。

无缝管包括热轧无缝管、冷拔（轧）无缝管，因加工工艺不同，其产生的缺陷也不同。

热轧无缝管的缺陷包括：

（1）发纹。在钢管外表面上，呈现连续或不连续的发状细纹。

（2）外折。在钢管外形表面呈现螺旋形的片状折叠。

（3）分层。在钢管端部或内表面出现的螺旋形或块状金属。

（4）内折。钢管内表面呈现螺旋形、半螺旋形或无规则分布的锯齿状折叠。

（5）麻点。钢管表面呈现高低不平的麻坑；

（6）直道。钢管内外表面具有一定宽度和深度的直线形划痕。

（7）直道内折。钢管内表面呈现对称或单条直线形的折叠。

（8）轧疤。钢管内外表面上呈现边缘有棱角的斑疤。

（9）内螺旋。钢管内表面呈现螺旋状凹凸现象。

（10）轧叠。钢管管壁沿纵向局部或通长呈现外凹里凸的皱褶，外表面呈条状凹陷。

冷拔（轧）无缝管的缺陷包括：

（1）折叠。钢管内外表面呈现直线或螺旋方向的折叠。

（2）直道内折。钢管内表面呈现直线型的锯齿状折叠。

（3）轧疤。钢管表面有局部的金属分离薄片。

（4）横裂。钢管表面有连续或断续的横向破裂现象。

（5）划道。钢管表面上呈现纵向直线型的划痕。

（6）抖纹。钢管表面沿长度方向呈现高低不平的环形波浪或波浪，逐个相间排列，有局部的或通长的出现在钢管表面上。

（7）拔凹。在钢管纵向上，管壁由外表面向内表面呈条状凹陷，其长短无规则。

（8）空拔。有顶头拔制时，因没给上顶头，产生壁厚超正差，外径稍小，内表面有环形台阶的缺陷。

上述板材及无缝管表面缺陷问题,有些缺陷在现场就可以根据表面缺陷特征判定缺陷的性质,但是有些表面缺陷仅凭肉眼还不能准确判定缺陷的性质,必须取样在试验室用金相显微镜、扫描电镜及相关手段进行综合分析才能正确判定表面缺陷的本质特性。

13.1 SPHC 低碳铝镇静钢板表面蝌蚪状裂纹分析

SPHC 低碳铝镇静钢板表面出现蝌蚪状缺陷,见图 13-1。对 SPHC 低碳铝镇静钢板表面蝌蚪状裂纹缺陷试样用扫描电镜及 X 射线能谱仪进行观察与分析,结果见图 13-1~图 13-3。

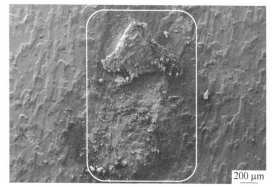

图 13-1 (F-K)试样钢板表面蝌蚪状缺陷
扫描电镜形貌

(图中显示用刀片将蝌蚪状表面
翻起,露出缺陷底部的形貌)

图 13-2 图 13-1(F-K)试样用刀片将
表面翻起后露出缺陷底部的
夹渣扫描电镜形貌

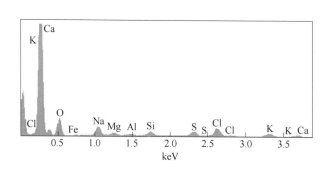

元素	重量百分比/%
O	54.70
Na	12.60
Mg	2.91
Al	1.24
Si	4.09
S	4.64
Cl	9.40
K	4.36
Ca	2.23
Fe	3.82
总量	100.00

图 13-3 (F-K)试样底部夹渣 X 射线能谱图及 X 射线元素定量分析结果

分析判断:该夹渣缺陷中含有 O、Na、K、Mg、Al、Si、S、Cl、Ca 等成分,其中 Na、K、Cl 是结晶器保护渣的重要成分,Mg、Al、Si、Ca 是耐火材料的成分,所以,(F-K)试样钢板表面蝌蚪状缺陷属于结晶器保护渣卷渣与耐火材料剥蚀的熔融体产生的夹渣缺陷，该渣块在坯壳上形成一个"热点"，导热性不好，凝固壳薄，皮下夹渣块在轧成冷轧钢板后被挤出，在表面形成近于封闭的蝌蚪状裂纹。

13.2　SPHC 低碳铝镇静钢板夹渣导致的表面片状缺陷分析

SPHC 低碳铝镇静钢板表面出现片状缺陷，见图 13-4。对 SPHC 低碳铝镇静钢板表面片状缺陷（K-1）试样用扫描电镜及 X 射线能谱仪进行观察与分析，分析结果见图 13-5～图 13-9。

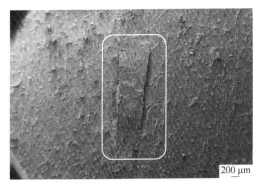

图 13-4　（K-1）试样钢板表面片状缺陷
低倍扫描电镜形貌

图 13-5　试样钢板表面片状缺陷用镊子尖破坏后
露出缺陷底部夹渣的扫描电镜形貌

图 13-6　图 13-4 试样钢板表面片状缺陷边缘扫描电镜放大像
（颗粒物为结晶器保护渣）

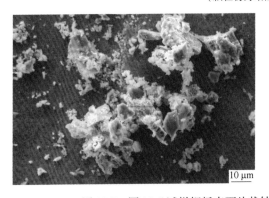

图 13-7　图 13-5 试样钢板表面片状缺陷底部结晶器保护渣扫描电镜形貌

元素	重量百分比/%
C	6.80
O	13.76
Na	0.47
Mg	0.77
Al	0.17
Si	0.44
S	1.17
Ca	2.59
Fe	73.84
总量	100.00

图 13-8 （K-1)试样钢板表面片状缺陷底部结晶器保护渣扫描电镜形貌及 X 射线元素定量分析结果
（该夹渣中含有 Na、Al、Mg、S、Si、Ca 等成分，其中 C、Na 是结晶保护渣的
重要成分，Mg、Al、Si、Ca 是耐火材料成分）

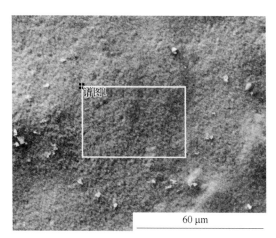

元素	重量百分比/%
C	8.28
O	33.26
Mg	0.76
Al	0.26
Si	0.50
Fe	56.94
总量	100.00

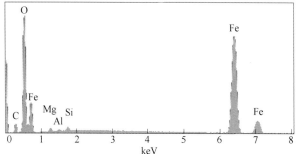

图 13-9 （K-1)试样钢板表面正常区域扫描电镜形貌、X 射线能谱图及 X 射线元素定量分析结果
（分析表明该能谱分析中仅是钢基体的成分，没有 Na、K 等结晶器保护渣成分）

  分析判断：该（K-1）试样钢板表面片状缺陷下面的夹渣中含有 Na、K、Al、Mg、S、Si、Ca 等成分，其中 Na、K 是结晶器保护渣的重要成分，Mg、Si、Ca 是耐火材料成分。

所以，（K-1）试样钢板表面片状缺陷是连铸坯浅表面存在的结晶器保护渣与耐火材料剥蚀物熔融体渣块在轧成冷轧板后被轧碎，形成的薄片与钢基体分离的结果。

13.3　冷轧板表面夹渣缺陷分析

冷轧板表面出现暗色渣堆缺陷，本节对冷轧板表面渣堆缺陷试样用扫描电镜及 X 射线能谱仪进行观察与分析，分析结果见图 13-10～图 13-13。

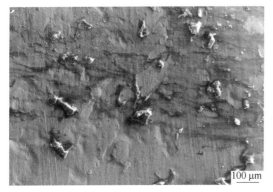
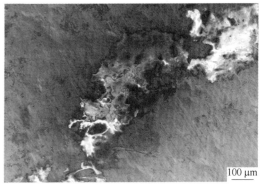

图 13-10　冷轧板表面局部区域出现的
颗粒状夹渣群扫描电镜形貌

图 13-11　冷轧板表面局部区域出现的
液态成片夹渣扫描电镜形貌

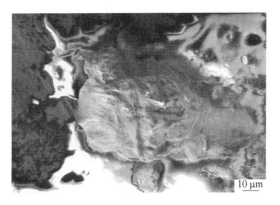

图 13-12　冷轧板表面局部区域出现被压入冷轧板内的夹渣块扫描电镜形貌

元素	重量百分比/%
O	54.70
Na	12.60
Mg	2.91
Al	1.24
Si	4.09
S	4.64
Cl	9.40
K	4.36
Ca	2.23
Fe	3.82
总量	100.00

图 13-13　冷轧板表面夹渣扫描电镜形貌及 X 射线元素定量分析结果

分析判断：该夹渣中含有 Na、K、Cl、Al、Mg、S、Si、Ca 等成分，其中 Na、K、Cl 是结晶器保护渣的重要成分，Al、Mg、Si 是耐火材料成分，所以，冷轧板表面缺陷是连铸坯表面的一颗结晶器保护渣渣块黏附少量耐火材料剥蚀物的熔融体夹渣块在轧成冷轧薄板后被轧碎，在表面形成的夹渣颗粒群，由于光的漫散射作用在缺陷处可以看到暗色区域。

13.4　SPHC 低碳铝镇静钢板表面缺陷分析

SPHC 低碳铝镇静钢板表面出现线状夹渣条带缺陷，对 SPHC 低碳铝镇静钢板表面缺陷试样用扫描电镜及 X 射线能谱仪进行观察与分析，分析结果见图 13-14 和图 13-15。

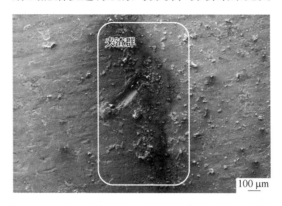

图 13-14　　(M-1)试样表面线状夹渣条带扫描电镜形貌

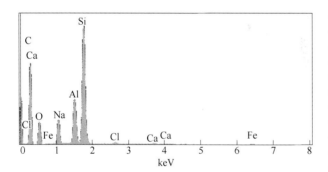

元素	重量百分比/%
C	61.42
O	18.56
Na	3.44
Al	4.09
Si	11.49
Cl	0.30
Ca	0.22
Fe	0.48
总量	100.00

图 13-15　　试样表面线状夹渣条带夹渣颗粒 X 射线能谱图及 X 射线元素定量分析结果
(该夹渣中含有 C、Na、K、O、Al、Si、Cl、Si、Ca 等成分，其中 Na、K、C 是结晶器保护渣的重要成分)

分析判断：该表面线状夹渣中含有 Na、K、C、Al、Si、Ca 等成分，是结晶器保护渣的重要成分，所以，(M-1) 试样轧板表面缺陷是连铸坯表面的一颗结晶器保护渣渣块在轧成冷轧薄板后被轧碎，在表面形成的线状夹渣颗粒群带，由于光的漫散射作用在缺陷处可以看到暗色区域。

13.5　冷轧板表面皮下夹渣裂纹缺陷分析

冷轧板表面出现环状裂纹缺陷，对冷轧板表面环状裂纹缺陷试样用扫描电镜及 X 射线能谱仪进行观察与分析，分析结果如下。

（1）冷轧板表面缺陷扫描电镜观察结果见图 13-16~图 13-18。

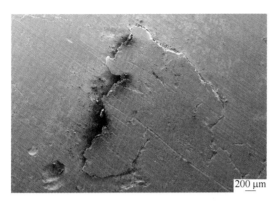

图 13-16　冷轧板表面环状裂纹缺陷扫描电镜形貌
（缺陷表现为近于封闭的表面裂纹，
与钢基体有明显的边界）

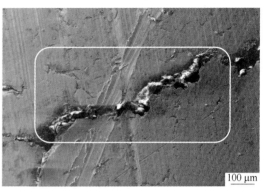

图 13-17　在裂纹的边界可以看到皮下夹渣在
轧制时被挤出钢板表面的扫描电镜形貌

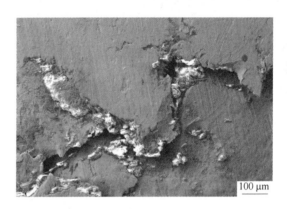

图 13-18　皮下夹渣在轧制时被挤出钢板表面形成裂纹的扫描电镜形貌

（2）冷轧板表面缺陷 X 射线能谱仪分析结果见图 13-19。

元素	重量百分比/%
C	67.57
O	24.67
Na	2.01
Mg	0.13
Al	0.24
Si	0.47
S	0.68
Cl	0.73
K	0.49
Ca	1.37
Fe	1.64
总量	100.00

图 13-19　裂纹处皮下夹渣扫描电镜形貌及 X 射线元素定量分析结果

分析判断：皮下夹渣是指连铸坯表皮下镶嵌的 2~10 mm 大块渣子。该夹渣中含有 Na、K、C、Al、Si、Ca 等成分，是结晶器保护渣的重要成分，所以，冷轧板表面裂纹的夹渣缺陷属于结晶器保护渣卷渣产生的缺陷，该渣块在坯壳上形成一个"热点"，渣子导热性不好，凝固壳薄，皮下夹渣块在轧成冷轧薄板后被挤出，在表面形成近于封闭的裂纹。

只有从连铸工艺、操作等方面严格控制，才能减少夹渣裂纹的发生几率。

13.6　304 不锈钢板表面斑迹缺陷分析

304 不锈钢热轧板表面出现斑迹缺陷（图 13-20），对斑迹缺陷试样进行扫描电镜观察与分析，鉴定结果见图 13-21~图 13-25。

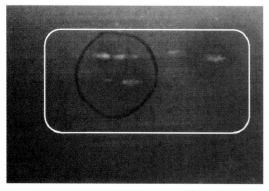

图 13-20　304 不锈钢板表面
斑迹缺陷形貌

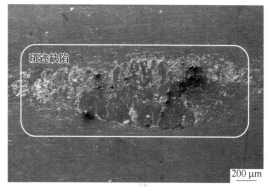

图 13-21　304 不锈钢板表面斑迹缺陷
扫描电镜全貌（46×）

图 13-22　304 不锈钢板斑迹表面横向
裂纹扫描电镜形貌

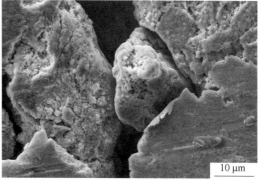

图 13-23　304 不锈钢板斑迹表面较深的
横向裂纹扫描电镜形貌

分析判断：304 不锈钢热轧板试样经扫描电镜观察与分析，认为该缺陷是表面斑迹缺陷，3 块大小不等的斑迹在阳光下呈现短条状亮白色特征。其中最大的斑迹最宽处约 600 μm，长 5 mm，中间分布着数条横向裂纹，裂纹较深，并伴有成堆的夹渣和夹杂物。

该热轧板表面斑迹缺陷与铸坯浅表面夹渣密切相关，夹渣主要成分是炭粉、Al_2O_3、SiO_2、CaO 等氧化物的松散机械混合物，是连铸时保护渣卷入连铸坯，并滞留在连铸坯表

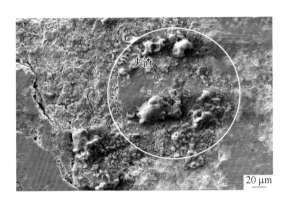

图 13-24　304 不锈钢板斑迹表面成堆分布的夹渣扫描电镜形貌

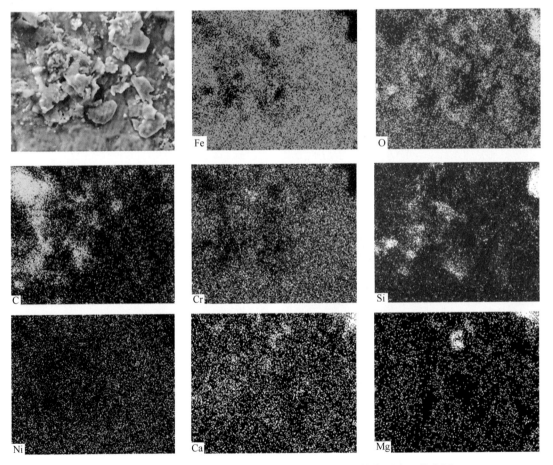

图 13-25　304 不锈钢板斑迹表面成堆分布的夹渣 X 射线元素面分布图

（该夹渣的主要成分是炭粉、MgO、Al_2O_3、SiO_2、CaO 等氧化物组成的松散机械混合物，
是保护渣卷入连铸坯，并滞留在连铸坯表面形成的表面斑迹缺陷）

面或浅表面，形成的一个显微孔隙，其中也有少量耐火材料剥蚀物 MgO 成分。这种浅表面夹渣及显微孔隙在轧制时变形形成斑迹缺陷，影响钢板的表面质量。

13.7 304 不锈钢板过酸洗缺陷分析

304 不锈钢板过酸洗后出现黑色条带缺陷，见图 13-26，经扫描电镜观察与分析（图 13-27~图 13-40），认为不锈钢板缺陷为过酸洗缺陷。

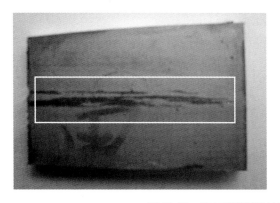 

图 13-26　304 不锈钢板过酸洗缺陷及中心黑线形貌

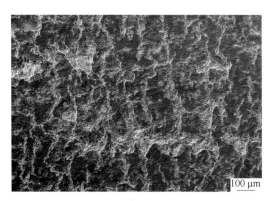 

图 13-27　中心黑线扫描电镜形貌　　　　图 13-28　图 13-27 中心黑线扫描电镜进一步放大像
（有明显腐蚀特征）　　　　　　　　　　　（有明显腐蚀特征）

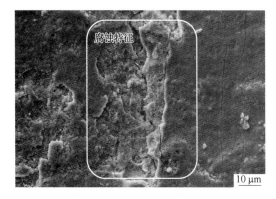 

图 13-29　中心黑线扫描电镜进一步放大像 1　　图 13-30　中心黑线扫描电镜进一步放大像 2
（有明显腐蚀特征）　　　　　　　　　　　（有明显腐蚀特征）

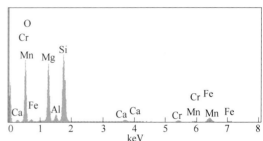

图 13-31　在黑线区观察到 DS 类大颗粒 $2MgO \cdot SiO_2$ 镁橄榄石夹杂物扫描电镜形貌及 X 射线能谱图

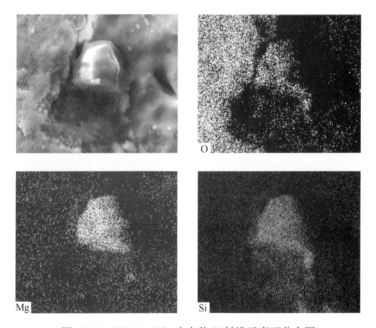

图 13-32　$2MgO \cdot SiO_2$ 夹杂物 X 射线元素面分布图

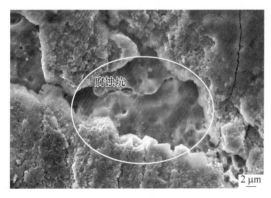
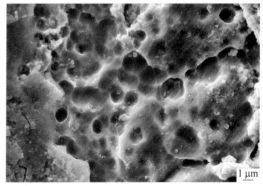

图 13-33　中心黑线有明显腐蚀坑的扫描电镜形貌　　图 13-34　中心黑线严重的过腐蚀坑扫描电镜形貌

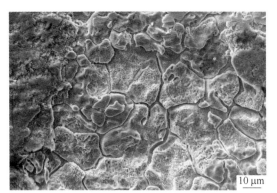

图 13-35 中心黑线晶界受到严重腐蚀的
扫描电镜形貌 1

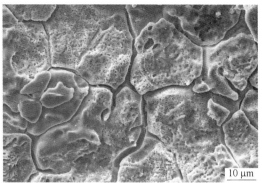

图 13-36 中心黑线晶界受到严重腐蚀的
扫描电镜形貌 2
（晶界表面有严重的腐蚀坑）

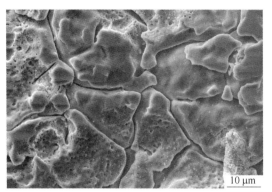

图 13-37 中心黑线晶界受到严重腐蚀的
扫描电镜形貌 3
（晶界表面有严重的腐蚀坑）

图 13-38 钢板基体表面晶界受到
腐蚀的扫描电镜形貌

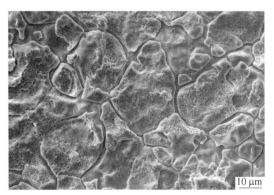

图 13-39 钢板基体表面晶界受到严重
腐蚀扫描电镜形貌 1

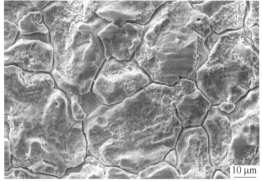

图 13-40 钢板基体表面晶界受到严重
腐蚀扫描电镜形貌 2

分析判断：304 不锈钢表面质量的好坏，主要取决于热处理后的酸洗工序，如果前一道热处理工序形成的表面氧化皮厚，或组织不均匀，则用酸洗并不能改善表面光洁度和均匀性。所以要充分重视热处理的加热或热处理前的表面清理。

如果不锈钢板的表面氧化皮厚度不均匀，那么厚的地方和薄的地方下面的基体金属表面光洁度也不同，且酸洗时表面氧化皮的溶解与氧化皮附着部位的基体金属被酸侵蚀的程度不同。

该试样钢板表面比正常酸洗后的钢板粗糙，颜色不是银白色，而是呈现暗黑色或棕黑色，属于过酸洗。过酸洗和欠酸洗用手摸时，手上粘有黑色，但是过酸洗导致手明显带黑，欠酸洗稍有一点黑色。除整块板过酸洗，在试样中心有一条黑色条带，其过酸洗程度更加严重，可以看到十分严重的腐蚀坑，由于这些腐蚀坑对光的漫散射作用，使得在阳光下呈现黑色条纹，并不是真正的黑色。另外，在黑色条带内观察到 DS 类大颗粒不变形 $2MgO \cdot SiO_2$ 镁橄榄石夹杂物，对在黑条内产生横裂纹起着至关重要的作用。

13.8　冷轧薄板起皮缺陷探究

冷轧薄板最主要的质量问题是表面缺陷，其中以表面条状起皮缺陷最为常见。本节看到的冷轧板表面条状起皮缺陷，严重影响了产品的外观质量，经现场进行取样，通过宏观检测、光学显微镜观察和扫描电镜分析等手段对冷轧薄板表面缺陷进行系统分析，查找其产生原因，进而改善冷轧板表面质量。

（1）宏观分析。冷轧板表面起皮缺陷形貌见图 13-41，呈带状沿轧制方向分布，条状缺陷互相平行，部分缺陷位置表皮已经脱落，脱落部位的颜色呈黑灰色。图 13-42 为缺陷处脱落部位的局部放大像。

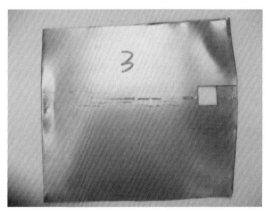

图 13-41　起皮缺陷宏观形貌　　　　　　图 13-42　起皮缺陷局部扫描电镜形貌

（2）金相分析。垂直于起皮缺陷位置取金相试样 20 mm×20 mm，见图 13-42，对试样的纵截面经镶嵌、磨光和抛光，进行高倍观察。结果显示，在近表面沿缺陷延伸方向有链状夹杂物，见图 13-43。根据标准《钢的显微组织评定方法》（GB/T 13299—1991）和《低碳钢冷轧薄板铁素体晶粒度测定法》（GB/T 4335—2013）进行评定，组织为铁素体+游离渗碳体，晶粒度 6~8.5 级，晶粒延伸度属于 I 系列，见图 13-44。

（3）扫描电镜分析。在起皮缺陷未脱落部位取样，将表层起皮撕开，对其进行扫描电镜分析。缺陷处有较多颗粒残留物，对缺陷区域进行面扫描，见图 13-45，主要成分为 C、O、Na、Al、Si、Ca 和 Fe 元素，见图 13-46 和表 13-1。

图 13-43 条状夹杂物形貌

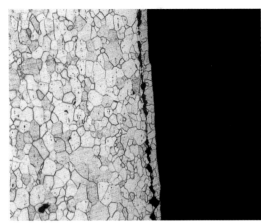

图 13-44 组织形貌

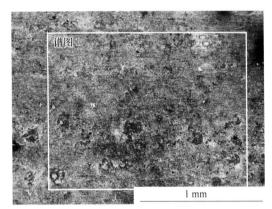

图 13-45 缺陷面扫描区域

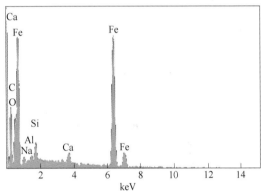

图 13-46 缺陷面扫描区域 X 射线能谱图

表 13-1 面扫描缺陷区域成分含量

元　素	质量百分比/%
C	20.80
O	6.60
Na	1.23
Al	0.52
Si	1.41
Ca	1.34
Fe	68.09

　　将图 13-45 面扫描中的缺陷区域放大，对区域内的 3 个较大颗粒进行能谱分析，分别编号为 1 号、2 号和 3 号，见图 13-47~图 13-49。分析结果表明，3 个颗粒的成分中均含有 C、O、Na、Si、K 和 Fe，其中 2 号和 3 号还含有 Mg 和 Ca，1 号和 3 号含有 Al、S 和 Cl。

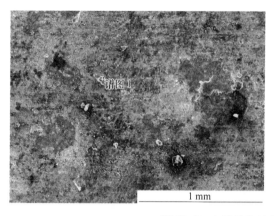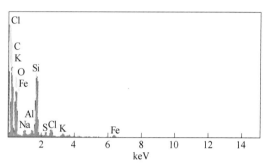

图 13-47　1 号缺陷处单个夹杂物能谱图分析

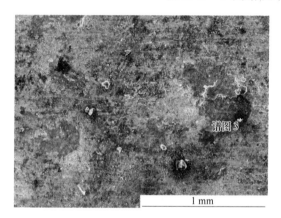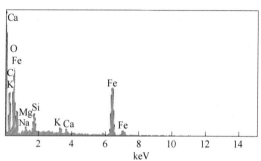

图 13-48　2 号缺陷处单个夹杂物能谱图分析

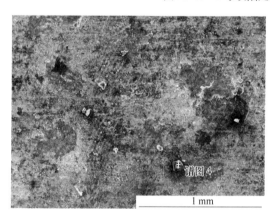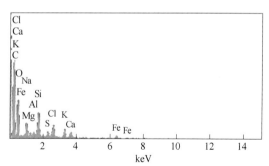

图 13-49　3 号缺陷处单个夹杂物 X 射线能谱图分析

　　分析判断：缺陷处夹杂物主要含 Al、Si、Ca、S 等成分（表 13-2）。以氧化物形式存在于钢中的 Al_2O_3、SiO_2 夹杂物为脆性，硬度高，在轧制过程中不易发生形变，给冷轧薄板表面带来划痕或粗糙斑痕，从而造成冷轧薄板表面缺陷；而且轧制板材越薄，Al_2O_3 夹杂物带来的表面缺陷越严重。缺陷处的 Cl 元素来自带钢酸洗残留物，而 C 元素来自冷轧带钢基体。由表 13-2 可知，颗粒残留物属于 $MgO-Al_2O_3-SiO_2-K_2O-Na_2O-CaO$ 系的复合氧化物，来自中间包覆盖剂，即在连铸过程中，当中间包钢水高度低于安全高度时，钢液表面会形成漩涡，将部分液态、半液态或固态的覆盖剂卷入钢液，在上浮时被凝固坯壳所捕捉。这些夹杂物虽然尺寸小，但与气泡共同作用会使冷轧薄板产生表面缺陷。

表 13-2　试样缺陷处单个夹杂物能谱分析结果　　　　（质量分数,%）

编号	C	O	Na	Mg	Al	Si	S	Cl	K	Ca	Fe
1	52. 04	29. 65	1. 21	—	0. 72	10. 19	0. 48	1. 77	1. 15	—	2. 79
3	26. 22	21. 56	0. 90	0. 85	—	2. 58	—	—	1. 67	0. 94	45. 28
4	53. 82	26. 46	2. 80	0. 66	0. 64	3. 83	1. 01	2. 76	2. 43	1. 95	3. 64

分析钢液凝固过程，当钢中由 C、O 反应生成的一氧化碳和氢气等气体的分压大于钢液静压力与大气压力之和时就会产生气泡。这些气泡被树枝晶捕获或受凝固表层的阻碍而不能从钢坯中逸出，从而在钢坯中富集、凝固形成气泡缺陷。有气孔的钢坯经热加工后，虽有部分气泡焊合，但仍有大量的气泡缺陷保留下来。气泡也容易在自由表面和晶界附近形成。有学者认为，在钢坯热加工和热处理过程中，扩散和化合物分解等因素都有可能使冷轧板表面形成气泡，然而，这些过程必不可少，在现有工艺条件下很难改变。

防止措施：

（1）在连铸过程中，中间包钢水高度应高于安全高度，以免钢液表面形成漩涡，将部分液态、半液态或固态的覆盖剂卷入钢液。

（2）在冶炼过程中尽可能地减少气体在钢坯中的残留。

13.9　X42 板材表面红锈缺陷

本节中 X42 板材表面红锈缺陷为压入氧化铁皮缺陷。氧化铁皮一般黏附在钢板表面，分布于板面的局部。氧化铁皮有的疏松易脱落，有的压入板面不易脱落，用手摸有粗糙感觉，用刀可以铲除。根据其外观形状的不同可分为红铁皮、线状铁皮、木纹状铁皮、流星状铁皮、纺锤状铁皮、拖曳状铁皮、散沙状铁皮或鱼鳞状的黑色斑点，分布面积大小不等，压入的深浅不同。这类铁皮在酸洗工序难以洗尽，当铁皮脱落时形成凹坑。线状氧化铁皮的扫描电镜形貌见图 13-50~图 13-54。

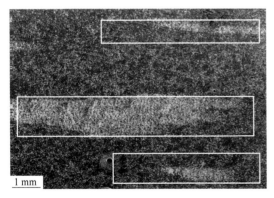

图 13-50　线状氧化铁皮扫描
电镜宏观形貌

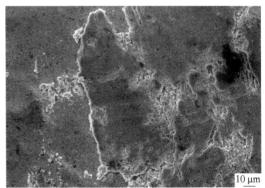

图 13-51　线状氧化铁皮放大 550 倍
扫描电镜宏观形貌 1
（基本与钢基体剥离，呈片状或松散颗粒状特征）

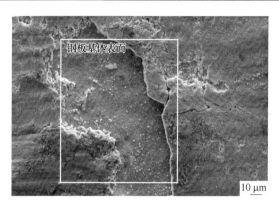

图 13-52　线状氧化铁皮放大 550 倍扫描电镜宏观形貌 2
（基本与钢基体剥离，呈片状或松散颗粒状特征，中间氧化铁皮已经脱落，露出钢板基体表面）

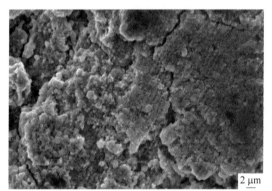

图 13-53　线状氧化铁皮放大 2000 倍
　　　　扫描电镜微观形貌
（呈现松散颗粒状特征）

图 13-54　线状氧化铁皮放大 2500 倍
　　　　扫描电镜微观形貌
（呈现松散颗粒状特征）

分析判断：钢板的表面氧化铁皮主要由 FeO、Fe_3O_4 和 Fe_2O_3 组成，Fe_2O_3 呈红色，Fe_3O_4 呈黑色，FeO 呈蓝色。由于铁皮中各种氧化成分比例随其氧化过程不同而变化，因此表现颜色不同，当 Fe_2O_3 比例较多时，即表现为红色；当 FeO 较多时，表现为蓝灰色，当 Fe_3O_4 较多时，呈黑色。该氧化铁皮为 Fe_2O_3，因此呈红色。

综合上述分析，认为该 X42 板材表面红锈缺陷为压入氧化铁皮缺陷。形成压入氧化铁皮缺陷有如下几种原因：

（1）板坯加热温度过高、时间过长，炉内呈强氧化气氛或加热操作不良时产生的一次氧化铁皮，难以除尽，炉生氧化铁皮轧制时被压入到钢板表面上。

（2）由于高压除鳞水管的水压低、水嘴堵塞、水嘴角度不对及使用不当等原因，导致高压水压力不足，连轧前氧化铁皮未被清除干净，轧制后被压在钢板表面上。

（3）集鳞管道打开组数不足，除鳞不干净。

13.10　冷轧板皮下气泡缺陷

轧制后的 2609 号冷轧板表面出现表面气泡缺陷，将缺陷试样用扫描电镜及 X 射线能谱仪进行观察与分析，结果见图 13-55~图 13-58。

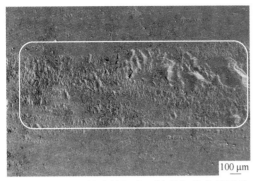

图 13-55 2609 号冷轧板表面缺陷扫描电镜形貌
（图中显示类似重叠的鼓包形貌）

图 13-56 图 13-55 鼓包处扫描电镜放大像

图 13-57 鼓包被胀破形成裂纹的
扫描电镜形貌

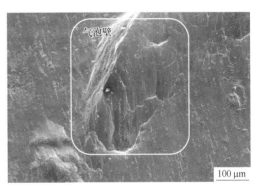

图 13-58 将鼓包被胀破的皮用镊子刮掉露出的
气泡壁扫描电镜形貌

分析判断：针孔和气泡是连铸坯上的常见缺陷，在轧制成板材后常常以表面重皮、翘皮或夹杂簇的形式存在。冷轧板在钢卷退火后，在板卷表面或皮下被捕获的气泡，被压延形成气室，气室膨胀后产生条状气泡缺陷。条状气泡在轧制过程中出现破裂，由于受光的漫散射在冷轧板卷表面形成暗色条纹。

13.11 （M-1）轧板表面划伤缺陷

轧板表面划伤缺陷的扫描电镜形貌见图 13-59～图 13-61。

图 13-59 （M-1)试样表面划伤扫描电镜形貌 1

图 13-60 （M-1)试样表面划伤扫描电镜放大像 2

图 13-61　（M-1）试样表面划伤扫描电镜放大像 3

13.12　SPHE 热轧带钢——翘皮缺陷

　　规格为 10.0 mm×1215 mm 的 SPHE 热轧带钢缺陷试样，其表面距离边缘 18 mm 处存在翘皮缺陷（图 13-62），对该缺陷试样进行了金相组织分析，成分、气体含量检测，其检验结果见图 13-63~图 13-68。

图 13-62　翘皮缺陷试样宏观形貌

图 13-63　基体组织（100×）

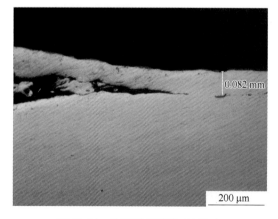

图 13-64　缺陷部位裂纹（100×）

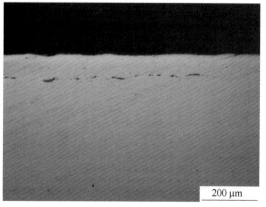

图 13-65　缺陷部位附近（100×）

图 13-66 缺陷部位附近组织（50×）

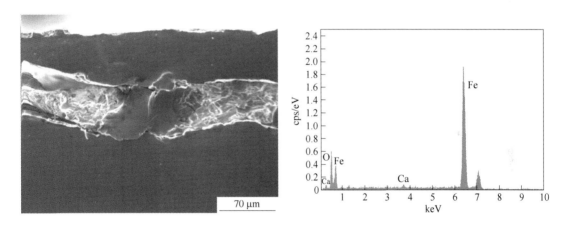

图 13-67 裂纹附近表面扫描电镜形貌及 X 射线能谱图

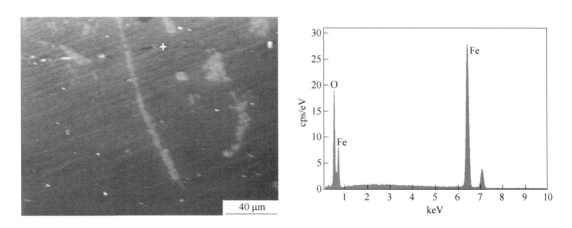

图 13-68 缺陷尾端表面扫描电镜形貌及 X 射线能谱图

分析判断：

（1）基体组织为 F+Fe₃C，晶粒度为 4.0 级，缺陷部位存在裂纹，最深约为 0.097 mm，发现裂纹内部有氧化铁，附近组织无异常。

（2）扫描电镜检验结果认为裂纹附近及尾端均为氧化铁夹杂，翘皮缺陷为氧化铁夹杂所致。

13.13　304 不锈钢板重皮状折叠缺陷分析

对 304 不锈钢热轧板试样重皮状折叠缺陷进行扫描电镜观察与分析，结果见图 13-69~图 13-78。

图 13-69　重皮状折叠缺陷宏观形貌

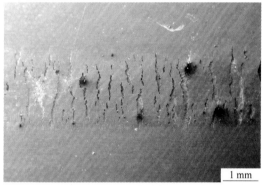

图 13-70　重皮状折叠缺陷扫描电镜微观形貌 1
（重皮状折叠缺陷宽约 2 mm，缺陷中分布着平行的横向裂纹，缺陷处金属与基体金属颜色完全一致）

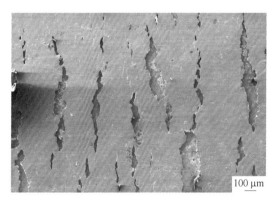

图 13-71　重皮状折叠缺陷扫描电镜微观形貌 2
（缺陷中分布着平行的横向裂纹，缺陷处金属与基体金属颜色完全一致，缺陷处金属基本与基体金属脱离）

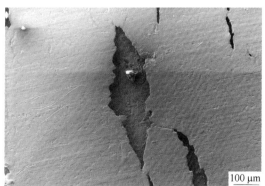

图 13-72　重皮状折叠缺陷扫描电镜微观形貌 3
（缺陷中分布着平行的横向裂纹，缺陷处金属与基体金属颜色完全一致，缺陷处金属基本与基体金属脱离，裂纹中间较宽，两头尖，裂纹中间有夹杂物）

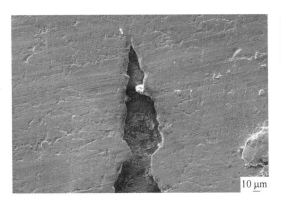

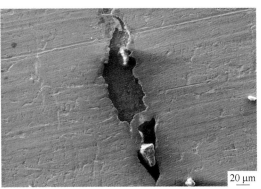

图 13-73　重皮状折叠缺陷扫描电镜微观形貌 4
（缺陷处金属与基体金属颜色完全一致，
裂纹中间较宽，两头尖，裂纹中间有夹杂物）

图 13-74　重皮状折叠缺陷扫描
电镜微观形貌 5

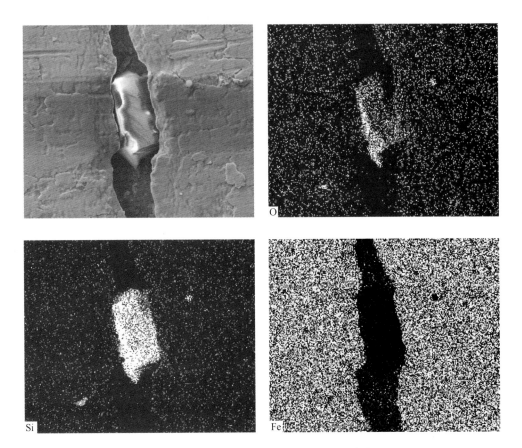

图 13-75　重皮状折叠缺陷裂纹中夹杂物扫描
电镜形貌及夹杂物 X 射线元素面分布图 1
（夹杂物为块状 SiO_2）

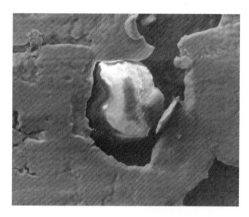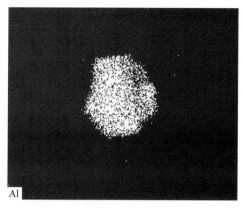

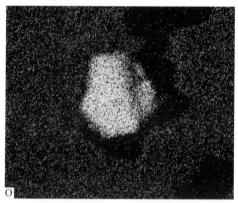

图 13-76　重皮状折叠缺陷裂纹中夹杂物扫描电镜形貌及夹杂物 X 射线元素面分布图 2
（夹杂物为块状 Al_2O_3）

　　分析判断： 该表面缺陷具有典型重皮状折叠缺陷特征，在缺陷处的横向裂纹内发现很多夹杂物，如块状 SiO_2、块状 Al_2O_3、DS 类大颗粒 $2MgO \cdot SiO_2$ 镁橄榄石夹杂物等，是在轧制变形中形成横向裂纹的主要原因。钢板局部性的折合称折叠。沿轧制方向的直线状折叠称顺折叠，垂直于轧制方向的折叠称横折叠，边部折叠称折边叠。折叠与折皱的区别主要在于缺陷的形状、程度不同，折边与折角根据角度大小不同有所区别。

　　产生原因：

　　（1）连铸坯内成分偏析造成 α 相分布不均匀、局部不均匀变形，为重皮折叠的产生提供了组织上的可能性。

　　（2）板坯缺陷清理的深宽比过大。

　　（3）板坯温度不均匀或精轧轧辊辊型配置不合理及轧制负荷分配不合理等，轧制中的带钢不均匀变形成大波浪后被压合产生折叠。

　　（4）立辊辊环的挤压或轧件有严重刮伤，以及由于粗轧来料有较大的镰刀弯、对中不良、刮框后再次被轧制压合等原因均可产生折叠缺陷。

　　（5）卷取机前的侧导板严重磨损，出现沟槽，开口度过小，夹送辊缝呈楔形，易使带钢跑偏，在侧导板沟槽处的部位被夹送辊压等原因产生折叠缺陷。

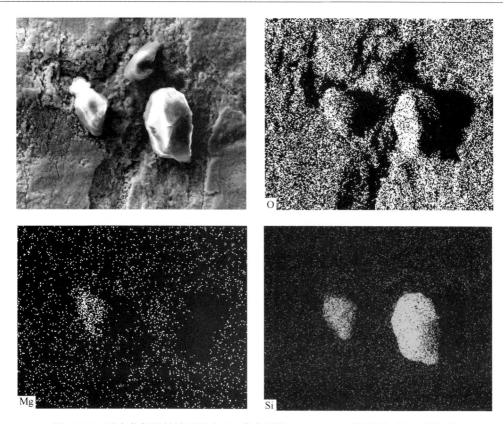

图 13-77　重皮状折叠缺陷裂纹中 DS 类大颗粒 $2MgO \cdot SiO_2$ 镁橄榄石夹杂物扫描
电镜形貌、$2MgO \cdot SiO_2$ 夹杂物 X 射线元素面分布图

图 13-78　重皮状折叠缺陷一片折叠翘起的扫描电镜形貌

（6）因故没及时卷取，使卷取温度过低或卷取速度设定不合适。

（7）带钢开卷温度过高，或开卷时的张力及压紧辊的压力设定不合适。

13.14　304 不锈钢板表面压入氧化铁皮缺陷

本节中 304 不锈钢板表面缺陷为压入氧化铁皮缺陷。氧化铁皮一般黏附在钢板表面，分布于板面的局部。氧化铁皮有的疏松易脱落，有的压入板面不易脱落，用手摸有粗糙感觉，用刀可以铲除。根据其外观形状不同可分为红铁皮、线状铁皮、木纹状铁皮、流星状铁皮、纺锤状铁皮、拖曳状铁皮、散沙状铁皮或鱼鳞状的黑色斑点，分布面积大小不等，压入的深浅不同。这类铁皮在酸洗工序难以洗尽，当铁皮脱落时形成凹坑。图 13-79 为黑色线状铁皮宏观形貌。

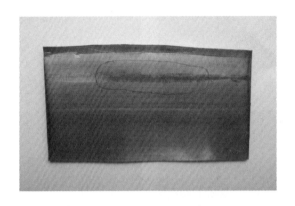

图 13-79　黑色线状铁皮宏观形貌

钢板的表面氧化铁皮主要由 FeO、Fe_3O_4 和 Fe_2O_3 组成，Fe_2O_3 呈红色，Fe_3O_4 呈黑色，FeO 呈蓝色，由于铁皮中各种氧化成分比例随其氧化过程不同而变化，因此表现颜色不同，当 Fe_2O_3 比例较多时，即表现为红色；当 FeO 较多时，表现为蓝灰色；当 Fe_3O_4 较多时，呈黑色。该氧化铁皮 Fe_3O_4 较多，因此呈黑色（图 13-80）。将氧化铁皮用扫描电镜及 X 射线能谱仪进行观察与分析，结果见图 13-81~图 13-85。

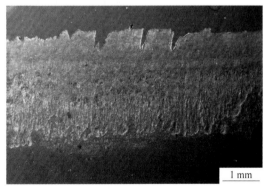

图 13-80　黑色线状氧化铁皮扫描电镜局部放大形貌
（氧化铁皮宽约 3 mm，与钢板表面有明显的边界，与钢基体有明显不同的成分衬度）

综合上述分析，认为该 304 不锈钢板表面缺陷为压入氧化铁皮缺陷。形成压入氧化铁皮缺陷有如下几种原因：

（1）板坯加热温度过高、时间过长，炉内呈强氧化气氛或加热操作不良时产生的一次铁皮难以除尽，炉生氧化铁皮轧制时被压入钢板表面上。

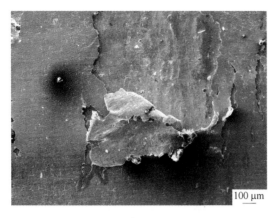 

图 13-81　翘曲的氧化铁皮扫描电镜形貌

（是氧化铁皮的最直观见证）

图 13-82　翘曲的氧化铁皮与钢板
表面交界扫描电镜形貌

（氧化铁皮与钢板表面光洁度不同，氧化铁皮
表面有无数个氧化铁颗粒粘连在一起，而钢板
表面比较光滑，氧化铁皮的边界已经翘起）

图 13-83　氧化铁皮表面放大
3000 倍扫描电镜形貌

（氧化铁皮表面由无氧化铁颗粒粘连在一起）

（2）由于高压除鳞水管的水压低、水嘴堵塞、水嘴角度不对及使用不当等原因，导致高压水压力不足，连轧前氧化铁皮未被清除干净，轧制后被压在钢板表面上。

（3）集鳞管道打开组数不足，除鳞不干净。

 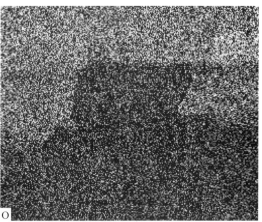

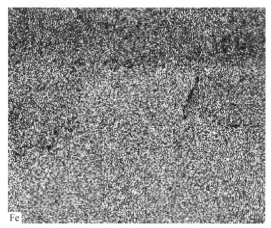

图 13-84　曲线状氧化铁皮边缘扫描电镜形貌及 O、Fe 元素 X 射线元素面分布图

（进一步证明是氧化铁皮）

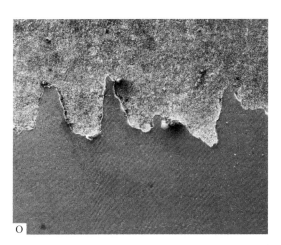 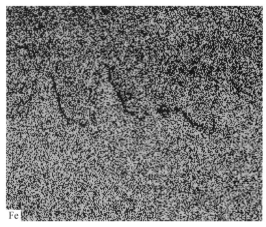

图 13-85 锯齿状氧化铁皮扫描电镜形貌及 O、Fe、Cr、Ni 元素 X 射线元素面分布图
（更加证明是氧化铁皮）

13.15 无取向铬涂层硅钢片表面亮线分析

为了减少铁芯的涡流损耗，电机硅钢片要进行绝缘处理，对其涂层有下列要求：有较高的绝缘性能；最小的厚度，表面均匀、光亮；良好的附着力；足够的耐热性和耐湿性；具有防腐、防锈、防油、防污的能力。

通常在成品电工钢板上涂覆一层薄的绝缘材料，其中一种涂料主要是用铬酸盐和磷酸盐在导电钢片上形成一层无机膜，这种无取向硅钢片涂层的主要成分为氧化铬。普遍应用的有铬酸盐、磷酸盐、水玻璃、滑石、氧化镁、硼砂等。

生产检验发现，采用这种涂层工艺，有时在涂层表面上会出现一种肉眼可见的亮线，亮线长达十几毫米，宽约 1 mm。为鉴定这种亮线的性质，采用扫描电镜结合 X 射线能谱的测试方法，对含铬绝缘涂层中正常涂层和亮线的表面形貌及成分进行分析，结果见图 13-86~图 13-88。

图 13-86 无取向铬涂层硅钢片表面亮线扫描电镜形貌
（硅钢片表面亮线区在扫描电镜下呈现较亮的条带）

图 13-87 无取向铬涂层硅钢片表面亮线与基体交界的扫描电镜形貌

由图 13-87 和图 13-88 可以看出，硅钢片表面亮线区在扫描电镜下呈现较亮的条带，涂层的主要成分是氧化铬，还含有 Mg、Al、C、Si 等元素；图 13-89 左上角亮线区 Fe 成分

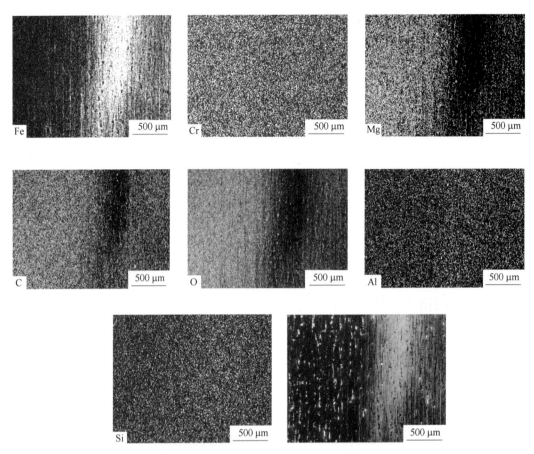

图 13-88   硅钢片表面亮线区及正常区 X 射线元素面分布图

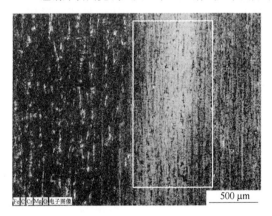

图 13-89   硅钢片表面亮线区及正常区 X 射线 Fe、Mg、Al、C、Si 等元素面分布图
（进一步验证亮线区涂层较薄的结果）

X 射线特征能量较强，呈现密集分布的亮点，表明图中左上角亮线区显示的是 Fe 元素的 X 射线面分布图，在亮线区氧化铬涂层较薄，厚度小于 1 μm；而 Mg、Al、C、Si 等元素是涂层元素产生的元素面分布。

检验分析认为，含铬绝缘涂层中亮线区域的涂层与正常涂层相比涂层较薄，小于

1 μm。由于亮线区涂层较薄、对光的反射能力较强，从而形成宏观上的亮线。研究表明，亮线是由于涂层液铬成分起伏分散不均匀造成的，在铬成分浓度较低的区域会形成较薄的涂层。通过改进搅拌工艺等措施，可以获得表面质量良好的电工钢含铬绝缘涂层。

13.16 钢管表面折叠缺陷观察与分析

由于连铸坯表面局部残存夹渣缺陷，在钢管外表面上常常出现呈纵向分布的较深折叠缺陷，将缺陷用扫描电镜及 X 射线能谱仪进行观察与分析，结果见图 13-90~图 13-99。

图 13-90 无缝钢管表面折叠缺陷横向扫描电镜形貌
（裂纹与表面呈锐角）

图 13-91 无缝钢管表面折叠缺陷横向
扫描电镜放大像

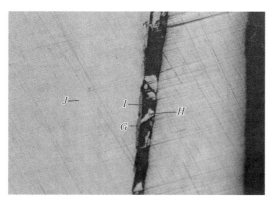

图 13-92 无缝钢管表面折叠缺陷
横向光镜放大像

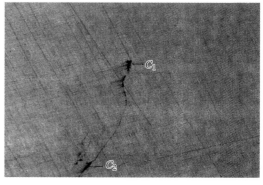

图 13-93 无缝钢管表面折叠缺陷前端
横向光镜放大像

元素	重量百分比/%
O	28.36
Mn	1.59
Fe	70.05
总量	100.00

图 13-94 主裂纹附近氧化铁及 X 射线元素定量分析结果

图 13-95　主裂纹局部扫描电镜放大像

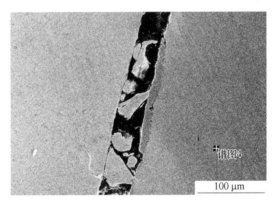

元 素	重量百分比/%
Mn	1.39
Fe	98.61
总量	100.00

图 13-96　主裂纹附近基体及 X 射线元素定量分析结果
（系钢的基体成分）

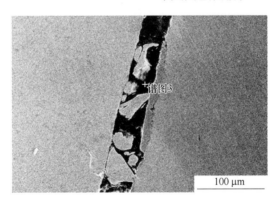

元 素	重量百分比/%
O	28.73
Fe	71.27
总量	100.00

图 13-97　黑色区 X 射线元素定量分析结果
（系高温氧化铁）

　　分析判断：钢管表面折叠是连铸钢在热轧管过程中（或锻造）形成的一种表面缺陷。表面互相折合的双金属层，沿加工方向近似裂纹，纵向一般呈直线形，也有锯齿形。在横断面上与钢材表面成一定角度。除钢管、钢材在轧制过程中产生的飞边、毛刺、皱褶和尖锐棱角等外，在继续轧制时压入金属内部，都有可能形成折叠。该裂纹中的氧化铁高温生成物是轧制产生折叠的证明。

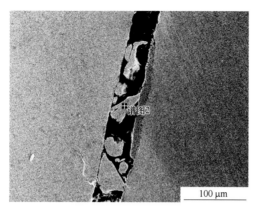

元 素	重量百分比/%
Mn	1.34
Fe	98.66
总量	100.00

图 13-98 灰色块 X 射线元素定量分析结果 1

（系钢基体成分）

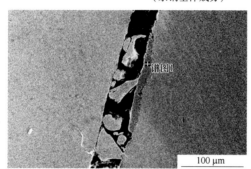

元 素	重量百分比/%
O	28.56
Mn	1.30
Fe	70.14
总量	100.00

图 13-99 灰色块 X 射线元素定量分析结果 2

（系高温氧化铁）

13.17 镍铬偏析带——304B 钢管表面黑带观察与分析

在生产 304B 钢管时，有时在其外表面出现一种异常黑带缺陷，黑带宽在 1~3 mm，纵向长度较长，黑带可以是一条，或宽窄不等的几条，见图 13-100。本节用扫描电镜及 X 射线能谱仪对黑带缺陷进行形貌观察及成分分析，分析结果见图 13-101~图 13-107。

图 13-100 304B 钢管表面黑带
缺陷宏观特征

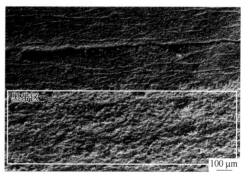

图 13-101 304B 钢管表面黑带与正常
基体交界处扫描电镜微观特征

（下半部为黑带，酸蚀严重；
上半部为正常区，酸蚀较轻）

图 13-102　黑带区放大 2000 倍扫描电镜形貌
（晶粒粗大，晶界酸蚀严重）

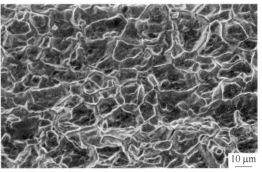

图 13-103　黑带附近正常基体区酸蚀后 2000 倍
扫描电镜形貌
（酸蚀正常）

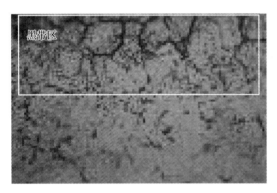

图 13-104　黑带区纵向金相特征
（晶粒比正常基体区较大，晶界酸蚀严重）

图 13-105　黑带区横向金相特征
（晶粒比正常基体区粗大，晶界酸蚀严重）

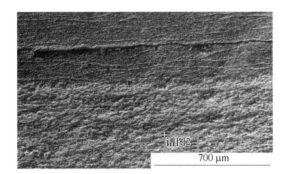

元素	重量百分比/%
O	2.46
Si	0.43
Cr	20.01
Mn	1.39
Fe	69.13
Ni	6.59
总量	100.00

图 13-106　黑带区 X 射线元素定量分析结果

分析判断：

（1）黑带区晶粒酸蚀严重，基体区酸蚀正常，黑带区晶粒大于基体区晶粒。

（2）黑带区 Cr 为 20%，Ni 为 6%；正常区 Cr 为 18%，Ni 为 7.3%，Cr 减少 2%，Ni 增加 1.3%；黑带区形成 Ni 的正偏析、Cr 的负偏析。

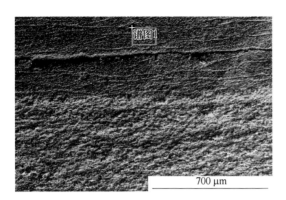

元素	重量百分比/%
O	2.10
Si	0.47
Cr	18.35
Mn	1.28
Fe	70.53
Ni	7.27
总量	100.00

图 13-107 正常区 X 射线元素定量分析结果

（3）黑带区 Ni 的正偏析、Cr 的负偏析导致黑带区晶粒粗大，晶粒酸蚀严重。晶界深沟对光的漫散射作用使其表面呈现黑带特征。

（4）连铸管坯表面存在 Ni、Cr 的微区成分偏析是轧制后产生黑带的直接原因。

参 考 文 献

[1] 姜锡山. 特殊钢金相图谱 [M]. 北京：机械工业出版社，2003.

[2] 姜锡山. 特殊钢缺陷分析与对策 [M]. 北京：化学工业出版社，2006.

[3] 姜锡山，赵晗. 钢铁显微断口速查手册 [M]. 北京：机械工业出版社，2010.

[4] 姜锡山. 钢中非金属夹杂物 [M]. 北京：冶金工业出版社，2011.

[5] 姜锡山. 连铸钢缺陷分析与对策 [M]. 北京：机械工业出版社，2012.

[6] 李海刚，姜锡山. 82MnA 高碳钢盘条拉拔断裂分析 [J]. 物理测试，2010，28（5）：49-53.

[7] 温国栋，姜锡山. Q345B 热轧钢带夏比（V型）冲击试验冲击吸收功差异分析 [J]. 物理测试，2010，28（3）：28-31.

[8] 杜立超，姜锡山. 转炉除尘水冷管开裂原因分析 [J]. 物理测试，2010，28（3）：55-59.

[9] 邵奎祥，赵万贵，姜锡山，等. GCr15SiMn 钢热轧开裂原因分析 [J]. 物理测试，1992（6）：52-54.

[10] 高殿奎，姜锡山. 冷挤压凹模失效分析 [J]. 物理测试，1991（1）：54-57.

[11] 姜锡山，邢维纲，张贵昌，等. GCr15 钢坯超级白点导致异常脆性断裂的研究 [J]. 物理测试，1990（6）：28-30，36.

[12] 姜锡山，张贵昌，赵万贵，等. 沿晶渗碳体网断裂机制的研究 [J]. 物理测试，1990（3）：55-57.

[13] 邵奎祥，张贵昌，姜锡山. 09CuPTiRE 热轧钢板焊裂分析 [J]. 物理测试，1990（1）：50-52.

[14] 姜锡山，张贵昌，赵万贵. 空气透平压缩机增速箱小齿轮轴输出端断裂失效分析 [J]. 物理测试，1989（4）：56-59.

[15] 姜锡山，张贵昌. Cr-Ni-Mo 钢的白块断口及本质 [J]. 物理测试，1988（6）：42-44.

[16] 姜锡山，崔荣禄. 40Cr 钢辊件夹渣鉴定 [J]. 物理测试，1988（2）：50-53.

[17] 姜锡山，张贵昌. 柱状晶断口的电镜研究 [J]. 物理测试，1987（2）：25-26.

[18] 姜锡山. 轴承钢接触疲劳剥落机制 [J]. 物理测试，1987（2）：54-55.

[19] 宋菊姝，王庆友，宋振英，等. 加热温度和冷却介质对 GH36 热疲劳性能的影响 [J]. 物理测试，1986（5）：19-21.

[20] 李恩勤，姜锡山，马茂元. 18Cr2Ni4WA 钢粒状贝氏体及粒状组织的断裂行为 [J]. 物理测试，1986（5）：22-24.

[21] 姜锡山. CrNiMoV 钢锻件过烧断口研究 [J]. 冶金分析与测试（冶金物理测试分册），1985（6）：11-12.

[22] 姜锡山. 稀土对 S20A 钢硫化物形状的影响 [J]. 冶金分析与测试（冶金物理测试分册），1985（1）：4-7.

[23] 王新华. 钢的高洁净度和活性元素合金化的化学冶金研究 [D]. 北京：北京科技大学，2009.

[24] 袁桥军. D36 船板拉伸断口不合格原因分析 [J]. 2011.

[25] 赵健明，胡翔，李端正. 45Mn2 钢管的"亮线"缺陷分析 [J]. 理化检验：物理分册，2011，47（2）：94-97.

[26] 朱伟华，翟正龙. 45 钢拉伸试样氢脆断裂分析 [J]. 莱钢科技，2006（6）：42-43.

[27] 高建华，冉月飞，刘运娜. 40Cr 齿轮轴断裂原因分析 [J]. 河北冶金，2009（5）：46-47.

[28] 李桂英，李建开，刘政鹏. 扫描电镜在金属材料方面的应用 [J]. 冶金标准化与质量，2019，59（3）：48-52.

[29] 崔冠军，许少普，刘庆波，等. 提高 20~60 mm 规格 Q345B 钢板探伤合格率的攻关实践 [J]. 中国冶金，2010（7）：26-29.

[30] 夏晶. 1Cr13 螺丝空心原因分析 [J]. 2011.

[31] 陆海宁，苏荣. 20G 锅炉管爆裂原因分析 [J]. 2011.

［32］ 蔡铁庄，王文. 70Cr3Mo 钢支承辊热处理断裂的原因分析［J］. 大型铸锻件，2010：18-21.

［33］ 曹秋野，赵亮，段开会，等. 炼钢厂烟罩冷却水管失效分析［J］. 昆钢科技，2010（4）：48-52.

［34］ 边勇俊，盛静波，张娜，等. 热连轧机齿轮轴断裂分析［J］. 金属热处理，2010，35（7）：85-88.

［35］ 郭建峰，张亚军，贾旭明. 冷轧薄板起皮缺陷探究［J］.

［36］ 李桂英，姜世全. 82B 盘条质量研究［J］. 金属制品，2005，31（3）：42-45.

［37］ 王克杰. 低碳钢盘条氧化铁皮形成机理及其控制研究［J］. 天津冶金，2012（5）：1-4，56.

［38］ 吴艳杰，张亚军，李海云. 扫描电镜及能谱仪在氧化铁皮分析中的应用［J］. 2017.

［39］ 宁玫，付继成. 16MnR 板材内部缺陷性质的分析研究［C］//第七届中国钢铁年会论文集，2010：2611-2615.

［40］ 朱宝晶，郝少锋，翟正龙. 热轧宽带钢裂边原因分析与质量控制［J］. 莱钢科技，2008（1）：46-47.

［41］ 王慈公，付颖，赵荒培. 亚共析钢大型连铸坯酸浸低倍裂纹缺陷分析［J］. 中国金属通报，2016（6）：54-55.

［42］ 宁玫，等. 无缝钢管典型缺陷分析研究［C］//2012 国际冶金及材料分析测试学术报告会，2012：154-167.

后　记

"您的学术著作出版基金批下来了！"电话里传来了冶金工业出版社刘小峰主任的声音。当时激动的心情无以言表，耄耋之年的我简直不敢相信自己的耳朵，"是真的吗？是真的吗！"看到国家红头文件的印章，激动的泪水夺眶而出。回想五年的著书历程，心情久久不能平静。多年前我就完成了《钢铁产品冶金缺陷分析与对策》的初稿，为了出版，我挤公交，乘地铁，风里来雨里去，跑遍了北京市国家级的出版社，得到的答复是一样的："有出版价值，但是得自费出版。"一些科技性强的著作因销量小而面临出版难已是不争的现实，我几乎已经看不到希望了，甚至把它忘却了。庆幸的是冶金工业出版社刘小峰主任发现了该书的出版价值，推荐我申报"国家科学技术学术著作出版基金"。经过基金委员会的初审、复核、严格评审，两年后终于盼来了这激动人心的消息，也是我为钢铁工业高质量发展贡献的一份力量。

钢铁人有着太多的回忆，有着数不尽的鲜活故事，几百万中国钢铁人以钢铁报国的初心，用不懈的奋斗创造了世人瞩目的伟业，使我国的钢产量从建国初期的 15.8 万吨/年，到 1978 年的 3178 万吨/年，进入 21 世纪后，一路飙升至年产 2 亿吨、3 亿吨、4 亿吨……直至 10 亿吨。改革开放打开了中国追赶世界脚步的大门，洗净过去我国钢铁行业"傻大黑粗"的面孔，我们有了成批最干净、最漂亮的钢铁，成为高铁、跨海大桥、飞机、导弹、机械等重要装备的主要材料。作为几百万中国钢铁人的一员，在这 40 多年里，我相继完成了《特殊钢金相图谱》《钢铁显微断口速查手册》《特殊钢缺陷分析与对策》《连铸钢缺陷分析与对策》《钢中非金属夹杂物》五部著作，为钢铁工业腾飞作出了自己应有的贡献。

习近平总书记说，中国要强盛、要复兴，就一定要大力发展科学技术，努力成为世界主要科学中心和创新高地。在习近平总书记高瞻远瞩思想的指引下，国家及时发现了一些科技性强的著作因销量小而面临出版难的现实，不失时机地相继成立基金组织：1986 年成立了国家自然科学基金委员会；1997 年为了支持优秀科学著作出版，繁荣科技出版事业，组建了国家科学技术学术著作出版基金委员会；还有华夏英才学术出版基金、中国科学院出版基金等。出版基金的成立与实施，为推动我国科技事业发展作出了重要贡献。我于五年前就完成的《钢铁产品冶金缺陷分析与对策》也赶上了好时代。

这是一项我一生中遇到的最高级别的申请，可以用"六高"来评价：级别最高，为推动科技书籍出版以国家名义设立的专项基金；基金来源高，由中央财政拨款；评审程序高，经历初审、复核、评审确定拟资助的项目和资助金；评审专家级别高，由中国科学院、中国工程院、国家自然科学基金委员会的院士和科学家组成评委会；著作水平高，资助自然科学和科学技术方面优秀的和重要的学术著作出版；基金定位高，按照"自由申报、公平竞争、专家评议、择优支持"的原则，"坚持有限目标、突出重点、打造精品、走向世界"的发展目标。在这"六高"面前，"优秀、精品、择优"三原则使我感到了很大的压力，抱着最后一搏的胆量和试一试的态度，与冶金工业出版社密切配合申报了该基金。出版基金赞助虽然不是一种奖项，但获批的那一刻真有一种获得国家荣誉的感觉。

在此要感谢国家科学技术学术著作出版基金委员会，在基金赞助的背后是一种肯定；感谢冶金工业出版社组织基金申报和大量辛苦的编辑出版工作；感谢吉林大学刘玉梅教授、营口京城特冶赵晗教授级高工以及北京科技大学朱荣教授提供实事求是、科学严谨的基金申报推荐材料。

本书以作者已经出版的五部钢铁质量分析专著为根基，以作者50余年使用五台电子光学仪器的经验为悟性，内容丰富，涉及科技领域面广，但由于作者水平有限，书中错误和纰漏之处在所难免，恳请读者不吝赐教。

此时作者的心情是：

意静不随流水转，
心闲还笑白云翻。
时间逐波腾细浪，
落日余晖流连返。
毕生微视结情缘，
留给后人心坦然。
曲折蹊径通幽处，
精雕细刻舞蹁跹。